"十三五"职业教育国家规划教材

高等职业教育计算机类课程新形态一体化教材

iCourse·教材

国家精品在线开放课程配套教材

Java程序设计项目教程

（第2版）

主　编　眭碧霞

副主编　蒋卫祥　朱利华　闾枫　张静　杨丹

高等教育出版社·北京

内容简介

本书为"十三五"职业教育国家规划教材，也是高等职业教育计算机类课程新形态一体化教材。本书同时为国家精品在线开放课程"Java 程序设计"的配套教材，是按照高职高专软件技术专业人才培养方案的要求，总结近几年国家示范性高职院校软件技术专业教学改革经验编写而成的。

本书以培养 Java 项目开发能力为目标，注重 Java 项目开发技术的应用，通过一个完整的项目：房屋租赁管理系统，对 Java 知识点进行精心编排，通过项目的学习，加深对所学知识的理解和提升；通过项目的实战训练和配套拓展项目：超市进销存管理系统，强化学生分析问题和解决问题的能力，激发学生创新实践能力。

本书共分 9 个单元，内容包括：搭建 Java 开发环境、Java 语言基础、面向对象程序设计、继承与多态、集合容器、图形用户界面设计、JDBC、输入输出流与多线程和房屋租赁管理系统设计与实现。每一个单元都由"学习目标"与若干"任务""拓展实训""同步训练"组成，每一个任务包括：任务分析、相关知识、任务实施、实践训练。

本书按软件开发的工作过程设计学习过程，选取了典型的工作任务组织教学内容，通过任务分析、相关知识、任务实施、拓展实训的递进方式让读者掌握 Java 项目开发技术，并通过配套的实践训练、同步训练，启发学生对相关知识的学习兴趣，以进一步掌握 Java 程序设计内容。

本书配有微课视频、课程标准、授课计划、授课用 PPT、案例素材等丰富的数字化学习资源。与本书配套的数字课程"Java 程序设计项目教程"已在"智慧职教"平台（www.icve.com.cn）上线，学习者可以登录平台进行在线学习及资源下载，授课教师可以调用本课程构建符合自身教学特色的 SPOC 课程，详见"智慧职教"服务指南。教师也可发邮件至编辑邮箱 1548103297@qq.com 获取相关资源。

本书可作为高等职业院校电子信息大类专业"Java 程序设计"课程的教材，也可作为 Java 程序设计学习者的学习参考书。

图书在版编目（CIP）数据

Java 程序设计项目教程 / 眭碧霞主编. --2 版. -- 北京：高等教育出版社，2019.11（2022.12重印）

ISBN 978-7-04-052994-4

Ⅰ. ①J… Ⅱ. ①眭… Ⅲ. ①JAVA 语言-程序设计-高等职业教育-教材 Ⅳ. ①TP312.8

中国版本图书馆 CIP 数据核字（2019）第 249123 号

策划编辑 吴鸣飞　　责任编辑 吴鸣飞　　封面设计 赵 阳　　版式设计 杜微言
责任校对 吕红颖　　责任印制 高 峰

出版发行	高等教育出版社	网　址	http://www.hep.edu.cn
社　址	北京市西城区德外大街 4 号		http://www.hep.com.cn
邮政编码	100120	网上订购	http://www.hepmall.com.cn
印　刷	天津文林印务有限公司		http://www. hepmall.com
开　本	889mm × 1194mm　1/16		http://www. hepmall.cn
印　张	22.25	版　次	2015 年 12 月第 1 版
字　数	520 千字		2019 年 11 月第 2 版
购书热线	010-58581118	印　次	2022 年 12 月第 9 次印刷
咨询电话	400-810-0598	定　价	55.00 元

本书如有缺页、倒页、脱页等质量问题，请到所购图书销售部门联系调换

物 料 号　52994-A0

"智慧职教"服务指南

"智慧职教"是由高等教育出版社建设和运营的职业教育数字教学资源共建共享平台和在线课程教学服务平台，包括职业教育数字化学习中心平台（www.icve.com.cn）、职教云平台（zjy2.icve.com.cn）和云课堂智慧职教 App。用户在以下任一平台注册账号，均可登录并使用各个平台。

- 职业教育数字化学习中心平台（www.icve.com.cn）：为学习者提供本教材配套课程及资源的浏览服务。

登录中心平台，在首页搜索框中搜索"Java 程序设计项目教程"，找到对应作者主持的课程，加入课程参加学习，即可浏览课程资源。

- 职教云（zjy2.icve.com.cn）：帮助任课教师对本教材配套课程进行引用、修改，再发布为个性化课程（SPOC）。

1. 登录职教云，在首页单击"申请教材配套课程服务"按钮，在弹出的申请页面填写相关真实信息，申请开通教材配套课程的调用权限。

2. 开通权限后，单击"新增课程"按钮，根据提示设置要构建的个性化课程的基本信息。

3. 进入个性化课程编辑页面，在"课程设计"中"导入"教材配套课程，并根据教学需要进行修改，再发布为个性化课程。

- 云课堂智慧职教 App：帮助任课教师和学生基于新构建的个性化课程开展线上线下混合式、智能化教与学。

1. 在安卓或苹果应用市场，搜索"云课堂智慧职教"App，下载安装。

2. 登录 App，任课教师指导学生加入个性化课程，并利用 App 提供的各类功能，开展课前、课中、课后的教学互动，构建智慧课堂。

"智慧职教"使用帮助及常见问题解答请访问 help.icve.com.cn。

前言

一、缘起

本书为职业教育国家规划教材，也是高等职业教育计算机类课程新形态一体化教材。本书同时为国家精品在线开放课程“Java 程序设计”的配套教材。本书提供了丰富的教学、学习资源，可提供教师、学生、企业人员和社会学习者参考、学习和使用。

二、结构

本书共分 9 个单元，包括：搭建 Java 开发环境、Java 语言基础、面向对象程序设计、继承与多态、集合容器、图形用户界面设计、JDBC、输入输出流与多线程、房屋租赁管理系统设计与实现。

每个单元都由“学习目标”与若干“任务”、“拓展实训”和“同步训练”组成，每个任务包括：任务分析、相关知识、任务实施、实践训练。

“学习目标”阐明了本单元学习的知识目标和能力目标。

“任务分析”分析任务的内容、任务完成所需的知识、任务完成的过程。

“相关知识”给出了解决任务所需的相关知识。

“实践训练”给出了与任务配套的拓展练习，巩固所学知识。

“拓展实训”给出了与单元配套的拓展实践练习。

“同步训练”给出了 6 种题型的练习，包括填空题、选择题、简答题、判断题、程序设计题和操作题，以帮助学生巩固对本单元知识点的理解。

三、特点

1. 强调技能训练和动手能力培养，重在培养应用型人才

本书以培养 Java 项目开发能力为目标，注重 Java 项目开发技术的应用，通过一个完整的项目：房屋租赁管理系统，对 Java 知识点进行精心编排，使学生通过项目的学习，加深对所学知识的理解和提升，强化分析问题和解决问题的能力，培养创新实践能力。

2. 基于工作过程，又注意教材的理论性和科学性

本书以软件开发的工作过程设计学习过程，选取典型的工作任务组织教学内容，通过任务分析、相关知识、任务实施和拓展实训的递进方式让读者掌握 Java 项目开发技术，并通过配套的实践训练、同步训练，启发学生对相关知识的学习兴趣，以进一步掌握 Java 程序设计内容。本书由企业技术专家与学校教师共同开发。企业技术专家参与教材项目的选择和项目实训的编写，并且在技术的选择以及项目分析、测试方面提出了很多建议。

3. 丰富的配套资源

本书配有微课视频、课程标准、授课计划、授课用 PPT、案例素材等丰富的数字化学习资源。教师可发邮件至编辑邮箱 1548103297@qq.com 获取相关资源。

四、使用

对每个单元的教学而言，应首先介绍“模块教学目录、任务分析”，然后讲解

“相关知识”，最后分析“任务实施”。本书中的所有代码都是基于 Eclipse 4.3.1 开发环境编写的，数据库使用的是 SQL Server 2008。

本书作为国家精品资源共享课建设项目“Java 程序设计”课程的配套教材，配套丰富的数字化教学资源，如下表所示。

序号	资源名称	表现形式
1	课程简介	Word 电子文档，包括课程内容、课时安排、适用对象、课程的性质和地位等，让学习者对 JavaEE 企业级项目开发课程有一个初步认识
2	学习指南	Word 电子文档，包括学前要求、学习目标，以及学习路径和参考考核标准要求，让学习者知道如何使用资源完成学习
3	课程标准	Word 电子文档，包含课程定位、课程目标要求以及课程内容与要求，可供教师备课时使用
4	整体设计	Word 电子文档，包含课程设计思路，课程的具体目标要求以及课程内容设计和能力训练设计，同时给出考核方案设计，让教师理解课程的设计理念，有助于教学实施
5	单元设计	Word 电子文档，对每一个单元的教学内容、重点难点和教学过程等进行了详细的设计，可供教学备课时参考
6	微课视频	AVI 视频文件，提供教材全部内容的教学视频，可供学习者和教师学习和参考
7	课程 PPT	PPT 电子文件，提供 PowerPoint 教学课件，可供教师备课、授课使用，也可供学习者使用
8	习题库/试题库	Word 电子文档及网上资源，习题库给出各单元配套的课后习题供学生巩固所学知识；试题库为每一个注册的用户提供了分单元在线测试，通过在线测试，让学习者了解对所学知识的掌握情况
9	单元案例、综合案例	RAR 压缩文档，包含用各单元的知识解决实际问题的单元案例和用所学的全部知识解决实际问题的综合案例，每个案例都有设计文档和源代码，可供教师教学时参考
10	学生作品	RAR 压缩文档，提供学生使用 JavaEE 解决的实际问题，可供学习者参考
11	课程考核方案	Word 电子文档，包括整体的考核标准、过程标准和综合素质评价标准，可供教师教学时参考
12	参考资源	Word、SWF 电子文档和 RAR 压缩文档，包括常用工具、经验技巧、常见问题、网络资源链接等
13	源代码	Word 电子文档，给出全书所涉及的源代码，可供教师教学和学生学习使用

五、致谢

本书于 2019 年 12 月出版后，基于广大院校师生的教学应用反馈并结合最新的专业课程教学改革成果，不断优化、更新内容，每个单元新增“思政导学”内容，强化课程思政元素；提炼了各单元素养目标，将学科素养融入知识讲解；进一步推进习近平新时代中国特色社会主义思想进教材，将新技术、新工艺、新规范、典型生产案例及时纳入教学内容，进一步推动现代信息技术与教育教学深度融合。

本书由眭碧霞任主编，蒋卫祥、朱利华、闾枫、张静、杨丹任副主编。

在本书的编写过程中，得到了赵佩华、王小刚、於志强等老师的大力支持和帮助，他们提出了许多宝贵意见和建议，在此向他们表示衷心的感谢。同时，还得到合肥科大讯飞教育发展有限公司翟世臣、雷大正高级工程师的帮助，他们对于项目的选择、项目实训、任务设计提出了很多宝贵意见，在此对他们表示感谢。

由于作者水平有限，难免出现错误和不妥之处，敬请广大读者批评指正。

编　者

2022 年 9 月

目 录

单元 1

搭建 Java 开发环境

单元介绍

文档 单元 1 设计

PPT 单元 1 概述

本单元的目标是熟悉 Java 技术的发展，了解 Java 语言的特性，理解 Java 程序的运行流程。能够安装 JDK，会配置系统环境变量，会使用 Eclipse、NetBeans 等工具开发 Java 应用程序。

搭建 Java 开发环境单元分如下两个任务。

- JDK 安装。
- 使用开发工具开发 Java。

学习目标

【知识目标】

- 熟悉 Java 技术的发展。
- 了解 Java 语言的特性。
- 理解 Java 程序的运行过程。
- 熟悉 Eclipse 工具。
- 熟悉 NetBeans 工具。

视频 单元 1 搭建 Java 开发环境概述

【能力目标】

- 能够安装 JDK。
- 会配置系统环境变量。
- 会使用 Eclipse 工具开发 Java 应用程序。
- 会使用 NetBeans 工具开发 Java 应用程序。

软件定义未来

【素养目标】

- 认知行业发展，树立良好的职业愿景。
- 牢记专业使命和自身所肩负的社会责任。
- 激发对社会主义核心价值观的认同感。

任务 1.1 安装 JDK

PPT 任务 1.1 安装 JDK

视频 任务 1.1 安装 JDK

笔 记

【任务分析】

在学习和使用 Java 之前，需要对 Java 有一个基本的认识，了解和熟悉 Java 的发展历史与 Java 的语言特性，理解 Java 的运行流程。开发 Java 程序，必须提供 Java 的开发环境，即要安装 JDK 和 JRE，安装好 JDK 后还需要配置系统的环境变量。在本任务的最后编写第一个 Java 程序测试环境安装配置是否成功。

【相关知识】

1.1 Java 的发展

Java 是 Sun 公司的 James Gosling 领导的绿色计划（Green Project）开始着力发展的一种分布式系统结构，其能够在各种消费性电子产品上运行。由于 Green 项目组的成员都具有 C++背景，所以他们首先把目光锁定在 C++编译器，Gosling 首先改写了 C++编译器，但很快他就感到 C++的很多不足，需要研发一种新的语言来替代它。因此项目小组在 C++的基础上，开发了一门新语言，最初命名为 Oak，后来由于这个名字已被注册，便改名为 Java。整个系统完成后，在当时市场不成熟的情况下，他们的项目并没有获得成功。

直至 1994 年下半年，由于 Internet 的迅猛发展和环球信息网 WWW 的快速增长，第一个全球信息网络浏览器 Mosaic 诞生了。此时，业界对适合在网络异构环境下使用的语言有一种非常急迫的需求，Games Gosling 决定改变绿色计划的发展方向，他们对 Java 进行了小规模的改造，以适应当时互联网市场的需求。Java 的诞生及发展标志着互联网时代的开始，它能够被应用在全球信息网络的平台上编写互动性极强的 Applet 程序，而 1995 年的 Applet 无疑能给人们无穷的视觉和脑力震荡。其实 Java 的诞生及发展颇有那么一股“有心栽花花不开，无心插柳柳成阴”的味道。

Sun 公司继 Green 项目后又经过了几年的研究，终于在 1995 年 5 月 23 日召开的 SunWorld 1995 大会上正式发布了 Java 和 HotJava 浏览器。但 Java 只是一种语言，而要想开发复杂的应用程序，必须要有一个强大的开发库支持。因此，Sun 公司在 1996 年 1 月 23 日发布了 JDK1.0。这个版本包括运行环境（JRE）和开发工具（JDK）两部分。

Sun 公司在推出 JDK1.1 后，接着又推出了数个 JDK1.x 版本。自从 Sun 公司推出 Java 后，JDK 的下载量不断飙升。1998 年是 Java 开始迅猛发展的一年，这一年 Sun 公司发布了 JSP/Servlet、EJB 规范以及将 Java 分成了 J2EE、J2SE 和 J2ME，标志着 Java 已经吹响了向企业、桌面和移动领域进军的号角。在 1998 年 12 月 4 日，Sun 公司发布了 Java 的历史上最重要的一个 JDK 版本——JDK1.2，这个版本标志着 Java 已经进入 Java2 时代。在 2002 年 2 月，Sun 公司发布了 JDK 历史上最为成熟的版本——JDK1.4。在 2004 年 10 月，Sun 公司发布了人们期待已久的版本——JDK1.5，同时，Sun 公司将 JDK1.5 改名为 J2SE5.0。2006 年，Sun 公司发布了 Java SE6.0 之后，便将Java的各种版本都进行了更名，正式更改为Java SE、Java EE、Java ME。

笔 记

1.2 Java的语言特性

Java语言是一种跨平台、适合于分布式计算环境的面向对象编程语言，其具有简单性、面向对象、分布式、解释型、可靠、安全、平台无关、可移植、高性能、多线程等特性。下面将重点介绍Java语言的面向对象、平台无关、分布式、多线程、安全等特性。

① Java 语言是一个面向对象的程序设计语言。Java 语言提供类、接口和继承等原语，为了简单起见，只支持类之间的单继承，但支持接口之间的多继承，并支持类与接口之间的实现机制（关键字为 implements）。Java 语言全面支持动态绑定，支持静态和动态风格的代码继承及重用，是一个纯的面向对象程序设计语言。

② 平台无关性。Java 引进虚拟机原理，使其能运行于不同的平台。Java 源程序通过 Java 解释器解释后会产生与源程序对应的字节码指令，只要在不同平台上安装配置好相应的 Java 运行环境，程序可以在编译后不用经过任何更改，就能在任何硬件设备条件下运行。这个特性经常被称为“一次编译，到处运行”。

③ Java 语言是分布式的。Java 语言支持 Internet 应用的开发，在基本的 Java 应用编程接口中有一个网络应用编程接口（java.net），其提供了用于网络应用编程的类库，包括 URL、URLConnection、Socket、ServerSocket 等。Java 的 RMI（远程方法激活）机制也是开发分布式应用的重要手段。

④ Java 支持多线程技术。多线程是 Java 的一个重要方法，特别有利于在程序中实现并发任务。多线程带来的更大的好处是更好的交互性能和实时控制性能。当然实时控制性能还取决于系统本身（UNIX、Windows、Macintosh 等），在开发难易程度和性能上都优于单线程。

⑤ Java 语言是安全的。Java 通常被用在网络环境中，为此，Java 提供了一个安全机制以防恶意代码的攻击。除了 Java 语言具有的许多安全特性以外，Java 对通过网络下载的类具有一个安全防范机制（类 ClassLoader），如分配不同的名字空间以防替代本地的同名类、字节代码检查，并提供安全管理机制（类 SecurityManager）让 Java 应用可设置安全哨兵。

Java 语言的优良特性使得 Java 应用具有无比的健壮性和可靠性，这也减少了应用系统的维护费用。Java 对对象技术的全面支持和 Java 平台内嵌的 API 能缩短应用系统的开发时间并降低成本。Java 的“一次编译，到处运行”的特性使得其能够提供一个随处可用的开放结构和在多平台之间传递信息的低成本方式。特别是 Java 企业应用编程接口（Java Enterprise APIs）为企业计算及电子商务应用系统提供了有关技术和丰富的类库。

1.3 Java程序的运行流程

Java 程序的运行必须经过编写、编译和运行三个步骤。Java 源程序文件（*.java）经编译生成字节码文件（*.class），再由 Java 虚拟机中的 Java 解释器执行，运行流程如图 1-1 所示。

字节码文件也称为类文件，是二进制代码，是 Java 虚拟机的可执行文件的格式。当不同的操作系统安装各自版本的 Java 虚拟机，虚拟机中解释器负责解释执行字节码文件，将字节码解释成本地机器码，解释执行。该种运行方式使得 Java 能够独立于平台。

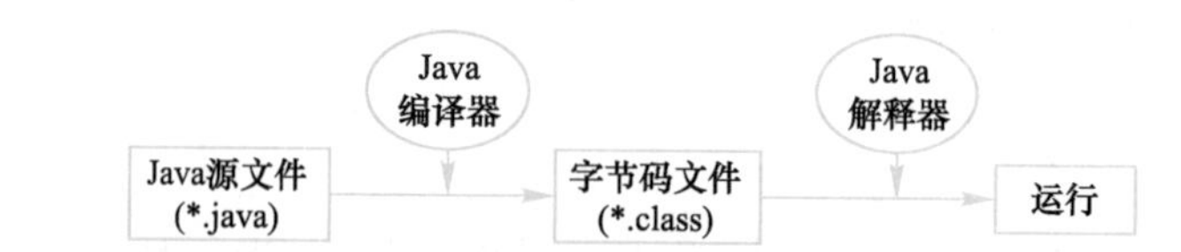

图 1-1
Java 程序运行流程

Java 虚拟机（JVM）是运行 Java 程序的软件环境，Java 解释器就是 Java 虚拟机的一部分。在运行 Java 程序时，首先会启动 JVM，然后由它来负责解释执行 Java 的字节码，并且 Java 字节码只能运行于 JVM 之上。这样利用 JVM 就可以把 Java 字节码程序和具体的硬件平台以及操作系统环境分隔开来，只要在不同的计算机上安装了针对于特定具体平台的 JVM，Java 程序就可以运行，而不用考虑当前具体的硬件平台及操作系统环境，也不用考虑字节码文件是在何种平台上生成的。JVM 把各种不同软、硬件平台的具体差别隐藏起来，从而实现了真正的二进制代码级的跨平台移植。JVM 是 Java 平台无关的基础，Java 的跨平台特性正是通过在 JVM 中运行 Java 程序实现的。Java 的工作过程如图 1-2 所示。

Java 语言这种“一次编写，到处运行”的方式，有效地解决了目前大多数高级程序设计语言需要针对不同系统来编译产生不同机器代码的问题，即硬件环境和操作平台的异构问题，大大降低了程序开发、维护和管理的开销。

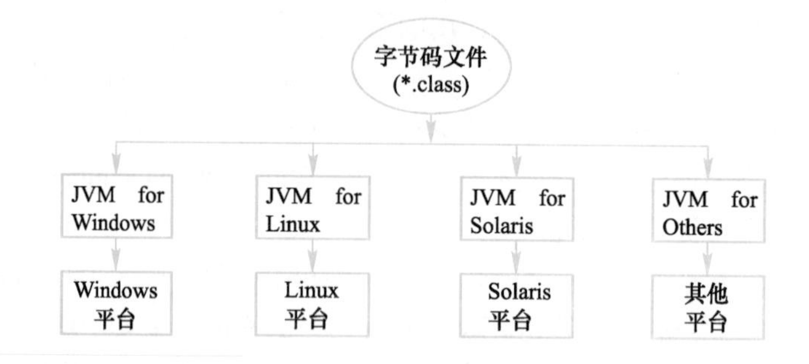

图 1-2
JVM 工作原理

【任务实施】

PPT 任务 1.1 任务实施

视频 任务 1.1 任务实施

Java 应用程序开发离不开 JDK 和 JRE，JDK 是 Java 语言的编译环境，JRE 是 Java 的运行时环境。必须安装 JDK 和 JRE，并设置相应环境变量后才可以编译和执行 Java 程序。

1. 安装 JDK

JDK 是 Java 的开发工具包，可以从 Oracle 公司的网站上免费下载，其下载地址是 http://www.oracle.com/technetwork/java/javase/downloads/index.html，此处以 JDK 下载后的安装文件“jdk-7u45-windows-x64.exe”为例讲解 JDK 的安装与配置。其操作步骤如下。

① 双击执行安装程序，在打开的对话框选择“接收”许可证协议，进入“自定义安装”界面，如图 1-3 所示。

② 设置安装目录，默认安装目录是“C:\Program Files\Java\jdk1.7.0_45”，可单击“更改”按钮更改安装路径。

③ 在图 1-3 中单击“下一步”按钮继续安装，如图 1-4 所示。

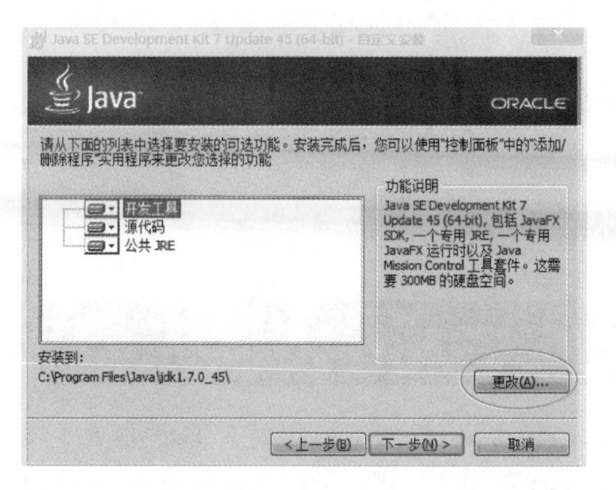

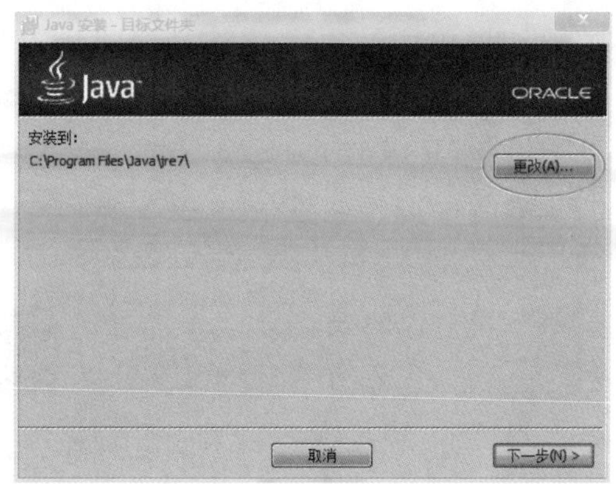

图 1-3
自定义安装

图 1-4
安装 JRE

④ 同样可以在图 1-4 中修改 JRE 的安装路径，然后单击“下一步”按钮进行 JRE 的安装。安装成功后，文件夹 jdk1.7.0_45 相应的目录结构如图 1-5 所示，其中各部分的描述如下。

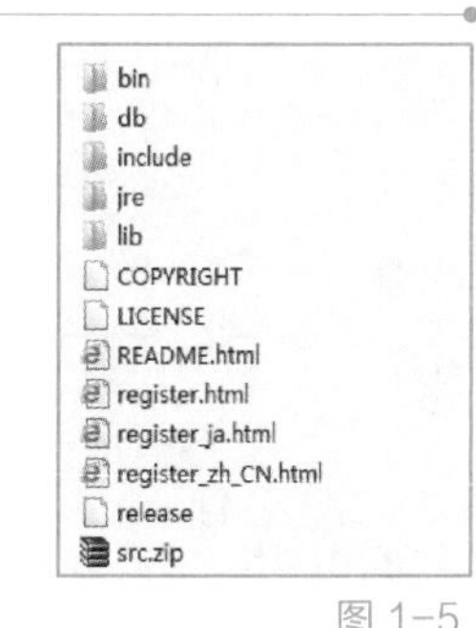

图 1-5
JDK 安装后的文件结构

- bin 文件夹：存放 Java 开发工具的可执行命令，如 java、javac 等。
- db 文件夹：存放示例的相关数据文件。
- include 文件夹：用于本地计算机的 C 语言头文件。
- jre 文件夹：存放 Java 运行环境。
- lib 文件夹：存放 JDK 的开发类库。
- src.zip：存放一些与 JDK 有关的例子。

2．配置系统环境变量

安装完 JDK 和 JRE 后，需要对系统环境变量进行配置后 Java 才可以开始工作，基本配置步骤如下。

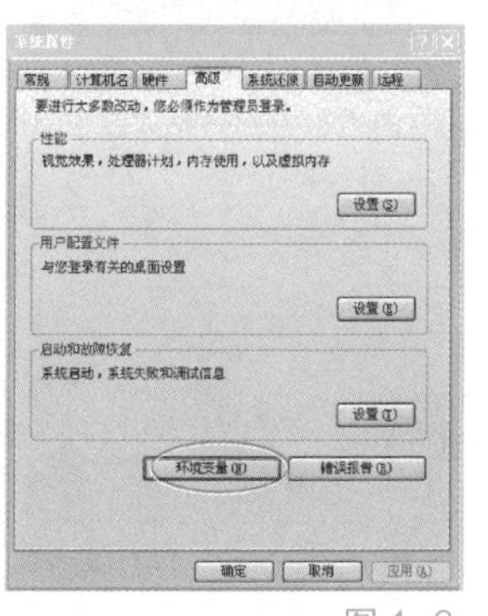

图 1-6
设置“系统属性”对话框

① 在桌面上右击“我的电脑”，在弹出的快捷菜单中选择“属性”命令，在打开的“系统属性”对话框中单击“高级”选项卡，单击“环境变量”按钮，如图 1-6 所示。

② 可在打开的对话框中增加系统变量“JAVA_HOME”，其值设置为 JDK 的安装路径，如“C:\Program Files\Java\jdk1.7.0_45”，如图 1-7 所示。

③ 查看系统变量部分是否有 Path 变量。若有 Path 变量，单击“编辑”按钮，在如图 1-7 所示的变量值末尾添加“%JAVA_HOME%\bin;”（若未设置 JAVA_HOME，则添加完整路径 C:\Program Files\Java\jdk1.7.0_45\bin）；若没有 Path 变量，则新建一个名为“Path”的系统变量，并在如图 1-8 所示的变量值后添加路径“;%JAVA_HOME%\bin;”。

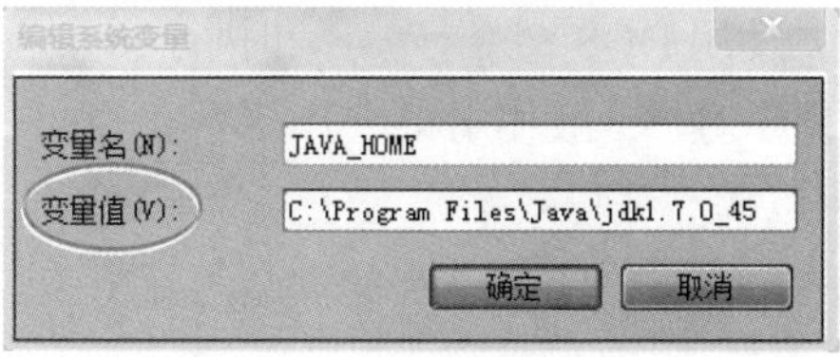

编辑系统变量
变量名(N): JAVA_HOME
变量值(V): C:\Program Files\Java\jdk1.7.0_45
确定　取消

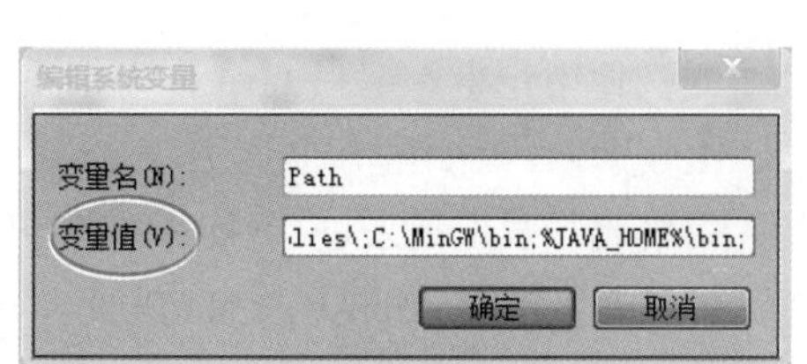

图 1-7
设置 Java 环境变量

图 1-8
设置 Path 值

④ 单击“确定”按钮，保存所做的修改。

⑤ 编辑系统变量 CLASSPATH，若没有则新建一个系统变量，值为“.;%JAVA_HOME%\lib”（若未设置 JAVA_HOME，则添加完整路径 C:\Program Files\Java\jdk1.7.0_45\lib），设置好后单击“确定”按钮即可，CLASSPATH 设置如

图 1-9 所示。

环境变量设置好后，可在 DOS 命令行中输入命令 java –version 查看版本信息，如图 1-10 所示。

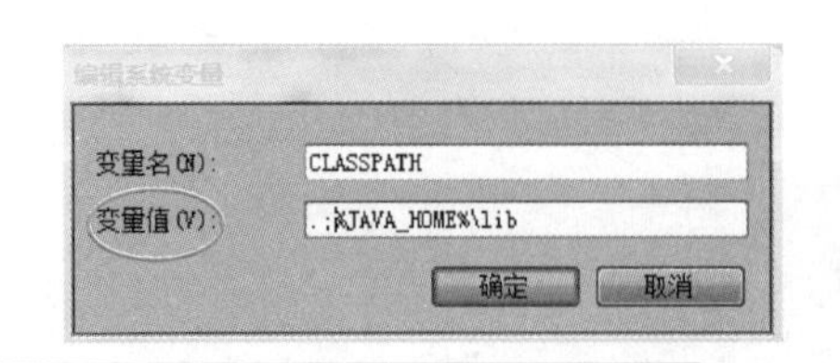

图 1-9
设置 CLASSPATH 值

图 1-10
使用命令查看版本信息

接下来编写一个测试程序，测试 Java 环境的安装和配置是否成功。以显示“Hello World!”信息为例，演示 Java 程序的编辑、编译和执行过程。Java 程序可以用任何文本编辑器来编写，这里用 Windows 系统的记事本来编写源代码。打开记事本，在其中输入【例 1-1】中代码，保存文件为“Hello.java”，存放到 C 盘根目录。

文档 源代码 1-1

【例 1-1】 第一个 Java 测试程序。

```
public class Hello{
    public static void main(String args[]){
        System.out.println("Hello World !");
    }
}
```

图 1-11
编译运行 Hello.java

下面编译 Hello.java 源程序，在 DOS 命令行状态，进入 C 盘目录，然后输入“javac Hello.java”进行编译，编译成功后，再输入“java Hello”执行编译得到的字节码文件，输出信息“Hello World!”。运行过程如图 1-11 所示。

如果编译运行输出了字符串，则表示 JDK 和 JRE 安装配置成功，如果提示错误或者找不到类，需检查配置的过程是否与上面介绍的一样。

【实践训练】

下载安装 JDK，配置系统环境变量，并且使用记事本编写一个简单的 Java 应用程序，测试 Java 环境是否安装成功。

任务 1.2 使用开发工具开发 Java

PPT 任务 1.2 使用开发工具开发 Java

【任务分析】

使用记事本编写 Java 程序很不方便，使用 DOS 命令行编译和执行 Java 程序也比较繁琐，因此程序员在开发 Java 应用程序时，一般使用集成开发环境（IDE），使用集成开发工具来进行 Java 项目开发可以提高编程效率。本任务介绍主流的 Java 集成开发工具 Eclipse 与 NetBeans，分析 Eclipse 与 NetBeans 的安装与使用步骤。

视频 任务 1.2 使用开发工具开发 Java

【相关知识】

1.4 熟悉 Eclipse 开发环境

Eclipse 是著名的跨平台自由集成开发环境（IDE）， 是一个开放源代码的、可扩展的、通用的开发平台。就其本身而言，它只是一个框架和一组服务，用于通过插件组件构建开发环境。Eclipse 由 Eclipse Platform、JDT、CDT 和 PDE 4 个部分组成。JDT 支持 Java 开发，CDT 支持 C 开发，PDE 用来支持插件开发，Eclipse Platform 则是一个开放的可扩展 IDE，提供了一个通用的开发平台，提供建造块和构造并运行集成软件开发工具的基础。

1．Eclipse 安装

Eclipse 可以在其官方网站 http://www.eclipse.org/中下载，它是一款绿色软件，下载后直接解压缩就可以使用，此处以安装文件 eclipse-SDK-4.3.1-win32 为例，解压缩后得到的目录结构如图 1-12 所示。

双击 eclipse.exe 文件运行集成开发环境，打开如图 1-13 所示的对话框，单击“Browse”按钮，可以选择 Eclipse 的工作空间，或直接在“Workspace”后直接输入工作空间。

在每次启动 Eclipse 时，都会打开设置工作空间的对话框。若想以后启动时不再进行工作空间的设置，可以将“Use this as the default and do not ask again”复选框选中，单击“OK”按钮后，启动 Eclipse 即可。关闭欢迎界面，进入如图 1-14 所示的主界面，其主要由菜单栏、工具栏、透视图工具栏、项目资源管理视图、编辑器和其他视图组成。视图的添加或删除可以通过“Window”菜单中的“Show View”命令进行管理。

图 1-12
Eclipse 解压后的目录结构

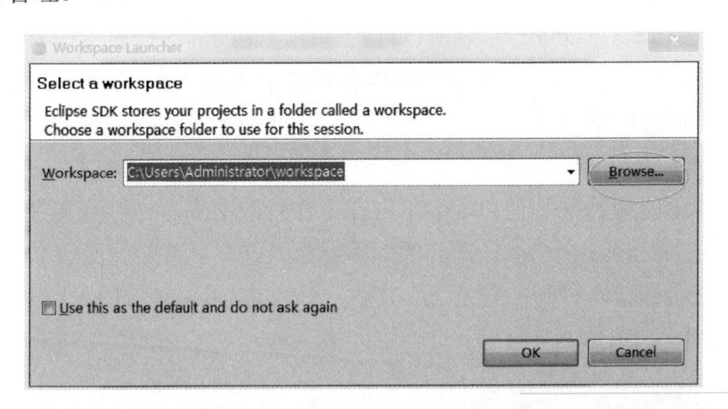

图 1-13
选择 Eclipse 的工作区

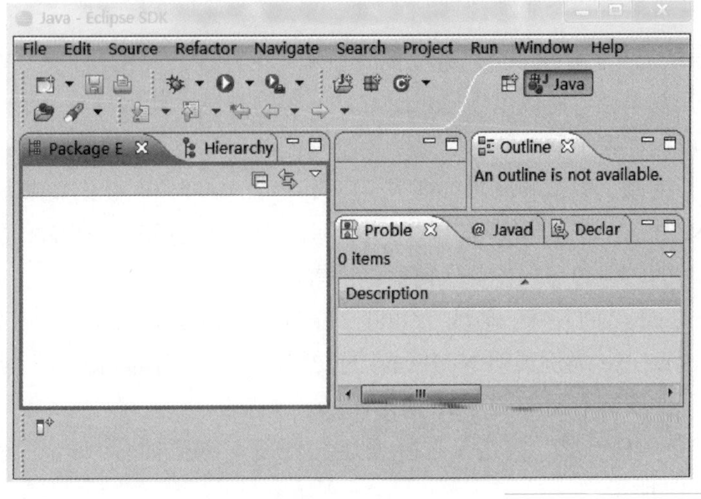

图 1-14
Eclipse 的工作主界面

2．Eclipse 架构

Eclipse 平台由数种组件组成，其包括平台核心（Platform Runtime）、工作台

（Workbench）、工作区（Workspace）、团队（Team）组件以及说明组件（Help），Eclipse 架构如图 1-15 所示。

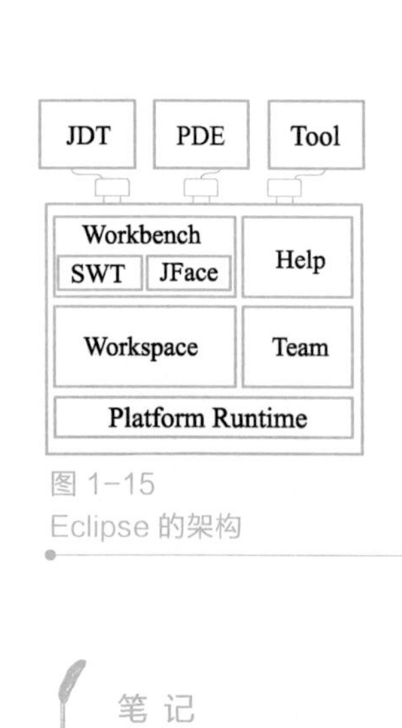

图 1-15
Eclipse 的架构

笔 记

（1）平台核心

Eclipse 平台核心是让每样东西动起来，并加载所需之外挂程序。当启动 Eclipse 时，先执行的就是这个组件，再由这个组件加载其他外挂程序。

（2）工作台

Eclipse 工作台（workbench）是操作 Eclipse 时会碰到的基本图形接口，工作台是 Eclipse 之中仅次于平台核心最基本的组件，是启动 Eclipse 后出现的主要窗口，Workbench 的工作很简单。它不懂得如何编辑、执行、除错，它只懂得如何找到项目与资源（如档案与数据夹）。若有它不能做的工作，它就丢给其他组件，如 JDT。

（3）工作区

工作区负责管理使用者的资源，这些资源会被组织成一个（或多个）项目，摆在最上层。每个项目对应到 Eclipse 工作区目录下的一个子目录。每个项目可包含多个档案和数据夹；通常每个数据夹对应到一个在项目目录下的子目录，但数据夹也可连到档案系统中的任意目录。

（4）视图（View）

工作台会有许多不同种类的内部窗口，称为视图（view），以及一个特别的窗口——编辑器（editor）。之所以称为视图，是因为这些是窗口以不同的视野来看整个项目，例如，Outline 的视图可以看项目中 Java 类别的概略状况，而 Navigator 的视图可以导航整个项目。

（5）编辑器（Editor）

编辑器是很特殊的窗口，会出现在工作台的中央。当打开文件、程序代码或其他资源时，Eclipse 会选择最适当的编辑器打开文件。若是纯文字文件，Eclipse 就用内建的文字编辑器打开；若是 Java 程序代码，就用 JDT 的 Java 编辑器打开；若是 Word 文件，就用 Word 打开。

1.5 熟悉 NetBeans 开发环境

NetBeans 是由 Sun 公司建立的开放源码的软件开发工具，是一个开放框架、可扩展的开发平台，可以用于 Java、C/C++等的开发，其本身是一个开发平台，可以通过扩展插件来扩展功能。它是一个全功能的开放源码 Java IDE，可以帮助开发人员编写、编译、调试和部署 Java 应用，并将版本控制和 XML 编辑融入其众多功能之中。NetBeans 开发环境可供程序员编写、编译、调试和部署程序。虽然它是用 Java 语言编写的，但却可以支持任何编程语言。

NetBeans 的下载地址为 https://netbeans.org/index.html，此处以 netbeans-7.4-windows.exe 为例说明 NetBeans 的安装过程。双击 netbeans-7.4-windows.exe 文件，打开的安装界面如图 1-16 所示。

单击“下一步”按钮，选择安装文件夹，浏览拥有 NetBeans IDE 的 JDK，如图 1-17 所示。

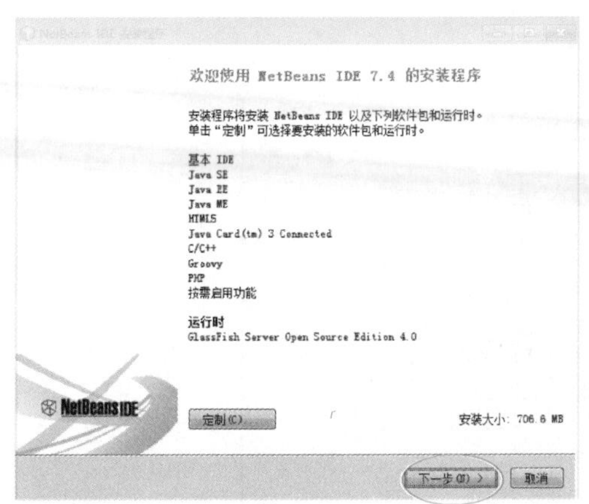

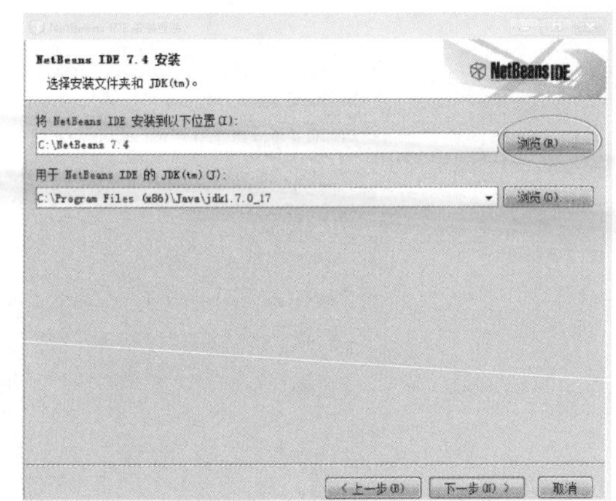

图 1-16
NetBeans 开始安装界面

图 1-17
选择安装路径与安装的 JDK 版本

注意

NetBeans IDE 7.4 的 JDK 必须是 JDK1.7 以上版本。

NetBeans IDE 安装完成后的主界面如图 1-18 所示。

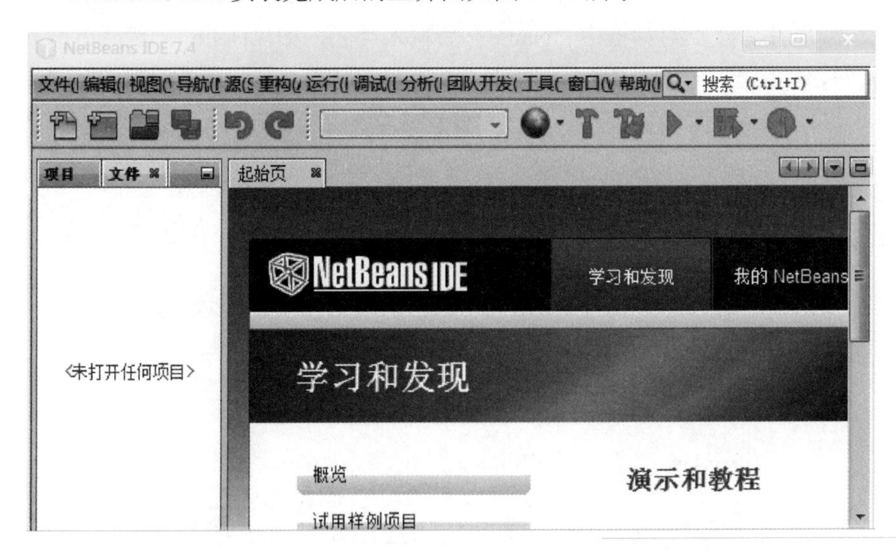

图 1-18
NetBeans IDE 运行主界面

【任务实施】

PPT 任务 1.2 任务实施

1. 使用 Eclipse 工具开发 Java 项目

下面以在Eclipse工具中开发一个简单的Java应用程序为例介绍Eclipse的使用。Eclipse 工具开发 Java 应用程序的基本使用步骤如下。

- 创建工程（chap1）。
- 创建文件（Hello.java）。
- 编辑代码。
- 编译和执行程序。

视频 任务 1.2 任务实施

① 运行 Eclipse 并选择工作区后，打开 Eclipse 主界面，选择"File"→"New"→"Java Project"菜单命令，打开"New Java Project"对话框，在"Project name"后输入工程名，如 chap1，单击"Finish"按钮，完成 Java 工程的创建，如图 1-19 所示。

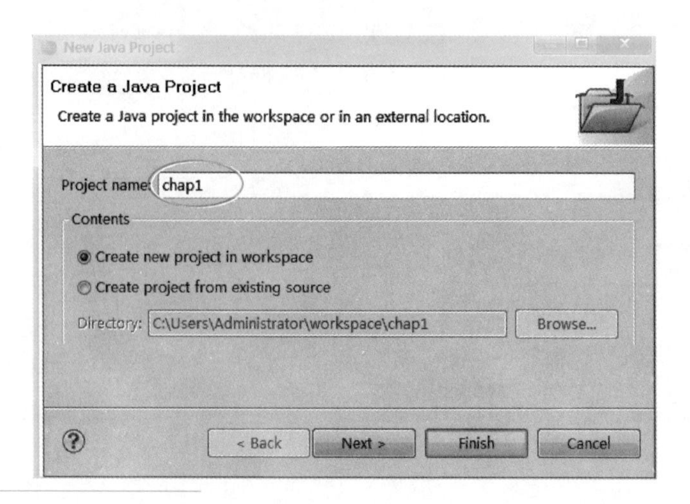

图 1-19
新建工程对话框

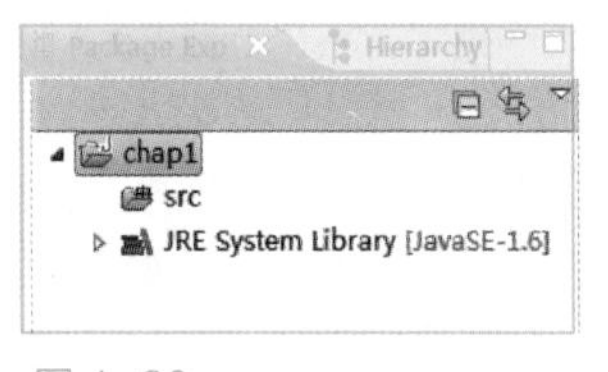

图 1-20
包浏览器视图内容

② 在“Package Explorer”中出现了“chap1”工程，如图 1-20 所示。在工程名上单击右键，在弹出的快捷菜单中选择“New” →“Class”命令，打开“New Java Class”对话框。

③ 在新建类对话框中“Name”后输入类名，如“Hello”，然后单击“Finish”按钮，完成类的创建，如图 1-21 所示。

④ 在编辑区输入程序代码，并保存，如图 1-22 所示。

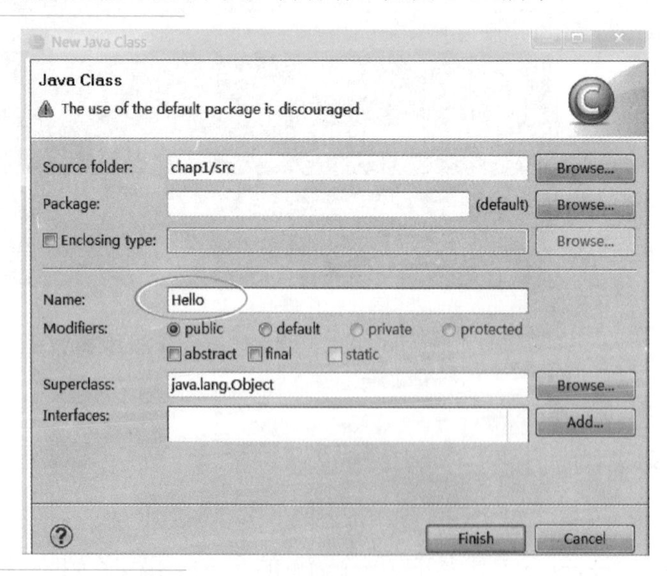

图 1-21
新建类对话框

⑤ 右击程序，在弹出的快捷菜单中选择“Run As” →“Java Application”命令，编译和执行 Java 应用程序，在控制台会输出执行结果“我的第一个 Java 应用程序”，如图 1-23 所示。

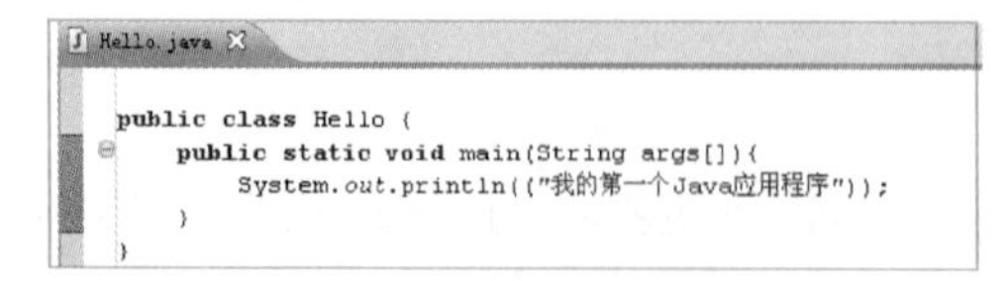

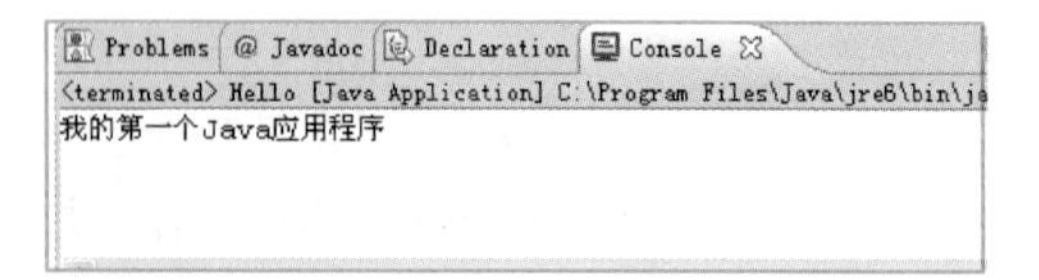

图 1-22
编辑 Java 代码
图 1-23
Hello.java 运行结果

至此，使用 Eclipse 开发 Java 应用程序的步骤基本完成，为了使显示界面简洁，还可以使用 Show View 工具进行界面的管理。

笔 记

2．使用 NetBeans 工具开发 Java 项目

在 NetBeans IDE 中，开发工作都将在项目内完成，NetBeans IDE 中的项目由一组源文件以及用来生成、运行和调试这些源文件的设置组成。使用 NetBeans 工具开发 Java 应用程序项目步骤如下。

① 新建项目。在 NetBeans 集成开发环境中，选择“文件”→“新建项目”菜单命令，打开“新建项目”对话框，“类别”选择“Java”选项，“项目”选择“Java 应用程序”选项，如图 1-24 所示。

② 名称与位置。输入项目名称“First”，项目位置为默认的位置，选中“创建主类”复选框，单击“完成”按钮后创建了“First 项目”与主类“First.java”，如图 1-25 和 1-26 所示。

图 1-24
新建项目

图 1-25
项目名称与位置

③ 编辑 First.java。单击“First.java”后在编辑区内修改代码并保存，如图 1-27 所示。

④ 运行项目。选择“运行”→“运行项目”菜单命令或者单击快捷键按钮▷，运行结果如图 1-28 所示。

图 1-26
First 项目的结构

NetBeans 工具不仅支持 NetBeans 项目，还支持打开 Eclipse 和 JBulider 项目，这样开发人员可以在最短的时间内，把 Eclipse 或 JBulider 项目移植到 NetBeans 集成开发环境中。

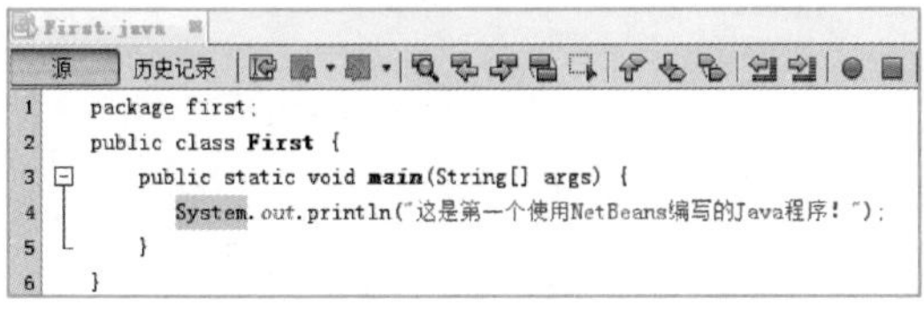

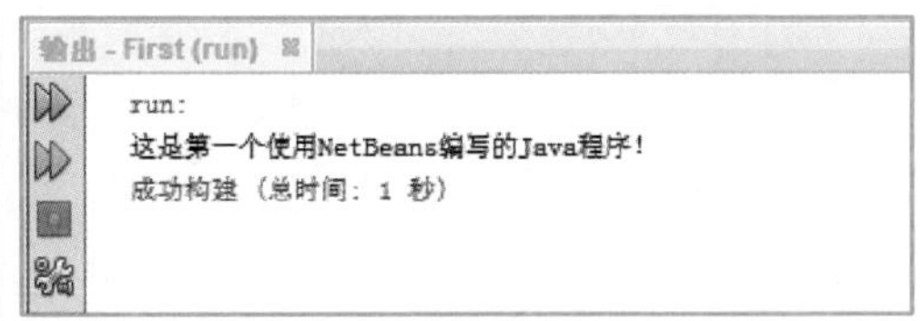

图 1-27
编辑 First.java

图 1-28
First.java 运行结果

【实践训练】

下载安装 Eclipse 与 NetBeans 工具，编写简单的 Java 应用程序。

拓展实训

1．查阅 Eclipse 帮助文档，掌握 Eclipse IDE 工具的使用。

2．收集整理 Java 常用命令的使用方法，掌握 javac、java、javadoc 命令的使用。

同步训练

文档 单元 1 案例

文档 单元 1 习题库/试题库

一、填空题

1. Java 源程序文件（*.java）经________生成字节码文件（*.class），再由 Java 虚拟机中的 Java 解释器执行。

2. 字节码文件也称为类文件，是二进制代码，是 Java 虚拟机的________的格式。

3. Java 虚拟机（JVM）是运行 Java 程序的软件环境，________就是 Java 虚拟机的一部分。

4. JDK 安装成功后，________文件夹是存放 Java 开发工具的可执行命令。

5. 编译 Java 源文件的命令是________，运行 Java 类文件的命令是________。

二、简答题

1. Java 语言有哪些特性？

2. Java 程序的运行流程是什么？

3. 如何配置系统的环境变量？

三、操作题

1. 下载安装 JDK，配置系统环境变量。

2. 应用记事本编写简单 Java 应用程序，使用 javac 命令编译程序，使用 java 命令运行程序。

3. 下载 Eclipse 工具，使用 Eclipse 工具开发 Java 应用程序。

4. 下载 NetBeans 工具，使用 NetBeans 工具开发 Java 应用程序。

5. 使用 javadoc 命令生成帮助文档。

单元 2

Java 语言基础

单元介绍

本单元的目标是熟悉 Java 的基本语法、常量与变量、数据类型、表达式，掌握 Java 的控制结构和数组。能根据实际情况选择合适的数据类型进行信息的处理，会使用流程控制进行简单程序的开发，会定义和使用数组解决实际问题。

文档 单元 2 设计

学习目标

【知识目标】

- 熟悉 Java 语言中的常量和变量。
- 熟悉Java语言中的基本数据类型。
- 熟悉Java语言中的运算符的使用。
- 熟悉 Java 语言中的数据类型的转换。
- 掌握 Java 语言中的表达式。
- 掌握 if 条件语句的使用方法。
- 掌握 switch 语句的使用方法。
- 掌握 while、do while 和 for 循环语句的使用方法。
- 了解 foreach 语句的使用方法。
- 掌握一维数组的定义和使用。
- 了解多维数组的定义和使用。

PPT 单元 2 概述

视频 单元 2 Java 语言基础概述

【能力目标】

- 会使用 Java 中的常量、变量及不同的数据类型表达数据信息。
- 会使用Java中的运算符进行计算。
- 能进行不同数据类型的相互转换。
- 能使用 if、switch、while、do while 和 for 等语句进行流程控制。
- 会使用数组解决实际问题。

思政导学 一位 Java 工程师的感言

【素养目标】

- 培养良好的编码规范、细致缜密的工作态度、团结协作的良好品质、沟通交流和书面表达能力。
- 养成做事认真负责，一丝不苟的习惯，培养软件工匠精神。

任务2.1 界面设计

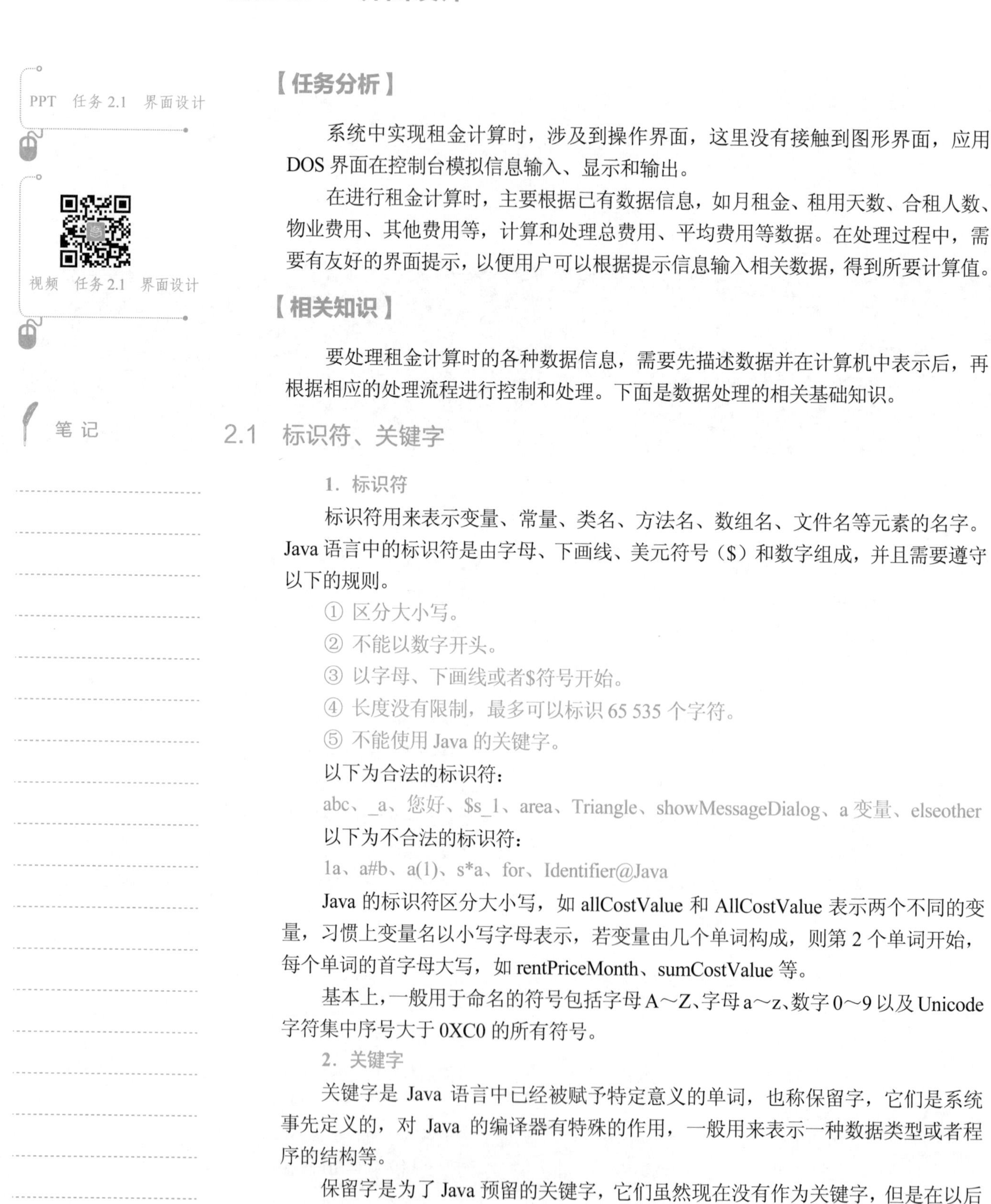

【任务分析】

系统中实现租金计算时，涉及到操作界面，这里没有接触到图形界面，应用DOS界面在控制台模拟信息输入、显示和输出。

在进行租金计算时，主要根据已有数据信息，如月租金、租用天数、合租人数、物业费用、其他费用等，计算和处理总费用、平均费用等数据。在处理过程中，需要有友好的界面提示，以便用户可以根据提示信息输入相关数据，得到所要计算值。

【相关知识】

要处理租金计算时的各种数据信息，需要先描述数据并在计算机中表示后，再根据相应的处理流程进行控制和处理。下面是数据处理的相关基础知识。

2.1 标识符、关键字

1. 标识符

标识符用来表示变量、常量、类名、方法名、数组名、文件名等元素的名字。Java语言中的标识符是由字母、下画线、美元符号（$）和数字组成，并且需要遵守以下的规则。

① 区分大小写。

② 不能以数字开头。

③ 以字母、下画线或者$符号开始。

④ 长度没有限制，最多可以标识65 535个字符。

⑤ 不能使用Java的关键字。

以下为合法的标识符：

abc、_a、您好、$s_1、area、Triangle、showMessageDialog、a变量、elseother

以下为不合法的标识符：

1a、a#b、a(1)、s*a、for、Identifier@Java

Java的标识符区分大小写，如allCostValue和AllCostValue表示两个不同的变量，习惯上变量名以小写字母表示，若变量由几个单词构成，则第2个单词开始，每个单词的首字母大写，如rentPriceMonth、sumCostValue等。

基本上，一般用于命名的符号包括字母A～Z、字母a～z、数字0～9以及Unicode字符集中序号大于0XC0的所有符号。

2. 关键字

关键字是Java语言中已经被赋予特定意义的单词，也称保留字，它们是系统事先定义的，对Java的编译器有特殊的作用，一般用来表示一种数据类型或者程序的结构等。

保留字是为了Java预留的关键字，它们虽然现在没有作为关键字，但是在以后的升级版本中很有可能成为关键字。

Java 的关键字见表 2-1。

表 2-1　Java 的关键字

astract	break	byte	boolean	catch
case	class	char	continue	default
double	do	else	extends	false
final	float	for	finally	if
import	implements	int	interface	instanceof
long	length	native	new	null
package	private	protected	public	return
switch	synchronized	short	static	super
try	true	this	throw	threadsafe
void	while	goto（保留字）	const（保留字）	

Java 语言中的保留字均用小写字母表示。另外，不能将关键字当作标识符来使用，学好关键字有助于更好地掌握 Java 语言的语法和运行机制。

笔 记

3. 分隔符

Java 语言中定义了多种分隔符，不同的分隔符在 Java 语言中有不同的功能和作用，具体如下。

- 圆括号( )：在定义和调用方法时使用，用来容纳参数表；在控制语句或强制类型转换组成的表达式中使用，用来表示执行或计算的优先级。
- 花括号{ }：用来包括自动初始化数组时，赋给数组的值；也用来定义语句块、类、方法以及局部范围。
- 方括号[ ]：用来声明数组的类型，也用来表示对数组的引用。
- 分号；：用来终止一个语句。
- 逗号，：在变量声明中，用来分隔变量表中的各个变量；在 for 控制语句中，用来将圆括号中的语句连接起来；
- 句号.：用来将软件包中的名字与其子包或类分隔，也用来调用引用变量的变量或方法，也用来引用数组的元素。

另外，还有一种较为特殊的空白分隔符，空格、Tab 跳格键及换行符都属于这类分隔符。

2.2　数据类型

现实生活中的数据有不同类型之分，如房源信息描述时，房屋的楼层为整数，房屋的出租价格为浮点数，小区的名称为字符串等。

Java 数据类型包括基本数据类型和引用数据类型。基本数据类型共有 8 种，包括 4 种整型 byte、short、int 和 long，两种浮点型 float 和 double，字符型 char 和布尔型 boolean。引用数据类型包括字符串、数组、类、接口等。

1. 整型

整型是那些没有小数部分的数据类型。Java 提供字节型 byte、短整型 short、整型 int 和长整型 long 4 种整数类型，这些都是有符号的值，无小数部分的数字。

每种整型类型占用的二进制位数和取值范围见表 2-2。

表 2-2　整数类型

类型	占用位数	取值范围
byte	8	$-128(-2^{7})\sim127(2^{7}-1)$
short	16	$-32\,768(-2^{15})\sim32\,767(2^{15}-1)$
int	32	$-2\,147\,483\,648(-2^{31})\sim2\,147\,483\,647(2^{31}-1)$
long	64	$-9\,223\,372\,036\,854\,775\,808(-2^{63})\sim 9\,223\,372\,036\,854\,775\,807(2^{63}-1)$

Java 中所有整数类型都有正负数之分，Java 不支持无符号整数。Java 中数据类型的取值范围是固定的，不会随着机器硬件环境或者操作系统的改变而改变。

int 提供了足够的数值范围，大多数情况下使用 int 就足够了。当整数范围超过 int 时，就要使用 long。若要表示 long 类型的整数值，则在数值的后面加大写或小写 L，如 10L、-22l 都是占 64 位的 long 类型。一般使用大写 L，因为小写 l 容易与数字 1 混淆。

除了日常生活中使用的十进制表示形式外，Java 中的整数常量也可以采用八进制或十六进制表示形式。八进制数使用数字 0～7，以 0 为前缀，如 0234 为八进制的整数常量。十六进制数用 0～9 或 A～F（a～f）表示，十六进制数以 0x 或 0X 为前缀，如 0xab12 为十六进制的整数常量。

【例 2-1】 分别把十进制、八进制和十六进制字面值赋给 int 和 long 型变量，并输出这些变量的十进制值。

```
package com.task1.demo;
public class Example2_1 {
    public static void main(String[] args) {
        int a = 56;
        int b = 073;                    //073 是八进制数
        long c = 0xa38f;                //0xa38f 是十六进制数
        System.out.println("a = "+a);
        System.out.println("b = "+b);
        System.out.println("c = "+c);
    }
}
```

```
a = 56
b = 59
c = 41871
```

图 2-1
进制转换结果

运行结果如图 2-1 所示。

2. 浮点类型

浮点型数据是带有小数部分的数据类型，也称实型数据。Java 有单精度型 float 和双精度型 double 两种类型的浮点数，每种类型占用的二进制位数和取值范围见表 2-3。

表 2-3 浮点数类型

类型	占用位数	取值范围
float	32	-3.4×10^{38} ～ 3.4×10^{38}（精度为 6～7 位有效数字）
double	64	-1.7×10^{308} ～ 1.7×10^{308}（精度为 14～15 位有效数字）

最常用的浮点型是 double。默认情况下，浮点型常量值是 double 类型，如 3.14、1.5 等都是 double 型。若指定 float 类型数据，则在浮点数后面加后缀 f 或 F，如 3.14f、1.5F 则是 float 类型。

有三种特殊的浮点值：正无穷大、负无穷大、NaN（非数字），用于表示溢出和出错。例如，用 0 去除一个整数，所得的结果为正无穷大，而计算 0/0 或者对一个负数求平方则会 NaN。浮点类型的数据不适合在不允许舍入误差的金融计算领域内使用。

【例 2-2】 计算正方形的面积示例。

```
package com.task1.demo;
public class Example2_2 {
    public static void main(String[] args) {
    double a=3.0,b=4.0;
    double area=a*b;
    System.out.println("长为 3，宽为 4 的长方形的面积为"+area);
```

```
    }
}
```

运行结果如图 2-2 所示。

长为3，宽为4的长方形的面积为12.0

图 2-2
计算圆的面积示例

3. 字符类型

字符类型 char 是用于表示单个的字符，如字母、数字、标点符号和其他符号等。因为 Java 使用 Unicode 字符集，因此 char 类型数据均是无符号的 16 位整数，范围是 0～65536，即 0x0000～0xffff。

笔 记

Unicode 定义的国际化字符集能表示迄今为止人类语言的所有字符集，是几十个字符集的统一，如拉丁文、希腊文、阿拉伯语、古代斯拉夫语、希来伯语、日文片假名、匈牙利语等，它要求 16 位。读者原来熟悉的 ASCⅡ码的范围是 0～127，扩展的 8 位字符集 ISO-Latin-1 的范围是 0～255。

字符型常量用一对单引号中的 Unicode 字符表示，如'A'、'5'、'中'、'国'等都是合法的 char 型常量。还可以使用 Unicode 编码来表示字符值，Unicode 编码占两个字节，用\u 开头的 4 个十六进制数表示，如'\u0041'表示'A'。

系统中已经定义了一些字符，使其具有特殊意义，程序中不能直接使用，这类字符称为转义字符。转义字符以“\” 开头，跟在其后的字符含义发生了转变，常用的转义字符见表 2-4。

表 2-4　Java 常用转义字符

转义字符	含义	Unicode 编码值
\n	换行	\u000A
\t	制表符	\u0009
\b	退格	\u0008
\r	回车	\u000D
\f	换页	\u000C
\\	反斜杠（\）	\u005C
\'	单引号	\u0027
\"	双引号	\u0022
\ddd	1～3 位八进制数据所表示的字符‘？’，如‘\356’	
\uxxxx	十六进制的 Unicode 码字符‘★’，如‘\u2605’	

4. 布尔类型

布尔类型用于表达两个逻辑状态之一的值，也称为逻辑类型。Java 中的布尔类型用 boolean 表示，取值只有 true 或 false 两个，分别代表逻辑“真”和逻辑“假”。

在 Java 中，布尔值和整数 0、1 不能相互转换。

注意

Java 规定不能将布尔类型看作整数类型，即两者之间不存在对应关系。

【例 2-3】 布尔类型的使用。

文档　源代码 2-3

```
package com.task1.demo;
public class Example2_3 {
    public static void main(String[] args) {
            boolean flag=true;
            if(flag){
                    System.out.println("条件为真");
```

笔 记

```
            }else{
                System.out.println("条件为假");
            }
        }
    }
```

布尔类型通常被用在流程控制中作为判断条件。

5. 字符串类型

字符串是程序设计中的常用类型，字符串不是Java语言的基本数据类型，也不是字符数组，而是引用数据类型，所有字符串都是String类的对象。由于字符串是最常用、最重要的数据类型之一，Java程序中允许类似于使用基本数据类型那样声明字符串变量，并对其直接赋值。

字符串是包含在""内的一组字符，字符串中字符的个数称为字符串的长度，长度为0称为空串。如以下都是合法的字符串。

```
"Hello World! "
"您好！"
" "                    //字符串中有1个空格字符，长度为1
""                     //空串，长度为0
null                   //不指向任何实例的空对象
```

字符串变量声明的格式为：

```
String 变量名;
```

变量声明以后就可以对其赋值。例如：

```
String s1 = "Hello World! ", s2;      //声明String型变量s1和s2，同时给s1赋值
s2 = "Hello ! ";                      //给s2赋值
```

通过“+”运算能把两个字符串连接成一个新的字符串。例如：

```
String s1 ="Java", s2 = "Language";
String s3 = s1+s2;                    //s3为"JavaLanguage"
```

如果+运算中一个数为字符串，另一个数为其他数据类型，则先将其他数据类型隐式转换成字符串，然后连接这两个字符串。例如：

```
System.out.print("每个月需要支付"+1000+"元.");    //先把1000转换成“1000”，然后连接
```

6. 数据类型转换

Java中对基本数据类型的变量赋值时可能会遇到不同数据类型之间的赋值，若要保证赋值的正确进行，则要熟悉基本数据类型之间的转换规则。在进行类型转换之前，先了解基本类型之间的关系，由低级到高级分别为（byte，short，char）→int→long→float→double。

Java中类型转换分为如下两种。

① 低级到高级的自动类型转换。

② 高级到低级的强制类型转换。

低级类型变量可以直接转换为高级类型变量，称之为自动类型转换。如下面的语句可以在Java中直接通过。

```
byte b=10;
int i=b;
long l=b;
float f=b;
double d=b;
```

如果低级类型为char型，向高级类型（整型）转换时，会转换为对应ASCⅡ码

值，例如：

```
char c='c';
int i=c;
System.out.println("i="+i);
```

则输出结果为：i=99。

注意

自动类型转换是发生在类型兼容及目标类型比源类型高的基础上，是对兼容类型的扩展转换。布尔类型与字符类型或数值类型之间不能进行类型转换。

对于 byte、short、char 三种类型，它们是同一级的，因此不能自动相互转换，需要进行强制类型转换，把源数据类型转换为目标数据类型。强制类型转换的格式为：

(目标数据类型)表达式

例如：

```
int i=99;
byte b=(byte)i;
char c=(char)i;
float f=(float)i;
double d=(double)f;
```

强制类型转换是缩减转换，转换后可能丢失信息，可能会导致溢出或精度的下降。例如把 double 强制转换成 int 时，会丢失小数部分。

char 型数据可以与数值型数据实现相互转换。int 型数据转换成 char 型数据时只使用低十六位，其余部分被忽略。浮点型数转换成 char 型数据时，首先将浮点值转换成 int 型，然后再转换成 char 型。char 型数据转换成数值类型时，这个字符的 Unicode 编码被转换成指定的数值类型。下列代码是正确的语句。

```
int a = '\u008a';      //字符'\u008a'的 Unicode 码赋给 int 变量 a
char c = 57006;        //57006 是该字符的 Unicode 码
```

笔 记

注意

强制转换是在相应表达式中起作用，并不会改变被转换的表达式或变量本身的类型，如

```
int i=99;
byte b=(byte)i ;
```

执行后变量 i 的类型并不会改变，仍为 int 类型。

2.3　常量和变量

1. 常量

常量是在程序运行过程中值始终保持不变的量。如果程序中多处用到某个值，就可以将其定义成常量。这样，一方面避免了反复输入同一个值，另一方面，一旦这个值发生改变，只需要在同一个地方进行修改。常量的声明格式如下：

final 类型 常量名= 常量值;

常量只能赋一次值。为了与变量名区别，习惯上常量名中的字母全部为大写。

例如，下列语句定义了表示圆周率的常量 PI：

```
final double PI=3.14159;
```

```
final boolean FLAG=true ;
```

> **注意**
>
> 当定义的 final 常量属于“成员变量”时，必须在定义时设定初始值，否则会产生编译错误。

2. 变量

变量是在程序运行过程中值根据需要可以改变的量，它是 Java 程序的一个基本存储单元，用于描述数据。Java 是强类型语言，所有变量必须先声明再使用。变量定义的格式为：

类型　变量名[=变量初值];

“类型”是指变量的值所属的类型，如存放整数就定义为整数类型，存放实数就定义为浮点数类型。“变量名”是指用标识符来表示的变量名称。变量定义作为一条独立的语句出现，结尾应以分号结束。几个相同类型的变量可以一起定义，中间用逗号分隔。

变量的定义示例如下：

```
int rentPersonNums;
double propertyCost, otherCost;
```

文档　源代码 2-4

【例 2-4】 常量和变量的使用。

```
package com.task1.demo;
public class Example2_4 {
    static final double PI=3.14;          //声明常量 PI，如果不赋值，会提示错误
    static int member=23;                 //定义 int 型成员变量，并赋值
    public static void main(String[] args) {
        final int part;                   //声明 int 型的常量
        part=123;                         //对常量进行赋值
        member=24;                        //再次对成员变量进行赋值
        //part=321;                       //错误的代码，不能对常量进行重新赋值
        //PI=3.14156;                     //错误的代码，不能对常量的成员变量重新赋值
    }
}
```

3. 变量的有效范围

当变量被定义后，会暂存在内存中，直到程序执行到某一点后，该变量才会被释放，因此变量有它的生命周期。变量的有效范围是指程序代码能够访问到该变量的区域，若超出该区域而访问该变量，则编译时会出现错误。在 Java 程序中，一般会根据变量的有效范围将变量分为成员变量和局部变量。

（1）成员变量

在类体中所定义的变量称为成员变量，成员变量在整个类中都有效，可以分为静态成员变量和实例变量两种。

【例 2-5】 声明静态成员变量和实例变量。

```
package com.task1.demo;
public class Example2_5 {
    int x=123;
    static int y=234;
}
```

其中 x 是实例变量，y 为静态变量。如果成员变量的类型前面加上 static 关键字，这样的成员变量就成为了静态变量。

笔 记

（2）局部变量

局部变量是在类的方法体中定义的变量，即在方法内部定义。局部变量在“{”和“}”之间的代码中定义。在类的方法中声明的变量，包括方法的参数，都属于局部变量。局部变量只在当前定义的方法内有效，局部变量的生命周期取决于方法，当方法被调用时，Java 虚拟机为方法中的局部变量分配内存空间，当方法的调用结束后，则会释放方法中的局部变量占用的内存空间，局部变量也会被销毁。

局部变量可与成员变量的名字相同，此时成员变量被隐藏，即这个成员变量在此方法中失效如图 2-3 所示。

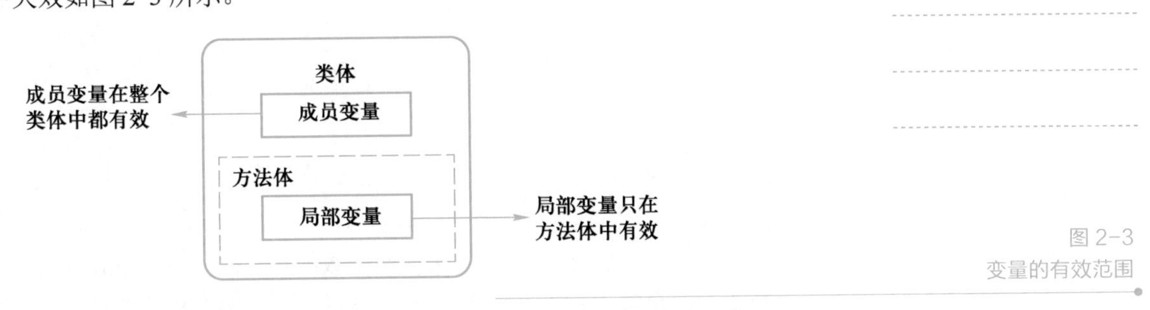

图 2-3
变量的有效范围

2.4　数据操作

变量定义赋值后，结合运算符构建表达式是进行数据操作和处理的基础。下面主要介绍 Java 中的各种运算符及运算的优先级。

1. 运算符

运算符是描述数据运算的符号，Java 提供了丰富的运算符，各种运算符及优先级关系见表 2-5，按从高到低的顺序列出了运算符的优先级。

表 2-5　运算符的优先级

序号	运算符	类型	结合性
1	[ ]、.、( )（方法调用）		从左向右
2	!、~、++、--、+（正）、-（负）、( )（显式类型转换）、new	一元运算符	从右向左
3	*、/、%	算术运算符	从左向右
4	+、-	算术运算符	从左向右
5	<<、>>、>>>	移位运算符	从左向右
6	<、<=、>、<=、instanceof	关系运算符	从左向右
7	==　!=	关系运算符	从左向右
8	&	位运算符	从左向右
9	^	位运算符	从左向右
10	|	位运算符	从左向右
11	&&	逻辑运算符	从左向右
12	||	逻辑运算符	从左向右
13	?:	条件运算符	从右向左
14	=、+=、-=、/=、%=、&=、|=、^=、<<=、>>=、>>>=	赋值运算符	从右向左

同一个表达式中往往有多个运算符，必须为这些不同的运算符确定一个执行顺序。结合性指同一个表达式中多个相同级别运算符的执行顺序，有从左向右、从右向左两种结合性。Java 通过运算符的优先级和结合性确定表达式中的运算顺序。使用括号可以改变运算顺序，括号内的运算先执行，括号还可以嵌套。

Java 有五大类运算符，包括算术运算、关系运算、逻辑运算、赋值运算和位运算。除此之外，Java 还定义了一些附加的运算符用来处理特殊情况。

2. 算术运算符

算术运算符作用于整数类型或浮点数类型数据，可完成基本的算术运算。Java 定义的算术运算符见表 2-6。

表 2-6 算术运算符

运算符	含义
++	自增
--	自减
+	加（或取正）
-	减（或取负）
*	乘法
/	除法
%	求余

表 2-6 中，+、-、*、/实现两个数的加、减、乘、除四则运算，%取两个操作数相除的余数。+和 - 还是一元运算符，表示单个操作数的正和负。Java 对+运算符进行了扩展，使它能够实现字符串的连接，如"abc"+"de"，得到结果为新串“abcde”。

注意

算术运算符不能用在布尔类型上，但可以用在 char 类型上。实质上，char 类型是 int 类型的一个子集。

不同类型的数据执行算术运算时，运算结果与精度最高的数据类型一致。两个整数相除，除数不能为 0，否则会抛出异常。浮点数的除运算中，除数为 0 时结果为 NaN（Not a Number，非数）。下列是合法的算术运算。

```
5/2        //两个整数相除，进行整除运算，舍弃余数，结果为 2
5/2.0      //只要有一个操作数为浮点数，则进行浮点除，结果为 2.5
10%3.0     //取两数相除后的余数，结果与精度高的数据类型 double 一致，为 1.0
```

自增++和自减--是一元算符，实现变量的增 1 和减 1 运算。例如：

```
x++;       //可以写成 x=x+1
--x;       //可以写成 x=x-1
```

自增和自减运算符既可以出现在变量的前面，也可以出现在变量的后面。上述例子中，出现在变量前后的结果是一样的。但是，当表达式中还有其他运算时，++或--出现在变量前面时，先执行自增或自减运算，再执行其他运算。出现在变量后面时，先执行其他运算，再执行自增或自减运算。

整型、实型、字符型数据可以混合运算，在运算过程中，不同类型的数据会自动转换为同一类型，然后进行运算，转换按低级类型数据自动转换成高级类型数据的规则进行。

文档 源代码 2-6

【例 2-6】 算术运算测试示例。

```
package com.task1.demo;
public class Example2_6 {
    public static void main(String args[]) {
        int a = 5 + 4; //a=9
        int b = a * 2; //b=18
        int c = b / 4; //c=4
        int d = b - c; //d=14
```

```
            int e = -d; //e=-14
            int f = e % 4; //f=-2
            double g = 18.4;
            double h = g % 4; //h=2.4
            int i = 3;
            int j = i++; //i=4，j=3
            int k = ++i; //i=5，k=5
            System.out.println("a=" + a);
            System.out.println("b=" + b);
            System.out.println("c=" + c);
            System.out.println("d=" + d);
            System.out.println("e=" + e);
            System.out.println("f=" + f);
            System.out.println("g=" + g);
            System.out.println("h=" + h);
            System.out.println("i=" + i);
            System.out.println("j=" + j);
            System.out.println("k=" + k);
    }
}
```

```
a=9
b=18
c=4
d=14
e=-14
f=-2
g=18.4
h=2.3999999999999986
i=5
j=3
k=5
```

图 2-4
算术运算测试示例

程序运行结果如图 2-4 所示。

3. 关系运算符

关系运算是比较两个数据之间的大于、小于或等于关系的运算，结果返回逻辑值（true 或 false）值。在一个比较运算符两边的数据类型应该一致。Java 提供 6 种关系运算符，见表 2-7。

表 2-7 关系运算符

运算符	含义
>	大于
>=	大于等于
<	小于
<=	小于等于
==	等于
!=	不等于

整数或浮点数的关系运算是比较两个数的大小，字符型数据的关系运算是比较其 Unicode 码的大小，boolean 值只能进行= =或!=比较。

Java 中，任何数据类型的数据（包括基本类型和引用类型）都可以通过= =或!=来比较是否相等。关系运算符常与布尔逻辑运算符一起使用，作为流程控制语句的判断条件。

【例 2-7】 关系运算符使用示例。

```
package com.task1.demo;
public class Example2_7 {
    public static void main(String[] args) {
        int n = 3;
        int m = 4;
        System.out.println();
        System.out.println("n<m is " + (n < m));
        System.out.println("n=m is " + ((++n) == m));
```

```
n<m is true
n=m is true
n>m is true
n is 5
```

图 2-5
关系运算符使用示例

```
        System.out.println("n>m is " + ((++n) > m));
        System.out.println("n is " + n);

    }
}
```

程序运行结果如图 2-5 所示。

4. 逻辑运算符

逻辑运算是针对布尔型数据进行的运算，运算的结果仍然是布尔型量。Java 提供 6 种逻辑运算符，见表 2-8。

表 2-8 逻辑运算符

运算符	含义
&	非简洁与（AND）
|	非简洁或（OR）
^	逻辑异或（XOR）
!	逻辑非（NOT）
&&	条件与（AND）
||	条件或（OR）

表 2-8 中，!是一元运算符，其余都是二元运算符。逻辑运算符的操作数只能是布尔类型逻辑运算的真值，见表 2-9。

表 2-9 逻辑运算的真值表

op1	op2	op1&op2、op1&&op2	op1|op2、op1||op2	op1^op2	!op1
false	false	false	false	false	true
true	false	false	true	true	false
false	true	false	true	true	true
true	true	true	true	false	false

从表 2-9 中可以看出，&&和&、 ||和|的运算结果是一样的，两者的区别在于&&和||具有短路运算功能，只有在必要时才计算第 2 个操作数。如逻辑与运算（&&）时，若左边表达式的值为 false，就可以确定表达式结果为 false，右边的表达式不需再计算。而&、| 不存在短路运算，在任何情况下都要计算两边的表达式。

【例 2-8】 逻辑运算符使用示例。

文档 源代码 2-8

```
package com.task1.demo;
public class Example2_8 {
    public static void main(String []args){
        int a=3;
        int b=4;
        boolean result1=(a>b)&&(a!=b);
        boolean result2=(a>b)||(a!=b);
        System.out.println(result1);
        System.out.println(result2);
        boolean result3=(a<b)||((a=5)>b);          //测试短路现象
        System.out.println(result3+",a="+a+",b="+b);
        boolean result4=(a<b)|((a=5)>b);           //标准逻辑运算符没有短路现象
        System.out.println(result4+",a="+a+",b="+b);
    }
}
```

```
false
true
true,a=3,b=4
true,a=5,b=4
```

图 2-6
逻辑运算符使用示例

程序运行结果如图 2-6 所示。

5．位运算符

位运算是对操作数以二进制为单位进行的操作和运算，位运算的操作数和结果都是整型变量，这些类型 Java 中提供了的位运算符，见表 2-10。

表 2-10　位运算符

运算符	含义
～	按位取反
<<	按位左移
>>	按位右移
>>>	无符号按位右移
&	按位与
^	按位异或
|	按位或

位运算符的操作数只能为整型和字符型数据。位运算符中，除“～”外，其余均为二元运算符。位运算符通常与硬件打交道时用到，在 Java 开发中一般不常使用。

【例 2-9】　位运算符使用示例。

文档　源代码 2-9

```
package com.task1.demo;
public class Example2_9 {
    public static void main(String []args){
            int a=3;
            int b=4;
            System.out.println(a&b);
            System.out.println(a|b);
            System.out.println(a^b);
            System.out.println(b<<2);
            System.out.println(b>>2);
    }
}
```

图 2-7
位运算符使用示例

程序运行结果如图 2-7 所示。

6．条件运算符

条件运算符“?:”是三元运算，格式如下：

表达式 1?表达式 2:表达式 3

其中，表达式 1 必须是布尔表达式。条件运算的顺序是：先计算表达式 1 的值，如果结果为 true，则计算表达式 2 的值，并把这个值作为三元运算的结果；如果结果为 false，则计算表达式 3 的值，并把这个值作为三元运算的结果。例如：

```
int a = 1, b = 2 , c;
c = a>b?a:b;            // a>b 的结果为 false，因此，三元运算的结果为 b，把 b 的值赋给 c
```

7．赋值运算符

赋值运算的符号是一个等号，其右边是一个表达式，左边是变量。右边的表达式可以是一个变量或常量。赋值运算符的作用是先计算等号右边表达式的值，然后把计算结果赋给左边的变量。

赋值语句是程序设计最基本的语句之一，在 Java 中，赋值语句像函数一样有返回值，其返回值即左边的值。

```
int a;
a = 5+3/2;                //先计算 5+3/2，把结果赋给变量 a
```

Java 将算术运算符或位运算符进行组合，形成复合赋值运算符，以简化某些赋

笔 记

值语句。例如：

```
x += 10;                //x = x+10 的简写
b &= true;              //b = b&true 的简写
```

Java 的算术和逻辑复合赋值运算符包括+=、−=、*=、/=、%=、&=、|=、^=。使用这些运算符，程序运行时的执行效率更高。

2.5 表达式与语句

1. 表达式

表达式是变量、常量、对象、方法调用和操作符等元素的有效组合，符合语法规则的表达式才能被编译系统理解、执行并计算，如 5.3/2、2*(a−b)、a>3&(x%2!=0)都是有效的表达式。其实表达式就是日常所说的数学式子，但是表达式的书写是平排的，不存在上标或下标等。

每个表达式经过运算最终都是一个值，表达式的值的数据类型就是表达式的类型。表达式中不同运算的计算顺序按照运算符的优先级和结合性进行，即先计算优先级高的运算符，相同级别的运算符按结合性的顺序执行。如果表达式中有括号，先计算括号中的运算。

2. 语句

Java 程序由语句组成，每个语句是一个完整的执行单元，以分号结尾。下列表达式后面加分号就成了语句。

① 赋值表达式。

② 变量的++和−−运算。

③ 方法调用。

④ 对象创建表达式。

这种语句称为表达式语句。例如：

```
int a = 1+2;                          //赋值语句
a++;                                  //相当于 a=a+1;
System.out.println("Hello World!");   //方法调用语句
Person p = new Person( );             //对象创建语句
```

其中，方法调用语句和对象创建语句的用法在后面有详细介绍。

Java 中除了表达式语句，还有声明语句和流程控制语句。声明语句用来声明变量的数据类型。例如：

```
double value;                         //声明了 double 型变量 value
```

流程控制语句用来控制语句的执行顺序。

文档 源代码 2-10

【例 2-10】 已知圆的半径为 8.5，编写程序计算并显示该圆的面积和周长。圆周率 π 可以引用类库中 Math 类的常量 PI。

```
package com.task1.demo;
public class Example2_10 {
    public static void main(String[] args) {
        double r = 8.5;              //赋值语句
        double length, area;         //声明语句
        length = 2 * Math.PI * r;
        area = Math.PI * r * r;
        System.out.println("圆周长为:" + length);      //方法调用语句
        System.out.println("圆面积为:" + area);
```

```
    }
}
```

程序运行结果如图 2-8 所示。

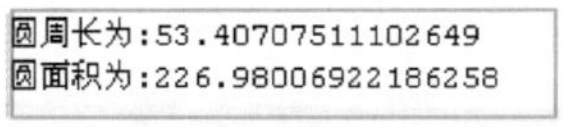

圆周长为:53.40707511102649
圆面积为:226.98006922186258

图 2-8
程序运行结果

3. 语句块和作用域

语句块由一对{ }以及其中的语句组成，语句块中的语句可以有一行或多行，也可以一行也没有，为空语句块，留待以后再添加相关语句。任何可以使用语句的地方都可以使用语句块，通常语句块使用在流程控制、类的声明、方法的声明以及异常处理等场合。

每个语句块定义了一个作用域，在作用域内定义的变量是局部变量，局部变量只有在语句块内具有可见性。语句块可以嵌套，每创建一个语句块就创建了一个新的作用域。作用域嵌套时，外层作用域包含内层作用域，即外层作用域定义的变量在内层作用域中可见，反之，内层作用域定义的变量对外层作用域不可见。

【例 2-11】 定义变量 i 和语句块内的局部变量 j，观察 i 和 j 不同的作用域。

文档　源代码 2-11

```
package com.task1.demo;
public class Example2_11 {
    public static void main(String[] args) {
        int i = 0;{
            int j = 0;
            System.out.println(i);    // 语句块外定义的变量在语句块内具有可见性
        }
        i = 5;
        // j = 10;            //j 不可使用，语句块内定义的变量在语句块外不具有可见性
    }
}
```

上述程序中，一对{ }定义了一个作用域，在这个作用域中定义的 int 变量 j 在{ }外不可见。因此取消上述程序中的注释符号将出现“无法解析变量 j”的错误。

【任务实施】

本任务处理租金计算，租金计算时必须要有操作提示等图形界面设计。这里只涉及 DOS 界面的设计，输入和输出都在控制台。

输入使用 Scanner 对象，输出使用 System 对象。分为以下步骤。

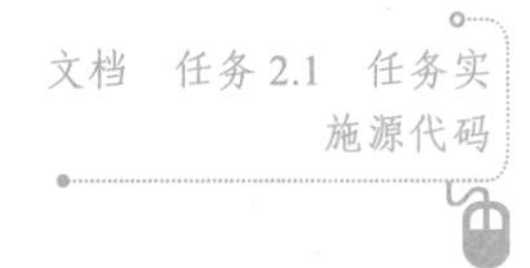

- 欢迎界面友好。
- 功能提示。
- 键盘输入数字。
- 判断输入是否合法。
- 根据需要，定义不同数据类型的变量，并输入相应的信息。

程序代码如下：

视频　任务 2.1　任务实施

```
package com.my.control;
import java.util.Scanner;

public class RentCalculateBound {

    public static void main(String[] args) {

        System.out.println("欢迎使用房屋租赁租金计算工作！");
```

笔 记

```
            System.out.println("选择进行的操作类型：1.用户类型选择  2.单个用户租金计算
                3.多用户租金计算 4.退出");
            Scanner sc=new Scanner(System.in);

            //获取输入的数字：整型
            int act=sc.nextInt();

            //判断输入的是什么数字
            boolean actResult=act==1 || act==2 ||act==3||act==4;

            //条件表达式判断输入的数字的范围
            String result=actResult?"您选择的是 1～4":"您的选择不在 1～4 范围内";
            System.out.println(result);

            //输入求租用户的姓名
            System.out.println("请输入用户名姓名：");
            String userName=sc.next();
            System.out.println("求租用户姓名="+userName);

            //输入求租用户的性别
            System.out.println("请输入求租用户性别：true  or  false");
            boolean sex=sc.nextBoolean();
            System.out.println("性别="+(sex?'男':'女'));

            //计算租金
            System.out.println("计算租金");

            //租金包括三个部分：房租、物业费、其他费用
            System.out.println("请输入房屋出租费用：");
            double houseRent=sc.nextDouble();

            System.out.println("请输入物业费用:");
            float propertyCost=sc.nextFloat();

            System.out.println("请输入其他费用：");
            int otherCost=sc.nextInt();

            //数据类型自动转换
            double rent=houseRent+propertyCost+otherCost;
            System.out.println("租金="+rent);
        }
    }
```

运行结果如图2-9所示。

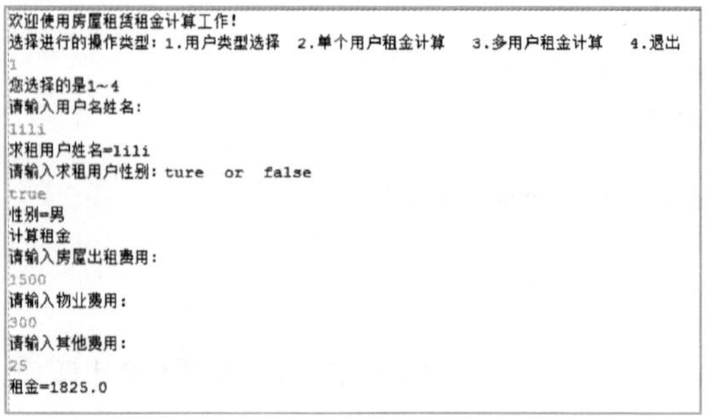

```
欢迎使用房屋租赁租金计算工作!
选择进行的操作类型：1.用户类型选择  2.单个用户租金计算   3.多用户租金计算   4.退出
1
您选择的是1~4
请输入用户名姓名:
lili
求租用户姓名=lili
请输入求租用户性别: ture  or  false
true
性别=男
计算租金
请输入房屋出租费用:
1500
请输入物业费用:
300
请输入其他费用:
25
租金=1825.0
```

图2-9
界面设计结果

【实践训练】

设计一个简易计算器的界面，提示友好信息，根据提示信息，输入相应类型数值并输出。

任务 2.2 用户类型选择

【任务分析】

做任何事情都要遵循一定的原则。例如，求租房屋必须先要登记，然后选择房源，最后处理，如果房源的出租时间过期，则租赁不能成功。程序设计也是如此，需要有流程控制实现与用户的交流，根据用户的输入决定程序“要做什么”“怎么做”。

流程控制对于任何一门编程语言都是非常重要的，它提供了控制程序步骤的基本手段。如果没有流程控制语句，整个程序将按照线性的顺序来执行，不能根据用户的输入决定执行的顺序。

租金计算功能面向的是不同用户，不同用户输入的信息和查询的信息会有所不同，因此需要进行用户类型的选择，在程序设计时需要使用选择控制结构，实现该任务可以根据用户的输入信息，让系统选择合适的用户进行处理，主要有出租用户、求租用户、普通员工和系统管理员。

【相关知识】

笔 记

2.6 基本程序结构

控制结构的作用是控制程序中语句的执行顺序，它是结构化程序设计的关键。Java 语言中有三种基本的流程控制结构，即顺序结构、分支结构和循环结构，如图 2-10 所示。

顺序结构是三种结构中最简单的一种，即语句按照书写的顺序依次执行；分支结构又称为选择结构，它将根据计算或者输入的表达式的值来判断应选择执行哪一个流程的分支；循环结构是在一定条件下反复执行一段语句的流程结构。这三种结构构成了程序局部模块的基本框架。

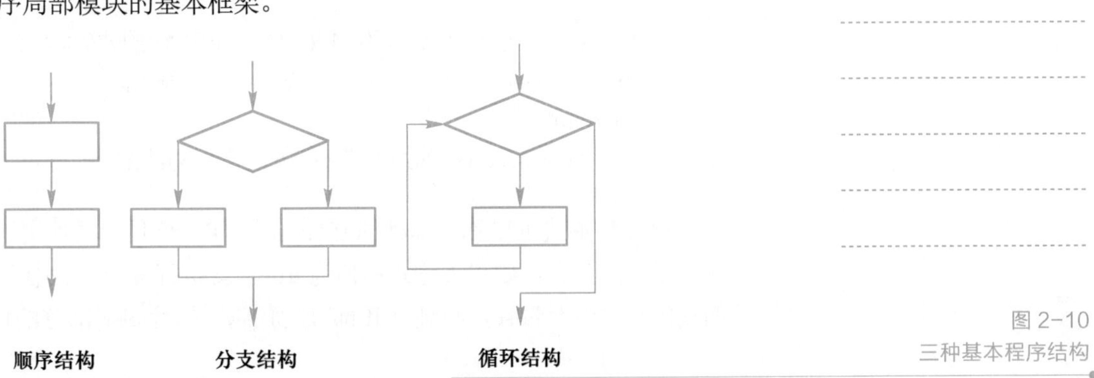

图 2-10
三种基本程序结构

分支结构提供了一种控制机制，使得程序的执行可以跳过某些语句不执行，而

笔 记

转去执行特定的语句。分支结构主要有if语句和switch语句两种。

2.7 if语句

if语句一般用if-else语句用来构成分支结构。if语句存在三种形式，每种形式都需要使用布尔表达式。在大数情况下，一条if语句往往需要执行多句代码，这就需要用一对花括号将它们括起来形成语句块，建议即使在只有一条语句时也这样做，因为这会使程序更容易阅读和更容易扩展。

if语句的基本格式如下：

（1）形式1

```
if (条件表达式){
   语句1
}
```

（2）形式2

```
if (条件表达式){
   语句1
}else {
   语句2
}
```

（3）形式3

```
if (条件表达式1){
   语句1
}else if (条件表达式2){
   语句2
}else {
   语句3
}
```

（4）形式4

```
if (条件表达式1)
   if (条件表达式2){
         语句1
   }else {
         语句2
   }else {
         语句3
   }
```

第1种形式可以称为不对称的if语句。if语句的执行取决于表达式的值，如果表达式的值为true则执行这段代码；否则跳过。例如：

```
if (x <0){
    System.out.println("x 的值小于 0,这段代码被执行");
}
```

第2种形式可以称为标准的if...else语句，这种形式使用了else把程序分成了两个不同的分支。如果表达式的值为true，就执行if部分的代码，并跳过else部分的代码；如果为false，则跳过if部分的代码并执行else部分的代码。可以把上面的示例改写为：

```
if (x<0){
   System.out.println("x 的值小于 0，if 代码段的语句被执行");
```

```
}else{
    System.out.println("x 的值大于 0，else 代码段的语句被执行");
}
```

笔 记

第 3 种形式是上面两种形式的结合，并可以根据需要增加 else if 部分。语句 2 的执行条件为表达式 1 成立，表达式 2 不成立。例如，在形式 2 的例子中，需要对 x 等于 0 的情况作特殊处理，那么可以把程序修改为：

```
if (x<0){
    System.out.println(" x 的值小于 0，if 代码段的语句被执行");
}else if (x = =0){
    System.out.println(" x 的值等于 0，else if 代码段的语句被执行");
}else{
    System.out.println(" x 的值大于 0，else 代码段的语句被执行");
}
```

第 4 种形式是 if 语句的嵌套形式，在外部 if 结构中又嵌套了一个 if...else 结构。在这种形式中，若 else 个数与 if 个数不匹配，则 else 与离它最近的未匹配的 if 配对。

无论采用什么形式，在任何时候，if 结构在执行时只能执行其中某一段代码，而不会同时执行两段，因为布尔表达式的值控制着程序执行流只能走向某一个确定方向，而不会是两个方向。

需要注意的是，在 Java 中，if 结构中的条件表达式的值必须是布尔值（true 或 false），不能出现其他类型的数据。

【例 2-12】 采用三种 if 形式，判断某一年是不是闰年。

文档　源代码 2-12

```
package com.task2.demo;
public class Example2_12 {
    public static void main(String args[]) {
        // 第 1 种形式
        int year = 2000;
        if ((year % 4 == 0 && year % 100 != 0) || (year % 400 == 0)) {
            System.out.println(year + " is a leap year.");
        } else {
            System.out.println(year + " is not a leap year.");
        }
        // 第 2 种形式
        year = 2011;
        boolean leap;
        if (year % 4 != 0) {
            leap = false;
        } else if (year % 100 != 0) {
            leap = true;
        } else if (year % 400 != 0) {
            leap = false;
        } else {
            leap = true;
        }
        if (leap == true) {
            System.out.println(year + " is a leap year.");
        } else {
            System.out.println(year + " is not a leap year.");
        }
```

```
        // 第 3 种形式
        year = 2012;
        if (year % 4 == 0) {
            if (year % 100 != 0) {
                leap = true;
            } else if (year % 400 == 0) {
                leap = true;
            }
        } else {
            leap = false;
        }
        if (leap == true) {
            System.out.println(year + "    is a leap year.");
        } else {
            System.out.println(year + "    is not a leap year.");
        }
    }
}
```

```
2000 is a leap year.
2011 is not a leap year.
2012 is not a leap year.
```

图 2-11
采用分支结构判断闰年

运行结果如图 2-11 所示。

2.8 switch 语句

笔 记

switch 语句与 if 语句在本质上相似，但它可以简洁地实现多路选择。它提供了一种基于一个表达式的值来使程序执行不同部分的简单方法。

switch 语句把表达式返回的值与每个 case 子句中的值相比，如果匹配成功，则执行该 case 子句后的语句序列，case 分支中包括多个执行语句时，可以不用花括号{}括起。

switch 语句的基本形式如下。

```
switch (表达式){
    case ' 常量 1 ' :
        语句块 1;
        break;
    case' 常量 2 ' :
        语句块 2;
        break;
    ……
    case' 常量 n ' :
        语句块 n;
        break;
    default:
        语句块 n+1;
}
```

switch 使用说明：

① switch 语句中的判断表达式必须为 byte、short、int 或者 char 类型，从 Java SE 开始，switch 支持字符串 String 类型。每个 case 后面的值必须是与表达式类型兼容的特定常量，并且同一个 switch 语句中的每个 case 值不能与其他 case 值重复。

② default 子句是可选的。当表达式的值与所有 case 子句中的都不匹配时，程

序执行 default 后面的语句。如果表达式的值与任意 case 子句中的值都不匹配且没有 default 子句，则程序不作任何操作，直接跳出 switch 语句。

③ break 语句用来在执行完一个 case 分支后，使程序跳出 switch 语句，即终止 switch 语句的执行。因为 case 子句只是起到一个标号的作用，用来查找匹配的入口并从此处开始执行，对后面的 case 子句不再进行匹配，而是直接执行其后的语句序列，因此应该在每个 case 分支后，用 break 来终止后面的 case 分支语句的执行。

④ 在一些特殊情况下，多个不同的 case 值要执行一组相同的操作，这时可以不用 break。

从以上说明可以看出，switch 结构的终止条件有两个，一是执行到最后自然结束，二是执行到 break 强制结束。

【例 2-13】 switch 语句的使用示例（注意其中 break 语句的作用）。

文档 源代码 2-13

笔 记

```
package com.task2.demo;
import java.util.Scanner;

public class Example2_13 {
    public static void main(String[] args) {
            int year;
            int month;
            int days = 0;
            System.out.print("请输入年份和月份:");
            Scanner in = new Scanner(System.in);        //从键盘输入年份和月份数据
            year = in.nextInt();
            month = in.nextInt();

            switch (month) {
            case 2:                                     // 判断是否闰年，确定二月份天数
                    if ((year % 4 == 0 && year % 100 != 0) || (year % 400 == 0))
                            days = 29;
                    else
                            days = 28;
                    break;
            case 4:
            case 6:
            case 9:
            case 11:
                    days = 30;
                    break;
            case 1:
            case 3:
            case 5:
            case 7:
            case 8:
            case 10:
            case 12:
                    days = 31;
                    break;
            default:
                    System.out.println("月份数据非法！");
            }
```

```
            System.out.println(year + "年" + month + "月有" + days + "天");
        }
    }
```

请输入年份和月份:2011 2
2011年2月有28天

图 2-12
switch 语句的使用示例

运行结果如图 2-12 所示。

PPT 任务 2.2 任务实施

文档 任务 2.2 任务实施源代码

视频 任务 2.2 任务实施

笔 记

【任务实施】

租金计算操作需要根据不同类型的用户进行选择，在主方法中进行友好界面提示信息的设计，然后分别设计了使用 if-else 语句和 switch 语句的用户类型选择。其步骤如下。

- 界面输入提示。
- 输入相应字符。
- 设计使用 if-else 结构进行用户类型选择。
- 设计使用 switch 结构进行用户类型选择。
- 分别调用。

程序代码如下：

```
package com.my.control;
import java.util.Scanner;

public class UserTypeJudge {

    // 使用 if-else 判断用户类型
    public void ifJudgeUserType(char c) {
        if (c == 'a') {
            System.out.println("您选择的是出租用户！");
        } else if (c == 'b') {
            System.out.println("您选择的是求租用户！");
        } else if (c == 'c') {
            System.out.println("您选择的是普通员工！");
        } else if (c == 'd') {
            System.out.println("您选择的是系统管理员！");
        } else {
            System.out.println("您的输入有错误，请重新输入！");
        }
    }

    // 使用 switch 判断用户类型
    public void switchJudgeUserType(int c) {
        switch (c) {
        case 1:
            System.out.println("您选择的是出租用户！");
            break;
        case 2:
            System.out.println("您选择的是求租用户！");
            break;
        case 3:
            System.out.println("您选择的是普通员工！");
            break;
        case 4:
```

笔 记

```
                System.out.println("您选择的是系统管理员！");
                break;
            default:
                System.out.println("您的输入有错误，请重新输入！");
            }
        }

        public static void main(String[] args) {
            // 创建 UserTypeJudge 对象
            UserTypeJudge userType = new UserTypeJudge();

            // 获得输入流对象
            Scanner sc = new Scanner(System.in);

            // 1.使用 if-else 判断用户类型
            System.out.println("使用 if-else 判断，判断类型：字符");
            System.out.println("请输入选择的用户类型：  a:出租用户     b：求租用户");
            System.out.println("                      c:普通员工     d:系统管理员 ");

            // 从控制台输入一个字符串，从字符串中获取字符
            String str = sc.next();
            char c = str.charAt(0);
            userType.ifJudgeUserType(c);
            System.out.println("..............................");

            // 2.使用 switch 判断用户类型
            System.out.println("请输入选择的用户类型：  1:出租用户     2：求租用户");
            System.out.println("                      3:普通员工     4:系统管理员 ");
            System.out.println("使用 switch 判断，判断类型：整型");
            System.out.println("请输入选择的用户类型：");
            int i = sc.nextInt();
            userType.switchJudgeUserType(i);
        }
    }
```

运行结果如图 2-13 所示。

```
使用if else 判断，判断类型：字符
请输入选择的用户类型：  a:出租用户     b：求租用户
                      c:普通员工     d:系统管理员
a
您选择的是出租用户！
................................
请输入选择的用户类型：  1:出租用户     2：求租用户
                      3:普通员工     4:系统管理员
使用switch 判断，判断类型：整型
请输入选择的用户类型：
3
您选择的是普通员工！
```

图 2-13
用户类型选择运行结果

【实践训练】

设计一个简易计算器的界面，要求有功能选择（可以进行简单的四则运算），然后根据输入操作数的值进行计算并输出相应的计算结果。

任务 2.3 租金计算

【任务分析】

租金的计算功能主要是根据输入的租金金额和月份来进行计算，并且该计算能重复进行。当满足一定条件需要反复进行执行某些操作时，需要使用循环结构。

在 Java 中循环结构有 for、while 和 do…while 三种形式，另外还可以灵活使用 continue 和 break 语句进行结构的优化。

【相关知识】

循环结构可以控制程序重复执行某个语句或语句块，重复执行的语句或语句块称为循环体，循环体的一次执行称为一次循环迭代。Java 有 for 循环、while 循环和 do-while 循环三种循环结构。

2.9 for 循环语句

for 循环通过控制一系列的表达式重复循环体内语句块的执行，直到循环条件不成立为止。其语句的基本形式为：

```
for(表达式 1;表达式 2;表达式 3){
    循环体
}
```

说明

① 表达式 1 用来初始化循环变量，只执行一次。

② 表达式 2 定义循环体的终止条件，返回值必须为布尔值；表达式 3 为循环控制，定义循环变量在每次执行循环时如何改变。

③ 循环体为语句或语句块，一般用{}括起来，循环体是在循环条件成立时反复执行的部分。

笔记

for 语句执行顺序如下。

步骤 1：执行初始化操作。

步骤 2：判断循环终止条件是否成立，若成立，则到步骤 3；若不成立，则终止循环的执行；

步骤 3：执行循环体；

步骤 4：执行表达式 3，改变循环变量，完成一次循环后，重新到步骤 2 判断终止条件。

基本使用形式如下。

```
for(int x=0;x<10;x++){
    System.out.println(" 循环已经执行了"+（x+1）+"次");
}
```

其中的第 1 个表达式 int x=0，定义循环变量 x 的同时初始化为 0。Java 支持在程序中声明变量，如第 1 个表达式在循环语句初始化部分声明变量，但这个变量的作用域只在循环内部，即从定义的位置开始，到循环的结束。此循环的执行过程为：先对变量 x 进行初始化，然后判断表达式 x<10，若为 true，则执行循环体输出信息，否则跳出循环。最后一个表达式 x++在每次执行完循环体后给循环变量加 1。

for 循环的( )中的三个表达式可以省略部分或全部，即在 for 语句基本形式中的表达式 1、表达式 2 和表达式 3 都可以省略，但分号不可以省略。三者均为空时，相当于一个无限循环。

```
for( ; ; ){
    ......
}
```

在这种结构中，表达式 1 可以放在 for 语句之前，对相关变量进行初始化；条件表达式 2 和表达式 3 可放在循环体中，若想控制循环的结束，可以在循环体中通过分支结构，使用 break 语句强制结束循环的执行。

在 for 循环的()中的三个表达式部分，可以使用逗号语句，来依次执行多个动作。逗号语句是用逗号分隔的语句序列。例如：

```
for(i=0，j=10;i<j;i++，j--){
    ......
}
```

笔 记

文档　源代码 2-14

【例 2-14】　计算 1～10 的平方，并输出这 10 个数的平方和。

```
package com.task2.demo;
public class Example2_14 {
    public static void main(String args[]) {
        int sum = 0;
        int temp;
        for (int i = 1; i <= 10; i++) {
            temp = i * i;
            System.out.print(temp + " ");
            sum += temp;
        }
        System.out.println();
        System.out.println(sum);
    }
}
```

运行结果如图 2-14 所示。

```
1 4 9 16 25 36 49 64 81 100
385
```

图 2-14
使用 for 循环计算 1～10 的平方

2.10　while 循环语句

while 语句是 Java 最基本的循环语句。其语句的基本形式为：

```
while (条件表达式){
    循环体
}
```

while 语句中的条件表达式的值决定着循环体内的语句是否被执行。如果条件表达式的值为 true，那么就执行循环体内的语句；如果为 false，就会跳过循环体执行循环后面的程序。每执行一次 while 循环体，就重新计算一次条件表达式，直到条件表达式值为 false 为止。

while 循环的执行顺序如下。

① 判断条件表达式值，若为 true，则到②执行循环体；若为 false，则结束循环的执行。

② 执行循环体。

③ 再判断条件表达式值，进行新一轮的循环。

例如：

```
int x = 0;
while (x < 10){
    System.out.println(" 循环已经执行了" +(x+1) + "次");
    x++;
}
```

while 语句执行的次序是首先计算条件表达式，当条件满足时才去执行循环体中的语句。

文档 源代码 2-15

笔 记

【例 2-15】 使用 while 语句实现【例 2-14】程序功能。

```
package com.task2.demo;
public class Example2_15 {
    public static void main(String args[]) {
            int sum = 0, i = 1, temp;
            while (i <= 10) {
                    temp = i * i;
                    System.out.print(temp + " ");
                    sum += temp;
                    i++;                    // 改变循环控制变量值
            }
            System.out.println();
            System.out.println(sum);
    }
}
```

2.11 do-while 循环语句

do-while 语句与 while 语句非常类似，不同的是，do-while 语句首先执行循环体，然后计算终止条件，若结果为 true，则继续执行循环内的语句，直到条件表达式的结果为 false。也就是说，无论条件表达式的值是否为 true，都会先执行一次循环体。其语句的基本形式为：

```
do{
    循环体;
}while (条件表达式);
```

使用 do-while 来完成上述的简单数据求和的程序，注意它们的不同之处。

文档 源代码 2-16

【例 2-16】 使用 do-while 语句实现【例 2-14】程序功能。

```
package com.task2.demo;
public class Example2_16 {
    public static void main(String args[]) {
            int sum = 0, i = 1, temp;
            do {
                    temp = i * i;
                    System.out.print(temp + " ");
                    sum += temp;
                    i++;
            } while (i <= 10);
            System.out.println();
            System.out.println(sum);
```

```
        }
    }
```

笔 记

2.12 跳转语句

在 switch 语句中，曾经接触过 break 语句，使得程序终止 switch 语句执行，而不是顺序地执行后面 case 中的程序。在循环中除了支持 break 语句外，还支持 continue 语句，这两类语句叫跳转语句。之所以称其为跳转语句，是因为 Java 中通过这两个语句使程序结束顺序执行转移到其他部分。

1. break 语句

在循环语句中，使用 break 语句直接跳出循环，忽略循环体的任何其他语句和循环条件测试。在循环中遇到 break 语句时，循环终止，程序从循环后面的语句继续开始执行。需要注意的是，若循环存在嵌套情况，则 break 语句只会终止当前循环，即：若 break 位于内循环中，则终止 break 所在的内循环，而不会终止其他内循环或外循环。

【例 2-17】 在循环中使用 break 语句的示例。

文档 源代码 2-17

```
package com.task3.demo;
public class Example2_17 {
    public static void main(String args[]) {
        int x = 1;
        while (x < 10) {
            System.out.println(" 进入循环，x 的初始值为：" + x);
            switch (x) {
            case 0:
                System.out.println(" 进入 switch 语句，x=" + x);
                break;
            case 1:
                System.out.println(" 进入 switch 语句，x=" + x);
                break;
            case 2:
                System.out.println(" 进入 switch 语句，x=" + x);
                break;
            }
            if (x == 5) {
                break;      //使用 break 终止循环的执行
            }
            x++;
            System.out.println(" 跳出 switch 语句，但还在循环中.");
        }
    }
}
```

```
进入循环，x的初始值为：1
进入switch语句，x=1
跳出switch语句，但还在循环中.
进入循环，x的初始值为：2
进入switch语句，x=2
跳出switch语句，但还在循环中.
进入循环，x的初始值为：3
跳出switch语句，但还在循环中.
进入循环，x的初始值为：4
跳出switch语句，但还在循环中.
进入循环，x的初始值为：5
```

图 2-15
break 语句的使用示例

运行结果如图 2-15 所示。

2. continue 语句

continue 语句只能出现在循环语句（while、do-while 和 for 循环）的循环体中，作用是跳过当前循环中 continue 语句以后的剩余语句，直接执行下一次循环。

以下案例，注意其中 continue 语句与 break 语句在循环中的区别。

【例 2-18】 break 语句和 continue 语句的使用示例。

文档 源代码 2-18

```
package com.task3.demo;
```

```
public class Example2_18 {
    public static void main(String[] args) {
        String output = "";
        int count;
        for (count = 1; count <= 10; count++) {
            if (count == 4) {
                continue;
            }
            if (count == 9) {
                break;
            }
            output += count++ + " ";
        }
        output += "\nBreak out of loop count at count =" + count;
        System.out.println(output);
    }
}
```

图2-16
break 和 continue 语句使用示例

运行结果如图2-16所示。

2.13 for增强型语句

for增强型语句又称为foreach语句，是for语句的特殊简化版本，但是foreach语句并不能完全取代for语句，然而任何foreach语句都可以改为for循环版本。foreach并不是一个关键字，习惯上将这种特殊的for语句称为foreach语句。

foreach语句在遍历数组等方面非常便捷。语法如下：

```
for(元素变量 a:遍历对象 o){
    引用 a 元素的语句;
}
```

foreach语句中的变量a，不必对其初始化，当遍历对象o时，会自动把每次取到的元素赋给a。

【例2-19】 使用foreach语句对数组进行遍历。

```
package com.task3.demo;
public class Example2_19 {
    public static void main(String []args){
        int arr[]={1,2,3,4,5};
        System.out.println("一维数组中的元素分别为：");
        for(int a :arr){
            System.out.println(a);
        }
    }
}
```

PPT 任务2.3 任务实施

【任务实施】

租金计算功能可以根据用户输入的月租金金额和月份数，以及物业费用、其他费用信息进行计算，该计算功能可以反复使用，因此使用循环控制结构。其操作流程可分为以下步骤。

- 界面提示信息。
- 编写计算总租金金额方法（根据输入月租金、月份数、物业费、其他费用计

笔 记

算总金额)。

- 调用计算总租金金额方法。
- 编写个人租金计算方法(根据输入的分摊人数,进行计算)。
- 调用计算个人租金金额方法。
- 使用循环语句控制结构,让用户根据选择是否继续计算。

程序代码如下:

```
package com.my.control;
import java.util.Scanner;
public class RentCalculation {
    // 计算总的租金
    public double calculateTotalRent() {
        double totalRent = 0;                // 总的租金
        Scanner sc = new Scanner(System.in);
        // 月租金
        System.out.println("请输入月租金:");
        double monthRent = sc.nextDouble();

        // 租多少个月
        System.out.println("请输入租房时间(以月为单位):");
        int month = sc.nextInt();

        // 物业费用
        System.out.println("请输入物业费用:");
        double propertyCost = sc.nextDouble();

        // 其他费用
        System.out.println("请输入其他费用:");
        double otherCost = sc.nextDouble();
        totalRent += monthRent * month;
        totalRent += propertyCost * month;
        totalRent += otherCost;
        return totalRent;
    }

    //计算个人的月租金
    public double averageRent(double totalRent) {
        Scanner sc = new Scanner(System.in);
        System.out.println("请输入合租人数:");
        // 月租金
        int numbers = sc.nextInt();
        return totalRent / numbers;
    }

    public static void main(String[] args) {
        //创建租金计算对象
        RentCalculation rentCal = new RentCalculation();
        Scanner sc = new Scanner(System.in);
        System.out.println("欢迎您使用房屋租赁管理系统租金计算工具!");

        s1: while (true) {
            //计算总的租金
```

```
                System.out.println("1:计算总的租金");
                double totalRent = rentCal.calculateTotalRent();
                System.out.println("总的租金是：" + totalRent);

                //计算个人租金
                System.out.println("2:计算个人租金");
                double averRent = rentCal.averageRent(totalRent);
                //个人租金取整
                averRent = Math.round(averRent);
                System.out.println("个人的租金是：" + averRent);

                //是否继续
                System.out.println("是否继续：1：继续    2：退出");
                for (;;) {
                    int nextAction = sc.nextInt();
                    if (nextAction == 1) {
                        continue s1;
                    } else if (nextAction == 2) {
                        break s1;
                    } else {
                        System.out.println("您的输入有错,请重新输入！");
                        continue;
                    }
                }
            }
            System.out.println("恭喜您，您已经成功退出啦！");
        }
    }
```

```
欢迎您使用房屋租赁管理系统租金计算工具！
1:计算总的租金
请输入月租金：
1500
请输入租房时间（以月为单位）：
12
请输入物业费用：
900
请输入其他费用：
25
总的租金是：28825.0
2:计算个人租金
请输入合租人数：
3
个人的租金是：9608.0
是否继续：1：继续    2：退出
1
1:计算总的租金
请输入月租金：
500
请输入租房时间（以月为单位）：
6
请输入物业费用：
300
请输入其他费用：
30
总的租金是：4830.0
2:计算个人租金
请输入合租人数：
2
个人的租金是：2415.0
是否继续：1：继续    2：退出
```

图 2-17
租金计算

运行结果如图 2-17 所示。

【实践训练】

1．打印出 10 000 以内所有的“水仙花数”，所谓 “水仙花数 ”是指一个三位数，其各位数字立方和等于该数本身。例如，153 是一个“水仙花数”，因为 $153=1^3+5^3+3^3$。

2．判断 101～200 之间有多少个素数，并输出所有素数。

任务 2.4　多用户租金计算

PPT　任务 2.4　多用户租金计算

视频　任务 2.4　多用户租金计算

【任务分析】

处理完单个用户的租金计算功能后，就会想到要处理多个用户的租金计算。对于实现具有相同类型或操作时，可以考虑使用数组。

数组是最为常见的一种数据结构，是由一组类型相同的元素组成的有一定存储顺序的数据集合。数组中每个元素的数据类型都相同，它们可以是基本数据类型、复合数据类型和数组类型。

可以定义多个数组，存放多个用户的姓名、租金等信息，对数组的操作主要是

笔 记

对数组进行定义、初始化和引用操作。

【相关知识】

数组是具有相同数据类型的一组数据的集合，用一个统一的数组名和下标来唯一确定数组中的元素，因为数组中的元素是按一定存储顺序排列的，所以用数组名附加上数组元素的序号可唯一地确定数组中每一个元素的位置。数组元素的序号称为下标，数组中的每个数据称为数组元素。

Java 语言中，数组是一个独立的对象，是引用数据类型，声明数组后还必须使用关键字 new 创建数组，分配内存，才能对数组元素赋值，然后再访问和使用数组元素。

在程序设计中引入数组可以更有效地管理和处理数据。可以根据数组的维数分为一维数组、二维数组。

2.14 一维数组的创建和使用

1. 一维数组的声明、创建

一维数组实质上是一组相同类型数据的线性集合，既可以保存基本数据类型，也可以保存引用数据类型，但同一个数组只能保存一种类型的数据。

Java 语言中，在能够使用数组之前，一般要经历以下两个步骤。

- 定义（声明）一维数组变量。
- 创建数组，为数组分配内存单元。

数组定义及创建可以使用以下三种方式实现：

（1）先定义数组变量，再创建数组对象，为数组分配存储空间

数组变量的定义可以采用以下两种格式之一。

```
数组元素类型 数组名[ ];
数组元素类型[ ] 数组名;
```

其中，数组元素类型可以是基本数据类型或者引用数据类型。声明数组变量后，并没有在内存中为数组分配存储空间。只有使用关键字 new 创建数组后，数组才拥有一片连续的内存单元，用以保存数组元素。通过 new 运算符创建数组对象，分配内存空间的格式如下。

```
数组名=new 数组元素类型[数组元素个数];
```

例如：

```
int a[];              //定义一个整型数组 a
a=new int[3];         //为数组 a 分配 3 个元素空间
double [] b;          //定义一个双精度型数组 b
b=new double[10];     //为数组 b 分配 10 个元素空间
```

在使用 new 创建数组时，数组元素类型必须与声明数组变量时的数组元素类型一致，数组元素个数必须是整数常量。

（2）定义数组变量同时创建数组对象，相当于将（1）中的两步合并，格式如下

```
数组元素类型数组名[ ]=new 数组元素类型[数组元素个数];
数组元素类型[ ]数组名=new 数组元素类型[数组元素个数];
```

例如：

```
int x[]=new int[3];
double y[]=new double[10];
```

笔 记

前者定义了具有 3 个元素空间的 int 型数组 x；后者定义了具有 10 个元素空间的 double 型数组 y。

（3）利用初始化，完成定义数组变量并创建数组对象

这种方式可以不用 new 运算符，不指定数组元素个数，由初始化元素的个数确定数组的大小。其格式如下。

数组元素类型 数组名[ ]={值 1，值 2，…};

例如：

```
int a[ ]={11,12,13,14,15,16};                //定义一个 int 型数组 a，共有 6 个元素
double b[ ]={1.1,1.2,1.3,1.4,1.5,1.6,1.7};   //定义一个 double 型数组 b，共有 7 个元素
```

另外，可以使用 new 运算符扩大已经创建了的数组的空间，例如：

```
int x[]=new int[3];
x=new int[5];
```

这种情况是在内存中重新分配了 5 个 int 型元素的空间，并将数组变量 x 指向新的数组空间，改变的是数组变量的指向。

在数组中可以存放基本数据类型、对象类型、甚至是数组类型，下面的定义都是合法的：

```
char cs[]={'a','e','i','o','u'};
Integer ix[] =new Integer [5];
String ss[ ]={"I","love","you!"};
```

2. 一维数组的初始化

数组可以和基本数据类型一样进行初始化操作。数组的初始化可分别初始化数组中的每个元素，数组的初始化有静态初始化和动态初始化两种形式。静态初始化是指在创建数组的同时给数组赋值；动态初始化是在创建数组之后再给数组元素分别赋值。

静态初始化的示例如下：

```
int a[]={1,2,3,4};
String s []={"abc", "How", "you"};
```

动态初始化根据数组中存放的元素类型不同，有不同的操作形式。

（1）基本数据类型的数组

若数组中存放的是基本类型数据，则给数组元素分配内存空间后，直接赋初始值。

```
int a= new int[5];
for(int i=0 ;i<5 ;i++){
    a[i]=i ;
}
```

（2）复合类型的数组

若数组中存放的是复合或引用类型数据，则给数组元素分配了内存空间后，还需为每个数组元素单独分配内存空间。例如：

```
String s [ ];
s=new String[3];              //为数组元素分配内存空间
s[0]= new String("How");      //为数组第一个元素开辟空间
s[1]= new String("are");      //为数组第二个元素开辟空间
s[2]= new String("you");      // 为数组第三个元素开辟空间
```

笔 记

3. 数组元素的访问使用

数组元素由数组名及紧随其后的[ ]中的下标值表示，下标必须是整型或可以转变成整型的量，可以是常量、变量或表达式。其具体格式如下。

```
数组名[下标];
```

元素下标的取值范围为 0～个数-1，如上述整型数组 a 的元素为 a[0]、a[1]、a[2]。

在访问数组元素时，要特别注意下标的越界问题，即下标是否超出范围。如果下标超出范围，则编译时会产生名为 ArrayIndexOutOfBoundsException 的异常，提示用户下标越界。如果使用没有初始化的复合类型的数组，则会产生名为 NullPointException 的错误，提示用户数组没有初始化。

取到数组元素后，数组元素的用法与普通变量类似，可以对其赋值，赋值后就可以参加运算。例如：

```
a[0]=3, a[1]=5;
a[2]= a[0]*a[1];
s[0]="Hello";
s[1]=s[0]+ "World! ";
```

Java 的数组即是一个对象，每个数组都有一个重要的 length 属性，length 的值反映数组的长度。可以通过数组名引用 length 获得数组长度，格式如下。

```
数组名.length
```

数组的 length 属性经常用来计算元素下标值的上界。引用数组元素时，下标值在 0 ～数组名. length-1 之间取值。

文档　源代码 2-20

【例 2-20】 声明一个整型数组并对它初始化，在屏幕上输出各元素的值和其总和。

```
package com.task4.demo;
public class Example2_20 {
    public static void main(String args[]) {
        int a[] = { 1, 2, 3 };                    //定义、创建、初始化数组
        int i, sum = 0;
        for (i = 0; i < a.length; i++)
            sum = sum + a[i];                     //获取数组元素并进行累加
        for (i = 0; i < a.length; i++)
            System.out.println(" a[" + i + "]=" + a[i]);  //获取数组元素并输出其值
        System.out.println(" sum=" + sum);
    }
}
```

```
a[0]=1
a[1]=2
a[2]=3
sum=6
```

图 2-18
数组元素访问

运行结果如图 2-18 所示。

使用一维数组的典型例子是设计排序的程序。【例 2-21】中的程序利用冒泡法进行排序，对相邻的两个元素进行比较，并把小的元素交换到前面，最终形成升序排列。

文档　源代码 2-21

【例 2-21】 使用冒泡排序法，对已有数据从小到大排序。

```
package com.task4.demo;
public class Example2_21 {
    public static void main(String args[]) {
        int i, j;
        int intArray[] = { 4, 1, 5, 8, 9 };
        int len = intArray.length;
        for (i = 0; i < len - 1; i++)
```

```
            for (j = len - 1; j > i; j--)
                if (intArray[j - 1] > intArray[j]) {
                    int t = intArray[j - 1];
                    intArray[j - 1] = intArray[j];
                    intArray[j] = t;
                }
        for (i = 0; i < len; i++)

            System.out.println(intArray[i] + " ");
    }
}
```

```
1
4
5
8
9
```

图 2-19
冒泡排序法使用

运行结果如图 2-19 所示。

另外，使用一维数组的典型例子，是进行元素查找。

【例 2-22】 对数组元素进行查询，如果能找到，输出该元素的位置。

文档 源代码 2-22

```
package com.task4.demo;
public class Example2_22 {
    public static void main(String[] args) {
        int b = 46;
        int index = 0;
        int a[] = { 23, 56, 78, 12, 34, 90, 46, 22, 14, 79 };
        for (int i = 0; i < 10; i++) {
            System.out.print("\t" + a[i]);
            if (b == a[i])
                index = i;
        }
        System.out.print("\n");
        System.out.print("找到了该数，位置在第：" + (index + 1 + "号！"));
    }
}
```

运行结果如图 2-20 所示。

```
	23	56	78	12	34	90	46	22	14	79
找到了该数，位置在第：7号！
```

图 2-20
查询数组元素

2.15 多维数组的创建和使用

Java 语言中，多维数组被看作数组的数组。二维数组常用于表示二维表，二维数组是一个特殊的一维数组，可以这样理解：一维数组中的每个元素又是一个一维数组，则构成二维数组。

声明二维数组的格式为：

```
数组元素类型  数组名[][];
数组元素类型[][]  数组名;
```

例如：

```
int a[][];
String s[][];
```

与一维数组一样，二维数组在声明时也没有分配内存空间，也要使用关键字 new 来分配内存，然后才可以访问每个元素。使用 new 运算符时有两种方式：

① 用一条语句为整个二维数组分配空间。例如：

```
int a[ ][ ]=new int [2][3];
```

② 先指定二维数组的行数，再分别为每一行指定列数。例如：

```
int b[ ][ ]=new int [2][ ];
b[0]=new int[3];
b[1]=new int[3];
```

第 2 种方式可以形成不规则的数组，即不要求二维数组每一行的元素个数相等。例如：

```
int b[ ][ ]=new int [2][ ];        //创建具有 2 行的二维数组
b[0]=new int[3];                   //第 1 行有 3 个 int 元素
b[1]=new int[10];                  //第 2 行有 10 个 int 元素
```

二维数组也可以不用 new 运算符，而是利用初始化值，完成定义数组变量并创建数组对象的任务。例如：

```
int a[ ][ ]={{1,2,3},{4,5,6}};              //声明、创建及初始化 2 行 3 列的二维数组
int b[ ][ ]={{1,2,4,5,6},{6,7,6,9,4}};      //声明、创建及初始化 2 行 5 列的二维数组
int c[ ][ ]={{1,2},{6,7,6,9}};              //声明、创建及初始化为不规则的数组
```

二维数组元素访问格式如下：

数组名[行下标][列下标]

其中，行下标和列下标都由 0 开始，最大值为每一维的长度减 1。

二维数组同样具备 length 属性，但其 length 属性与一维数组不同，需要对行和列区别对待。在二维数组中，数组名.length 表示数组的行数，数组名[行下标] .length 表示该行中的元素个数。

【例 2-23】 定义一个不规则的二维数组，输出其行数和每行的元素个数，并求数组所有元素的和。

```
package com.task4.demo;
public class Example2_23 {
    public static void main(String args[]) {
        int b[][] = { { 11 }, { 21, 22 }, { 31, 32, 33, 34 } };
        int sum = 0;
        System.out.println("数组 b 的行数：" + b.length);
        for (int i = 0; i < b.length; i++) {
            System.out.println("b[" + i + "]行的数据个数：" + b[i].length);
            for (int j = 0; j < b[i].length; j++) {
                sum = sum + b[i][j];
            }
        }
        System.out.println("数组元素的总和：" + sum);
    }
}
```

```
数组b的行数：3
b[0]行的数据个数：1
b[1]行的数据个数：2
b[2]行的数据个数：4
数组元素的总和：184
```

图 2-21
二维数组使用

运行结果如图 2-21 所示。

【例 2-24】 定义一个一维数组存储 10 个学生名字；定义一个二维数组存储这 10 个学生的 6 门课（C 程序设计、物理、英语、高数、体育、政治）的成绩。

```
package com.task4.demo;
import java.util.scanner;
public class Example2_24 {
    public static void main(String[] args) {
        Scanner input = new Scanner(System.in);
        String[] name = { "lili", "tom", "jack", "susan", "wendy", "tommy", "neil", "paul",
```

笔 记

```
                "richie", "roger" };   // 存储学生的名字
        int[][] grade = { { 50, 60, 70, 80, 90, 10 },
                { 40, 90, 80, 60, 40, 70 }, { 60, 80, 70, 60, 40, 90 },
                { 50, 60, 70, 80, 90, 10 }, { 60, 80, 70, 60, 40, 90 },
                { 60, 70, 80, 90, 70, 70 }, { 60, 80, 70, 60, 40, 90 },
                { 60, 80, 70, 60, 40, 90 }, { 70, 80, 90, 70, 70, 70 },
                { 60, 80, 70, 60, 40, 90 } };// 存储学生各科成绩
        System.out.println("输入要查询成绩的学生名字：");
        String chioce = input.nextLine();
        for (int i = 0; i < 10; i++) {
            if (name[i].equals(chioce)) {
                System.out.println("学生：" + name[i] + " 的成绩如下：");
                System.out.println("C程序设计：" + grade[i][0] + " 物理："
                        + grade[i][1] + "英语:" + grade[i][2] + "高数:"
                        + grade[i][3] + "体育:" + grade[i][4] + "政治:"
                        + grade[i][5] + "\n");
                break;
            }
        }
        System.out
            .println("******************************************************");
        System.out.println("输入要查询不及格人数的科目序号\n");
        System.out.println("1,C程序设计 2,物理  3,英语  4,高数  5,体育  6,政治 ");
        int ch = input.nextInt();
        int time = 0;
        System.out.println("不及格的名单为：");
        for (int i = 0; i < 10; i++) {
            if (grade[i][ch - 1] < 60) {
                time++;
                switch (i) {
                case 0: System.out.println(name[i]);
                    break;
                case 1: System.out.println(name[i]);
                    break;
                case 2: System.out.println(name[i]);
                    break;
                case 3: System.out.println(name[i]);
                    break;
                case 4: System.out.println(name[i]);
                    break;
                case 5: System.out.println(name[i]);
                    break;
                case 6: System.out.println(name[i]);
                    break;
                case 7: System.out.println(name[i]);
                    break;
                case 8: System.out.println(name[i]);
                    break;
                case 9: System.out.println(name[i]);
                    break;
                }
```

```
            }
        }
        System.out.println("该科目不及格人数为:" + time);
    }
}
```

笔 记

运行结果如图 2-22 所示。

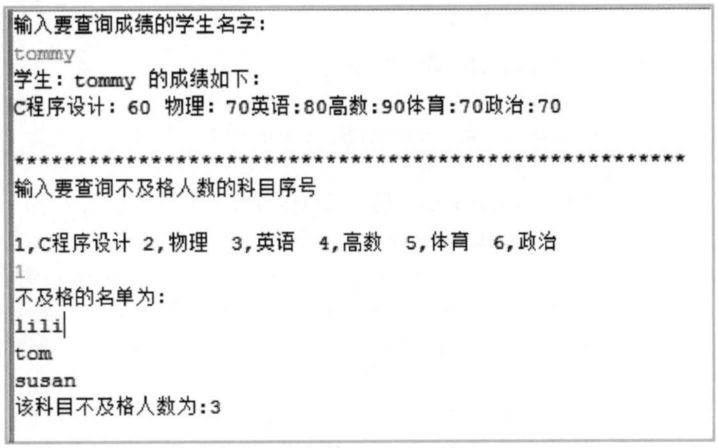

```
输入要查询成绩的学生名字:
tommy
学生: tommy 的成绩如下:
C程序设计: 60 物理: 70英语:80高数:90体育:70政治:70

*********************************************************
输入要查询不及格人数的科目序号

1,C程序设计 2,物理  3,英语  4,高数  5,体育  6,政治
1
不及格的名单为:
lili
tom
susan
该科目不及格人数为:3
```

图 2-22
学生成绩统计

【任务实施】

实现多用户租金计算，需要使用数组存放具有相同类型的元素信息，如租金金额、租户的姓名等。数组的操作主要涉及数组的声明及创建、初始化及使用。为了完成该任务，其操作流程可分为以下步骤。

- 定义二维数组存放多用户租金，并调用初始化的方法。
- 定义初始化用户姓名方法并调用。
- 计算总的租金。
- 计算多用户的租金。
- 显示多用户租金信息。

```
package com.my.control;
import java.util.Scanner;
public class MultiUserRentCal {
    // 初始化多用户租金
    public double[][] initMutliUserRent() {
        System.out.println("请输入用户数量：");
        Scanner sc = new Scanner(System.in);
        int n = sc.nextInt();
        double[][] usersRent = new double[1][n];
        return usersRent;
    }

    // 初始化多用户姓名
    public String[] initMultiUserName(double[][] usersRent) {
        int len = usersRent[0].length;
        String[] userNames = new String[len];
        Scanner sc = new Scanner(System.in);
        for (int i = 0; i < userNames.length; i++) {
```

笔 记

```
            System.out.println("输入第" + (i + 1) + "个用户名：");
            String userName = sc.next();
            userNames[i] = userName;
        }
        return userNames;
    }

    // 计算总的租金
    public double calculateTotalRent() {
        double totalRent = 0;           // 总的租金
        Scanner sc = new Scanner(System.in);
        // 月租金
        System.out.println("请输入月租金：");
        double monthRent = sc.nextDouble();
        // 租多少个月
        System.out.println("请输入租房时间（以月为单位）：");
        int month = sc.nextInt();
        // 物业费用
        System.out.println("请输入物业费用：");
        double propertyCost = sc.nextDouble();
        // 其他费用
        System.out.println("请输入其他费用：");
        double otherCost = sc.nextDouble();
        totalRent += monthRent * month;
        totalRent += propertyCost * month;
        totalRent += otherCost;
        return totalRent;
    }

    // 计算多用户的租金
    public double[][] calCulMultiUserRent(double[][] usersRent) {
        for (int i = 0; i < usersRent.length; i++) {
            for (int j = 0; j < usersRent[i].length; j++) {
                System.out.println("输入第" + (j + 1) + "个用户租金：");
                usersRent[i][j] = this.calculateTotalRent();
            }
        }
        return usersRent;
    }

    // 显示多用户租金信息
    public void showMultiUserRent(String[] userNames, double[][] usersRent) {
        int len = userNames.length;
        // 显示多用户姓名
        for (int i = 0; i < len; i++) {
            System.out.print(userNames[i] + "                ");
        }
        System.out.println("");
        // 显示多用户租金
        for (int j = 0; j < len; j++) {
            System.out.print(usersRent[0][j] + "     |     ");
```

```
        }
        System.out.println("");
    }

    public static void main(String[] args) {
        // 创建多用户租金计算对象
        MultiUserRentCal multiUserRentCal = new MultiUserRentCal();
        System.out.println("欢迎您使用房屋租赁（多用户）租金计算工具");
        double[][] usersRent = multiUserRentCal.initMutliUserRent(); // 初始化多用户租金
        String[] userNames = multiUserRentCal.initMultiUserName(usersRent);
                                                        // 初始化多用户姓名
        usersRent = multiUserRentCal.calCulMultiUserRent(usersRent); // 计算多用户租金
        multiUserRentCal.showMultiUserRent(userNames, usersRent);
                                                        // 显示多用户租金信息

    }
}
```

运行结果如图 2-23 所示。

```
欢迎您使用房屋租赁（多用户）租金计算工具
请输入用户数量：
3
输入第1个用户名：
lili
输入第2个用户名：
tom
输入第3个用户名：
tony
输入第1个用户租金：
请输入月租金：
1000
请输入租房时间（以月为单位）：
12
请输入物业费用：
500
请输入其他费用：
30
输入第2个用户租金：
请输入月租金：
800
请输入租房时间（以月为单位）：
6
请输入物业费用：
200
请输入其他费用：
20
输入第3个用户租金：
请输入月租金：
1500
请输入租房时间（以月为单位）：
24
请输入物业费用：
2000
请输入其他费用：
150
lili         tom          tony
18030.0   |  6020.0    |  84150.0    |
```

图 2-23
多用户租金计算

【实践训练】

假如已有一个排好顺序的数组，现输入一个数，要求按原来的规律将它插入数组中。

拓展实训

1. “百钱买百鸡”问题。
2. 输入两个正整数 m 和 n，求其最大公约数和最小公倍数。
3. 输入一行字符，分别统计出其中英文字母、空格、数字和其他字符的个数。
4. 一个数如果恰好等于它的因子之和，这个数就称为“完数”，如 6=1＋2＋3。编程 找出 1 000 以内的所有完数。

同步训练

一、填空题

1. Java 中 8 种基本数据类型的标识符分别是________。
2. 下列语句执行后，j 的值是________。

```
int j=0;
for(int i=1;i<6;i=i+2)   j+=i;
```

3. 下面程序的运行结果为________。

```
public class IfTest{
public static void main(String args[]){
int x=3;
int y=1;
if(x=y)
```

```
            System.out.println("Not equal");
    else
            System.out.println("Equal");
    }
    }
```

4. 下面程序的运行结果为________。

```
class test{
    public static void main(String args[]){
        int sum=0;
        for(int i=0;i<10;i++){
            if(i%2==0) sum+=i;
            else continue;
        }
        System.out.println(sum);
    }
}
```

5. 下面的程序输出结果是：1+2=3，请将程序补充完整。

```
public class App{
    public static void main(String args[]){
        int x=1,y=2;
        System.out.println ;
    }
}
```

6. 若有定义 int a=2，则执行完语句 a-=a*a;后，a 的值是________。

7. 下列程序执行后，t3 的结果是________。

```
int t1=2,t2=3,t3;
t3=t1<t2?t1:t2+t1
```

8. 下列语句执行后，k 的值是________。

```
int i=6,j=8,k=10,m=7;
if(!(i>j|m>k++)) k++;
```

9. 设有如下的程序代码，

```
for(int i=1; i<3; i++)
    for(int j=1;j<5;j++){
        if (j==3) continue;
        System.out.println("j="+j+" i="+i);
    }
```

程序的运行结果是：________。

10. 在 Java 语言中，逻辑常量只有 true 和________两个值。

二、简答题

1. while 与 do…while 语句的区别是什么？

2. 下面哪些表达式不合法？为什么？

HelloWorld 2Thankyou _First -Month 893Hello
non-problem HotJava implements $_MyFirst

3. 说出下面程序的运行结果。

```
public static void main(String[] args)
{
    int nNum1 = 6;
    int nNum2 = 8;
```

```
        System.out.println();
         //nNum1 不自加短路原则
        System.out.println((nNum1 < nNum2) && ((--nNum1) > nNum2));
        System.out.println("nNum1 is " + nNum1);
        System.out.println((nNum1 < nNum2) & ((--nNum1) > nNum2));
        System.out.println("nNum1 is " + nNum1);
    }
```

4. 下面程序的输出结果是什么？

```
public class MyFirst{
   public static void main(String args[]){
         int x = 1,y,total = 0;
         while(x <= 20) {
             y = x * x;
             System.out.println("y = " + y);
             total = total + y;
             ++x;
          }
          System.out.println("Total is " + total);
   }
}
```

5. 请指出下面程序的错误。

```
swith(n){
     case 1 :System.out.println("First");
     case 2 :System.out.println("Second");
     case 3 :System.out.println("Third");
}
```

三、编程题

1. 利用 do…while 循环，计算 1！+2！+3！+…+100！的总和。
2. 有一函数：

$$y=\begin{cases} x & (x<1) \\ 3x-2 & (1\leqslant x<10) \\ 4x & (x\geqslant 10) \end{cases}$$

写一程序，从键盘输入 x 的值，计算并输出 y 值。

3. 编写一程序。

（1）随机产生 200 个三位的正整数，按每行 10 个数输出。

（2）统计其中偶数和奇数的个数。

（3）计算并输出偶数、奇数出现的概率。

4. 使用循环嵌套，编写一个输出如下图形的程序：

```
*
*  *
*  *  *
*  *  *  *
*  *  *  *  *
```

5. 猜数字，输入一个数字，统计猜的次数。
6. 两个 3 × 5 矩阵相加、相乘。

单元 3

面向对象程序设计

单元介绍

本单元的目标是掌握 Java 中两个最重要的概念：类与对象，从而可以从更深层次去理解面向对象语言的开发理念，掌握 Java 编程思想与编程方式。

文档　单元 3 设计

本单元分为以下三个任务。

- 财务信息类设计。
- 使用 static 设计财务信息类。
- 使用构造方法设计财务信息类。

PPT　单元 3 概述

学习目标

【知识目标】

- 了解面向对象编程思想。
- 认识类及类的成员变量、成员方法。
- 掌握类的访问修饰权限。
- 掌握局部变量及作用范围。
- 掌握 static、this 关键字。
- 掌握构造方法，通过构造方法创建对象。

视频　单元 3　面向对象程序设计概述

【能力目标】

- 会定义类。
- 会使用合适的修饰符来定义类。
- 会正确使用 static、this 关键字。
- 会创建对象。

思政导学　牢住核心技术自主创新这个“牛鼻子”

【素养目标】

- 树立正确的技能观，增强技术自信，加深对专业知识技能学习的认可度与专注度。
- 激发科技报国的家国情怀和使命担当。

任务 3.1 财务信息类设计

PPT 任务 3.1 财务信息类设计

视频 任务 3.1 财务信息类设计

笔 记

【任务分析】

掌握类与对象是学习 Java 语言的基础，本任务的目的是设计财务信息类，掌握类的定义与对象的创建。财务信息类的属性包括公司名称、定金收入、押金收入、租金收入、其他收入、员工成本、房租、水电、税收及其他费用，方法包括收入计算、成本计算、净收入计算。

【相关知识】

3.1 面向对象基础知识

面向对象从现实世界中客观存在的事物（即对象）出发来构造软件系统，并且在系统构造中尽可能运用人类的自然思维方式。面向对象的编程思想力图使在计算机语言中对事物的描述与现实世界中该事物的本来面目尽可能地一致，类（Class）和对象（Object）就是面向对象方法的核心概念。

把众多的事物归纳、划分成类是人类在认识客观世界时经常采用的思维方法。分类的原则是抽象。类是具有相同属性和服务的一组对象的集合，它为属于该类的所有对象提供了统一的抽象描述，其内部包括属性和行为两个主要部分。对象是系统中用来描述客观事物的一个实体，它是构成系统的一个基本单位。一个对象由一组属性和对这组属性进行操作的行为组成。客观世界是由对象和对象之间的联系组成的。

类描述了对象的属性和对象的行为，类是对象的模板、图纸。对象（Object）是类（Class）的一个实例（Instance），是一个实实在在的个体，一个类可以对应多个对象。类与对象的关系就如模具和铸件、图纸和实际产品的关系，类的实例化结果就是对象，而对一类对象的抽象就是类。类是对某一类事物的描述，是抽象的、概念上的定义；对象是实际存在的该类事物的个体，因而也称实例（Instance）。

同一个类按同种方法产生出来多个对象，刚开始的状态都应该是一样的，好比按照“奔驰 S600”型设计图纸生产出来的汽车，刚开始都是一样的，其中一辆“奔驰 S600”汽车被改装后，是不会影响到同型号的其他“奔驰 S600”汽车的。但如果修改了“奔驰 S600”型的设计图纸，就会影响到以后所有出厂的“奔驰 S600”汽车。

在面向对象的编程语言中，类是一个独立的程序单位，它应该有一个类名并包括属性说明和行为说明两个主要部分。面向对象程序设计的重点是类的设计，而不是对象的设计。

在 Java 语言中，类是一种最基本的复合数据类型，是组成 Java 程序的基本要素。Java 类中包含变量定义和方法定义，分别描述对象的属性和行为或操作。

Java 类同其他面向对象的编程语言一样，也支持面向对象（OOP）的三个基本特征。

① 封装：封装性就是把对象的属性和服务结合成一个独立的相同单位，并尽

可能隐蔽对象的内部细节。

② 继承：特殊类的对象拥有其一般类的全部属性与操作，称作特殊类对一般类的继承。Java 语言只支持单继承，不允许多继承，但是可以通过接口实现模拟多继承。

③ 多态：指在一般类中定义的属性或操作被特殊类继承之后，可以具有不同的数据类型或表现出不同的行为。Java 的多态性有静态多态和动态多态，分别可以通过方法重载和方法重写来实现。

笔 记

3.2 类的定义

在 Java 语言里，对象是一组描述对象的属性和操作方法的集合，其中属性表明对象的状态，方法表明对象的行为。而一个对象具备哪些属性和方法，由类来决定。

类中封装了一类对象的属性和方法，属性是描述对象的特征，方法描述对象的行为。从编程角度看，类是 Java 中的一种重要的复合数据类型，是组成 Java 程序的基本要素。

1. 类定义格式及说明

定义类就是创建一种新的数据类型，利用定义的类可以定义类实例，也就是创建一个对象。定义类的语法如下：

```
[public][abstract|final] class className [extends superclass] [implements interfaceNameList]{
    [public | protected | default| private ] [static] [final] [transient] [volatile] type variable
Name;                                            //成员变量
    [public | protected | default | private ] [static][final | abstract] [native] [synchronized]
returnType methodName([paramList]) [throws exceptionList]          //成员方法
        {
            Statements                           //方法主体
        }
    }
```

其中，参数 public| protected| default| private、abstract| final 表示类修饰符是可选项。参数 class 是关键字，表示定义类；className 是类名，遵守类名命名规则即可。extends 表示继承自其他类。参数 implements 表示实现了某些接口。继承和接口将在后面详细介绍，此处重点介绍类的基本定义。

【例 3-1】 声明一个 Person 类

文档 源代码 3-1

```
//Person.java
package com.chap3;
class Person {                          // 定义类 Person
    private String name;                // 私有成员变量，表示姓名
    public void setName(String n) {     // 公有方法
            name = n;
    }
    public String getName(){            //公有方法
            return name;
    }
}
```

这是一个最简单的类，类的名字为 Person，没有修饰符，不是继承自其他类，也没有实现接口。其中类名的给定应该符合标识符的规定，另外 Java 对类名有编码规定：类名应该有一定意义，可以由几个词混合组成，每个词的第一个字母应该大

写，一般情况下，第一个词应该为名词，如 ClassDemo、BookName 等。

类是一种复合数据类型，类似面向过程语言中的结构体。类的定义主要包括声明和类主体两部分。类名必须符合 Java 标识符的规定，并且应该符合一定的编码规范，使程序具有很好的编程风格。

2. 类的成员变量

类的成员变量定义了类的属性。所定义的成员变量，可以被类内的所有方法访问。例如，如果把电视机看作一个类，则电视机的颜色就是这个类的一个成员变量，该变量用来描述电视机的颜色。

【例 3-2】 给【例 3-1】中的 Person 类声明一组成员变量。

```
//Person.java
package com.chap3;
class Person {                  //定义类 Person
    String name;                //定义成员变量 name
    char sex;                   //定义成员变量 sex
    int age;                    //定义成员变量 age
}
```

Person 类声明了三个简单的成员变量，一个字符串，一个是字符型，一个是整型。若不对类的成员进行赋值，则系统会根据类型，给成员变量赋相应的默认值，对应关系见表 3-1。

表 3-1 成员变量默认初始值

成员变量类型	初始值
byte	0
short	0
int	0
long	0L
float	0.0F
double	0.0D
char	'\u0000'（表示为空）
boolean	false
All reference type	null

类的成员变量作用域是整个类，类中的所有方法均可访问成员变量。成员变量一般定义在类体的最前面。变量名称必须符合标识符规定，应具有一定的含义，也应该遵循一定的编码规范。

3. 类的成员方法

除了成员变量，方法也是类的重要成员。成员方法描述了对象所具有的功能或操作，反映对象的行为，是具有某种相对独立功能的程序模块。

它与过去所说的子程序、函数等概念相当。一个类或对象可以有多个成员方法，对象通过执行它的成员方法对传来的消息做出响应，完成特定的功能。成员方法一旦被定义，便可在不同的程序段中多次调用，故可增强程序结构的清晰度，提高编程效率。例如，如果把电视机看作一个类，则播放电视节目可以作为这个类的一个成员方法，该方法用来提供播放电视的功能。

【例 3-3】 为 Person 类声明一个简单的成员方法。

```
//Person.java
package com.chap3;
class Person {                                  //定义类 Person
```

```
    String name;                          //定义成员变量 name
    char sex;                             //定义成员变量 sex
    int age;                              //定义成员变量 age
    //定义方法 sayHello
  public void sayHello() {
      System.out.println("Hello!");       //在控制台打印"Hello！"
  }
}
```

笔 记

一个方法的定义，从整体上来说也是包含声明和方法体两部分。

若方法有返回值，则在方法体中用 return 语句指明要返回的值。其格式如下。

return 表达式; 或 return (表达式);

表达式可以是常量、变量、对象等。return 语句后面表达式的数据类型必须与成员方法中给出的返回值的类型一致。

成员方法调用可以通过以下方式来调用：

方法名(实参列表);

在调用成员方法时应注意，对于无参成员方法来说，是没有实际参数列表的，但方法名后的括弧不能省略。对于带参数的成员方法来说，实参的个数、顺序，以及它们的数据类型必须与形式参数的个数、顺序。以及它们的数据类型保持一致，各个实参间用逗号分隔。实参名与形参名可以相同也可以不同。

3.3 对象的创建

光有设计图是无法实现汽车的功能的，只有生产了实际的汽车才行。同样地，要想实现类的属性和行为，必须创建具体的对象，即实例化一个类。

1. 创建对象

创建对象包括对象声明、实例化两部分。声明格式为：

类名 对象名;

如 Person p;则声明了 Person 类型的一个引用变量。对象声明并不为对象分配内存空间，而只是分配一个引用空间；对象的引用类似于指针，是 32 位的地址空间，它的值指向一个中间的数据结构，它存储有关数据类型的信息以及当前对象所在堆的地址，而对于对象所在的实际的内存地址是不可操作的。对象的实例化是指使用运算符 new 为对象分配内存空间，根据参数不同调用对象的相应构造方法，构造对象后返回引用。一个类的不同对象分别占据不同的内存空间。

可以将对象声明和对象实例化两部分结合起来，即定义对象的同时对其实例化，为其分配空间，并进行赋值。

例如，创建示例中 Person 类的一个对象可以写成：

```
Person person = new Person();
```

其中 person 是所创建的对象的名字。

创建对象时，也可以将对象声明和对象初始化分开，先做声明，后进行初始化。例如：

```
Person person;                  //声明 person 对象
person = new Person() ;         //对 person 初始化
```

2. 访问对象的属性和行为

一旦定义并创建了对象，就可以在程序中使用对象了。对象的使用包括使用其成员变量和使用其成员方法，通过成员运算符“.”可以实现对变量的访问和方法的调用。变量和方法可以通过设定访问权限来限制其他对象对它的访问。

使用格式为：

对象名.对象成员;

例如：

```
person.name="吴芳晓";
person.sayHello();
```

同类的对象之间也可以进行赋值，这种情况称为对象赋值。例如：

```
Person anotherPerson;
anotherPerson=person;
```

【例 3-4】 设计类 Number，测试对象间的赋值。

```
//Number.java
package com.chap3;
public class Number {
    int i;
    public static void main(String[] a) {
            Number n1 = new Number();
            Number n2 = new Number();
            n1.i = 9;
            n2.i = 47;
            System.out.println("n1.i=" + n1.i + "\t\t" + "n2.i=" + n2.i);
            n1 = n2;
            System.out.println("n1.i=" + n1.i + "\t\t" + "n2.i=" + n2.i);
            n1.i = 27;
            System.out.println("n1.i=" + n1.i + "\t\t" + "n2.i=" + n2.i);
    }
}
```

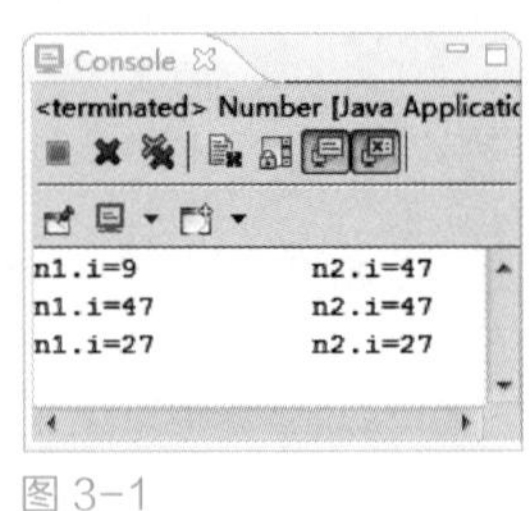

图 3-1
对象间的赋值

程序运行结果如图 3-1 所示。

在本例中，创建了 Number 类的两个对象 n1 和 n2，并分别对其成员变量 i 赋值为 9 和 47，n1=n2 进行对象赋值后，n1、n2 实际上是同一个对象，通过 n1 改变了对象中 i 的值，也就改变了 n2 中 i 的值，因此 n1 和 n2 中 i 的值最后都是 27。

【任务实施】

1. 财务信息类设计

根据任务分析知，财务信息类的成员变量包括公司名称、定金收入、押金收入、租金收入、其他收入、员工成本、房租、水电、税收及其他费用，成员方法包括收入计算、成本计算、净收入计算。因此可定义财务信息类的程序代码如下：

```
//FinanceInfo.java
package com.chap3;
public class FinanceInfo {
    private String companyName;        // 公司名称
    private double earnestIncome;      // 定金收入
    private double depositIncome;      // 押金收入
    private double rentIncome;         // 租金收入
    private double otherIncome;        // 其他收入
    private double staffCost;          // 员工成本
    private double rentCost;           // 店面房租
```

```
    private double hydropowerCost;      // 水电成本
    private double taxCost;             // 税收费用
    private double otherCost;           // 其他费用

// 以下为 getXXX 和 setXXX 方法
    public String getCompanyName() {
        return companyName;
    }

    public void setCompanyName(String companyName) {
        this.companyName = companyName;
    }

    public double getEarnestIncome() {
        return earnestIncome;
    }

    public void setEarnestIncome(double earnestIncome) {
        this.earnestIncome = earnestIncome;
    }

    public double getDepositIncome() {
        return depositIncome;
    }

    public void setDepositIncome(double depositIncome) {
        this.depositIncome = depositIncome;
    }

    public double getRentIncome() {
        return rentIncome;
    }

    public void setRentIncome(double rentIncome) {
        this.rentIncome = rentIncome;
    }

    public double getOtherIncome() {
        return otherIncome;
    }

    public void setOtherIncome(double otherIncome) {
        this.otherIncome = otherIncome;
    }

    public double getStaffCost() {
        return staffCost;
    }

    public void setStaffCost(double staffCost) {
        this.staffCost = staffCost;
    }
```

笔 记

笔 记

```
    public double getRentCost() {
        return rentCost;
    }

    public void setRentCost(double rentCost) {
        this.rentCost = rentCost;
    }

    public double getHydropowerCost() {
        return hydropowerCost;
    }

    public void setHydropowerCost(double hydropowerCost) {
        this.hydropowerCost = hydropowerCost;
    }

    public double getTaxCost() {
        return taxCost;
    }

    public void setTaxCost(double taxCost) {
        this.taxCost = taxCost;
    }

    public double getOtherCost() {
        return otherCost;
    }

    public void setOtherCost(double otherCost) {
        this.otherCost = otherCost;
    }

    //收入计算
    public double calIncome(){
      double sumIncome=earnestIncome+depositIncome+rentIncome+otherIncome;
      return sumIncome;
    }

    //成本计算
    public double calCost(){
      double sumCost=staffCost+rentCost+hydropowerCost+taxCost+otherCost;
      return sumCost;
    }

    //净收入计算
    public double calNetIncome(){
        System.out.println(companyName + "的净收入计算结果：");
        double netIncome=calIncome()-calCost();
        return netIncome;
    }
}
```

笔 记

2．创建财务信息类对象

财务信息类定义完成后，即可以创建对象并进行测试，因此测试类中的主要工作如下。

① 创建财务信息对象。

② 财务信息初始化，使用 setXXX 方法。

③ 收入计算。

④ 成本计算。

⑤ 净收入计算。

```
//FinanceInfoTest.java
package com.chap3;
import java.util.Scanner;
public class FinanceInfoTest {
  public static void main(String[] args) {
        //创建财务信息对象
        FinanceInfo financeInfo=new FinanceInfo();
        //创建输入流对象
        Scanner sc=new Scanner(System.in);
        //获取输入的财务信息
        System.out.println("请输入公司名称：");
        String companyName=sc.next();
        System.out.println("请输入定金收入:");
        double    earnestIncome=sc.nextDouble();
        System.out.println("请输入押金收入：");
        double depositIncome=sc.nextDouble();
        System.out.println("请输入租金收入：");
        double rentIncome=sc.nextDouble();
        System.out.println("请输入其他收入：");
        double otherIncome=sc.nextDouble();
        System.out.println("请输入员工成本：");
        double staffCost=sc.nextDouble();
        System.out.println("请输入店面房租：");
        double rentCost=sc.nextDouble();
        System.out.println("请输入水电成本：");
        double hydropowerCost=sc.nextDouble();
        System.out.println("请输入税收费用：");
        double taxCost=sc.nextDouble();
        System.out.println("请输入其他费用：");
        double otherCost=sc.nextDouble();
        // 设置财务信息
        financeInfo.setCompanyName(companyName);
        financeInfo.setEarnestIncome(earnestIncome);
        financeInfo.setDepositIncome(depositIncome);
        financeInfo.setRentIncome(rentIncome);
        financeInfo.setOtherIncome(otherIncome);
        financeInfo.setStaffCost(staffCost);
        financeInfo.setRentCost(rentCost);
        financeInfo.setHydropowerCost(hydropowerCost);
        financeInfo.setTaxCost(taxCost);
        financeInfo.setOtherCost(otherCost);
```

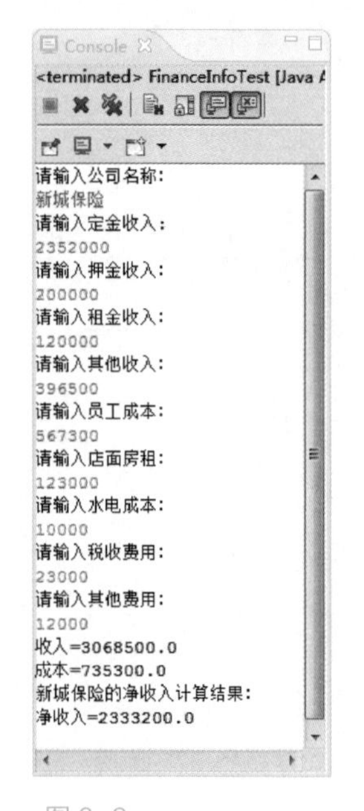

图 3-2
任务 3.1 运行结果

```
            //调用收入计算方法
            double sumIncome=financeInfo.calIncome();
            System.out.println("收入="+sumIncome);
            //调用成本计算方法
            double sumCost=financeInfo.calCost();
            System.out.println("成本="+sumCost);
            //调用净收入计算方法
            double netIncome=financeInfo.calNetIncome();
            System.out.println("净收入="+netIncome);
        }
    }
```

程序运行结果如图 3-2 所示。

【实践训练】

定义一个学生类 Student，成员变量包括姓名、性别、年龄、语文成绩、数学成绩和英语成绩，成员方法包括 getXXX 方法、setXXX 方法、求总分和求平均分。

定义一个测试类 StudentTest，创建一个 Student 对象，对其进行赋值并计算总分与平均分。

任务 3.2　使用 static 设计财务信息类

PPT　任务 3.2　使用 static 设计财务类信息

视频　任务 3.2　使用 static 设计财务类信息

【任务分析】

在任务 3.1 中，必须要创建对象才能访问财务信息类中定义的成员变量和成员方法，它们又被称为实例变量和实例方法，能不能直接使用类名来访问呢？答案是肯定的，只要用 static 去定义成员变量和成员方法，就可以直接使用类名来访问这些成员变量和成员方法，此时，它们被称为类成员（或静态成员）和类方法（或静态方法）。

静态成员与静态方法的作用通常是为了提供共享数据或方法，以 static 声明并实现，它们属于这个类而不是属于这个类的某个对象，它由这个类所创建的所有对象共同拥有。

【相关知识】

3.4　类的访问修饰符

Java 语言中类的访问权限控制符有 public、protected、default、private 四个，在定义类时，访问控制修饰符只能一个。每个 Java 程序的主类都必须是 public 类，主类必须具有同文件名称相同的名字。

在类体定义时用到了类及其成员的修饰符，这些修饰符包括访问控制修饰符和类型修饰符，访问控制修饰符主要用于定义类及其成员的作用域，可以在哪些范围内访问类及其成员。类型说明符主要用于定义类及其成员的一些特殊性质，如是否

笔记

可被修改，是属于对象还是属于类。这些修饰符中，用来修饰类的有 public、abstract、final，用来修饰类的成员变量的有 public、private、protected、final、static，修饰成员方法的有 public、private、protected、final、static、abstract。任何修饰符都没有使用的，属于默认修饰符。

（1）成员变量定义的类型修饰符的意义

- static：静态变量（类变量），相对于实例变量。
- final：常量，其值不能更改。
- transient：暂时性变量，用于对象存档。
- volatile：贡献变量，用于并发线程的共享。

（2）方法定义之前的类型修饰符的意义

- static：类方法，可通过类名直接调用。
- abstract：抽象方法，没有方法体。
- final：方法不能被重写。
- native：集成其他语言的代码。
- synchronized：控制多个并发线程的访问。

3.5　访问权限

访问控制修饰符说明类或类的成员的可访问范围，用 public 修饰的类或成员拥有公共作用域，表明此类或类的成员可以被任何 Java 中的类所访问，有最广泛的作用范围。用 protected 修饰的变量或方法拥有受保护作用域，可以被同一个包中所有的类及其他包中该类的子类所访问。用 private 修饰的变量或方法拥有私有作用域，只能在此类中访问，在其他类中，包括该类的子类中也是不允许访问的，private 是最保守的作用范围。没有使用任何修饰符的，拥有默认访问权限（也称友好访问权限），表明此类或类的成员可以被同一个包中的其他类访问。

对于变量及方法，其访问修饰符与访问能力之间的关系见表 3-2 所示。

表 3-2　类成员修饰符访问控制关系表

修饰符	同一类中	同一包中	不同包中的子类	不同包中的非子类
public	Yes	Yes	Yes	Yes
protected	Yes	Yes	Yes	No
default	Yes	Yes	No	No
private	Yes	No	No	No

当然，成员的作用范围受到类的作用范围的限制，如果一个类仅在包内可见，那么它的成员即便是用 public 修饰的，也只有在同一包内可见。

【例 3-5】　测试成员变量修饰符的作用。

```
//Example3_5.java
package com.chap3;
class FieldTest {
    private int num = 5;        // 私有作用域，本类可见
    public int get() {          // 公共作用域，get 方法返回成员变量 num 的值
            return num;
    }
}
public class Example3_5 {
    public static void main(String[] args) {
```

笔 记

```
            FieldTest    ft = new    FieldTest ();
            int t = ft.get();       //  正确访问
            // int s=ft.num;     //不能访问 FieldTest 类中私有成员变量 num
            System.out.println("t=" + t);
        }
    }
```

程序运行结果：

```
t=5
```

本例说明了类成员修饰符的作用，在类 Example3_5 中试图访问 FieldTest 类中的私有变量 num 是错误的（见注释部分）。如果将变量 num 的修饰符 private 改为 public，或直接去掉 private，使得变量 num 具有包或公共作用域，则程序就可正常运行。

3.6 static 修饰符

类型修饰符用以说明类或类的成员的一些特殊性质，前面已经有了初步认识，final 和 abstract 修饰符主要与类的继承特性有关，将在以后介绍，这里主要分析 static 修饰符。

Java 类的成员是指类中的变量和方法，根据这些成员是否使用了 static 修饰符，可以将其分为类成员（或称静态成员）和实例成员。具体地说，在一个类中，使用 static 修饰的变量和方法分别称为类变量（或称静态变量）及类方法（或称静态方法），没有使用 static 修饰的变量和方法分别称为实例变量及实例方法。

类成员（静态成员）属于这个类而不是属于这个类的某个对象，它由这个类所创建的所有对象共同拥有。实例成员由每一个对象个体独有，对象的存储空间中的确有一块空间用来存储该成员。不同的对象之间，它们的实例成员相互独立，任何一个对象改变了自己的实例成员，只会影响这个对象本身，而不会影响其他对象中的实例成员。对于实例成员，只能通过对象来访问，不能通过类名进行访问。在静态方法里只能直接调用同类中其他的静态成员（包括变量和方法），而不能直接访问类中的非静态成员。在实例方法中，既可以访问实例成员，也可以访问类成员。

文档 源代码 3-6

【例 3-6】 测试对实例成员和类成员的不同访问形式——静态变量使用示例。

```
//Example3_6.java
package com.chap3;
class Count {
    private int serial;           //实例变量
    static int counter = 0;      //类变量
    Count() {
            counter++;           // 实例计数器
            serial = counter;
    }
    int getSerial() {
            return serial;
    }
    int getCounter() {
            return counter;
    }
}
public class Example3_6{
    public static void main(String args[]) {
```

```
            Count c1 = new Count();
            Count c2 = new Count();
            System.out.println("c1 的 serial 值:"+c1.getSerial());           // 1
            System.out.println("c1 的 counter 值:"+c1.getCounter());
            System.out.println("c2 的 sSerial 值:"+c2.getSerial());          // 2
            System.out.println("c2 的 counter 值:"+c2.getCounter());
            //System.out.println("类的 serial 值:"+Count.serial());
                                                  //不能通过类名访问非静态变量
            System.out.println("类的 counter 值:"+Count.counter);
                                                  //通过类名访问静态变量
        }
    }
```

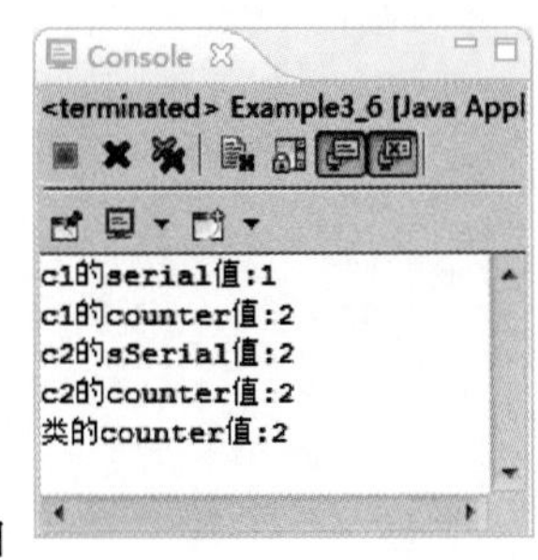

图 3-3
静态变量使用示例

程序运行结果如图 3-3 所示。

为什么 main 方法必须是 static 的呢？因为 main 方法是程序的入口点，程序由 main 方法开始执行，此时是没有对象的，因此 main 方法不可能是实例方法，否则程序就没有办法启动执行了。

【例 3-7】 测试类变量与实例变量的使用区别。

文档　源代码 3-7

```
//Example3_7.java
package com.chap3;
public class Example3_7{
    int i = 0;
    static int j = 0;
    public void print() {
        System.out.println("i=" + i);
        System.out.println("j=" + j);
    }
    public static void main(String[] args) {
        Example3_7 sv1 = new Example3_7();
        sv1.i++;
        sv1.j++;
        sv1.print();
        Example3_7 sv2 = new Example3_7();
        sv2.print();
    }
}
```

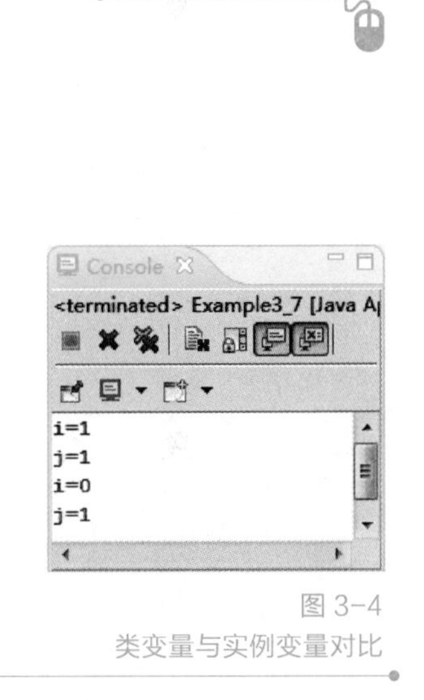

图 3-4
类变量与实例变量对比

程序运行结果如图 3-4 所示。

程序中定义了实例变量 i 和类变量 j，创建了两个对象 sv1 和 sv2，对 sv1 中的 i 和 j 进行自增运算，输出均为 1；然后输出 sv2 中的两个变量，结果为 0 和 1。因为 i 是实例变量，sv1 的更改只影响 sv1 本身，不影响其他对象，而 j 是类变量，sv1 对其更改，sv2 中的该变量会随之更改。

【任务实施】

PPT　任务 3.2　任务实施

1．使用 static 设计财务信息类

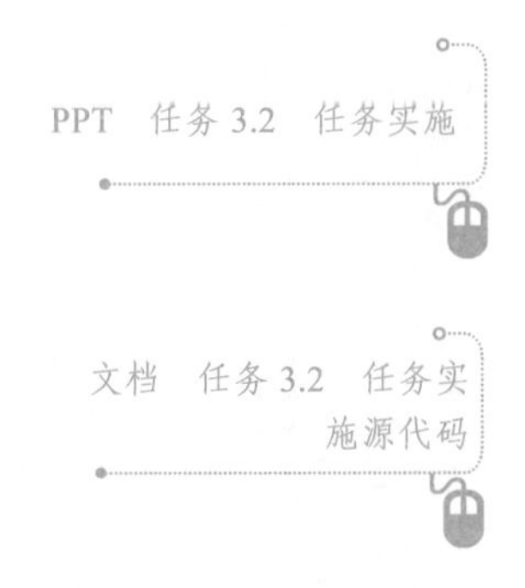

文档　任务 3.2　任务实施源代码

```
//FinanceInfo1.java
import java.util.Scanner;
public class FinanceInfo1 {
    private static String companyName;             // 公司名称
    private static double earnestIncome;           // 定金收入
```

视频　任务3.2　任务实施

笔　记

```
private static double depositIncome;            // 押金收入
private static double rentIncome;               // 租金收入
private static double otherIncome;              // 其他收入
private static double staffCost;                // 员工成本
private static double rentCost;                 // 店面房租
private static double hydropowerCost;           // 水电成本
private static double taxCost;                  // 税收费用
private static double otherCost;                // 其他费用

// 初始化
public static void init() {
    // 创建输入流对象
    Scanner sc = new Scanner(System.in);

    // 获取输入的财务信息
    System.out.println("请输入公司名称：");
    companyName = sc.next();

    System.out.println("请输入定金收入:");
    earnestIncome = sc.nextDouble();

    System.out.println("请输入押金收入：");
    depositIncome = sc.nextDouble();

    System.out.println("请输入租金收入：");
    rentIncome = sc.nextDouble();

    System.out.println("请输入其他收入：");
    otherIncome = sc.nextDouble();

    System.out.println("请输入员工成本：");
    staffCost = sc.nextDouble();

    System.out.println("请输入店面房租：");
    rentCost = sc.nextDouble();

    System.out.println("请输入水电成本：");
    hydropowerCost = sc.nextDouble();

    System.out.println("请输入税收费用：");
    taxCost = sc.nextDouble();

    System.out.println("请输入其他费用：");
    otherCost = sc.nextDouble();
}

// 收入计算
public static double calIncome() {
    double sumIncome = earnestIncome + depositIncome + rentIncome
            + otherIncome;
    return sumIncome;
}
```

```
        // 成本计算
        public static double calCost() {
                double sumCost = staffCost + rentCost + hydropowerCost + taxCost
                                + otherCost;
                return sumCost;
        }

        // 净收入计算
        public static double calNetIncome() {
                System.out.println(companyName + "的净收入计算结果：");
                double netIncome = calIncome() - calCost();
                return netIncome;
        }
}
```

2．设计测试类

```
//FinanceInfo1Test.java
import java.util.Scanner;
public class FinanceInfo1Test {

    public static void main(String[] args) {
        // 初始化
        FinanceInfo1.init();

        // 调用收入计算方法
        System.out.println("收入=" + FinanceInfo1.calIncome());

        // 调用成本计算方法
        System.out.println("成本=" + FinanceInfo1.calCost());

        // 调用净收入计算方法
        System.out.println("净收入=" + FinanceInfo1.calNetIncome());

    }
}
```

程序运行结果同任务 3.1。

【实践训练】

定义圆类 Circle，成员变量包括圆周率 PI 和半径，其中圆周率 PI 定义为静态变量，成员方法包括求周长、求面积。

定义测试类 CircleTest 进行测试。

任务 3.3　使用构造方法设计财务信息类

【任务分析】

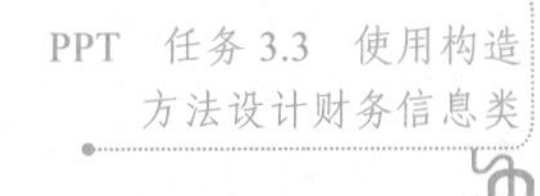

在类中除了成员方法外，还存在一种特殊类型的方法，那就是构造方法。构造方法是一个与类同名的方法，对象的创建就是通过构造方法完成的，每当类实例化

视频 任务3.3 使用构造方法设计财务信息类

一个对象时，类都会自动调用构造方法。本任务的目的是分别采用默认的无参的构造方法和有参的构造方法来创建财务信息类的对象。

【相关知识】

3.7 方法重载

Java 中，同一个类中的两个或两个以上的方法可以有同一个名字，只要它们的参数声明不同即可。在这种情况下，该方法就被称为重载（overloaded），这个过程称为方法重载（method overloading）。例如，一个类需要具有打印的功能，而打印是一个很广泛的概念，对应的具体情况和操作有多种，如实数打印、整数打印、字符打印、分行打印等。为了使打印功能完整，在这个类中就可以定义若干个名字都称为 myprint 的方法，每个方法用来完成一种不同于其他方法的具体打印操作，处理一种具体的打印情况。方法重载使用如下所示。

- public void myprint (int i)
- public void myprint (float f)
- public void myprint ()

当一个重载方法被调用时，Java 用参数的类型和（或）数量来表明实际调用的重载方法的版本。因此，每个重载方法的参数的类型和（或）数量必须是不同的。返回类型不能用来区分重载的方法。当 Java 调用一个重载方法时，参数与调用参数匹配的方法被执行。

文档 源代码 3-8

【例 3-8】 方法重载示例。

```
//Example3_8.java
package com.chap3;
public class Example3_8 {
    public static void print(String str) {
        System.out.println("String=" + str);
    }
    public static void print(int i) {
        System.out.println("int=" + i);
    }
    public static void print(float i) {
        System.out.println("float=" + i);
    }
    public static void main(String[] args) {
        print("123");
        print(123);
        print(1.23f);
    }
}
```

Console
<terminated> Example3_8 [Java Application
String=123
int=123
float=1.23

图 3-5
方法重载示例

运行结果如图 3-5 所示。

3.8 构造方法

Java 中的每个类都有构造方法，它是类的一种特殊方法，构造方法的名字和类名完全相同，对象的创建就是通过构造方法完成的，当类实例化一个对象时，类会自动调用构造方法，构造方法的基本特点如下。

- 构造方法没有返回值，也不用 void 修饰。
- 构造方法的名称要与本类的类名相同。
- 构造方法可以重载。
- 构造方法不能由用户直接调用，只有使用 new 创建对象时系统自动调用。

构造方法的默认返回类型就是对象类型本身。每个类可以具有多个构造方法，它们各自包含不同的方法参数。

【例 3-9】 构造方法声明示例。

文档　源代码 3-9

```
//Point2D.java
package com.chap3;
public class Point2D {
    private int x;
    private int y;
    //定义无参构造
    public Point2D(){
    }
    //定义带两个参数的构造方法
    public Point2D(int x,int y){
            this.x=x;
            this.y=y;
    }
    public int getX(){
            return x;
    }
    public int getY(){
            return y;
    }
}
```

本例中定义了两个构造方法，分别是无参数的和有参数的。在一个类中定义多个具有不同参数的同名方法，这也就是方法的重载。这两个构造方法的名称都与类名相同，均为 MyClass。在实例化该类的时候，就可以调用不同的构造方法进行初始化。

类的构造方法不是要求必须定义的。如果在类中没有明确地给出一个构造方法，Java 就会自动构造一个默认的无参构造方法。只要类中定义了任何构造方法，Java 系统就不再提供默认构造方法。

【例 3-10】 定义一个水果类——类的构造方法示例。

文档　源代码 3-10

```
//Fruit.java
package com.chap3;
public class Fruit {
    public String color; // 定义颜色成员变量
    // 定义构造方法
    public Fruit() {
            color = "绿色"; // 对变量 color 进行初始化
    }
    public void harvest() { // 定义收获的方法
            String color = "红色"; // 定义颜色局部变量
            System.out.println("水果是：" + color + "的！");
            System.out.println("水果已经收获……");
```

```
            System.out.println("水果原来是：" + this.color + "的！");
        }
        public static void main(String[] args) {
            // 声明 Fruit 类的一个对象 fruit，并为其分配内存
            Fruit myfruit = new Fruit();
            myfruit.harvest(); // 调用 Fruit 类的 harvest()方法
        }
    }
```

图 3-6
类的构造方法示例

程序运行结果如图 3-6 所示。

3.9 关键字 this

使用 this 关键字来访问本类的成员变量和方法。使用 this 关键字的语句格式如下。

```
this.成员变量名;
this.方法名(实参列表);
```

this 关键字代表引用自身对象，在程序中主要的使用用途在以下几个方面。

1. 使用 this 关键字引用成员变量

在一个类的方法或构造方法内部，可以使用“this.成员变量名”这样的格式来引用成员变量名，有些时候可以省略，有些时候不能省略。

文档 源代码 3-11

【例 3-11】 this 引用成员变量。

```
//ThisDemo1.java
package com.chap3;
public class ThisDemo1 {
    private int a;
    public ThisDemo1(int a) {
        this.a = a; //this.a 表示引用该类的成员变量
    }
    public int getA() {
        return a;
    }
    public void setA(int a) {
        this.a = a;
    }
}
```

笔 记

该类的构造方法和 setA()方法内部，都包含 2 个变量名为 a 的变量，一个是参数 a，另外一个是成员变量 a。按照 Java 语言的变量作用范围规定，参数 a 的作用范围为构造方法或方法内部，成员变量 a 的作用范围是类的内部，这样在构造方法和 setA 方法内部就存在了变量 a 的冲突，Java 语言规定当变量作用范围重叠时，作用域小的变量覆盖作用域大的变量。所以在构造方法和 setA 方法内部，参数 a 起作用。这样需要访问成员变量 a 则必须使用 this 进行引用。当然，如果变量名不发生重叠，则 this 可以省略。

但是为了增强代码的可读性，一般将参数的名称和成员变量的名称保持一致，所以 this 的使用频率在规范的代码内部应该很多。

2. 使用 this 关键字在自身构造方法内部引用其他构造方法

在一个类的构造方法内部，也可以使用 this 关键字引用其他的构造方法，这样

可以降低代码的重复性，也可以使所有的构造方法保持统一，方便以后的代码修改和维护，也方便代码的阅读。

【例 3-12】　this 引用构造方法。

```
//ThisDemo2.java
package com.chap3;
public class ThisDemo2 {
    int a;
    public ThisDemo2() {
        this(0);                    // this(0)调用本类中的其他构造方法
    }
    public ThisDemo2(int a) {
        this.a = a;
    }
}
```

在不带参数的构造方法内部，使用 this 调用了另外一个构造方法，其中 0 是根据需要传递的参数的值。当一个类内部的构造方法比较多时，可以只书写一个构造方法的内部功能代码，然后其他的构造方法都通过调用该构造方法实现，这样既保证了所有的构造是统一的，也降低了代码的重复。

在实际使用时，需要注意的是，在构造方法内部使用 this 关键字调用其他的构造方法时，调用的代码只能出现在构造方法内部的第一行可执行代码。这样，在构造方法内部使用 this 关键字调用构造方法最多会出现一次。

3．使用 this 关键字代表自身类的对象

在一个类的内部，也可以使用 this 代表自身类的对象，或者换句话说，每个类内部都有一个隐含的成员变量，该成员变量的类型是该类的类型，该成员变量的名称是 this，实际使用 this 代表自身类的对象的示例代码如下。

【例 3-13】　this 引用自身和成员方法。

```
// ThisDemo3.java
package com.chap3;
public class ThisDemo3 {
    ThisDemo3 instance;

    public ThisDemo3() {
        instance = this;            //this 代表自身对象
        this.test();                //this 引用成员方法
    }

    public void test() {
        System.out.println(this);
    }
}
```

在构造方法内部，将对象 this 的值赋值给 instance，在 test 方法内部，输出对象 this 的内容，这里的 this 都代表自身类型的对象。

4．使用 this 关键字引用成员方法

在一个类的内部，成员方法之间的互相调用时也可以使用“this.方法名(参数)”来进行引用，只是所有这样的引用中 this 都可以省略，见【例 3-13】。

PPT 任务3.3 任务实施

文档 任务3.3 任务实施 源代码

视频 任务3.3 任务实施

笔记

【任务实施】

1. 使用构造方法设计财务信息类

分别给出默认的无参的构造方法和有参的构造方法。

```
//FinanceInfo2.java
package com.chap3;
import java.util.Scanner;

public class FinanceInfo2 {
    private String companyName;          // 公司名称
    private double earnestIncome;        // 定金收入
    private double depositIncome;        // 押金收入
    private double rentIncome;           // 租金收入
    private double otherIncome;          // 其他收入
    private double staffCost;            // 员工成本
    private double rentCost;             // 店面房租
    private double hydropowerCost;       // 水电成本
    private double taxCost;              // 税收费用
    private double otherCost;            // 其他费用

    //无参数构造方法
    public FinanceInfo2() {
        System.out.println("使用无参数构造方法创建财务信息对象！");
    }

    //带参数构造方法
    public FinanceInfo2(String companyName, double earnestIncome,
            double depositIncome, double rentIncome, double otherIncome,
            double staffCost, double rentCost, double hydropowerCost,
            double taxCost, double otherCost) {
        super();
        System.out.println("使用带参数的构造方法创建财务信息类对象");
        this.companyName = companyName;
        this.earnestIncome = earnestIncome;
        this.depositIncome = depositIncome;
        this.rentIncome = rentIncome;
        this.otherIncome = otherIncome;
        this.staffCost = staffCost;
        this.rentCost = rentCost;
        this.hydropowerCost = hydropowerCost;
        this.taxCost = taxCost;
        this.otherCost = otherCost;
    }

    //一组set/get属性方法
    ……

    //收入计算
    public double calIncome(){
        double sumIncome=earnestIncome+depositIncome+rentIncome+otherIncome;
```

笔 记

```
            return sumIncome;
        }

        //成本计算
        public double calCost(){
            double sumCost=staffCost+rentCost+hydropowerCost+taxCost+otherCost;
            return sumCost;
        }

        //净收入计算
        public double calNetIncome(){
            System.out.println(companyName + "的净收入计算结果：");
            double netIncome=calIncome()-calCost();
            return netIncome;
        }
    }
```

2. 定义测试类并进行测试

```
//FinanceInfo2Test.java
package com.chap3;
import java.util.Scanner;

public class FinanceInfo2Test {
    public static void main(String[] args) {
        // 1:使用无参数构造方法创建财务信息对象
        FinanceInfo2 financeInfo = new FinanceInfo2();
        // 创建输入流对象
        Scanner sc = new Scanner(System.in);

        // 获取输入的财务信息
        System.out.println("请输入公司名称：");
        String companyName = sc.next();

        System.out.println("请输入定金收入:");
        double earnestIncome = sc.nextDouble();

        System.out.println("请输入押金收入：");
        double depositIncome = sc.nextDouble();

        System.out.println("请输入租金收入：");
        double rentIncome = sc.nextDouble();

        System.out.println("请输入其他收入：");
        double otherIncome = sc.nextDouble();

        System.out.println("请输入员工成本：");
        double staffCost = sc.nextDouble();

        System.out.println("请输入店面房租：");
        double rentCost = sc.nextDouble();
```

笔 记

```
            System.out.println("请输入水电成本：");
            double hydropowerCost = sc.nextDouble();

            System.out.println("请输入税收费用：");
            double taxCost = sc.nextDouble();

            System.out.println("请输入其他费用：");
            double otherCost = sc.nextDouble();

            // 设置财务信息
            financeInfo.setCompanyName(companyName);
            financeInfo.setEarnestIncome(earnestIncome);
            financeInfo.setDepositIncome(depositIncome);
            financeInfo.setRentIncome(rentIncome);
            financeInfo.setOtherIncome(otherIncome);
            financeInfo.setStaffCost(staffCost);
            financeInfo.setRentCost(rentCost);
            financeInfo.setHydropowerCost(hydropowerCost);
            financeInfo.setTaxCost(taxCost);
            financeInfo.setOtherCost(otherCost);
            // 调用收入计算方法
            double sumIncome = financeInfo.calIncome();
            System.out.println("收入=" + sumIncome);
            // 调用成本计算方法
            double sumCost = financeInfo.calCost();
            System.out.println("成本=" + sumCost);
            // 调用净收入计算方法
            double netIncome = financeInfo.calNetIncome();
            System.out.println("净收入=" + netIncome);

            // 2：使用带参数的构造方法创建财务信息类
            FinanceInfo2 financeInfo2 = new FinanceInfo2(companyName,
                    earnestIncome, depositIncome, rentIncome, otherIncome,
                    staffCost, rentCost, hydropowerCost, taxCost, otherCost);
            // 调用收入计算方法
            System.out.println("收入=" + financeInfo2.calIncome());
            // 调用成本计算方法
            System.out.println("成本=" + financeInfo2.calCost());
            // 调用净收入计算方法
            System.out.println("净收入=" + financeInfo2.calNetIncome());
        }
    }
```

图 3-7
任务 3.3 运行结果

程序运行结果如图 3-7 所示。

【实践训练】

1. 编写一个 Java 应用程序，从键盘读取用户输入两个字符串，并重载三个方法分别实现这两个字符串的拼接、整数相加和浮点数相加。

2. 定义一个表示平面上的点类 MyPoint，成员变量和成员方法为：

笔 记

- double x,y;　　//表示 x 和 y 坐标
- MyPoint(double x,double y)　　//构造方法设置坐标
- double distance(MyPoint p1,MyPoint p2)　　//求两点间的距离

定义测试类：创建两个 MyPoint 类的对象，坐标为（3，4）和（8，9），并通过对象求这两点之间的距离。

拓展实训

设计收入支出统计模块，收入支出模块主要统计超市在一定时间内收入与支出。收入统计主要是商品出售、顾客充值的费用；支出统计主要是采购商品、商品退货的费用。

设计要求：

① 设计与实现收入统计模块，商品与顾客充值费用应用数组保存。

② 设计与实现支出统计模块，采购与退货费用应用数组保存。

同步训练

一、选择题

文档　单元 3 案例

文档　单元 3 习题库/试题库

1. 下列关于 Java 源程序结构的论述中，正确的是（　　）。

   A. 一个文件包含的 import 语句最多为 1 个

   B. 一个文件包含的 public 类最多为 1 个

   C. 一个文件包含的接口定义最多为 1 个

   D. 一个文件包含的类定义最多为 1 个

2. 下列选项中，与成员变量共同构成一个类的是（　　）。

   A. 关键字　　B. 方法　　C. 运算符　　D. 表达式

3. 下列关于构造方法的叙述中，错误的是（　　）。

   A. Java 语言规定构造方法名与类名必须相同

   B. Java 语言规定构造方法没有返回值，但不用 void 声明

   C. Java 语言规定构造方法不可以重载

   D. Java 语言规定构造方法只能通过 new 自动调用

4. 下列构造方法的调用方式中，正确的是（　　）。

   A. 按照一般方法调用　　B. 由用户直接调用

   C. 只能通过 new 自动调用　　D. 被系统调用

5. 下列选项中，可以使在一个类中定义的成员变量只能被同一包中的类访问的是（　　）。

   A. private　　B. 无修饰符　　C. public　　D. protected

6. 下列代码中，使成员变量 m 能被方法 fun()直接访问的是（　　）。

```
class Test {
  private int m;
```

```
public static void fun() { ... } }
```

A. 将 private int m 改为 protected int m

B. 将 private int m 改为 public int m

C. 将 private int m 改为 static int m

D. 将 private int m 改为 int m

7. 已知有如下类的说明，则下列语句正确的是（　　）。

```
public class Test {
    private float f = 1.0f;
    int m = 12;
    static int n=1;
    public static void main(String arg[]) {
        Test t = new Test();
    }
}
```

A. t.f;　　B. this.n;　　C. Test.m;　　D. Test.f;

8. 下列程序的执行结果是（　　）。

```
public class Test {
    public int aMethod() {
      static int i=0;
       i++;
     System.out.println(i);
    }
    public static void main(String args[]) {
    Test test = new Test();
    test.aMethod();
     }
}
```

A. 编译错误　　B. 0

C. 1　　D. 运行成功，但不输出

9. 为 AB 类的一个无形式参数无返回值的方法 method 书写方法头，使得使用类名 AB 作为前缀就可以调用它，该方法头的形式为（　　）。

A. static void method( )　　B. public void method( )

C. final void method( )　　D. abstract void method

10. 在 Java 中，一个类可同时定义许多同名的方法，这些方法的形式参数的个数、类型或顺序各不相同，传回的值也可以不相同。这种面向对象程序特性称为（　　）。

A. 隐藏　　B. 覆盖

C. 重载　　D. Java 不支持此特性

二、填空题

1. Java 源文件中最多只能有一个________类，其他类的个数不限。

2. 面向对象（OOP）的三个基本特征是________、________、________。

3. 访问控制修饰符说明类或类的成员的可访问范围，用________修饰的类或成员拥有公共作用域，表明此类或类的成员可以被任何 Java 中的类所访问。

4. 下列程序的运行结果是________。

```
class StaticTest {
```

```
        static int x=1;
        int y;
        StaticTest() {
          y++;
          }
          public static void main(String args[ ]) {
          StaticTest st=new StaticTest();
          System.out.println("x=" + x);
          System.out.println("st.y=" + st.y);
          st=new StaticTest();
          System.out.println("st.y=" + st.y);
        }
        static { x++;}
    }
```

5. 下列程序的运行结果是________。

```
    class  StaticStuff {
        static int x;
        static { System.out.println("x1=" + x); x+=5; }
       public static void main(String args[ ]) {
          System.out.println("x2=" + x);
        }
        static { System.out.println("x3=" + x);x%=3; }
    }
```

三、编程题

1. 定义一个矩形类，属性包括长和宽，在构造方法中将长宽初始化，再定义一个成员方法用于求此矩形的面积。

2. 定义一个表示学生信息的类 Student，要求如下：

① 类 Student 的成员变量。

sNO 表示学号；sName 表示姓名；sSex 表示性别；sAge 表示年龄；sJava: 表示 Java 课程成绩。

② 类 Student 带参数的构造方法。

在构造方法中通过形参完成对成员变量的赋值操作。

③ 类 Student 的方法成员。

getNo(): 获得学号。

getName(): 获得姓名。

getSex(): 获得性别。

getAge(): 获得年龄。

getJava(): 获得 Java 课程成绩

④ 根据类 Student 的定义，创建 5 个该类的对象，输出每个学生的信息，计算并输出这 5 个学生 Java 语言成绩的平均值，以及计算并输出他们的“Java 语言”成绩的最大值和最小值。

单元 4

继承与多态

文档 单元 4 设计

PPT 单元 4 概述

单元介绍

继承和多态是面向对象开发语言的非常重要的两个特点，恰当地使用它们可以使整个程序的结构变得清晰，维护方便，同时可以减少代码的冗余。继承可以重复使用一些定义好的类，减少重复代码的编写。多态可以动态来处理对象的调用，降低对象之间的依赖关系。同时还可以使用接口优化继承和多态，建立类与类之间的关联。

学习目标

【知识目标】

- 掌握继承原理。
- 掌握重写方法的几种方式。
- 明确初始化子类对象时父类对象也将被初始化。
- 掌握对象类型的转换。
- 掌握使用 instanceof 操作符判断对象类型。
- 掌握多态技术。
- 学会如何使用抽象类与接口。
- 掌握使用多态与接口结合的技术。
- 掌握常用工具类的使用方法。

视频 单元 4 继承与多态概述

【能力目标】

- 掌握使用继承来提高面向对象中的程序扩展性和可维护性，会使用继承来解决实际问题。
- 会使用 instanceof 操作符判断对象类型。
- 理解抽象方法在程序设计中所起到的作用。
- 会使用多态与接口结合的技术来解决实际问题。
- 会使用常用工具类来解决实际问题。

思政导学 中国软件杯

【素养目标】

- 树立正确的学习观，增强技术自信，建立职业理想。
- 培养自我学习的能力，树立终身学习的意识。

任务 4.1　求租客户信息类设计

PPT　任务 4.1　求租客户信息类设计

视频　任务 4.1　求租客户信息类设计

笔 记

【任务分析】

房屋租赁管理系统中的客户除了出租客户外还有求租客户，对于这两类用户也要进行类似操作。如何使得数据表示更加合理？如何使烦琐的编程工作变得简单？可以通过继承和接口实现代码的重用，减少编程量，同时使系统结构更加统一、规范。本任务就是利用面向对象中的继承性来设计求租客户信息类。

【相关知识】

在实际编程开发时，使用继承可以在程序中复用一些已经定义完善的类，不仅可以节省软件开发周期，同时也可以提高软件的可维护性、可扩展性。

4.1　继承的概念

如果类 B 具有类 A 的全部属性和方法，而且又具有自己特有的某些属性和方法，则把类 A 称作一般类，把类 B 称作特殊类。这种一般与特殊的结构，可以用继承所表达和实现，继承使得某类对象可以继承另外一类对象的属性和方法。

若类 B 继承类 A 时，则属于 B 的对象便具有类 A 的全部或部分性质（数据属性）和功能（操作）。称被继承的类 A 为基类、父类或超类，而称继承类 B 为 A 的派生类或子类。

类继承又称类派生，是基于某个父类的扩展，定义一个新的子类，子类可以继承父类原有的属性和方法，也可以增加父类不具备的新的属性和方法，或者根据子类自己的情况重写父类中某些方法。继承避免了对一般类和特殊类之间共同特征进行的重复描述。

例如，平行四边形是特殊的四边形，可以说平行四边形类继承了四边形类，这时平行四边形类将所有四边形具有的属性和方法都保留下来，并基于四边形类扩展了一些新的平行四边形类特有的属性和方法。

4.2　继承的实现

继承简化了人们对事物的认识和描述，能清晰体现相关类间的层次结构关系。类的继承实现方式非常简单，具体格式如下：

```
[修饰符] class 子类名 extends 父类名{
    //定义新的属性
    //重新定义父类中已有的属性
    //定义新的成员方法
    //重写父类中成员方法
}
```

说明

① 修饰符同类的声明，[public|省略]，或者[final|]，或者都不选。

② 子类名必须符合命名规则。

③ extends 是关键字。

④ 父类，可以是自定义的类，也可以是系统类库中的类。如果省略父类，其默认的父类是 java.lang.Object 类。

⑤ 子类可以添加新的成员变量和成员方法，也可以隐藏父类的成员变量或者覆盖父类中的成员方法。

⑥ Java 只支持单继承。

⑦ 类之间的继承具有传递性。

Java 中，类 java.lang.Object 是一切类的父类或根类，所有的类都是通过直接或间接地继承 java.lang.Object 得到的。因此，往往把 Object 称为万类之源。

Java 不支持多重继承，一个子类只能继承一个父类，父类包括所有直接或间接继承它的类。类的继承可以传递，一个子类也可以成为其他类的父类。但是从实际生活中或者从理论上说，一个类可以有多个子类，而它同时也可以从多个父类中继承属性和方法，这便是多重继承。而 Java 出于安全性和可靠性的考虑，仅支持单重继承，而通过使用接口机制来实现多重继承。

【例 4-1】 求图形的面积和周长。

文档　源代码 4-1

一般图形类不能计算其面积和周长，因为其类型和具体属性还没有确定。只有一些特殊的图形，如三角形或者圆、矩形等才能通过提供的属性求出其具体的面积和周长。因此图形类和一些具体的类就有一般和特殊的关系，可以用继承来实现。

笔 记

```
//Shape.java
//父类图形类
package com.demo1;
public class Shape {
    String type;                          //类别
    public void setType(String type) {    //成员方法，设置其图形类型
        this.type = type;
    }
    public String getType() {
        return type;
    }
}
```

对于表示圆的子类 Circle，除了继承 Shape 的成员外，还可以定义半径以及计算面积的方法和计算周长的方法。

```
//Circle.java
//子类 Circle
package com.demo1;
public class Circle extends Shape{
    double radius;                        //定义自己的成员变量
    public double getRadius(){            //定义自己的成员方法
        return radius;
    }
    public void setRadius(double radius) {
        this.radius = radius;
    }
    public double getArea(){
        double area = Math.PI*radius*radius;    //计算圆的面积
        return area;
    }
    public double getPerimeter() {
```

```
            return 2*Math.PI*radius;                //计算并返回圆的周长
        }
    }
```

这样，子类 Circle 的对象既能引用超类 Shape 的变量和方法，也能引用它自己定义的属性和方法。

```
//TestCircle.java
package com.demo1;
public class TestCircle{
    public static void main(String[] args) {
        Circle   myShape = new Circle();
        myShape.setType("圆");        //调用超类的方法
        myShape.setRadius(5.2);       //调用子类的方法
        System.out.println("myShape 的类别是:"+myShape.getType());
        double area = myShape.getArea();
        System.out.println("myShape 的面积是:"+area);
        System.out.println("myShape 的周长是:"+myShape.getPerimeter());
    }
}
```

图 4-1
计算图形的面积和周长运行

程序的运行结果如图 4-1 所示。

当定义子类时，用 extends 指明新定义的类的父类，就在两个类之间建立了继承关系。类 Circle 继承自类 Shape，因此，类 Circle 自动获得 Shape 的所有方法和数据，并添加了新的成员 radius 和方法 getArea()、getPerimeter()，如图 4-2 所示。

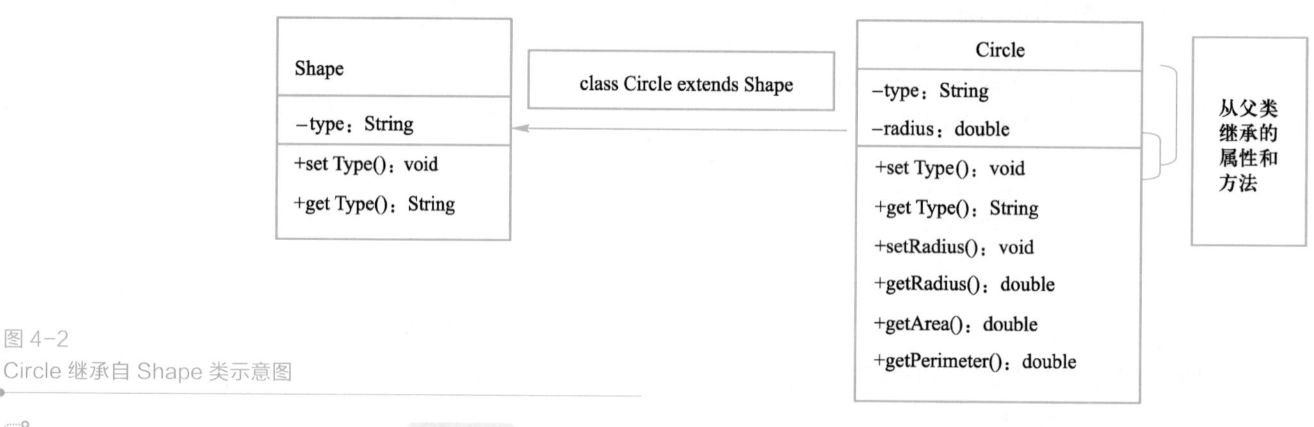

图 4-2
Circle 继承自 Shape 类示意图

文档 源代码 4-2

【例 4-2】 设计并实现公司的职工类。

在公司中，有普通职工（Employee）和管理者（Manager），对这两类职工的属性和行为进行分析，设计类及其关系。

```
//Employee.java
//父类 Employee
package com.demo2;
public class Employee {
    //成员变量
    int employeeID;         //职工号
    String name;            //职工姓名
    String address;         //住址
    double pay;             //工资
    //成员方法
    public Employee() {
```

```
            super();
        }
        // get 和 set 方法
         ......
        public double getPay() {
            //计算职工工资
        }
    }
```

对于管理者（Manager），除了具有普通员工的属性，还有自己的属性，本身也是一个职工。

```
    //Manager.java
    //子类 Managers 继承自父类 Employee
    package com.demo2;
    class Manager extends Employee{
        //新增自己的成员变量
        String response;                //职责
        String department;              //所在部门
        //定义自己的成员方法
        public void upPay(double p){
            pay=pay+p;
        }
        //由于管理者和普通职工计算工资方法不同，根据需要重新定义 getPay()方法
        public double getPay()  { //计算管理者工资
            return this.pay*1.5;
        }
    }
```

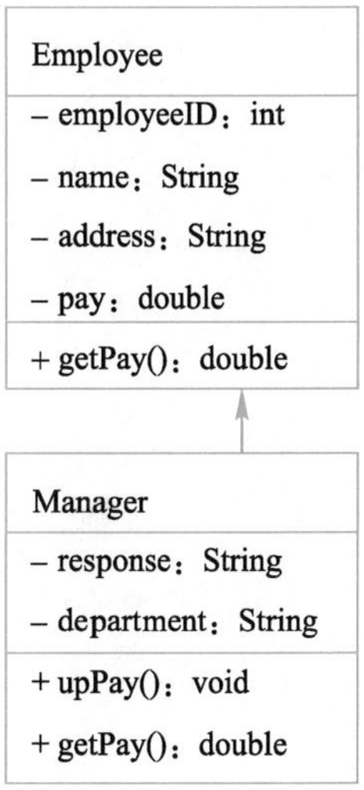

Employee
– employeeID：int
– name：String
– address：String
– pay：double
+ getPay()：double

Manager
– response：String
– department：String
+ upPay()：void
+ getPay()：double

图 4-3
类 Manager 继承自 Employee 示意图

在【例 4-2】中，子类 Manager 不但继承了父类 Employee 的属性和方法，还增加了自己的属性和方法，如图 4-3 所示。

4.3　继承的规则

Java 中，当声明了直接子类和直接父类的继承关系后，直接子类继承直接父类。除构造方法外，子类可继承父类所有的成员变量和成员方法，但是否能够访问，还要看其访问修饰符的控制范围，见表 3-2。

4.4　属性的继承

1．属性的继承和扩展

根据继承规则，子类可以继承父类所有的属性，还可以增加自己的成员变量。如【例 4-2】中，子类 Manager 一共有 6 个属性，其中有继承自父类 Employee 的职工号、职工姓名、住址、工资 4 个属性和扩展的职责、部门 2 个属性。

因此父类的属性实际上是各个子类都拥有的属性的公共部门，子类从父类继承的属性不用重复定义也可以使用，这样可以简化程序，降低工作量。

2．属性隐藏

属性隐藏是指子类重新定义一个从父类那里继承来的与变量完全相同的变量。所谓隐藏，是指子类拥有了两个相同名字的成员变量，一个继承自父类，另一个是自己定义的成员变量。

文档 源代码4-3

笔记

属性隐藏时，当子类执行继承自父类的方法时，处理的是继承自父类的变量；当子类执行自己定义的方法时，所操作的是子类自己定义的变量。在第2种情况时，仍希望调用父类的属性，则需要使用super关键字。

【例4-3】 变量隐藏测试。

```
//Person.java
//父类
package com.demo3;
class Person {
    String id;
    String name;
    String address;

    public Person() {
    }

    public void showName() {
            System.out.println(name);              //输出的是父类中name
    }
}
//Student.java
//子类
package com.demo3;
class Student extends Person {
    String address;                                //重新定义父类变量
    String school;

    public Student() {
    }

    public void showInfo(){
        showName();                                //调用父类的方法
        System.out.println("Student:"+address+"Student:"+school); //使用的是子类的address
       }
}
```

4.5 方法的继承

1. 方法的继承和扩展

子类可以继承父类的成员方法，还可以增加自己的成员方法。子类对象可以使用从父类中继承过来的方法。

2. 方法重写

方法重写（或覆盖）是指子类重新定义从父类继承来的方法，从而使子类具有自己的行为，满足自己的需要。

（1）方法重写时要注意以下问题

① 子类中重写的方法应与父类中的被覆盖的方法有完全相同的方法名称、参数列表、返回值类型，但执行的方法体不同。

② 重写后的方法不能比被重写的方法有更严格的访问限制（ 访问控制权限按照严格的顺序分别是private、default、protected、public），即子类比父类扩大原则。

③ 可以部分重写父类方法。在原方法的基础上添加新的功能，即在子类的覆盖方法的第一条语句位置添加一条语句：super.原父类方法名()。

④ 不能重写父类的 final 方法。final 方法定义的目的是为了防止被重写。

⑤ 关于 static 修饰符，子类和父类必须一致，都有或者都没有。

（2）一般在以下几种情况下使用方法重写

① 子类中实现与父类相同的功能，但是算法不同。

② 在名字相同的方法中，子类的操作要比父类多。

③ 在子类中取消从父类中继承的方法。这种情况下，只需重写不需要的父类方法，将方法体设为空。

思考一下：方法重载和重写的区别是什么？

当子类重写父类方法时，由于同名方法分别属于父类和子类，所以需要区分调用了哪个类中的方法。一般情况下，只要在方法前面使用不同类的对象或者不同类名即可。如果直接调用父类的方法可以用 super 关键字。

【例 4-4】 设计一个 Shape（形状）类，再设计 Shape 类的两个子类，一个是 Ellipse（椭圆）类，另一个是 Rectangle（矩形）类。每个类都包括若干成员变量和方法，但每个类都有一个 draw()方法（画图方法），draw()方法中用输出字符串表示画图。

笔 记

```
//Shape.java
//定义父类 Shape
package com.demo4;
class Shape {
    protected int lineSize;                 //线宽

    public Shape(){                         //构造方法 1
            lineSize = 1;
    }

    public Shape(int ls) {                  //构造方法 2
            lineSize = ls;
    }

    public void setLineSize(int ls) {       //设置线宽
            lineSize = ls;
    }

    public int getLineSize(){               //获得线宽
            return lineSize;
    }

    public void draw(){                     //画图
            System.out.println("Draw a Shape");
    }
}
//Ellipse.java
//定义子类 Ellipse
package com.demo4;
class Ellipse extends Shape {
```

笔 记

```
    private int centerX;                        //圆心 X 坐标
    private int centerY;                        //圆心 Y 坐标
    private int width;                          //椭圆宽度
    private int height;                         //椭圆高度

    public Ellipse(int x, int y, int w, int h) {  //构造方法
        super();                                //调用父类的构造方法 1
        centerX = x;
        centerY = y;
        width = w;
        height = h;
    }

    public void draw(){                         //覆盖父类的 draw()方法
        System.out.println("draw a Ellipse");
    }
}
Rectangle.java
//定义子类 Rectangle
package com.demo4;
class Rectangle extends Shape {
    private int left;                           //矩形左上角 X 坐标
    private int top;                            //矩形左上角 Y 坐标
    private int width;                          //矩形长度
    private int height;                         //矩形宽度

    public Rectangle(int l, int t, int w, int h) {  //构造方法
        super(2);                               //调用父类的构造方法 2
        left = l;
        top = t;
        width = w;
        height = h;
    }

    public void draw(){                         //覆盖父类的 draw()方法
        System.out.println("draw a Rectangle");
    }
}
Test.java
//定义测试类 Test
package com.demo4;
public class Test {
    public static void main(String args[]) {
        Ellipse ellipse = new Ellipse(30, 30, 50, 60);      //创建子类 Ellipse 的对象
        ellipse.setLineSize(2);                 //调用父类方法重新设置 lineSize 值为 2
        System.out.println("LineSize of ellipse : " + ellipse.getLineSize());
        Rectangle rectangle = new Rectangle(0, 0, 20, 30);     //创建子类 rectangle 对象
        rectangle.setLineSize(3);               //调用父类方法重新设置 lineSize 属性为 3
        System.out.println("LineSize of rectangle : " + rectangle.getLineSize());
        ellipse.draw();             //访问子类方法
```

```
        rectangle.draw();          //访问子类方法
    }
}
```

程序运行结如图 4-4 所示。

```
Console
<terminated> Test (2) [Java Application] C:\Progran
LineSize of ellipse : 2
LineSize of rectangle : 3
draw a Ellipse
draw a Rectangle
```

图 4-4
方法的继承、扩展和重写使用示例

程序分析：

① 类 Shape 中定义了所有子类共同的成员变量 lineSize（线宽），椭圆类 Ellipse 和矩形类 Rectangle 在继承父类成员变量的基础上，又各自定义了自己的成员变量。

② 父类 Shape 中定义了画图方法 draw()，子类 Ellipse 和子类 Rectangle 中由于各自形状不同，画图方法 draw()也不同，所以子类 Ellipse 和 Rectangle 中重新定义了各自的 draw()方法（即重写了父类的 draw()）。

③ 当一个文件中包含有多个类时，源程序文件名应该和定义为 public 类型的类名相同。

【任务实施】

PPT　任务 4.1　任务实施

文档　任务 4.1　任务实施源代码

视频　任务 4.1　任务实施

考虑到房屋租赁管理系统中的客户除了求租客户外还有出租客户，因此先设计一个客户类，然后再分别设计它的 2 个子类：求租客户类和出租客户类，这样可以有效地提高代码的复用率。

本任务将给出客户类的设计和求租客户类的设计。

1．客户类的设计

```
//Customer.java
package com.my.chap4;
public class Customer {
    private int userID;              //ID
    public   String userName;        //客户姓名
    private char sex;                //性别
    protected String phone;          //联系电话
    private String homePhone;        //家庭电话
    private String email;            //邮箱
    private String qq;               //QQ 号码
    private String cardID;           //身份证号码
    private String address;          //家庭住址

    public Customer(){
    }
    public int getUserID() {
        return userID;
    }
    public void setUserID(int userID) {
        this.userID = userID;
    }
    public String getUserName() {
        return userName;
    }
    public void setUserName(String userName) {
        this.userName = userName;
    }
    public char getSex() {
        return sex;
```

笔 记

笔 记

```
        }
        public void setSex(char sex) {
                this.sex = sex;
        }
        public String getPhone() {
                return phone;
        }
        public void setPhone(String phone) {
                this.phone = phone;
        }
        public String getHomePhone() {
                return homePhone;
        }
        public void setHomePhone(String homePhone) {
                this.homePhone = homePhone;
        }
        public String getEmail() {
                return email;
        }
        public void setEmail(String email) {
                this.email = email;
        }
        public String getQq() {
                return qq;
        }
        public void setQq(String qq) {
                this.qq = qq;
        }
        public String getCardID() {
                return cardID;
        }
        public void setCardID(String cardID) {
                this.cardID = cardID;
        }
        public String getAddress() {
                return address;
        }
        public void setAddress(String address) {
                this.address = address;
        }
        //显示用户名信息
        public void showUserName(){
                System.out.println("客户的姓名："+userName);
        }
}
```

2. 求租客户类的设计

继承上述定义的客户类，这样，客户类 Customer 中已定义的属性和方法不必再重复定义了。

```
//HireUser.java
package com.my.chap4;
import java.util.Date;
public class HireUser extends Customer {
```

```
    private String HirePersonNo;          //求租人编号
    private Date recordDate;              //登记日期

    public HireUser(){
    }

    public String getHirePersonNo() {
        return HirePersonNo;
    }
    public void setHirePersonNo(String hirePersonNo) {
        HirePersonNo = hirePersonNo;
    }
    public Date getRecordDate() {
        return recordDate;
    }
    public void setRecordDate(Date recordDate) {
        this.recordDate = recordDate;
    }
}
```

3．测试类的设计

- 测试父类对象创建。
- 测试子类对象的创建。
- 测试子类继承父类的属性。
- 测试子类继承父类的方法。
- 测试子类覆盖父类的方法。

```
//HireUserTest.java
package com.my.chap4;
public class HireUserTest {
    public static void main(String[] args) {
        //创建客户类对象
        Customer customer=new Customer();
        //创建求租客户类对象
        HireUser hireUser=new HireUser();

        //设置客户对象属性
        customer.userName="王瑞";
        customer.phone="86338180";
        System.out.println("客户用户名="+customer.userName);
        System.out.println("客户客户电话="+customer.phone);

        //测试子类继承父类的属性（公共属性）
        hireUser.userName="王旭东";
        //测试了类继承父类的属性（保护属性）
        hireUser.phone="86338183";
        System.out.println("求租客户用户名="+hireUser.userName);
        System.out.println("求租客户客户电话="+hireUser.phone);

        //测试子类继承父类的方法
        hireUser.setSex('男');
```

笔 记

```
            hireUser.setAddress("江苏常州市武进区");
            System.out.println("求租客户性别="+hireUser.getSex());
            System.out.println("求租客户地址="+hireUser.getAddress());

            //测试子类覆盖父类的方法
            customer.showUserName();
            hireUser.showUserName();
        }
    }
```

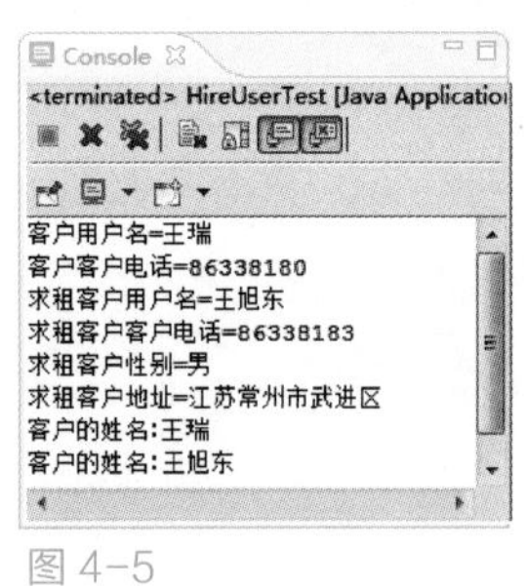

图 4-5
任务 4.1 运行结果

程序运行结果如图 4-5 所示。

【实践训练】

1. 定义图形类的子类：三角形类和矩形类，分别计算其面积及周长。

2. 编写动物世界的继承关系代码。动物（Animal）包括山羊（Goat）和狼（Wolf），它们吃（eat）的行为不同：山羊吃草，狼吃肉，但走路（walk）的行为是一致的。通过继承实现以上需求，并编写 AnimalTest 测试类进行测试。

任务 4.2 使用构造方法继承设计求租客户信息类

PPT 任务 4.2 使用构造方法继承设计求租客户信息类

【任务分析】

本任务实现使用构造方法继承设计求租客户信息类，目的在于通过此任务让读者掌握 super 关键字的使用、构造方法的继承及对象类型的转换。

视频 任务 4.2 使用构造方法继承设计求租客户信息类

【相关知识】

4.6 关键字 super

使用关键字 super 可以引用被子类隐藏的父类的成员变量或方法。super 引用的语句格式为：

```
super.成员变量名;
super.方法名(实参列表);
```

super 引用父类对象，主要的使用形式有如下几种。

1. 在子类的构造方法内部引用父类的构造方法

在构造子类对象时，必须调用父类的构造方法。而为了方便代码的编写，在子类的构造方法内部会自动调用父类中默认的构造方法。但是如果父类中没有默认的构造方法时，则必须手动进行调用。

使用 super 可以在子类的构造方法内部调用父类的构造方法。可以在子类的构造方法内部根据需要调用父类中的构造方法。

文档 源代码 4-5

【例 4-5】 super 引用父类构造方法。

```
//SuperDemo1.java
//父类 SuperDemo1
package com.demo5;
public class SuperDemo1 {
```

笔 记

```
    public SuperDemo1() {
    }    //父类构造方法 1

    public SuperDemo1(int a) {
    }    //父类构造方法 2
}
SubDemo1.java
//子类 SubDemo1
package com.demo5;
public class SubDemo1 extends SuperDemo1 {
    public SubDemo1() {
        super();          //可省略，调用父类构造方法 1
    }

    public SubDemo1(int a) {
        super(a);         //必须放在第一句，调用父类构造方法 2
    }

    public SubDemo1(String s) {
        super();          //可省略，调用父类构造方法 1
    }
}
```

程序分析：在子类 SubDemo1 的构造方法内部可以使用 super 关键字调用父类 SubDemo1 的构造方法，具体调用哪个构造方法，可以根据需要进行调用，只是根据调用的构造方法不同传入适当的参数即可。

和使用 this 关键字调用构造方法一样，super 调用构造方法的代码只能出现在子类构造方法中的第一行可执行代码。这样 super 调用构造方法的代码在子类的构造方法内部则最多出现一句，且不能和 this 调用构造方法的代码一起使用。当调用父类空构造方法时，super()的代码可以省略。

2．在子类中调用父类中的成员方法

在子类中继承父类中的成员方法，一般可以直接通过方法名使用，但是如果在子类中覆盖了父类的成员方法以后，如果需要在子类内部调用父类中被覆盖的成员方法时则不能直接调用了，这样就又需要使用 super 关键字了。

【例 4-6】 super 引用父类成员方法。

```
//SuperDemo2.java
//父类 SuperDemo2
package com.demo6;
public class SuperDemo2 {
    public void test() {
    }

    public void print(int a) {
        System.out.println("SuperDemo2: " + a);
    }
}
SubDemo2.java
//子类 SubDemo2
package com.demo6;
public class SubDemo2 extends SuperDemo2 {
```

笔 记

```
    public void print(int a) {
        super.print(a);              //super 关键字表示调用父类方法
        System.out.println("Sub Dem2");
    }

    public void t() {
        super.test();                //super 可省略
        super.print(0);              //不可省略，因为子类方法重写父类方法 print()
    }
}
```

3. 在子类中调用父类中的成员变量

在子类中如果引用父类的成员变量，也可以使用“super.成员变量”来引用，只是一般成员变量的覆盖是没有意义的，这个时候都可以直接使用成员变量名进行引用，所以这里的 super 都可以省略。

4.7 构造方法的继承

构造方法是类的一类特殊的方法，是创建对象实例的唯一方法。它的名字与类名完全相同且不返回任何数据类型，包括 void 也不能用。如果在类中没有声明构造方法，则 Java 会自动提供一个默认的构造方法。

构造方法可以重载，但不能被重写。当子类继承父类的构造方法，必须遵循以下原则。

① 子类无条件继承父类的无参的构造方法，并在创建新子类对象时自动执行。

② 子类不能继承父类的带参数的构造方法，而只能通过 super 关键字调用父类的某个构造方法。

③ 若子类的构造方法中没有 super()语句，创建对象时系统将先自动调用继承自父类的无参构造方法，再执行自己的构造函数。

④ 子类的构造方法定义中，如要调用父类的含参数的构造方法，需用 super 关键字，且该调用语句必须是子类构造方法的第一个可执行语句。

⑤ 好的编程习惯是子类的构造方法调用父类某个构造方法，减少代码编写量。

【例 4-5】中子类使用 super 分别调用了无参和有参的构造方法。

在创建子类的对象时，首先执行父类的构造方法，然后再执行子类的构造方法。构造方法具体调用顺序如下。

步骤 1：如果有父类，先调用父类的构造方法，如果父类还有父类，则继续向上，直到最顶层父类为止，调用其构造方法，再一层一层向下调用其他父类的构造方法。

步骤 2：当调用完最靠近子类的父类的构造方法时，执行该子类成员对象的构造方法。

步骤 3：最后，执行子类自己的构造方法。

文档 源代码 4-7

【例 4-7】 构造方法的继承与调用顺序示例。

```
//Grandpa.java
//父类 Grandpa
package com.demo7;
class Grandpa {
    protected Grandpa() {
        System.out.println("default Grandpa");
```

笔 记

```
    }

    public Grandpa(String name) {
        System.out.println(name);
    }
}
Father.java
//父类 Father
package com.demo7;
class Father extends Grandpa {
    protected Father() {
        System.out.println("default Father");
    }

    public Father(String grandpaName, String fatherName) {
        super(grandpaName);          //调用父类的构造方法
        System.out.println(fatherName);
    }
}
Son.java
//子类 Son
package com.demo7;
public class Son extends Father {
    public Son() {
        System.out.println("default Son");
    }

    public Son(String grandpaName, String fatherName, String sonName) {
        super(grandpaName, fatherName);
        System.out.println(sonName);
    }

    public static void main(String args[]) {
        Son s1 = new Son("My Grandpa", "My Father", "My Son");  // ①创建子类对象 1
        Son s2 = new Son();                                      // ②创建子类对象 2
    }
}
```

程序运行结果如图 4-6 所示。

```
Console
<terminated> Son [Java Application] C:\Prog
My Grandpa
My Father
My Son
default Grandpa
default Father
default Son
```

图 4-6
构造方法的继承与调用顺序示例

4.8　对象类型转换

不同数据类型参与运算经常会涉及数据类型的转换。基本数据类型有自动类型转换和强制类型转换两种情况，如 int 型变量可以赋给 double 型变量，double 型变量经过强制类型转换也可以赋给 int 型变量。类的引用变量，即对象之间能否这样相互赋值呢？

和基本数据类型的转换一样，类实例之间也可转换，转换可分为向上转型和向下转型。为了说明这两种情况，先引入【例 4-8】。

【例 4-8】 测试对象转型，定义了父类 Person 及其子类 Student 和 Teacher。

```
//Person.java
//父类 Person
```

笔 记

```
package com.demo8;
public class Person {
    String name;

    public void talk() {
    }               // 把父类中的覆盖情况去掉，则子类中的方法不再可见

    public void listen() {
        System.out.println("a person is listening..");
    }
}
Student.java
//子类 Student
package com.demo8;
public class Student extends Person {
    String no;          // 学号

    public void talk() {
        System.out.println("student is talking");
    }

    public void learn() {
        System.out.println("student is learning..");
    }
}
Teacher.java
//子类 Teacher
package com.demo8;
public class Teacher extends Person {
    String workNo;          // 工号

    public void talk() {
        System.out.println("teacher is talking");
    }

    public void teach() {
        System.out.println("teacher is teaching..");
    }
}
```

1. 向上转型

向上转型是指父类引用子类对象，就是子类对象能转换成父类对象。例如对于【例 4-8】，假设有父类 Person 类对象 p 和子类 Student 对象 s，则

```
Person p;
p=new Student();            //父类 Person 对象 p 引用子类 Student 新创建的对象
Student s=new Student();
p=s;                        //父类 Person 对象 p 引用子类 Student 对象 s
```

也可以直接写成：

```
Person p=new Student();     //父类 Person 对象 p 引用子类 Student 新创建的对象
```

当子类对象 s 赋给父类对象 p 时，是隐式转换，不用进行强制类型转换。对于上述例子，父类引用子类对象后只能引用父类中的成员变量和方法，而不能访问子

类自己定义的成员变量和成员方法。因此，上述代码中，父类 Person 的变量 p 引用了子类 Student 的对象 s，p 只能访问父类 Person 定义的成员 name、talk()，而无法访问子类 Student 定义的成员 no、learn()，对于重写的方法 talk()，访问的是子类 Student 的方法。

笔 记

向上转型对象示意图如图 4-7 所示，其特点如下。

① 向上转型对象不能操作子类新增的成员变量（失掉了这部分属性），不能使用子类新增的方法（失掉了一些功能）。

② 向上转型对象可以操作子类继承或重写的成员变量，也可以使用子类继承的或重写的方法。

③ 如果子类重写了父类的某个方法后，当对象的向上转型对象调用这个方法时一定是调用了这个重写的方法，因为程序在运行时知道，这个向上转型对象的实体是子类创建的，只不过损失了一些功能而已。

④ 对象的向上转型对象再强制转换到该子类的一个对象，这时又具备了子类所有的属性和功能。

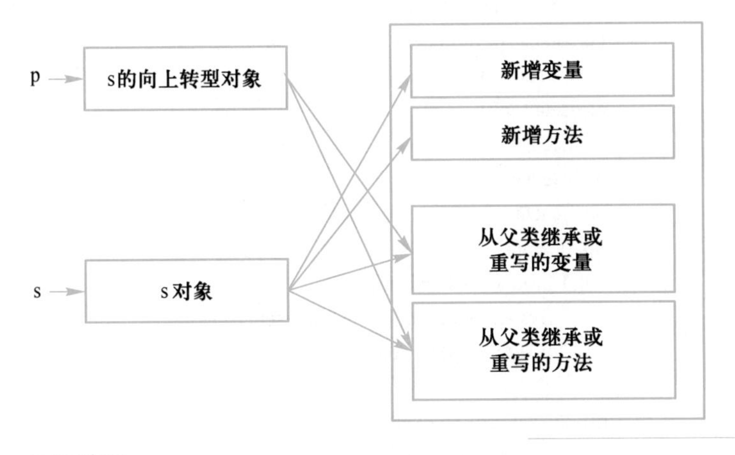

图 4-7
向上转型

2．向下转型

向下转型是指子类引用父类对象，就是将父类对象能转换成子类对象，这时需要满足两个条件：一是必须执行强制类型转换；二是必须确保父类对象是子类的一个实例，否则抛出异常。例如，对于【例 4-8】，假设有父类 Person 类对象 p 和子类 Student 对象 s。

例如，由于 Student 是 Person 的子类，下列语句是正确的：

```
Person p = new Student();  // 父类 Person 对象 p 引用子类 Student 的对象
Student s = (Student) p;   // 父类对象 p 赋给子类对象 s，当前 p 是子类 Student 的引用
```

但是，下列语句有错误：

```
Person p = new Person ( ); // 父类对象 p 引用父类 Person 的对象
Student s = (Student) p;   // 父类对象 p 不能赋给子类对象 s，因为当前 p 不是子类的引用
```

上述代码尽管能通过编译，但运行时将抛出 ClassCastException 异常，强制转换无法实现。

向下转型有以下特点。

① 向下转型对象可以操作父类及子类成员变量和成员方法。

② 向下转型对象访问重写父类的方法时，操作的是子类的方法。

③ 向下转型必须进行强制类型转换。

④ 向下转型必须保证父类对象引用的是该子类的对象，如果引用的是父类的其他子类对象，会抛出类型不匹配异常。

3. instanceof 运算符

父类对象能转换成子类对象的条件是父类对象原本就是子类的实例。为了确保向下转型时，父类对象引用的是子类的对象，引入 instanceof 运算，该运算符用来判断该引用变量是否属于该类或该类的子类。instanceof 运算的格式为：

引用变量名 instanceof　类名

如果该引用变量引用的是这个类的对象，或这个类的子类的对象，则运算结果为 true；否则为 false。

文档　源代码 4-9

【例 4-9】 instanceof 运算符的使用示例。

```
//UseOfInstanceof.java
package com.demo9;
import com.demo8.*;
public class UseOfInstanceof {
    public static void main(String[] args){
        Person p1=new Teacher();          //p1 是父类对象，但是子类实例
        Person p2=new Student();          //p2 是父类对象，但是子类实例
        pleasetalk(p1);
        pleasetalk(p2);
        p1.listen();
        p2.listen();
        //p1.teach();                     //p1 的 teach 方法是子类方法，不可见
        //p2.learn();                     //p2 的 learn 方法是子类方法，不可见
        if (p1 instanceof Teacher){
            System.out.println("she is a teacher!");
            ((Teacher)p1).teach();        //如果能够转换，则让老师演示教学
            }
        if(p2 instanceof Student){
            System.out.println("he is a Student!");
            ((Student)p2).learn();        //如果能够转换，则让学生演示学习
            }
        //p1.learn();                     //子类方法不可见
        }

    static void pleasetalk(Person p){
        p.talk();
    }
}
```

```
Console
<terminated> UseOfInstanceof [Java
teacher is talking
student is talking
a person is listening..
a person is listening..
she is a teacher!
teacher is teaching..
he is a Student!
student is learning..
```

图 4-8
instanceof 运算符的使用示例

运行结果如图 4-8 所示。

PPT　任务 4.2　任务实施

文档　任务 4.2　任务实施
源代码

【任务实施】

视频　任务 4.2　任务实施

1. 客户类的设计

在任务 4.1 设计的客户类的基础上，增加带参数的构造方法。

```
//Customer1.java
package com.my.chap4;
public class Customer1 {
    private int userID;                     //ID
```

笔 记

```
public    String userName;              //客户姓名
private char sex;                       //性别
protected String phone;                 //联系电话
private String homePhone;               //家庭电话
private String email;                   //邮箱
private String qq;                      //QQ 号码
private String cardID;                  //身份证号码
private String address;                 //家庭住址

public Customer1(){
    System.out.println("这是客户类构造方法！");
}

public Customer1(int userID, String userName, char sex, String phone,
            String homePhone, String email, String qq, String cardID,
            String address) {
        System.out.println("这是带参数的客户构造方法！");
        this.userID = userID;
        this.userName = userName;
        this.sex = sex;
        this.phone = phone;
        this.homePhone = homePhone;
        this.email = email;
        this.qq = qq;
        this.cardID = cardID;
        this.address = address;
}

  ......
  //一组 set/get 属性方法

  //显示用户名信息
  public void showUserName(){
        System.out.println("客户的姓名："+userName);
  }
}
```

2．求租客户信息类的设计

使用构造方法继承客户类进行设计。

```
//HireUser1.java
package com.my.chap4;
import java.util.Date;
public class HireUser1 extends Customer1 {
   //覆盖父类的属性
   private int userID;                   //ID
   public    String userName;            //客户姓名
   private char sex;                     //性别
   protected String phone;               //联系电话
   private String homePhone;             //家庭电话
   private String email;                 //邮箱
   private String qq;                    //QQ 号码
```

笔 记

```
    private String cardID;              //身份证号码
    private String address;             //家庭住址

    //新增属性
    private String hirePersonNo;        //求租人编号
    private Date recordDate;            //登记日期

    public HireUser1(){
        super();
        System.out.println("这是求租客户类构造方法！");
    }

     //带参数的构造方法
    public HireUser1(int userID, String userName, char sex, String phone,
            String homePhone, String email, String qq, String cardID,
            String address, String hirePersonNo, Date recordDate) {
        //继承父类的构造方法
        super(userID, userName, sex, phone,homePhone, email, qq,cardID,address);
        this.hirePersonNo = hirePersonNo;
        this.recordDate = recordDate;
        System.out.println("这是求租客户类构造方法！");
    }

    public String getHirePersonNo() {
        return hirePersonNo;
    }

    public void setHirePersonNo(String hirePersonNo) {
        this.hirePersonNo = hirePersonNo;
    }

    public Date getRecordDate() {
        return recordDate;
    }

    public void setRecordDate(Date recordDate) {
        this.recordDate = recordDate;
    }

    //重写显示用户姓名方法
    public void showUserName(){
        super.showUserName();
        System.out.println("这是求租客户类显示用户的方法");
    }
}
```

3. 测试类的设计

```
//HireUserTest1.java
package com.my.chap4;
import java.util.Date;
public class HireUserTest1 {
    public static void main(String[] args) {
```

笔 记

```
            // 1. 测试构造方法继承
            // 1.1 通过无参数的构造方法创建对象
            System.out.println(" 通过无参数的构造方法创建对象!");
            // 创建客户对象
            Customer1 customer = new Customer1();
            // 创建求租客户对象
            HireUser1 hireUser = new HireUser1();

            System.out.println("********************");
            // 1.2 通过带参数的构造方法创建对象
            System.out.println(" 通过带参数的构造方法创建对象!");
            Customer1 customer1 = new Customer1(1001, "张宇", '男', "86338180",
                        "86338129", "zy@qq.com", "353068128", "32108199012251976",
                        "江苏省常州市武进区");
            //登记日期
            Date recordDate=new Date();
            HireUser1 hireUser1=new HireUser1(1001, "张宇", '男', "86338180",
                        "86338129", "zy@qq.com", "353068128", "32108199012251976",
                        "江苏省常州市武进区","1001",recordDate);

            System.out.println("********************");
            //2. 对象类型转换
            //2.1 向上转型：父类引用了子类的对象
            Customer1 customer2=new HireUser1();

            customer2.setUserName("张辽");
            customer2.showUserName();

            System.out.println("********************");
            //2.2 向下转型：子类引用了父类的对象
            Customer1 customer3=new HireUser1();
            HireUser1 hireUser3=(HireUser1)customer3;
            hireUser3.setUserName("孙权");
            hireUser3.showUserName();
      }
}
```

任务 4.2 的程序运行结果如图 4-9 所示。

图 4-9
任务 4.2 运行结果

【实践训练】

1. 定义一个学生类 Student，包含

（1）属性：学号、姓名

（2）方法

- 类 Student 带参数的构造方法：在构造方法中通过形参完成对成员变量的赋值操作。
- 重写父类（Object）的 equals()方法：根据学号判断对象是否相同，若学号相同，则结果为 true，否则结果为 false。

编写一个测试类 StudentTest，创建 2 个对象，判断它们是否相同。

2. 定义类 Person 及其子类 Employee，Employee 的子类 Manager，每个类定义

下列成员变量。

- Person 类：姓名、年龄
- Employee 类：工号、工资
- Manager 类：职务名称
- 每个类定义构造方法初始化所有变量：重写 toString()方法输出所有成员变量值。
- 定义测试类 PolyTest：创建这些类的对象，调用 toString()方法进行测试。

任务 4.3 添加求租客户信息设计

【任务分析】

PPT 任务 4.3 添加求租客户信息设计

视频 任务 4.3 添加求租客户信息设计

添加求租客户信息是将输入的客户信息添加到求租客户信息系统中。在选择添加客户信息功能后，首先提示输入客户信息，然后根据客户编号、姓名等信息判断该客户是否已经存在，如果已经存在，则需要重新输入新的客户信息；如果不存在，则添加到系统中。

由于系统需要存放多个客户的信息，因此需要使用数组。

添加求租客户信息的流程如图 4-10 所示。

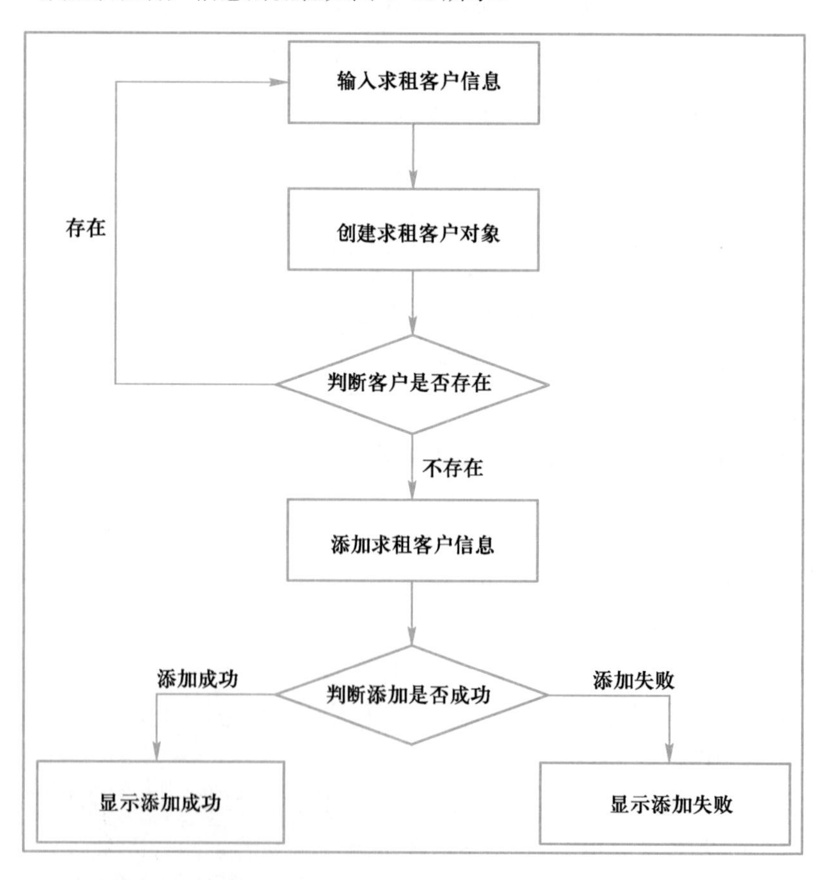

图 4-10
添加求租客户信息流程图

【相关知识】

笔 记

4.9 多态性

多态性也是面向对象程序设计的另一个重要特点。方法的多态，即多种形式，是指属性或方法在子类中表现为多种形态，若以父类定义对象，并动态绑定对象，则该对象的方法将随绑定对象不同而不同。

利用多态可以使程序具有良好的扩展性，程序可以对所有类对象进行通用的处理。Java 中实现多态可以通过方法重载实现编译时多态（静态多态），也可以通过对父类成员方法的重写实现运行时多态（动态多态）。

1. 编译时多态

编译多态是指在程序编译过程中出现的多态性，可以通过方法重载实现。重载表现为同一个类中方法的多态性，一个类中声明多个重载方法就是为一种功能提供多种实现。编译时，系统根据方法实际参数的数据类型、个数和次序，决定究竟应该执行重载方法中的哪一个。

例如，定义一个四则运算的类，它有一个 add()方法用于加法操作，根据不用的使用情况，可以接收整型、实型、字符串、自定义类型（如复数类）等参数。对于每一种加法操作，方法名都为 add()，只不过具体实现方式不同，不用另外重新起名，这样大大简化了方法的实现和调用，程序员无须记住很多的方法名，只需传递相应的参数即可。

2. 运行时多态

运行时多态是指在程序运行时出现的多态性，可以通过方法重写实现。当子类重写父类方法时，由于子类继承了父类的所有属性和方法，因此，凡是父类对象可以使用的地方，子类对象也可使用，而且子类还可以重写父类中已有的成员方法，实现父类中没有的其他功能。这就引起了一个问题：在调用某个重写的方法时，到底系统是调用父类的方法还是子类中的方法？这无法在编译时确定，需要系统在运行过程中根据实际来决定，所以这种由方法重写引起的多态称运行时多态。

Java 规定，对重写的方法，Java 根据调用该方法的实例的类型来决定选择哪个方法。对子类的实例（对象），如果子类重写了父类的方法，则调用子类的方法。如果子类没有重写父类的方法，则调用父类的方法。

【例 4-10】 方法多态性示例。

文档 源代码 4-10

```
//Shape.java
//定义父类 Shape
package com.demo10;
class Shape {
    public void draw(){          //父类的 draw()方法
        System.out.println("draw a Shape");
    }
}
Circle.java
//定义子类 Circle
package com.demo10;
class Circle extends Shape {
```

笔 记

```
    public void draw(){                //重写父类的 draw()方法
        System.out.println("draw a Circle");
    }
}
Ellipse.java
//定义子类 Ellipse
package com.demo10;
class Ellipse extends Circle {      //定义子类 Ellipse
    public void draw(){             //重写父类的 draw()方法
        System.out.println("draw a Ellipse");
    }
}
Test.java
//定义测试类 Test
package com.demo10;
public class Test {
    public static void main(String args[]) {
        Shape s = new Shape();          //动态绑定为类 Shape 对象
        Shape c = new Circle();         //动态绑定为类 Circle 对象
        Shape e = new Ellipse();        // 动态绑定为类 Ellipse 对象

        s.draw();                       //访问父类 Shape 方法
        c.draw();                       //访问子类 Circle 方法
        e.draw();                       //访问子类 Ellipse 方法
    }
}
```

图 4-11
方法多态性示例

程序运行结果如图 4-11 所示。

程序分析：

① 类 Shape 是父类， 类 Circle 是类 Shape 的直接子类，类 Ellipse 是类 Circle 的直接子类。这三个类中都定义了 draw()方法。子类中的 draw()方法覆盖了父类中的同名方法。

② 主方法中定义了三个对象，三个对象 s、c 和 e 都定义为 Shape 类，但对象 s 动态绑定为 Shape 类的对象，对象 c 动态绑定为 Circle 类的对象，对象 e 动态绑定为 Ellipse 类的对象。这样，语句 s.draw()调用的就是 Shape 类的方法 draw()，语句 c.draw()调用的就是 Circle 类的方法 draw()，语句 e.draw()调用的就是 Ellipse 类的方法 draw()。

在程序中，存在动态多态的条件有三个：

- 类和类之间有继承关系。
- 有方法重写。
- 存在父类引用子类对象。

因此在实际编程中，当父类定义对象时，可以动态绑定该类或该类子类的对象，则该对象的方法将随绑定对象不同而不同，即定义一个父类对象可以通过子类实例来调用子类的方法。

3. 重载与重写的区别

重载和重写是面向对象设计的两大重要特征，它们有相似之处也有不同之处，具体区别如下。

① 方法的重载是同一类中的方法之间的关系，是水平关系；方法的重写是子类和父类之间，是垂直关系。

② 方法的重载是多个同名不同参的方法；方法的重写是对同一个方法产生关系，要求同名、同参和相同返回类型。

③ 方法重载对控制修饰符没有要求；方法的重写要求不能降低父类的访问控制权限。

笔 记

4.10 抽象类和最终类

在类的定义中，除了可说明该类的父类外，还可以说明该类是否是最终类或抽象类。

在继承的层次结构中，随着一个个新子类的出现，类变得越来越专门，越来越具体，如果上溯到父类，就变得更一般、更通用。类的设计应该保证父类和子类能够共享特征，有时将一个父类设计的非常抽象，以致它没有具体的实例。抽象类的作用是为它的子类定义共同特征和某些依赖于具体实例而实现的抽象方法。最终类的作用是不能再被修改，不能被继承。

1. 抽象类

类的声明中有 abstract 关键字的类称为抽象类，抽象类位于类的层次较高层次，不能被实例化，即不能创建抽象类的实例对象。没有 abstract 关键字修饰的类称为具体类，具体类可以实例化。

在程序设计中，抽象类常用于对某些类进行概括和抽象，即抽象类定义其子类共有的属性和方法，以免子类重复定义。也就是说，抽象类主要用于定义为若干个功能类同的类的父类。

定义抽象类的目的是为其子类奠定基础，而不是作为创建对象的模板。

抽象类的声明语句格式如下：

```
public abstract class 抽象类名 {
    类体;
}
```

抽象类具有以下特点。

① 不能用 new 创建抽象类的实例。

② 与具体类相同的是，类中可以有成员变量和成员方法，包括构造方法，但与具体类不同的是，抽象类中可以定义抽象方法。

③ 抽象方法只能出现在抽象类中，但抽象类中可以没有抽象方法。

④ 抽象类中的所有抽象方法必须在其非抽象子类中加以实现，否则子类也必须声明为抽象类。

2. 抽象方法

类的成员方法中声明有 abstract 关键字修饰的方法称为抽象方法。抽象方法用来描述系统的功能或者规范某些操作，不提供具体的实现。抽象方法的实现通常由继承该类的子类去完成。没有 abstract 关键字修饰的方法称为具体方法，具体方法必须有方法体。

抽象方法的格式如下：

```
权限修饰符 abstract 返回值类型 方法名(形式参数列表);
```

例如：

```
abstract void eat();        //抽象方法
```

则声明类中的 eat()方法为抽象方法。但是，需要说明的是构造方法不能被声明为抽象的；abstract 和 static 不能同时存在，即不能有 abstract static 方法。

Java 中规定，任何包含抽象方法的类必须被声明为抽象类。因为抽象类中包含没有实现的方法，所以抽象类是不能直接用来定义对象。

在程序设计中，抽象类主要用于定义为若干个功能类同的类的父类。

文档 源代码 4-11

笔 记

【例 4-11】 抽象类和抽象方法示例。

```
//Animal.java
//定义抽象类
package com.demo11;
abstract class Animal {
    String str;

    Animal(String s) {              //定义抽象类的一般方法
        str = s;
    }
    abstract void eat();            //定义抽象方法
}
Horse.java
//定义继承 Animal 的子类
package com.demo11;
class Horse extends Animal {
    String str;

    Horse(String s) {
        super(s);                   // 调用父类的构造方法
    }

    void eat(){                     // 重写父类的抽象方法
        System.out.println("马吃草料！");
    }
}
Dog.java
//定义继承 Animal 的子类
package com.demo11;
class Dog extends Animal {
    String str;

    Dog(String s) {
        super(s);
    }

    void eat() {
        System.out.println("狗吃骨头！");
    }
}
Test.java
//测试类
```

```
package com.demo11;
public class Test {
    public static void main(String args[]) {
            Animal h = new Horse("马");
            Animal d = new Dog("狗");
            h.eat();
            d.eat();
    }
}
```

图 4-12
抽象类和抽象方法示例

运行结果如图 4-12 所示。

上述例子说明：

① 在程序设计中，抽象类一定是某个类或某些类的父类。

② 若干个抽象类的子类要实现一些同名的方法。

3．最终类和最终方法

最终类是指不能被继承的类，即不能再用最终类派生子类。在 Java 语言中，如果不希望某个类被继承，可以声明这个类为最终类。最终类用关键字 final 来说明。例如：

```
public final class FinalClass{
    //…
}
```

Java 规定，最终类中的方法都自动成为 final 方法。在 Java 中 Math 类是最终类，因为里面的方法不能被修改。

如果创建最终类似乎不必要，而又想保护类中的一些方法不被重写，可以用关键字 final 来指明那些不能被子类重写的方法，这些方法称为最终方法。例如：

```
public final void fun();
```

【例 4-12】 最终方法示例。

文档　源代码 4-12

```
//Person.java
//父类 Person
package com.demo15;
class Person {
    String name;

    public Person() {
    }                                   // 构造方法

    final String getName()              // 最终方法
    {
            return "person";
    }
}
//Student.java
//子类 Student
package com.demo15;
class Student extends Person {
    public Student() {
    }                                   //构造方法
    //final String getName()
    //重写父类的最终方法，不允许
```

笔 记

笔 记

```
        //{
        //      return "student";
        //}
    }
```

在程序设计中，最终类可以保证一些关键类的所有方法，不会在以后的程序维护中，由于不经意的定义子类而被修改；最终方法可以保证一些类的关键方法不会在以后的程序维护中由于不经意的定义子类和覆盖子类的方法而被修改。

需要注意的是一个类不能既是最终类又是抽象类，即关键字 abstract 和 final 不能合用。在类声明中，如果需要同时出现关键字 public 和 abstract（或 final），习惯上，public 放在 abstract（或 final）的前面。

4.11 接口

Java 语言只支持单继承机制，不支持多继承。一般情况下，单继承就可以解决大部分子类对父类的继承问题。但是，当问题复杂时，若只使用单继承，可能会给设计带来许多麻烦。Java 语言解决这个问题的方法是使用接口。

接口是面向对象的又一重要的概念，也是 Java 实现数据抽象的重要途径。接口是比类更加抽象的概念，一个类通常规定了同一类事物应有的静态属性和动态行为，而一个接口规定了一系列类应有的共同属性和行为。

接口和抽象类非常相似，都是只定义了类中的方法，没有给出方法的实现。

Java 语言不仅规定一个子类只能直接继承自一个父类，同时允许一个子类可以实现（也可以说继承自）多个接口。由于接口和抽象类的功能类同，因此，Java 语言的多继承机制是借助于接口来实现的。

接口的功能主要体现在以下几点。

① 通过接口可以实现不相关类的相同行为，不需要考虑这些类层次之间的关系。

② 通过接口可以指明多个类需要实现的方法。

③ 通过接口可以在运行时动态定位类所需调用的方法。

1. 接口的定义

接口与抽象类相似，但又有一些差异，可以把接口理解为一个特殊的抽象类，即由常量和抽象方法组成的类。接口定义的格式为：

```
[修饰符] interface 接口名[extends 父接口列表]          //接口声明
{
    [public][static][final]类型 常量名=值;              //常量声明
        [public][astract] 返回类型 方法名(参数列表);    //抽象方法的声明
}
```

接口也有继承性，定义接口时可以通过 extends 声明其父接口，从而继承父接口所有的属性和方法。与类的继承性不同的是一个接口可以有多个父接口，多个父接口之间用逗号隔开，但是类只能有一个父类。

接口中接口体是由属性（都是常量）和方法声明（都是抽象方法声明）组成。接口中所有属性系统都默认为是 public static final 修饰的（可以全部或部分省略）的常量，必须要赋初值。接口中的所有方法系统默认为 public abstract（可以全部或部分省略），没有方法体。

【例 4-13】 编写一个接口 PrintMessage，用来处理各种打印信息操作。

文档 源代码 4-13

```
//PrintMessage.java
package com.demo13;
public interface PrintMessage {                //接口声明
    public int count = 10;                     //常量声明和赋值
    public void printAllMessage();             //抽象方法声明
    public void printLastMessage();            //抽象方法声明
    public void printFirstMessage();           //抽象方法声明
}
```

笔 记

【例 4-13】定义了一个接口 PrintMessage。接口中的方法（printAllMessage()等）只有方法定义，没有方法实现，所以接口实际上是一种特殊的抽象类。需要说明的是：

① 若接口中只有常量和抽象方法。属性都是 public static final，成员变量声明后立即赋值；方法都是 public abstract，没有方法体，只有声明。

② 通过接口可以实现不相关类的相同行为，而不需要考虑这些类之间的层次关系。

③ 通过接口可以指明多个类需要实现的一组方法。

当接口保存于文件时，其文件命名方法和保存类的文件命名方法类同，即保存接口的文件名必须与接口名相同。一个文件可以包含若干个接口，但最多只能有一个接口定义为 public，其他的接口必须为默认。

2．接口的实现

一旦定义了一个接口，一个或更多的类就能实现这个接口。由于接口定义时，只是声明了抽象方法，为了实现接口，类必须实现定义在接口中的所有方法。每个实现接口的类可以自由地决定接口方法的实现细节。

定义类时实现接口用关键字 implements。一个类只能继承一个父类，但可以实现若干个接口。接口的实现格式：

```
[修饰符]class 类名  implements <接口名 1>,<接口名 2>,…
```

其中，关键字 implements 后跟随的若干个接口名表示该类要实现的接口；如果要实现多个接口，则用逗号分隔开接口名。

实现接口要注意以下几点：

① 如果某个类实现了接口，这个类就可以访问接口中的常量。

② 类在实现接口的方法时，方法的访问控制符必须是 public，因为接口的方法都是 public 类型的，否则系统会警告缩小了接口中所定义的访问控制权限。

③ 实现接口的类，如果不是抽象类，则在类的定义部分必须为所有抽象方法定义方法体，方法头部分应该与接口中的定义完全一致；如果不是抽象类，则在类的定义部分必须为所有抽象方法定义方法体，方法头部分应该与接口中的定义完全一致。

【例 4-14】 编写一个实现接口 PrintMessage 的类，并编写一个测试程序进行测试。

文档 源代码 4-14

```
//MyPrint.java
//实现接口的文件 MyPrint.java
package com.demo14;
import com.demo13.PrintMessage;
public class MyPrint implements PrintMessage{     //实现接口的类 MyPrint
    private String[] message;                     //类中的成员变量 message
```

笔 记

```
        private int i;                                    //类中的成员变量 i

        public MyPrint(){                                 // MyPrint 类的构造方法
            message = new String[3];
            i = 0;
            this.putMessage("Hello world!");              //使用 MyPrint 类的方法
            this.putMessage("Hello China!");
            this.putMessage("Hello JIANGZHOU!");
        }
        public void putMessage(String str) {              //类中的方法
            message[i++] = str;
        }
        public void printAllMessage(){                    //实现接口中的方法
            for (int k = 0; k < message.length; k++) {
                System.out.println(message[k]);
            }
        }
        public void printLastMessage(){                   //实现接口中的方法
            System.out.println(message[message.length - 1]);
        }
        public void printFirstMessage(){                  //实现接口中的方法
            System.out.println(message[0]);
        }
    }

    //测试类 Test.java
    package com.demo14;
    public class Test {
        public static void main(String[] args) {
            MyPrint my = new MyPrint();                   //定义 MyPrint 类的对象
            System.out.println("print all messages");
            my.printAllMessage();                         //使用实现了的接口方法
            System.out.println("print the first messages");
            my.printFirstMessage();                       //使用实现了的接口方法
            System.out.println("print the last messages");
            my.printLastMessage();                        //使用实现了的接口方法
        }
    }
```

```
Console
<terminated> Test (5) [Java Application] C:\
print all messages
Hello world!
Hello China!
Hello JIANGZHOU!
print the first messages
Hello world!
print the last messages
Hello JIANGZHOU!
```

图 4-13
实现接口 PrintMessage 的类测试程序运行结果

程序的运行结果如图 4-13 所示。

程序分析：在定义类 MyPrint 时实现了接口 PrintMessage，表示该类中要实现接口 PrintMessage 中所有方法。

3. 抽象类与接口的区别

abstract class 和 interface 是 Java 对抽象类定义支持的两种机制，正是由于这两种机制的存在，才赋予了 Java 强大的面向对象能力。它们对抽象类的支持有相似性，也有很大区别。

从语法定义上看：抽象类用关键字 abstract class 定义，并且可以定义自己的成员变量和非抽象的成员方法；接口用 interface 定义，接口内只有静态的常量，所有的成员方法都是抽象方法。

从使用来看：抽象类的使用表示的是一种继承关系，一个类只能使用一次继承关系。但是，一个类却可以实现多个接口。因此可以使用接口来模拟多重继承，弥补单重继承的缺点。

从设计上来看：其实 abstract class 表示的是“is-a”关系，interface 表示的是“like-a”关系。

笔 记

4.12 包

在 Java 中，当应用软件比较大时，就会有许多 Java 文件，如果这些 Java 文件放在一个文件夹中，管理起来就比较困难，在以后的软件资源重用时也不方便。Java 解决此问题的方法是包。

1. 包的概念

包是 Java 提供的文件组织方式。一个包对应一个文件夹，一个包中可以包括很多类文件，包中还可以有子包，形成包等级。Java 把类文件放在不同等级的包中。这样一个类文件就会有两个名字：一个是类文件的短名字，另外一个是类文件的全限定名。短名字就是类文件本身的名字，全限定名则是在类文件的名字前面加上包的名字。

使用包不仅方便了类文件的管理，而且扩大了 Java 命名空间。不同的程序员可以创建相同名称的类，只要把它们放在不同的包中，就可以方便地区分，不会引发冲突。

Java 规定，同一个包中的文件名必须唯一，不同包中的文件名可以相同。Java 语言中的这种包等级和 Windows 中用文件夹管理文件的方式完全相同，差别只是表示方法不同。

2. 创建包

创建包的语法格式为：

```
package 包名;
```

其中 package 是关键字，包名是包的标识符。package 语句使得其所在文件中的所有的类都属于指定的包。例如：

```
package myPackage;
```

只要将该语句作为源文件的第一句，就创建了一个名为 myPackage 的包。

也可以创建包的层次。为做到这点，只要将每个包名与它的上层包名用点号“.”分隔开就可以了。一个多级包的声明的通用形式如下：

```
package 包名 [.子包名 [.子子包名…]];
```

例如，下面的声明在名为 MyPackage 的包中创建了它的子包 secondPackage：

```
package myPackage .secondPackage;
```

3. import 语句

在 Java 源程序文件中，import 语句紧接着 package 语句（如果 package 语句存在的话），它存在于任何类定义之前。import 声明的通用形式如下：

```
import package1[.package2].(类名|*);
```

这里，pkg1 是顶层包名，pkg2 是在外部包中的用逗点“.”隔离的下级包名。除非是文件系统的限制，不存在对于包层次深度的实际限制。最后，要么指定一个明确的类名，要么使用一个星号“*”指明要引入这个包中所有的 public 类。例如：

```
import java.util.Date;          //引入 java.util.Date 类
```

笔 记

```
import java.io.*;          //引入 java.io 包中的所有 public 类
```

星号形式可能会增加编译时间，特别是在引入多个大包时。因此，明确的命名想要用到的类而不是引入整个包是一个好的方法。而且，星号形式和类的大小对运行的时间性能没有影响。

4. 访问保护

对于类的成员而言：任何声明为 public 的内容可以被从任何地方访问。被声明成 private 的成员不能被该类外看到。如果一个成员不包含一个明确的访问说明，它对于该包中的其他类是可见的，这是默认访问。如果希望一个成员在当前包外可见，但仅仅是成员所在类的子类直接可见，可把成员定义成 protected。

对于一个类而言，只有两个访问级别，默认的或是公共的。如果一个类声明成 public，它可以被任何其他类访问。如果该类默认访问控制符，它仅可以被同一包中的其他类访问。

PPT 任务 4.3 任务实施

【任务实施】

文档 任务 4.3 任务实施源代码

根据添加求租客户信息的任务分析和流程图可以得出，添加客户信息可以分为三个步骤：设计求租客户的实体类；设计求租客户信息的添加功能；添加求租客户信息的录入。

1. 客户类和求租客户类设计

代码见任务 4.1，将其定义在 com.task.bean 包下。

2. 添加求租客户信息方法

视频 任务 4.3 任务实施

添加求租客户信息是使用接口编程，可以使处理客户信息的业务类思路清晰、编程灵活、可维护性高。首先设计客户信息管理接口；然后编写实现客户信息管理接口的类。

设计客户信息管理接口，编写判断客户是否存在和添加求租客户信息两个抽象方法。

```
//UserDAO.java
package com.task.dao;
import com.task.bean.User;
public interface UserDAO {
   //判断客户是否存在
public boolean isEixist(User u) ;

//添加客户
public void insertUser (User u);
}
```

设计求租客户信息管理业务类，实现客户信息管理接口，并实现其抽象方法。同时需要定义一个属性，用来存储和处理多个客户的信息，而数组可以存放和处理多个元素。

```
HireUserDAOImp.java
package com.task.dao;
import com.task.bean.HireUser;
import com.task.bean.User;
public class HireUserDAOImp implements UserDAO{   //求租客户信息管理业务类
   //创建对象数组保存求租客户信息
```

笔 记

```
private HireUser[] hu=new HireUser[2];

public HireUserDAO(){
        //初始对象数组
        for(int i=0;i<hu.length;i++){
                hu[i]=new HireUser();
                hu[i].setUserID(i+1);
        }
}

//判断求租客户是否存在
public boolean isExist(HireUser hireUser) {
        boolean flag=false;
        for(int i=0;i<hu.length;i++){
                if(hu[i].getUserID()= =hireUser.getUserID()){
                        flag=true;          //求租客户已经存在
                        break;
                }
        }
        return flag;
}

//添加求租客户
public void insertUser(HireUser hireUser) {
        int length=hu.length;

        //判断 hireUser 是否是 HireUser 对象
        if(hireUser instanceof   HireUser){
                //重新创建数组，使得长度增 1
                HireUser [] h=hu;

                hu=new HireUser[length+1];
                //原来的数组值迁移
                for(int i=0;i<h.length;i++){
                        hu[i]=h[i];
                }
                hu[length]=hireUser;
        }else{
                System.out.println("求租客户信息对象错啦");
        }
}
```

3．添加求租客户的信息测试

在测试类 HireUserTest 中定义方法 inutHireUserInfo()用于输入求租客户信息，其主要功能是从键盘输入求租客户的信息，并根据输入的信息创建求租客户对象，然后对该对象根据任务分析的流程，先判断该用户是否存在，如果存在，重新输入新的信息；如果不存在则添加该客户，并根据方法调用结果提示添加成功与否。

```
//HireUserTest.java
package com.task;
import java.util.*;
public class HireUserTest {
```

笔 记

```
//输入求租客户信息
public HireUser inutHireUserInfo(){
        Scanner sc=new Scanner(System.in);
        System.out.println("请输入客户 ID:");
        int userID=sc.nextInt();

        System.out.println("请输入求租客户姓名：");
        String userName=sc.next();

        System.out.println("请输入求租客户性别：");
        String sexStr=sc.next();
        char sex=sexStr.charAt(0);

        System.out.println("请输入求租客户电话：");
        String phone=sc.next();

        System.out.println("请输入求租客户家庭电话：");
        String homePhone=sc.next();

        System.out.println("请输入求租客户邮箱：");
        String email=sc.next();

        System.out.println("请输入求租客户 QQ 号码：");
        String qq=sc.next();

        System.out.println("请输入求租客户身份证号码：");
        String cardID=sc.next();

        System.out.println("请输入求租客户编号：");
        String hirePersonNo=sc.next();

        //记录日期
      Date recordDate=new Date();

      //创建求租客户对象
      HireUser hireUser=new HireUser();
      hireUser.setUserID(userID);
      hireUser.setUserName(userName);
      hireUser.setSex(sex);
      hireUser.setPhone(phone);
      hireUser.setHomePhone(homePhone);
      hireUser.setEmail(email);
      hireUser.setQq(qq);
      hireUser.setCardID(cardID);
      hireUser.setHirePersonNo(hirePersonNo);
      hireUser.setRecordDate(recordDate);
      return hireUser;
}

public static void main(String[] args) {
        //创建 HireUserTest 对象
```

```
            HireUserTest ht=new HireUserTest();

            System.out.println("添加求租客户信息！");
            //输入求租客户信息
            HireUser hireUser=ht.inutHireUserInfo();

            //创建求租客户管理业务类对象
            HireUserDAOImp hireUserDAOImp=new HireUserDAOImp ();

            //判断求租客户是否存在
            boolean isExist=hireUserDAOImp.isExist(hireUser);

            if(isExist){                    //求租客户已经存在
                System.out.println("您的输入有错误，该用户已经存在");
            }else{                          //求租客户不存在
                //添加求租客户信息
                hireUserDAOImp.insertUser(hireUser);
                System.out.println("添加求租客户信息成功！");
            }
        }
    }
```

```
Console
<terminated> HireUserTest2 [Ja
添加求租客户信息!
请输入客户ID:
1001
请输入求租客户姓名:
Mike
请输入求租客户性别:
男
请输入求租客户电话:
86338129
请输入求租客户家庭电话:
87341122
请输入求租客户邮箱:
mike@sohu.com
请输入求租客户QQ号码:
3422212
请输入求租客户身份证号码:
342134198711032321
请输入求租客户编号:
01
添加求租客户信息成功!
```

图 4-14
添加求租客户信息运行结果

添加求租客户信息的运行结果如图 4-14 所示。

【实践训练】

1．定义抽象类 Shape，其中包含抽象方法 double getPeremeter()求周长和 double getArea()求面积。

定义一个矩形类，继承此抽象类，并自行扩充成员变量和方法，定义一个方法一次直接显示长和宽、周长和面积。

定义一个测试类，测试矩形类。

2．定义一个接口 CompareObject，具有方法 compareTo()用于比较两个对象。

定义一个类 Position 从 CompareObject 派生而来，有 x 和 y 属性表示其坐标，该类实现 compareTo()方法，用于比较两个对象距离原点(0,0)的距离。

定义测试类测试 Position 类的 compareTo()方法。

任务 4.4　使用常用工具类设计添加求租客户信息

PPT　任务 4.4　使用常用工具类设计添加求租客户信息

【任务分析】

添加求租客户信息时，应该先校验输入的客户信息是否正确合法，然后判断此客户是否存在，若不存在，实现添加操作。在解决实际问题时，校验的工作是必不可少的。例如，电话号码是否为一串数字字符？输入的邮箱是否是合法的邮箱？输入的身份证号码是否正确合法？等等，这些都是本任务要完成的工作。而实现校验的工作，需要借助一些常用类。

视频　任务 4.4　使用常用工具类设计添加求租客户信息

笔记

【相关知识】

4.13 Math 类

Math 类是 Java 提供的一个执行数学基本运算的类，包括常见的数学运算方法，如三角函数方法、指数函数方法、对数函数方法、平方根函数方法等，这些方法都被定义为 static 形式的，所以可以使用如下形式调用：

Math.数学方法

另外，Math 类还提供了一些常用的数学常量，如圆周率 PI、E 等。这些数学常量作为 Math 类的成员变量出现，可以使用如下形式调用。

Math.PI

Math.E

1. 三角函数

- public static double sin(double a) ; //返回 a 的正弦值
- public static double cos(double a) ; //返回 a 的正弦值
- public static double tan(double a); //返回 a 的正弦值
- public static double asin(double a); //返回 a 的正弦值
- public static double acos(double a) ;//返回 a 的正弦值
- public static double atan(double a); //返回 a 的正弦值
- public static double toRadians(double angdeg); //将角度转换为弧度
- public static double toDegrees(double angrad); //将弧度转换为角度

以上每个方法的参数和返回值都是 double 型的，前 6 个方法中参数 arg 是以弧度表示的角，另外，Math 类还提供了角度和弧度相互转换的方法。但需要注意的是，通常角度和弧度的互换是不精确的。

文档 源代码 4-15

【例 4-15】 三角函数实例。

```
TrigonometricTest.java
package com.my.chap4;
public class TrigonometricTest {
    public static void main(String args[]) {
        System.out.println("60 度的正弦值："+Math.sin(Math.PI/3));//取 60 度的正弦
        System.out.println("180 度的余弦值："+Math.cos(Math.PI));//取 180 度的余弦
        System.out.println("90 度的正切值："+Math.tan(Math.PI/2));//取 90 度的正切
        System.out.println("0 的反正弦值："+Math.asin(0));//取 0 的反正弦
        System.out.println("1 的反余弦值："+Math.acos(1));//取 1 的反余弦
        System.out.println("1 的反正切值："+Math.atan(1));//取 1 的反正切
        System.out.println("45 度的弧度值："+Math.toRadians(45));//取 45 度的弧度值
        System.out.println("π/2 的角度值："+Math.toDegrees(Math.PI/2));//取 π/2 的角度值
    }
}
```

程序运行结果如图 4-15 所示。

```
<terminated> TrigonometricTest (2) [Java Application]
60度的正弦值：0.8660254037844386
180度的余弦值：-1.0
90度的正切值：1.633123935319537E16
0的反正弦值：0.0
1的反余弦值：0.0
1的反正切值：0.7853981633974483
45度的弧度值：0.7853981633974483
PI/2的角度值：90.0
```

图 4-15
三角函数实例运行结果

2. 指数函数

- public static double exp(double a); //返回 e 的 a 次方，即 e^a
- public static double log(double a) ;//返回 a 的自然对数，即 ln a 的值
- public static double log10(double a); //返回底数为 10 的 a 的对数

- public static double sqrt(double a); //返回 a 的平方根
- public static double pow(double a,double b);//返回 a 的 b 次方

指数运算包括求平方根、取对数、求 n 次方等运算。

【例 4-16】 指数函数实例。

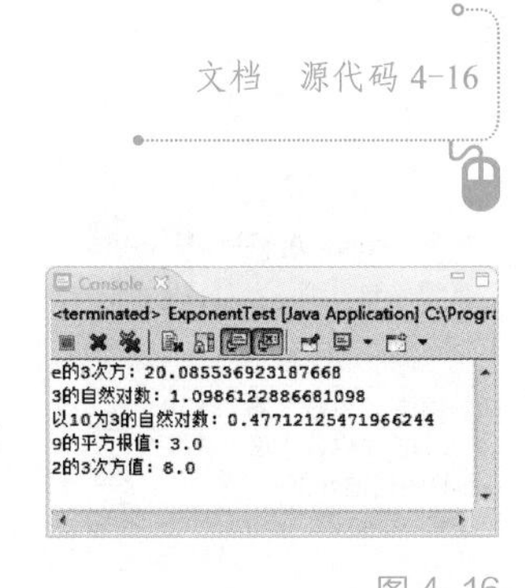


```
ExponentTest.java
package com.my.chap4;
public class ExponentTest {
    public static void main(String[] args) {
            System.out.println("e 的 3 次方："+Math.exp(3));//e 的 3 次方
            System.out.println("3 的自然对数："+Math.log(3));//3 的自然对数
            System.out.println("以 10 为 3 的自然对数："+Math.log10(3));//3 的自然对数
            System.out.println("9 的平方根值："+Math.sqrt(9));//9 的平方根值
            System.out.println("2 的 3 次方值："+Math.pow(2, 3));//2 的 3 次方值
    }
}
```

图 4-16
指数函数实例运行结果

程序运行结果如图 4-16 所示。

3. 取整函数

- public static double ceil(double a); //返回>=a 的最小浮点数（小数位始终为.0）
- public static double floor (double a) ;//返回<=a 的最大浮点数(小数位始终为.0)
- public static double rint(double a); //返回对 a 四舍五入的浮点数（小数位始终为.0）
- public static int round(float a); //返回对 a 四舍五入后的最近的整数
- public static long round(double a); //返回对 a 四舍五入后的最近的长整数

【例 4-17】 取整函数实例。

```
IntTest.java
package com.my.chap4;
public class IntTest {
    public static void main(String[] args) {
            System.out.println("Math.ceil(8.3)="+Math.ceil(8.3));
            System.out.println("Math.floor(3.5)="+Math.floor(3.5));
            System.out.println("Math.rint(3.7)="+Math.rint(3.7));
            System.out.println("Math.round(2.5)="+Math.round(2.5));
            System.out.println("Math.round(4.3f)="+Math.round(4.3f));
    }
}
```

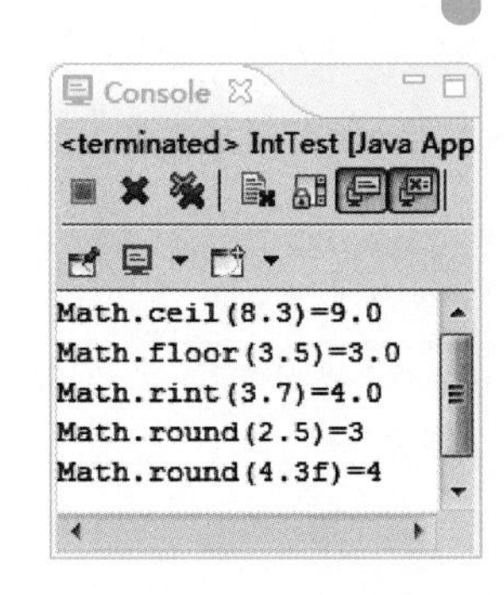

图 4-17
取整函数实例运行结果

程序运行结果如图 4-17 所示。

4. 取最大值、最小值、绝对值函数

- public static int max(int a,int b);//返回两个 int 值中较大的一个
- public static long max(long a,long b);//返回两个 long 值中较大的一个
- public static float max(float a,float b);//返回两个 float 值中较大的一个
- public static double max(double a,double b);//返回两个 double 值中较大的一个
- public static int min(int a,int b);//返回两个 int 值中较小的一个
- public static long min(long a,long b);//返回两个 long 值中较小的一个
- public static float min(float a,float b);//返回两个 float 值中较小的一个
- public static double min(double a,double b);//返回两个 double 值中较小的一个

- public static int abs(int a);//返回 int 值的绝对值
- public static long abs(long a);//返回 long 值的绝对值
- public static float abs(float a);//返回 float 值的绝对值
- public static double abs(double a);//返回 double 值的绝对值

【例 4-18】 取最值、绝对值函数实例。

```
AnyTest.java
package com.my.chap4;
public class AnyTest {
    public static void main(String[] args) {
            System.out.println("4.8 和 3.2 中较大者："+Math.max(4.8,3.2));
            System.out.println("4.8 和 3.2 中较小者："+Math.min(4.8,3.2));
            System.out.println("-3 的绝对值："+Math.abs(-3));
    }
}
```

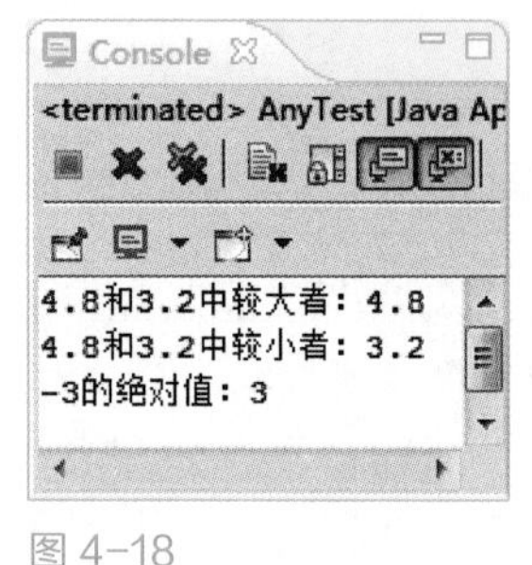

图 4-18
取最值、绝对值函数实例运行结果

程序运行结果如图 4-18 所示。

4.14 StringBuffer 类和 StringBuilder 类

1. StringBuffer 类

笔 记

String 类创建的字符串是常量，是不可更改的。若要对字符串进行动态增减，则用 StringBuffer 类，它的对象是可以扩充和修改的，因此，StringBuffer 又称动态字符串。每个字符串缓冲区都有一定的容量。只要字符串缓冲区所包含的字符序列的长度没有超出此容量，就无需分配新的内部缓冲区数组。如果内部缓冲区溢出，则此容量自动增大。

（1）常用构造方法

- StringBuffer() ;//构造一个其中不带字符的字符串缓冲区，其初始容量为 16 个字符
- StringBuffer(int iniCapacity) ;//构造一个不带字符，但具有指定初始容量的字符串缓冲区
- StringBuffer(String str) ;//构造一个字符串缓冲区，并将其内容初始化为指定的字符串内容

（2）常用方法

- public int length() ; //返回字符串的个数
- public append(object obj) ;//在尾部添加对象
- public insert(int StartPos,object obj) ;//在 StartPos 位置插入对象 obj
- public StringBuffer delete(int start,int end) ; //删除从 start 开始到 end-1 之间的字符串，并返回当前对象的引用
- public StringBuffer deleteCharAt(int index) ;//删除索引为 index 位置处的字符，并返回当前对象的引用
- public char charAt(int index) ;//返回索引处的字符
- public void setCharAt(int index,char c) ; //设置索引 index 处的字符为 c
- public String substring(int startIndex) ; //返回从 startIndex 开始直到最后的全部字符

- public String substring(int startIndex,int endIndex) ;//返回范围 startIndex～endIndex 的字符串
- public StringBuffer reverse() ; //将该对象实体中的字符序列反转，并返回当前对象的引用
- public String replace(int startIndex, int endIndex,String newStr) ;//用 newStr 替换当前对象从 startIndex 到 endIndex-1 之间的字符序列，并返回对当前对象的引用

【例 4-19】 StringBuffer 的使用。

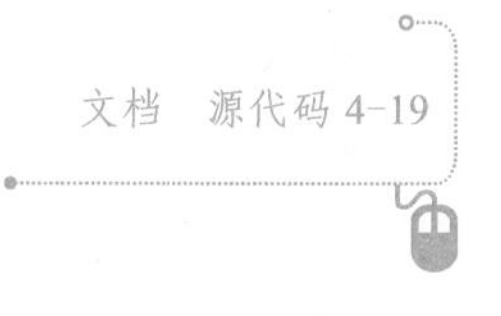


```
StringBufferTest.java
public class StringBufferTest {
    public static void main(String[] args) {
        //StringBuffer 的使用
        String s = "Hello java!";
        StringBuffer str = new StringBuffer();

        //在 str 后添加字符(串)
        str.append(s).append("你好！ ").append("Java!");
        System.out.println(str);

        //删除索引为 0 的位置的字符
        str.deleteCharAt(0);
        System.out.println(str);

        //从索引为 0 的位置开始，截取 11 个字符
        s = str.substring(0, 11);
        System.out.println(s);

        //使 str 内容反向
        str.reverse();
        System.out.println(str);

        //在 4 索引后插入第 2 个参数的内容
        str.insert(4, "这是插入的字符");
        System.out.println(str);
    }
}
```

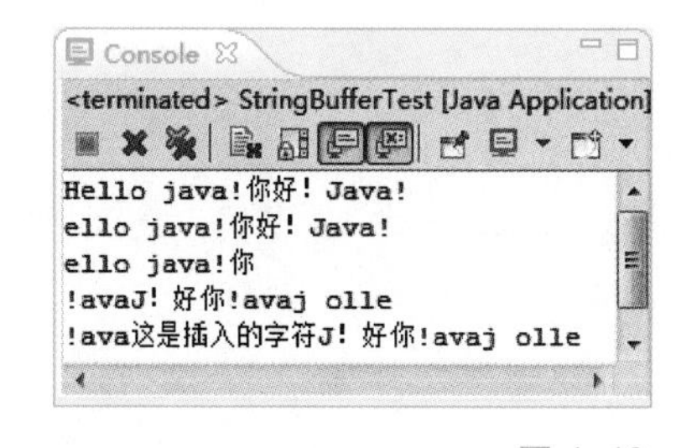

图 4-19
StringBuffer 实例运行结果

程序运行结果如图 4-19 所示。

2. StringBuilder 类

该类在 JDK5 之后的版本才支持，它实现了与 StringBuffer 同样的接口，所以它们的操作相同。但是，由于 StringBuilder 没有实现同步机制，而 StringBuffer 实现了同步，所以 StringBuilder 比 StringBuffer 具有更高的性能。适合于对字符串进行动态增减的情形。如果可能，建议优先采用该类，因为在大多数实现中，它比 StringBuffer 要快。

4.15 Date 类

Date 类表示日期和时间，它提供了操纵日期和时间各组成部分的方法，在 java.util 包中。

文档 源代码4-20

笔 记

文档 源代码4-21

1. 常用构造方法

Date() ; //用当前时间初始化实例

Date(long date) ; //分配 Date 对象并初始化此对象，以表示自从标准基准时间（称为“历元（epoch）”，即 1970 年 1 月 1 日 00:00:00 GMT）以来的指定毫秒数

2. 常用方法：

- public void setTime(long time) ; //设置此 Date 对象，以表示 1970 年 1 月 1 日 00:00:00 GMT 以后 time 毫秒的时间点
- public long getTime() ; //返回自 1970 年 1 月 1 日 00:00:00 GMT 以来此 Date 对象表示的毫秒数
- public static Date valueOf(String s) ; //转换字符串格式的日期为 Date

【例 4-20】 获取当前系统时间。

```
DateTest.java
import java.util.Date;
public class DateTest {
    public static void main(String[] args) {
            Date d = new Date();
            System.out.println(d);
    }
}
```

使用 Date 类的默认构造方法创建出的对象就代表当前时间，由于 Date 类覆盖了 toString 方法，所以可以直接输出 Date 类型的对象，显示的结果如下：

```
Tue Jan 21 15:44:31 CST 2014
```

在该格式中，Tue 代表 Tuesday（周二），Jan 代表 January（一月），21 代表 21 日，CST 代表 China Standard Time（中国标准时间，也就是北京时间（东八区））。

3. 相关类 SimpleDateFormat

用于格式化日期，在 java.text 包中。

（1）构造方法

SimpleDateFormat(String FormatString);

参数 FormatString 常用样式如下。

- y 或 yy 表示年份； yyyy 表示世纪和年份
- m 或 MM 表示月份
- d 或 dd 表示天
- H 或 HH 表示小时
- m 或 mm 表示分
- s 或 ss 表示秒
- E 表示字符串输出的星期

（2）常用方法

① 根据构造函数中的格式将 Date 对象输出为字符串。

```
public String format(Date d);
```

【例 4-21】 SimpleDateFormat 实例。

```
import java.text.SimpleDateFormat;
import java.util.Date;
public class DateTest {
```

笔 记

```
        public static void main(String[] args) {
                SimpleDateFormat sf=new SimpleDateFormat("yyyy-MM-dd HH:mm:ss");
                Date d=new Date();
                String DateString=sf.format(d); //返回类似的日期 2014-01-21 16:03:39
                System.out.println(DateString);
        }
    }
```

② 设置解析字符串日期时是否严格检查日期字符串。

```
public setLenient(boolean b);
```

b=true 接收月份和日的无效数字；

b=false 不接收月份和日的无效数字，严格检查。

③ 根据构造函数中的格式解析字符串日期为 date 类型。

```
public Date parse(String dateString )throws Exception;
```

如果 dateString 不能解析为正确的 Date 类型，则抛出异常，利用这一点，可以检查字符串日期的有效性。

4. 相关类 DateFormat

用于格式化日期，在 java.text 包中。

（1）静态方法

public DateFormat getDateTimeInstance(int dateStyle,int timeStyle,Locale alocal) ;

该方法用于获得一个 DateFormat 实例，其中：

dateStyle 日期类型，通常取常数 DateFormat.LONG；

timeStyle 时间类型，通常取常数 DateFormat.LONG；

alocal 地区常数，通常取常数 Locale.CHINA（中国），Locale.US（美国）。

（2）实例方法

public String format(Date d) ; //用格式去格式化参数 Date 对象，并返回字符串

【例 4-22】 DateFormat 实例。

文档 源代码 4-22

```
import java.text.DateFormat;
import java.util.Date;
import java.util.Locale;
public class DateTest {
    public static void main(String[] args) {
                DateFormat df = DateFormat.getDateTimeInstance(DateFormat.LONG,DateFormat.
LONG, Locale.CHINA);
                System.out.println(df.format(new Date())); // 按中国格式显示日期时间
    }
}
```

运行结果是按照中国格式显示当前时间，类似于：

2014 年 1 月 21 日 下午 04 时 09 分 37 秒

4.16 Calendar 类

本类提供了日历功能，但这些功能都是由其子类 GregorianCalendar 实现的，在 java.util 包中。

1. GregorianCalendar 类

（1）构造方法

GregorianCalendar(); //用当前系统日期初始化对象

笔 记

（2）常用方法

- public int get(int field) ; //返回与 field 相关的日期，field 是 Calendar 中定义的常数（见静态字段）

例如：Calendar cal=new GregorianCalendar();

System.out.println(cal.get(Calendar.MONTH));

结果：返回月份（1 月份，返回 0，2 月份，返回 1，......）。

- public void set(int field,int value) ;//将 field 表示的日期替换为 value 值

例如：cal.set(Calendar.YEAR,2000);将年份设定为 2000 年。

- public final void set(int year,int value) ;//设置年/月/日 的值为 value
- public final void set(int year,int month,int date) ; //设置年月日
- public final void set(int year,int month,int date, int hour,int minute) ; //设置年月日时分秒
- public final void set(int year,int month,int date, int hour,int minute,int second) ; //设置年月日时分秒和毫秒
- public long getTimeInMillis(); //获得对象毫秒数

【例 4-23】 获取当前日期时间。

文档 源代码 4-23

```
GregorianCalendarTest.java
import java.util.Calendar;
import java.util.GregorianCalendar;
public class GregorianCalendarTest {
    public static void main(String[] args) {
        GregorianCalendar gre = new GregorianCalendar(); // 获得实例
        String now = gre.get(Calendar.YEAR) + "-" + gre.get(Calendar.MONTH) + 1
                + "-" + gre.get(Calendar.DATE) + " "
                + gre.get(Calendar.HOUR_OF_DAY) + ":"
                + gre.get(Calendar.MINUTE) + ":" + gre.get(Calendar.SECOND);
        System.out.println(now); //显示当前日期时间
    }
}
```

笔 记

运行结果：2014-01-21 16:24:44

2. Calendar 类

Calendar 类是一个抽象类。它为特定瞬间与一组诸如 YEAR、MONTH、DAY_OF_MONTH、HOUR 等日历字段之间的转换提供了一些方法，并为操作日历字段提供了一些方法。

抽象类不能采用 new 实例化，但可以使用 Calendar 类的 static 方法 getInstance() 初始化一个日历对象，如 Calendar cal=Calendar.getInstance(); //返回一个 Calendar 实例。

（1）常用方法

- public Date getTime(); //获得日期，返回一个表示此 Calendar 时间值（从历元至现在的毫秒偏移量）的 Date 对象
- public long getTimeInMillis() ; //返回此 calendar 的时间值，以毫秒为单位
- public void add(int field,int amount) ;//根据日历的规则，为给定的日历字段添加或减去指定的时间量
- public int getMaximum(int field) ;//返回 field 的最大值

- public setTime(Date date) ;//设置日期

（2）静态字段

- YEAR、MONTH、DATE(DAY_OF_MONTH)：分别表示年月日
- HOUR、MINUTE、SECOND、MILLISECOND：分别表示时分秒和毫秒，HOUR 为 12 小时制
- HOUR_OF_DAY：表示一天中的第几时（为 24 小时制）
- DAY_OF_YEAR：表示一年中的第几天
- WEEK_OF_YEAR：表示一年中的第几周
- WEEK_OF_MONTH：表示一月中的第几周
- DAY_OF_WEEK：表示一周中的第几天（1 表示星期日，2 表示星期一，......）

【例 4-24】 打印未来几年的 10 个黑色星期五（按照 2014/01/2 2 的格式把日期打印出来）。

文档　源代码 4-24

```
CalendarTest.java
import java.text.SimpleDateFormat;
import java.util.*;
public class CalendarTest {
    public static void main(String[] args) {
            Calendar cal = Calendar.getInstance();
            SimpleDateFormat sdf = new SimpleDateFormat("yyyy/MM/dd   EEEE");//设置日期格式
            cal.set(Calendar.DAY_OF_MONTH, 13);//设置日期为 13 日
            int n = 1;
            while (n <= 10) {
                if (cal.get(Calendar.DAY_OF_WEEK) == Calendar.FRIDAY) {//如果是星期五
                    Date date = cal.getTime();
                    System.out.println(sdf.format(date));//按照格式打印黑色星期五
                    n++;
                }
                cal.add(Calendar.MONTH, 1);//月份增加 1 个月
            }
    }
}
```

```
Console
<terminated> CalendarTest [Java
2014/06/13  星期五
2015/02/13  星期五
2015/03/13  星期五
2015/11/13  星期五
2016/05/13  星期五
2017/01/13  星期五
2017/10/13  星期五
2018/04/13  星期五
2018/07/13  星期五
2019/09/13  星期五
```

图 4-20
【例 4-24】运行结果

程序运行结果如图 4-20 所示。

【任务实施】

PPT　任务 4.4　任务实施

本任务主要是先对输入的求租客户信息进行校验，校验合格后才能进行添加，主要的校验标准如下。

文档　任务 4.4　任务实施源代码

① userID：是否为数字字符。

② 性别校验：是否是字符。

③ 电话、家庭电话校验：是否为数字字符。

④ 邮箱校验：是否合法的邮箱。

⑤ QQ 校验：是否为数字字符。

⑥ 身份证号码校验：是否合法的身份信息。

视频　任务 4.4　任务实施

```
//输入日期转换
import java.text.DateFormat;
```

笔 记

```
import java.text.ParseException;
import java.text.SimpleDateFormat;
import java.util.Date;
import java.util.GregorianCalendar;
import java.util.Scanner;
import java.util.regex.Matcher;
import java.util.regex.Pattern;

public class HireUserTest3 {
    // 校验是否是数字
    public boolean isDigit(String input) {
        boolean flag = true;
        char[] inputs = input.toCharArray();
        for (int i = 0; i < inputs.length; i++) {
            char c = inputs[i];
            // 判断字符是否数字
            if (!Character.isDigit(c)) {
                flag = false;
                break;
            } else {
                continue;
            }
        }
        return flag;
    }

    // 邮箱校验
    public  boolean checkEmail(String email) {
        boolean flag = false;
        try {
            String check =
             "^([a-z0-9A-Z]+[-|.]?)+[a-z0-9A-Z]@([a-z0-9A-Z]+(-[a-z0-9A-Z]+)?.)+[a-zA-Z]{2,}$";
            Pattern regex = Pattern.compile(check);
            Matcher matcher = regex.matcher(email);
            flag = matcher.matches();
        } catch (Exception e) {
            flag = false;
        }
        return flag;
    }

    // QQ 号码校验
    public boolean checkQQ(String myQQstr) {
        boolean flag = false;
        String regex = "[1-9][0-9]{4,14}";
        if (myQQstr.matches(regex)) {
            flag = true;
        }
        return flag;
    }
```

笔 记

```
//18 位身份证校验，校验规制：18 位，出生年份：1930—2013，月份：01-12，日期：1-31
public boolean checkCardID(String cardID) {
        boolean flag = true;
        // 判断输入身份证号码的长度是否是 18 位
        if (cardID.length()== 18) {
                String yearStr = cardID.substring(6, 10);
                String monthStr = cardID.substring(10, 12);
                String dayStr = cardID.substring(12, 14);

                //判断身份证中的年、月、日是否正确
                flag=this.checkDate(yearStr, monthStr, dayStr);
        } else {
                System.out.println("您输入的身份证号码：" + cardID + " 长度不对！");
        }

        return flag;
}

//检查身份证中年月日是否合法
public boolean checkDate(String yearStr, String monthStr, String dayStr) {
        boolean flag = true;
        // 判断月份是否在 1930-2013 之间
        int year = Integer.parseInt(yearStr);
        System.out.println("year=" + year);
        if (year < 1930 || year > 2013) {
                flag = false;
                System.out.println("您输入的身份证的年份不在 1930—2013 之间");
        }

        // 判断月份是否合法
        char c = monthStr.charAt(0);
        if (c == '0') {// 如果月份小于 10，去除 0
                monthStr = monthStr.substring(1);
        }

        int month = Integer.parseInt(monthStr);
        if (month < 1 || month > 12) {
                flag = false;
                System.out.println("您输入的身份证的月份不正确！");
        }

        // 判断日期是否合法
        char d = dayStr.charAt(0);
        if (d == '0') {// 如果月份小于 10，去除 0
                dayStr = dayStr.substring(1);
        }

        int day = Integer.parseInt(dayStr);

        GregorianCalendar gc = new GregorianCalendar(year, month, day);
        // 判断是否是闰年
```

笔 记

```
        boolean isLeap = gc.isLeapYear(year);

        // 月份是1、3、5、7、8、10、12，day在1～31之间
        if (month == 1 || month == 3 || month == 5 || month == 7 || month == 8
                || month == 10 || month == 12) {
            if (day < 1 || day > 31) {
                flag = false;
                System.out.println("您输入的身份证中的日期不正确！");
            }
        }

        // 月份是2、4、6、9、11，day在1～30之间
        if (month == 4 || month == 6 || month == 9 || month == 11) {
            if (day < 1 || day > 30) {
                flag = false;
                System.out.println("您输入的身份证中的日期不正确！");
            }
        }

        // 闰年并且月份是2月，day在1～29之间
        if (isLeap && month == 2) {
            if (day < 1 || day > 29) {
                flag = false;
                System.out.println("您输入的身份证中的日期不正确！");
            }
        }

        // 不是闰年月份是2月，day在1～28之间
        if (!isLeap && month == 2) {
            if (day < 1 || day > 28) {
                flag = false;
                System.out.println("您输入的身份证中的日期不正确！");
            }
        }
        return flag;
    }

    // 输入的字符串转换为日期类型
    public Date strTransDate(String inputDate) {
        DateFormat dateFormat = new SimpleDateFormat("yyyy-MM-dd");
        Date date = null;
        try {
            date = dateFormat.parse(inputDate);
        } catch (ParseException e) {
            e.printStackTrace();
        }
        return date;
    }

    // 输入求租客户信息：增加输入校验
    public HireUser inutHireUserInfo() {
```

```
Scanner sc = new Scanner(System.in);
System.out.println("请输入求租客户编号:");
int userID = sc.nextInt();

System.out.println("请输入求租客户姓名：");
String userName = sc.next();

System.out.println("请输入求租客户性别：");
String sexStr = sc.next();
char sex = sexStr.charAt(0);

System.out.println("请输入求租客户电话：");
String phone = sc.next();

//校验 phone
boolean checkPhone=this.isDigit(phone);
if(!checkPhone){
        System.out.println("您输入的电话不正确");
}

System.out.println("请输入求租客户家庭电话：");
String homePhone = sc.next();

System.out.println("请输入求租客户邮箱：");
String email = sc.next();

//校验邮箱
boolean checkEmail=this.checkEmail(email);
if(!checkEmail){
        System.out.println("您输入的邮箱不正确！");
}

System.out.println("请输入求租客户 QQ 号码：");
String qq = sc.next();

//校验 QQ 号码
boolean checkQq=this.checkQQ(qq);
if(!checkQq){
        System.out.println("您输入的 QQ 号码不正确！");
}

System.out.println("请输入求租客户身份证号码：");
String cardID = sc.next();

//校验身份证号码
boolean checkCardID=this.checkCardID(cardID);
if(!checkCardID){
        System.out.println("您输入的身份证号码不正确");
}

System.out.println("请输入求租客户编号：");
```

笔 记

笔 记

```
			String hirePersonNo = sc.next();

			//记录日期
			System.out.println("请输入记录日期，格式：yyyy-MM-dd");
			String recordDateStr=sc.next();
			//输入的字符串转换为日期类型
			Date recordDate =this.strTransDate(recordDateStr);

			// 创建求租客户对象
			HireUser hireUser = new HireUser();
			hireUser.setUserID(userID);
			hireUser.setUserName(userName);
			hireUser.setSex(sex);
			hireUser.setPhone(phone);
			hireUser.setHomePhone(homePhone);
			hireUser.setEmail(email);
			hireUser.setQq(qq);
			hireUser.setCardID(cardID);
			hireUser.setHirePersonNo(hirePersonNo);
			hireUser.setRecordDate(recordDate);

			return hireUser;
		}

		public static void main(String[] args) {
			// 创建 HireUserTest3 对象
			HireUserTest3 ht = new HireUserTest3();
			System.out.println("添加求租客户信息！");
			// 输入求租客户信息
			HireUser hireUser = ht.inutHireUserInfo();

			HireUserDAOImp hireUserDAOImp=new HireUserDAOImp ();
			// 判断求租客户是否存在
			boolean isExist = hireUserDAOImp.isExist(hireUser);
			if (isExist) {// 求租客户已经存在
				System.out.println("您的输入有错误，该用户已经存在");
			} else {// 求租客户不存在
					// 添加求租客户信息
				hireUserDAOImp.insertUser(hireUser);
				System.out.println("添加求租客户信息成功！");
			}
		}
	}
```

【实践训练】

1．编写一个方法：double round(double m ,int n)将 m 四舍五入到小数点后第 n 位。

2．判断键盘输入的字符串是否是回文？例如，“abcba”是回文串。

3．编写一个方法，计算你出生的那一天是星期几？并显示从出生到现在每年过生日那一天的星期数。

拓展实训

任务 4.3 只实现了求租客户信息管理模块中客户信息的添加功能。完善该模块，实现求租客户信息的修改、删除和查询功能。

文档 单元 4 案例

同步训练

文档 单元 4 习题库/试题库

一、单选题

1. 在 Java 中，所有类的根类是（　　）。

   A. java.lang.Object　　B. java.lang.Class

   C. java.lang.String　　D. java.lang.System

2. 下列说法中，（　　）是正确的。

   A. 子类拥有的成员数目大于等于父类拥有的成员数目

   B. 父类代表的对象范围比子类广

   C. 子类要调用父类的方法，必须使用 super 关键字

   D. 一个 Java 类可以有多个父类

3. 下列关于修饰符混用的说法，错误的是（　　）。

   A. abstract 不能与 final 同时使用修饰同一个类

   B. abstract 类中不可以有 private 的成员

   C. abstract 方法必须在 abstract 类中

   D. 非 static 方法中能处理 static 和非 static 的成员

4. 在 Java 中，能实现多重继承效果的方式是（　　）。

   A. 内部类　　B. 适配器　　C. 接口　　D. 同步

5. 要想定义一个不能被实例化的抽象类，在类定义中必须加上修饰符（　　）

   A. final　　B. public　　C. private　　D. abstract

6. 下面关于继承的叙述正确的是（　　）。

   A. 在 Java 中只允许单一继承

   B. 在 Java 中一个类只能实现一个接口

   C. 在 Java 中一个类不能同时继承一个类和实现一个接口

   D. Java 的多重继承使代码更可靠

7. 类 Teacher 和 Student 是类 Person 的子类。

```
Person p;
Teacher t;
Student s;          //p, t and s are all non-null.
if(t instanceof Person) { s = (Student)t; }
```

最后一句语句的结果是（　　）。

   A. 将构造一个 Student 对象

B. 表达式是合法的

C. 表达式是错误的

D. 编译时正确，但运行时错误

8. 如果任何包中的子类都能访问超类中的成员，那么应使用（　　）限定词。

A. public　　B. private　　C. protected　　D. transient

9. 对于子类的构造函数说明，下列叙述中不正确的是（　　）。

A. 子类无条件地继承父类的无参构造函数

B. 子类可以在自己的构造函数中使用 super 关键字来调用父类的含参数构造函数，但这个调用语句必须是子类构造函数的第一个可执行语句

C. 在创建子类的对象时，将先执行继承自父类的无参构造函数，然后再执行自己的构造函数

D. 子类不但可以继承父类的无参构造函数，也可以继承父类的有参构造函数

10. 不使用 static 修饰符限定的方法称为对象（或实例）方法，下列（　　）说法是正确的。

A. 实例方法可以直接调用父类的实例方法

B. 实例方法可以直接调用父类的类方法

C. 实例方法可以直接调用其他类的实例方法

D. 实例方法可以直接调用本类的实例方法

二、填空题

1. Java 中所有类都是类________的子类。

2. Java 语言通过接口支持________继承，使类继承具有更灵活的扩展性。

3. 下列程序的运行结果是________。

```
class Shape{
  public Shape(){
      System.out.print("Shape");
  }
}
class Circle extends Shape{
    public Circle(){
        System.out.print("Circle");
  }
}
public class Test{
    public static void main(String args[]){
        Shape s=new Circle();
    }
}
```

4. 下列程序的运行结果是________。

```
class Parent {
    void printMe() {
        System.out.println("parent");
    }
}
class Child extends Parent {
    void printMe() {
```

```
            System.out.println("child");
        }
        void printAll() {
            super.printMe();
            this.printMe();
            printMe();
        }
    }
    public class Examae {
        public static void main(String args[ ])   {
            Child myC = new Child( );
            myC.printAll( );
        }
    }
```

5. 下列程序的运行结果是________。

```
class Person  {
    public Person () { func(); }
    public void func() {
        System.out.println("1 ");
    }
}
public class Person_A extends Person {
    public Person_A() {super();}
    public Person_A(int a) {
        System.out.println(a);
    }
    public void func() {
        System.out.println("2 ");
    }
    public static void main(String[] args) {
        Person_A pa = new Person_A();
        Person_A pb = new Person_A(3);
    }
}
```

三、简答题

1. 简述 Overload（重载）和 Override（重写）的区别。
2. 简述抽象类和接口的区别。

四、编程题

1.

（1）编写一个圆类 Circle，该类拥有：

- 成员变量：Radius(私有,浮点型);　　// 存放圆的半径
- 两个构造方法：Circle( )　　// 将半径设为 0
  Circle(double　r)　　//创建 Circle 对象时将半径初始化为 r
- 三个成员方法：double getArea( )　　//获取圆的面积
  double getPerimeter( )　　//获取圆的周长
  void　show( )　　//将圆的半径、周长、面积输出到屏幕

（2）编写一个圆柱体类 Cylinder，它继承于上面的 Circle 类。还拥有：

- 成员变量：double hight(私有,浮点型);　　　// 圆柱体的高
- 构造方法：Cylinder (double r, double　h)　//创建 Circle 对象时将半径初始化为 r
- 成员方法：double getVolume( )　　　　//获取圆柱体的体积

　　void　showVolume( )　　　//将圆柱体的体积输出到屏幕

编写应用程序，创建类的对象，分别设置圆的半径、圆柱体的高，计算并分别显示圆半径、圆面积、圆周长，圆柱体的体积。

2. 饲养员给动物喂食物:

① 定义一个动物接口 Animal，包括一个吃 public void eat(Food food)的方法。

② 定义一个猫类 Cat，实现 Animal 接口，直接在 eat 方法中输出猫吃什么食物。

③ 定义一个狗类 Dog，实现 Animal 接口，直接在 eat 方法中输出狗吃什么食物。

④ 定义一个食物抽象类 Food，包括属性食物名称（name）和它的 getXXX()及 setXXX()方法。

⑤ 定义一个食物鱼类 Fish 和一个食物骨头类 Bone 继承食物抽象类 Food。

⑥ 定义一个饲养员类 Feeder，包括方法 feed()实现给某种动物喂某种食物。

⑦ 定义一个测试类，测试饲养员给动物喂食物。

3. 定义 Person 类和 Student 类，具体要求如下:

（1）定义一个 Person 类

① 成员属性：Person 类的属性（变量）。

姓名：name，字符串类型：String;

性别：sex，字符型：char;

年龄：age，整型：int。

② 2 个重载的构造函数。

public Person();　　　　　　　　//空构造

public Person(String s);　　　　　//设置姓名

③ 一个成员方法。

public String toString()//获得姓名、性别和年龄利用定义的 Person 类

（2）定义一个学生类 Student，它继承自 Person 类

① 增加自己的成员变量。

学号：no，字符类型：String

英语课成绩：scoreOfEn，双精度型：double

数学课成绩：scoreOfMath，双精度型：double

语文课成绩：scoreOfCh，双精度型：double

② 子类新增加的方法。

求三门功课的平均成绩 aver()：该方法没有参数，返回值类型为 double 型。

求三门功课的最高分 max()：该方法没有参数，返回值类型为 double 型。

求三门功课的最低分 min()：该方法没有参数，返回值类型为 double 型。

③ 覆盖父类的同名方法

覆盖父类的同名方法 toString()：获取学号、姓名、性别、平均分、最高分、最低分信息。

单元 5

集合容器

文档 单元 5 设计

PPT 单元 5 概述

视频 单元 5 集合容器概述

思政导学 条条大路通罗马

单元介绍

Java 中的数组可以存放基本数据类型数据，也可以存放对象，在创建数组时，必须指明数组的长度，且长度是固定的，不能改变，且同一个数组只能存放同一种数据类型的数据。而在实际情况下，数据的个数和类型往往是根据需求进行调整，是变化的。为此，Java 提供了相当完整的集合容器来保存和操作这样的一组数据。本单元的目标是掌握 Java 中集合容器的概念及使用方法，学会使用 Set、List 和 Map 三种不同集合容器的定义和使用方法，会选择合适的集合容器解决实际问题，最后能完成出租房源信息管理的设计与实现。

房源信息是房屋出租系统的基础模块，用户登录后可以添加房源信息、修改房源信息、删除房源信息，并能根据不同的条件查询指定的房源信息。房源信息管理涉及操作主界面与数据存储。项目中的房源信息是以集合对象存储，在后面的章节中迭代为应用数据库存储数据。

学习目标

【知识目标】

- 熟悉集合的框架结构。
- 掌握 Collection 接口提供的常用操作方法。
- 掌握遍历集合的方法。
- 掌握 List 接口及其实现类中的常用方法。
- 掌握 Set 接口及其实现类中的常用方法。
- 掌握 Map 接口及其实现类中的常用方法。
- 掌握遍历接口 Iterator 和比较器的使用方法
- 熟悉不同集合容器的特点。

【能力目标】

- 会查看集合容器的 API 文档。
- 会使用 Set 集解决实际问题。
- 会使用 List 列表解决实际问题。
- 会使用 Map 映射解决实际问题。
- 能对集合进行遍历。
- 能根据不同场合选择合适的集合容器。

【素养目标】

- 培养浓厚的学习兴趣，养成自主学习的习惯。
- 增强创新精神，树立创新意识。

任务 5.1 添加房源信息设计

PPT 任务 5.1 添加房源信息设计

视频 任务 5.1 添加房源信息设计

【任务分析】

添加房源信息，需要使用集合来实现对多个房源对象的存储，再从集合中获取这些对象并操作。首先要了解 Java 中有哪些集合容器，并且定义和创建一个集合对象进行数据元素的添加操作，使用遍历对象对该集合容器对象进行遍历输出。

添加房源信息是将输入的房源信息添加到房源信息集合中。首先要根据房源编号查询该房源信息是否已经存在，如果已经存在，则需要重新输入新的房源编号，如果不存在，则添加到房源信息列表中。

【相关知识】

5.1 Java 集合容器框架

笔 记

Java 集合框架是 sun 公司发布的 Java 应用程序接口（API）的重要组成部分，并放在 java.util 包里面。Java 平台的集合框架提供了一个表示和操作对象集合的统一架构，允许用户独立地操作各种数据结构而不需要了解具体的实现。Java 集合框架中包含了大量集合接口，以及这些接口的实现类和操作它们的算法。依此，可用如下公式表示 Java 集合框架。

Java 集合框架 ＝ 集合接口+实现+算法

Java 集合框架作为 Java 应用程序中的工具类，为开发人员提供一个良好的应用程序接口。Java 集合框架为开始提供了大量的数据结构，包括列表（List）、队列（Queue）、栈（Stack）以及一个键值映射数据结构（Map）。同时这些数据结构的实现中还涉及红黑树、哈希表等数据结构，为程序员提供便利。

一个集合（collection）就是存储一组对象的容器，一般将这些对象称为集合的元素（element）。Java 集合框架支持集（Set）、线性表（List）和映射（Map）三种类型集合。

- Set（集）：集合中的对象不按特定方式排序（其有的实现类能对集合中的对象按特定方式排序），并且没有重复对象。
- List（列表）：集合中的对象按照索引位置排序，可以有重复对象，允许按照对象在集合中的索引位置检索对象，List 与数组有些相似。
- Map（映射）：集合中的每一个元素包括一对键对象和值对象，集合中没有重复的键对象，值对象可以重复。

Java 集合框架中的三种集合类型如图 5-1 所示。

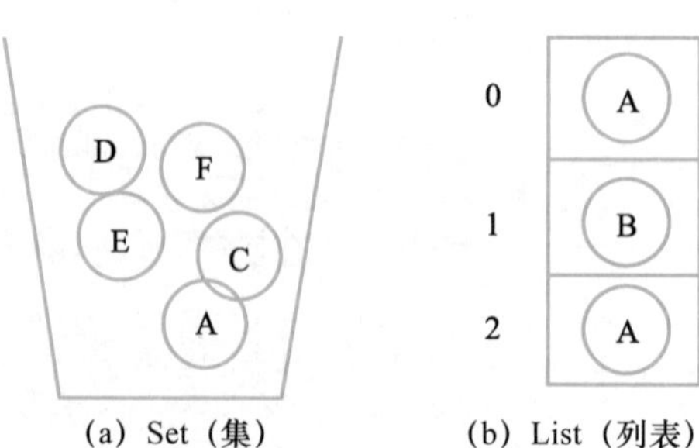

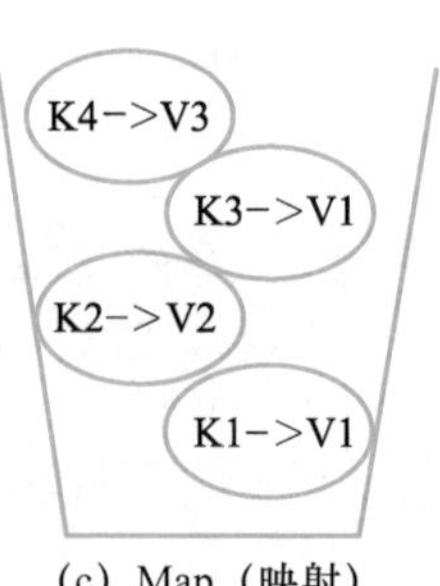

图 5-1
Java 集合框架中的三种集合类型

Java 集合框架图如图 5-2 所示。

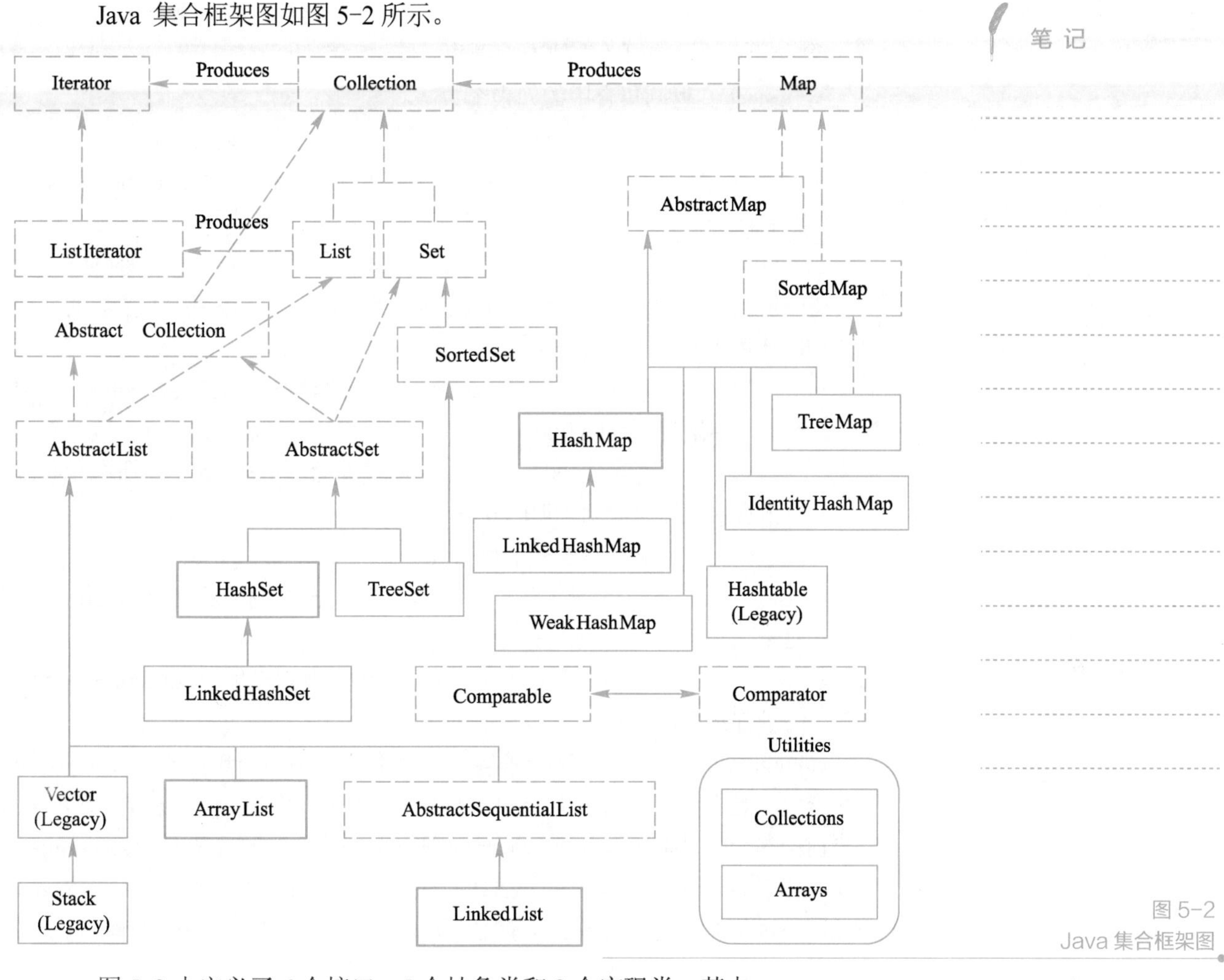

图 5-2
Java 集合框架图

图 5-2 中定义了 6 个接口、5 个抽象类和 8 个实现类。其中：

- Collection 接口是一组允许重复的对象。
- Set 接口继承 Collection，但不允许重复，使用自己内部的一个排列机制。
- List 接口继承 Collection，允许重复，以元素安插的次序来放置元素，不会重新排列。
- Map 接口是一组成对的键－值对象，即所持有的是key-value pairs。Map 中不能有重复的 key，拥有自己的内部排列机制。
- 容器中的元素类型都为Object。从容器取得元素时，必须把它转换成原来的类型。

5.2 Collection 接口

Collection 是最基本的集合接口，一个 Collection 代表一组 Object，即 Collection 的元素，它是 List 和 Set 的父类，且其本身也是一个接口。它定义了作为集合所应该拥有的一些方法。

① Collection 接口支持如添加和删除等基本操作。设法删除一个元素时，如果这个元素存在，删除的仅仅是集合中此元素的一个实例。

- boolean add(Object element)　将 element 添加到集合中，如果成功，返回 true。

笔 记

- boolean remove(Object element) 将element从集合中删除，如果成功，返回true。

② Collection 接口还支持查询操作。

- int size() 返回集合中的元素个数。
- boolean isEmpty() 判断集合是否为空，如果为空，返回true。
- boolean contains(Object element) 判断集合中是否包含element，如果存在返回true。
- Iterator iterator() 返回该集合的遍历对象。

③ 组操作：Collection 接口支持的其他操作，要么是作用于元素组的任务，要么是同时作用于整个集合的任务。

- boolean containsAll(Collection collection) 判断是否包含集合collection中所有对象，如果有，返回true。
- boolean addAll(Collection collection) 将集合collection中的所有元素添加到该集合中，如果成功，返回true。
- void clear() 删除集合中的所有元素。
- void removeAll(Collection collection) 从集合中删除集合collection中所有元素。
- void retainAll(Collection collection) 从集合中删除集合collection中元素之外的所有元素。

containsAll()方法允许查找当前集合是否包含了另一个集合的所有元素，即另一个集合是否是当前集合的子集。addAll()方法确保另一个集合中的所有元素都被添加到当前的集合中，通常称为并。clear()方法从当前集合中删除所有元素。removeAll()方法类似于clear()，但只删除了元素的一个子集。retainAll()方法类似于removeAll()方法，不过可能感到它所做的与前面正好相反：它从当前集合中删除不属于另一个集合的元素。

注 意

集合中只有对象，集合中的元素不能是基本数据类型。Collection 接口不提供get()方法，如果要遍历Collection中的元素，必须使用iterator。

【例5-1】 Collection 接口方法测试，对学生类对象进行添加、删除等操作。

文档 源代码5-1

Student.java：学生信息类

```
package com.task1.demo;
public class Student {
    private String stuNo;//学号
    private String stuName;//学生姓名
    private int stuAge;//学生年龄
    private String stuAddress;//学生地址

    public Student() {
    }

    //一组 set/get 属性方法
    ......
}
```

Example5_1.java：集合测试类

笔 记

```
package com.task1.demo;
import java.util.ArrayList;
import java.util.Collection;

public class Example5_1 {
    public static void main(String[] args) {
        //创建学生对象
        Student stu1 = new Student();

        stu1.setStuNo("0908233111");
        stu1.setStuName("陈君祥");
        stu1.setStuAge(21);
        stu1.setStuAddress("江苏徐州");

        Student stu2 = new Student();
        stu2.setStuNo("0908233112");
        stu2.setStuName("章家其");
        stu2.setStuAge(22);
        stu2.setStuAddress("江苏南京");

        //创建集合对象
        Collection collection = new ArrayList();

        //添加对象
        collection.add(stu1);
        collection.add(stu2);
        System.out.println("after add object:");
        System.out.println("collection.size()=" + collection.size());

        //删除对象
        collection.remove(stu1);
        System.out.println("after remove stu1 :");
        System.out.println("collection.size()=" + collection.size());

        //判断集合是否为空
        boolean isEmpty = collection.isEmpty();
        System.out.println("集合是否为空： " + isEmpty);

        //判断集合是否包括某个对象
        boolean isContains = collection.contains(stu2);
        System.out.println("集合是否包含 stu2： " + isContains);

        //清除集合内对象
        collection.clear();
        System.out.println("afeter clear:");
        System.out.println("collection.size()=" + collection.size());
    }
}
```

运行结果如图 5-3 所示。

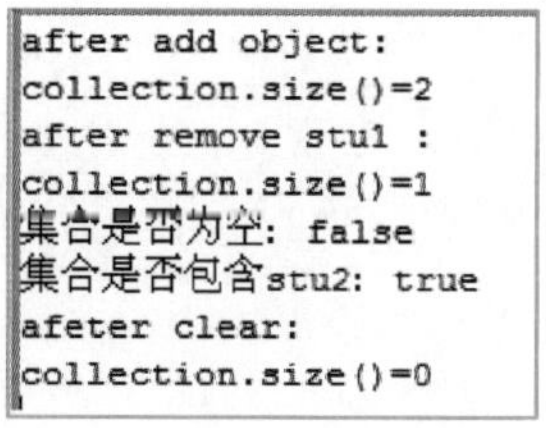

```
after add object:
collection.size()=2
after remove stu1 :
collection.size()=1
集合是否为空: false
集合是否包含stu2: true
afeter clear:
collection.size()=0
```

图 5-3
Collection 接口方法测试运行结果

笔 记

5.3 Iterator 迭代接口

Iterator 是专门的迭代输出接口，所谓的迭代输出就是将元素一个个进行判断，判断是否有内容，如果有内容则把内容取出。

迭代器（Iterator）本身就是一个对象，其工作就是遍历并选择集合序列中的对象，而客户端的程序员不必知道或关心该序列底层的结构。此外，迭代器通常被称为“轻量级”对象，创建它的代价小。但是，它也有一些限制，例如，某些迭代器只能单向移动。

Collection 接口的 iterator()方法返回一个 Iterator。Iterator 接口方法能以迭代方式逐个访问集合中各个元素，并安全地从 Collection 中删除适当的元素。

Iterator 接口中主要方法如下。

- boolean hasNext()：判断是否存在另一个可访问的元素。
- Object next()：返回要访问的下一个元素。如果到达集合结尾，则抛出 NoSuchElementException 异常。
- void remove()：删除上次访问返回的对象。本方法必须紧跟在一个元素的访问后执行。如果上次访问后集合已被修改，方法将抛出 IllegalStateException。

文档 源代码 5-2

【例 5-2】 使用 Iterator 遍历对象进行集合遍历。

笔 记

```
Example5_2.java
package com.task1.demo;
import java.util.ArrayList;
import java.util.Collection;
import java.util.Iterator;

public class Example5_2 {
    public static void main(String[] args) {
        //创建集合对象
        Collection collection = new ArrayList();

        //添加集合元素
        collection.add("stu1");
        collection.add("stu2");
        collection.add("stu3");

        //获得一个迭代器对象:iterator
        Iterator iterator = collection.iterator();

        while (iterator.hasNext()) {//遍历
            Object element = iterator.next();
            System.out.println("iterator = " + element);
        }

        if (collection.isEmpty()) {
            System.out.println("collection is Empty!");
        } else {
            System.out.println("collection is not Empty! size="
                    + collection.size());
```

```
            }

            //获得一个迭代器对象：iterator2
            Iterator iterator2 = collection.iterator();
            while (iterator2.hasNext()) {//移除元素
                Object element = iterator2.next();
                System.out.println("remove: " + element);
                iterator2.remove();
            }

            //获得一个迭代器对象:iterator3
            Iterator iterator3 = collection.iterator();
            if (!iterator3.hasNext()) {//察看是否还有元素
                System.out.println("没有元素了");
            }

            //判断集合是否为空
            if (collection.isEmpty()) {
                System.out.println("collection is Empty!");
            }
        }
    }
```

笔 记

```
iterator = stu1
iterator = stu2
iterator = stu3
collection is not Empty! size=3
remove: stu1
remove: stu2
remove: stu3
没有元素了
collection is Empty!
```

图 5-4
Iterator 使用运行结果

运行结果如图 5-4 所示。

【任务实施】

PPT　任务 5.1　任务实施

文档　任务 5.1　任务实施源代码

视频　任务 5.1　任务实施

要完成添加房源信息设计，需要先设计房源信息管理的主界面，然后再完成添加房源设计功能。根据添加房源信息任务分析得出添加房源信息分为如下 5 个步骤来实施。

- 主界面设计。
- 流程图设计。
- 房源信息实体类设计。
- 实现添加房源信息功能。
- 添加房源信息功能调用。

1．主界面设计

主界面的设计是房源信息管理的基础与操作的前提。主界面的主要功能是提供操作的接口，用户可以根据输入的选项进行相应的操作，同时这种选择应该是连续的直到用户退出为止。

根据主界面功能的分析，主界面的设计分为两个步骤来实施。首先设计主界面的功能显示；其次设计主界面的连续运行。

（1）主界面的功能显示

主界面是操作的入口，用户能够根据主界面的功能提示选择不同的操作。主界面的功能显示主要包括查看所有房源信息、添加房源信息、修改房源信息、删除房源信息，同时可以根据房租价格、房源状态、小区名称、房屋楼层查询指定条件的房源信息。

主界面的功能显示的代码如下：

笔 记

```
HouseManager.java
package com.task1.manager;

public class HouseManager {
  // 显示房源信息管理功能
  public void showFuction() {
        System.out.println("************************************************");
        System.out.println("*              欢迎使用房源信息管理系统                    *");
        System.out.println("*                                                  *");
        System.out.println("*   请选择要操作的功能:                                 *");
        System.out.println("*        房源信息管理:                                 *");
        System.out.println("*        1: 查看所有房源    2: 增加房源信息              *");
        System.out.println("*        3: 修改房源信息    4: 删除房源信息              *");
        System.out.println("*                                                  *");
        System.out.println("*        房源信息查询:                                 *");
        System.out.println("*        5: 房租价格        6: 房源状态                 *");
        System.out.println("*        7: 小区名称        8: 房屋楼层                 *");
        System.out.println("************************************************");
  }
  public static void main(String[] args){
        HouseManager houseManager=new HouseManager();
        houseManager.showFuction();
  }
}
```


图 5-5
房源信息管理主界面运行结果

运行结果如图 5-5 所示。

（2）主界面功能操作设计

主界面功能操作主要包括选择操作类型、下一步操作和退出操作。主界面功能操作代码是在 HouseManager 中添加 showAction()方法，代码如下：

笔 记

```
// 功能操作
public void showAction() {
    Scanner sc = new Scanner(System.in);
    quit:
    while (true) {
    int action = sc.nextInt();
    switch (action) {
          case 1: System.out.println("查看所有房源信息"); break;
          case 2: System.out.println("增加房源信息");break;
          case 3:System.out.println("修改房源信息");break;
          case 4:System.out.println("删除房源信息");break;
          case 5:System.out.println("根据房租价格查询房源信息");break;
          case 6:System.out.println("根据房源状态查询房源信息");break;
          case 7:System.out.println("根据房源名称查询房源信息");break;
          case 8:System.out.println("根据房源楼层查询房源信息");break;
          default:break;
    }
    System.out.println("请选择下一步动作：a:继续    b:退出");
    String nextAction=sc.next();
    if(nextAction.equals("a")){
          System.out.println("请继续选择操作类型：");
```

```
                continue;
            }else{
                break quit;
            }
        }
        System.out.println("你已经成功退出了！");
    }
```

运行结果如图 5-6 所示。

```
1
查看所有房源信息
请选择下一步动作: a:继续 b:退出
a
请继续选择操作类型:
2
增加房源信息
请选择下一步动作: a:继续 b:退出
a
请继续选择操作类型:
3
修改房源信息
请选择下一步动作: a:继续 b:退出
a
请继续选择操作类型:
4
删除房源信息
请选择下一步动作: a:继续 b:退出
a
请继续选择操作类型:
5
根据房租价格查询房源信息
请选择下一步动作: a:继续 b:退出
b
你已经成功退出了!
```

图 5-6
主界面功能操作运行结果

2. 添加房源信息流程图

添加房源信息功能的目标是将输入的房源信息添加到房源信息列表中。添加房源信息首先要根据房源编号查询该房源信息是否已经存在，如果已经存在，则需要重修输入新的房源编号，如果不存在，则添加到房源信息列表中。

添加房源信息流程如图 5-7 所示。

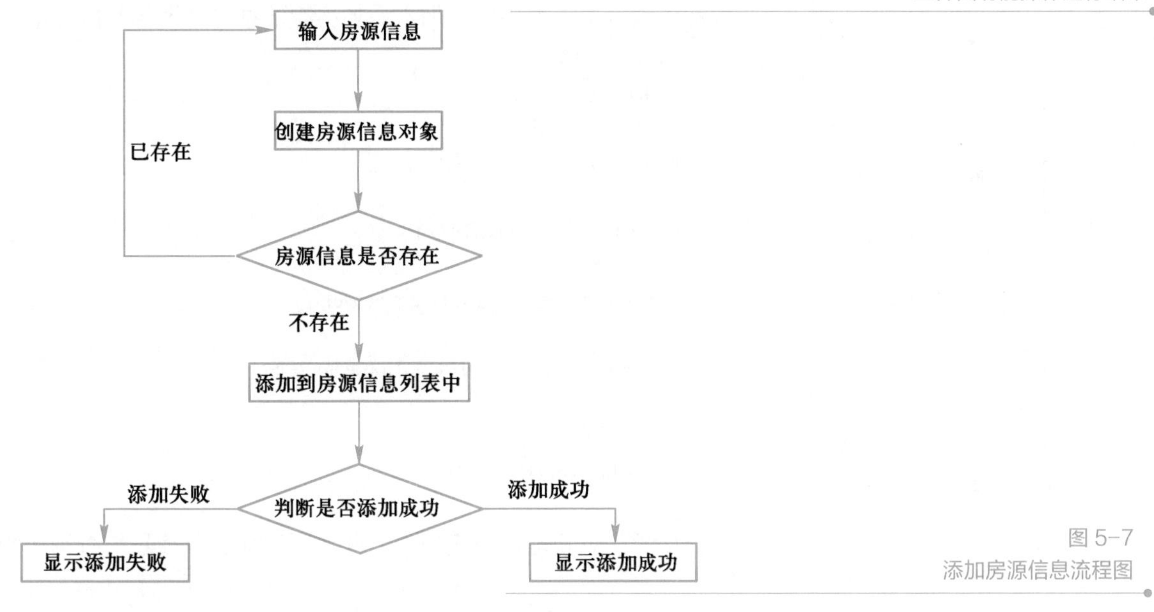

图 5-7
添加房源信息流程图

3. 房源信息实体类设计

房源信息主要包括房源编号、小区名称、物业公司、房屋类型、房屋楼层、房租价格、房屋面积、房屋设施等信息。

笔 记

```
房源信息实体类：House.java
package com.task1.bean;
import java.util.Scanner;

public class House {
    private String houseId;          //房源编号
    private String villageName;      //小区名称
    private String companyName;      //公司名称
    private String houseType;        //房屋类型：二室二厅
    private String houseSet;         //幢/座 编号
    private int houseState;          //状态 0:未出租 1：已出租
    private String houseFavor;       //房屋朝向：南北通透
    private String houseMethod;      //房屋用途：
    private double housePrice;       //房屋价格
    private double rentPrice;        //出租价格
```

笔 记

```
        private String houseFloor;          //楼层
        private String houseBuildYear;      //建筑年限
        private String houseFacility;       //房屋设施
        private String houseRemark;         //评价

        public House(){
        }

        ......
          //一组 set/get 属性方法
}
```

4．实现添加房源信息功能

房源信息管理设计应用面向接口编程方式，首先设计房源信息管理接口；其次编写实现房源信息接口类。面向接口编程能提高编程灵活性，提高可维护性。

设计房源信息管理接口，加入添加房源信息与查询房源信息是否存在方法。

```
HouseDAO.java
package com.task1.dao;
import java.util.List;
import com.task1.bean.House;

public interface HouseDAO {
    //判断房源存在与否
    public boolean isExist(House house);
    //添加房源信息
    public boolean insertHouse(House house);

    //显示所有房源信息
      public void showall();
}
```

设计房源信息管理接口实现类，并重写添加房源信息与查询房源信息是否存在方法。

```
HouseDaoImpUseOfCollection.java
package com.task1.dao;
import java.util.ArrayList;
import java.util.Collection;
import java.util.Iterator;
import java.util.List;

import com.task.bean.House;

public class HouseDaoImpUseOfCollection implements HouseDAO {
    Collection collection;

    public HouseDaoImpUseOfCollection() {
            collection = new ArrayList();
    }

    public Collection getCollection() {
            return collection;
```

笔 记

```
    }

    public void setCollection(Collection collection) {
        this.collection = collection;
    }

    public boolean insertHouse(House house) {
        boolean flag = false;
        if (this.isExist(house)) {
            System.out.println("该房源已经存在，不能添加");
        } else {
            collection.add(house);
            flag = true;
        }
        return flag;
    }

    public boolean isExist(House house) {
        boolean flag = false;
        if (collection.contains(house)) {
            flag = true;
        }
        return flag;
    }

    public void showall() {
        Iterator it = collection.iterator();
        while (it.hasNext()) {
            House house = (House) it.next();
            System.out
                    .println(house.getHouseId() + "     |"
                            + house.getVillageName() + "     |"
                            + house.getHouseType() + "     |    "
                            + house.getHouseSet() + "     |"
                            + house.getHouseFloor() + "     |"
                            + house.getHouseState() + "     |"
                            + house.getHouseFavor() + "     |"
                            + house.getRentPrice() + "     |"
                            + house.getHouseFacility());
        }
    }
}
```

5. 添加房源信息功能调用

在 HouseManager.java 中加入添加房源信息方法和显示所有房源信息方法。

```
//添加房源信息
public void addHouse(){
  //输入房源信息
  Scanner sc=new Scanner(System.in);
  System.out.println("请输入房源编号：");
  String houseId=sc.next();
```

笔 记

```
System.out.println("请输入小区名称：");
String villageName=sc.next();

System.out.println("物业公司名称：");
String companyName=sc.next();

System.out.println("请输入房屋类型：");
String houseType=sc.next();

System.out.println("请输入房屋位置：");
String houseSet=sc.next();

System.out.println("请输入房屋状态：");
int houseState=sc.nextInt();
System.out.println("请输入房屋朝向：");
String houseFavor=sc.next();
System.out.println("请输入房屋用途：");
String houseMethod=sc.next();
System.out.println("请输入房屋价格");
double housePrice=sc.nextDouble();
System.out.println("请输入出租价格");
double rentPrice=sc.nextDouble();
System.out.println("请输入楼层：");
String houseFloor=sc.next();
System.out.println("请输入建筑年限：");
String houseBuildYear=sc.next();
System.out.println("请输入评价：");
String houseRemark=sc.next();
System.out.println("请输入房源设施：");
String houseFacility=sc.next();

//创建房源信息对象
House house=new House();
house.setHouseId(houseId);
house.setVillageName(villageName);
house.setCompanyName(companyName);
house.setHouseBuildYear(houseBuildYear);
house.setHouseFavor(houseFavor);
house.setHouseFloor(houseFloor);
house.setHouseMethod(houseMethod);
house.setHousePrice(housePrice);
house.setRentPrice(rentPrice);
house.setHouseRemark(houseRemark);
house.setHouseSet(houseSet);
house.setHouseState(houseState);
house.setHouseType(houseType);
house.setHouseFacility(houseFacility);

//判断房源信息是否存在
boolean isExist=houseDAO.isExist(house);
if(isExist){
```

```
            System.out.println("请重新输入,该房源信息已经存在啦！");
        }else{
            //保存是否成功
            boolean iresult=houseDAO.insertHouse(house);
            if(iresult){
                System.out.println("恭喜你！增加房源信息成功啦！");
            }else{
                System.out.println("添加房源失败啦！");
            }
        }
    }

    // 查看所有房源信息
    public void showAllHouseInfo() {
        hdic.showall();
    }
```

在 showAction()方法中将添加房源信息方法代替原先的输出语句。

```
    case 1://1：查看所有房源
        this.showAllHouseInfo();
        break;
    case 2://2：增加房源信息
        this.addHouse();
        break;
```

添加房源信息执行过程如图 5-8 所示。

```
请输入房源编号:
001
请输入小区名称:
新城南都
物业公司名称:
平安物业
请输入房屋类型:
三室两厅
请输入房屋位置:
101幢甲单元1102室
请输入房屋状态:
0
请输入房屋朝向:
坐北朝南
请输入房屋用途:
住宅
请输入房屋价格
680000
请输入出租价格
1500
请输入楼层:
11
请输入建筑年限:
2003
请输入评价:
房屋豪华装修
请输入房源设施:
电视机、冰箱、洗衣机等
恭喜你！增加房源信息成功啦！
```

图 5-8
添加房源信息执行过程图

【实践训练】

1. 创建一个 Collection 集合对象，在该容器中增加三个工人，基本信息如下：

姓名	年龄	工资
zhang3	18	3000
li4	25	3500
wang5	22	3200

2. 对单元 4 求租客户管理模块，使用集合容器实现添加求租客户信息。

任务 5.2　修改房源信息设计

【任务分析】

修改房源信息功能的目标是修改房源部分信息或整个信息（除了房源编号）。修改房源信息首先输入房源编号查询房源信息，如果不存在则显示没有该房源，否则输出该房源信息；其次输入要修改的房源信息；最后修改房源信息，如果修改成功则显示修改成功，同时显示新的房源信息。

本任务将使用 List 列表进行模拟操作。List 列表继承自 Collection 接口，类似 Java 数组，但可以动态调整大小。列表中的元素可以重复，各元素之间的顺序就是对象插入的顺序，具有线性关系。List 的实现类由于数据存储结构不同又有自己的

笔 记

特点，开发人员可以根据这些特点，选用适合的列表集合容器。

【相关知识】

5.4 List 接口

在编程中最常用到的是 List 容器。List 容器的重要属性是对象按次序排列，它保证以某种特定次序来维护元素。List 继承并扩展了 Collection，即增加了更丰富的对象管理操作。List 还能产生 ListIterator，通过它可以双向遍历对象集，并能在 List 中进行元素的插入和删除。

List 是 Collection 的子接口，其中可以保存各个重复的内容。该接口的定义如下：

```
public interface List<E> extends Collection<E>
```

但是与 Collection 不同的是，在 List 接口中大量扩充了 Collection 接口，拥有比 Collection 接口中更多的方法定义，其中有些方法较为常用。

① List 接口中主要方法如下。

- void add(int index, Object element)：在指定位置 index 上添加元素 element。
- boolean addAll(int index, Collection c)：将集合 c 的所有元素添加到指定位置 index。
- Object get(int index)：返回 List 中指定位置的元素。
- int indexOf(Object o)：返回第一个出现元素 o 的位置，否则返回-1。
- int lastIndexOf(Object o)：返回最后一个出现元素 o 的位置，否则返回-1。
- Object remove(int index)：删除指定位置上的元素。
- Object set(int index, Object element)：用元素 element 取代位置 index 上元素，并且返回旧的元素。

② List 接口不但以位置序列迭代地遍历整个列表，还能处理集合的子集，其方法如下。

- ListIterator listIterator()：返回一个列表迭代器，用来访问列表中的元素。
- ListIterator listIterator(int index)：返回一个列表迭代器，用来从指定位置 index 开始访问列表中的元素。
- List subList(int fromIndex, int toIndex)：返回从指定位置 fromIndex（包含）到 toIndex（不包含）范围中各个元素的列表视图。

③ 实现 List 接口的常用类有 ArrayList、LinkedList、Vector 和 Stack 等。

5.5 ArrayList 类

ArrayList 实现了 List 接口，实现了所有可选列表操作，并允许包括 null 在内的所有元素。ArrayList 是大小可变的动态数组。每个 ArrayList 实例都有一个容量。该容量是指用来存储列表元素的数组的大小，它总是至少等于列表的大小。随着向 ArrayList 中不断添加元素，其容量也自动增长。添加大量元素前应用程序可以使用 ensureCapacity 操作来增加 ArrayList 实例的容量，这可以减少递增式再分配的数量。

注意

此实现不是同步的。如果多个线程同时访问一个 ArrayList 实例，而其中至少一个线程从结构上修改了列表，那么它必须保持外部同步。

笔 记

ArrayList 类中的主要方法如下。

- boolean add(E e)：将指定的元素添加到此列表的尾部。
- void add(int index, E element)：将指定的元素插入此列表中的指定位。
- boolean addAll(Collection<? extends E> c)：按照指定 collection 的迭代器所返回的元素顺序，将该 collection 中的所有元素添加到此列表的尾部。
- boolean addAll(int index, Collection<? extends E> c)：从指定的位置开始，将指定 collection 中的所有元素插入到此列表中。
- void clear()：移除此列表中的所有元素。
- Object clone()：返回此 ArrayList 实例的浅表副本(即本身是不可复制的元素)。
- boolean contains(Object o)：如果此列表中包含指定的元素，则返回 true。
- void ensureCapacity(int minCapacity)：如有必要，增加此 ArrayList 实例的容量，以确保它至少能够容纳最小容量参数所指定的元素数。
- E get(int index)：返回此列表中指定位置上的元素。
- int indexOf(Object o)：返回此列表中首次出现的指定元素的索引，或如果此列表不包含元素，则返回-1。
- boolean isEmpty()：如果此列表中没有元素，则返回 true。
- int lastIndexOf(Object o)：返回此列表中最后一次出现的指定元素的索引，或如果此列表不包含索引，则返回 -1。
- E remove(int index)：移除此列表中指定位置上的元素。
- boolean remove(Object o)：移除此列表中首次出现的指定元素（如果存在）。
- protected void removeRange(int fromIndex, int toIndex)：移除列表中索引在 fromIndex（包括）和 toIndex（不包括）之间的所有元素。
- E set(int index, E element)：用指定的元素替代此列表中指定位置上的元素。
- int size()：返回此列表中的元素数。
- Object[] toArray()：按适当顺序（从第一个到最后一个元素）返回包含此列表中所有元素的数组。
- <T> T[] toArray(T[] a)：按适当顺序（从第一个到最后一个元素）返回包含此列表中所有元素的数组；返回数组的运行时类型是指定数组的运行时类型。
- void trimToSize()：将此 ArrayList 实例的容量调整为列表的当前大小。

【例 5-3】 ArrayList 类的方法测试。

```
Example5_3.java
package com.task2.demo;
import java.util.ArrayList;
import java.util.Iterator;
import java.util.List;

public class Example5_3 {
    public static void main(String[] args) {
        // 创建 ArrayList 对象
        List list = new ArrayList();

        // 将指定的元素添加到此列表的尾部
        list.add("王小二");
```

笔记

```
list.add("张小三");
list.add("李小四");
list.add("陈小六");
list.add("赵小八");
System.out.println("list.size=" + list.size());

// 将指定的元素插入此列表中的指定位置
list.add(2, "孙小五");
System.out.println("after insert 孙小五");
System.out.println("list.size=" + list.size());

// 返回此列表中指定位置上的元素
String user = (String) list.get(2);
System.out.println("user=" + user);

// 返回此列表中首次出现的指定元素的索引，或如果此列表不包含元素，则返回-1
int index = list.indexOf("张小三");
System.out.println("index=" + index);

// 返回此列表中最后一次出现的指定元素的索引，如果列表不包含索引，则返回-1
int lastIndex = list.lastIndexOf("张小三");
System.out.println("lastIndex=" + lastIndex);

// 如果此列表中没有元素，则返回 true
System.out.println("列表是否为空：" + list.isEmpty());

// 移除此列表中指定位置上的元素
list.remove(2);
System.out.println("after remove index=2");
System.out.println("list.size=" + list.size());

// 移除此列表中首次出现的指定元素（如果存在）
list.remove("张小三");
System.out.println("after remove 张小三");
System.out.println("list.size=" + list.size());

// 按适当顺序（从第一个到最后一个元素）返回包含此列表中所有元素的数组
Object[] users = (Object[]) list.toArray();
for (int i = 0; i < users.length; i++) {
    System.out.print(users[i] + "   ");
}
System.out.println();

// ArrayList 遍历方法一
System.out.println("ArrayList 中元素遍历方法一");
for (int i = 0; i < list.size(); i++) {
    String userName = (String) list.get(i);
    System.out.print(userName + "    ");
}
System.out.println();
```

```
            // ArrayList 遍历方法二
            System.out.println("ArrayList 中元素遍历方法二");
            Iterator iterator = list.iterator();

            while (iterator.hasNext()) {
                String userName = (String) iterator.next();
                System.out.print(userName + "     ");
            }
            System.out.println();
            // 清除列表中所有元素
            list.clear();
            System.out.println("after clear list");
            System.out.println("list.size=" + list.size());
        }
    }
```

```
list.size=5
after insert 孙小五
list.size=6
user=孙小五
index=1
lastIndex=1
列表是否为空: false
after remove index=2
list.size=5
after remove 张小三
list.size=4
王小二 李小四 陈小六 赵小八
ArrayList中元素遍历方法一
王小二 李小四 陈小六 赵小八
ArrayList中元素遍历方法二
王小二 李小四 陈小六 赵小八
after clear list
list.size=0
```

图 5-9
ArrayList 类的方法测试运行结果

运行结果如图 5-9 所示。

5.6 LinkedList 类

LinkedList 是 List 接口的链接列表实现类。LinkedList 除了实现 List 接口外，LinkedList 类还为在列表的开头及结尾 get、remove 和 insert 元素提供了统一的命名方法。这些操作允许将链接列表用作堆栈、队列或双端队列。LinkedList 类添加了一些处理列表两端元素的方法。

LinkedList 类的主要方法如下。

- LinkedList()：构建一个空的链接列表。
- LinkedList(Collection c)：构建一个链接列表，并且添加集合 c 的所有元素。
- void addFirst(Object o)：将对象 o 添加到列表的开头。
- void addLast(Object o)：将对象 o 添加到列表的结尾。
- Object getFirst()：返回列表开头的元素。
- Object getLast()：返回列表结尾的元素。
- Object removeFirst()：删除并且返回列表开头的元素。
- Object removeLast()：删除并且返回列表结尾的元素。

使用这些新方法，就可以轻松的把 LinkedList 当作一个堆栈、队列或其他面向端点的数据结构。

【例 5-4】 运用 LinkedList 模拟栈结构。栈（Stack）是限制仅在表的一端进行插入和删除运算的线性表。

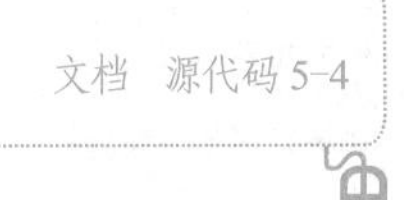
文档　源代码 5-4

- 通常称插入、删除的这一端为栈顶（Top），另一端称为栈底（Bottom）。
- 当表中没有元素时称为空栈。
- 栈为后进先出（Last In First Out）的线性表，简称为 LIFO 表。

栈的修改是按后进先出的原则进行。每次删除（退栈）的总是当前栈中“最新”的元素，即最后插入（进栈）的元素，而最先插入的是被放在栈的底部，要到最后才能删除。

```
Example5_4.java
package com.task2.demo;
```

笔 记

```
import java.util.LinkedList;

public class Example5_4 {
    // 创建 LinkedList 对象
    private LinkedList list = new LinkedList();

    // 入栈
    public void push(Object o) {
        list.addFirst(o);
    }

    // 出栈
    public Object pop() {
        return list.removeFirst();
    }

    // 获取栈顶元素
    public Object peek() {
        return list.getFirst();
    }

    // 栈是否为空
    public boolean empty() {
        return list.isEmpty();
    }

    public static void main(String[] args) {
        Example5_4 stack = new Example5_4();
        // 入栈
        stack.push("王小二");
        stack.push("张小三");
        stack.push("李小四");
        // 出栈
        System.out.println("出栈元素：" + stack.pop());
        // 显示栈顶元素
        System.out.println("栈顶元素：" + stack.peek());
        // 出栈
        System.out.println("出栈元素：" + stack.pop());
        //判断栈是否为空
        System.out.println("栈是否为空：" + stack.empty());
    }
}
```

运行结果如图 5-10 所示。

```
出栈元素：李小四
栈顶元素：张小三
出栈元素：张小三
栈是否为空：false
```

图 5-10
模拟栈结构运行结果

文档 源代码 5-5

【例 5-5】 运用 LinkedList 模拟队列结构。队列（Queue）是只允许在一端进行插入，而在另一端进行删除的运算受限的线性表。

- 允许删除的一端称为队头（Front）。
- 允许插入的一端称为队尾（Rear）。

- 当队列中没有元素时称为空队列。
- 队列亦称作先进先出（First In First Out）的线性表，简称为 FIFO 表。

笔 记

```
SimulatedQueue.java
package com.task2.demo;
import java.util.LinkedList;

public class Example5_5 {
   // 创建 LinkedList 对象
   private LinkedList list = new LinkedList();

   // 入队
   public void put(Object o) {
         list.addLast(o);
   }

   // 出队：使用 removeFirst()方法，返回队列中第一个数据，然后将它从队列中删除
   public Object get() {
         return list.removeFirst();
   }

   // 队列是否为空
   public boolean empty() {
         return list.isEmpty();
   }

   public static void main(String[] args) {
         Example5_5 queue = new Example5_5();
         // 入队
         queue.put("王小二");
         queue.put("张小三");
         queue.put("李小四");
         // 出队
         System.out.println("出队元素：" + queue.get());
         System.out.println("出队元素：" + queue.get());
         System.out.println("出队元素：" + queue.get());
         // 判断队列是否为空
         System.out.println("队列是否为空：" + queue.empty());
   }
}
```

```
出队元素：王小二
出队元素：张小三
出队元素：李小四
队列是否为空：true
```

图 5-11
模拟队列运行结果

运行结果如图 5-11 所示。

ArrayList 和 LinkedList 的特点及区别如下。

- ArrayList 以可变数组实现完成的 List 容器。允许快速随机访问，但是当元素的插入或移除发生于 List 中央位置时，效率便很差。对于 ArrayList，建议使用 ListIterator 来进行向后或向前遍历，但而不宜用其来进行元素的插入和删除，因为所花代价远高于 LinkedList。
- LinkedList 以双向链表（double-linked list）实现完成的 List 容器。最佳适合遍历，但不适合快速随机访问。插入和删除元素效率较高。它还提供 addFirst、

addLast、getFirst、getLast、removeFirst、removeLast 等丰富的方法，可用于实现栈和队列的操作。

文档 源代码5-6

【例 5-6】 List 及 ListIterator 接口的使用。

笔 记

```
package com.task2.demo;
import java.util.* ;

public class Example5_6 {
    List list1 = new LinkedList();
    List list2 = new ArrayList();
    ListIterator it;

    public Example5_6() {
        Student ZhangSan = new Student("张三", 90);
        // 顺序插入元素
        System.out.println("-----------[演示 1] 顺序插入元素---------------------");
        list1.add(0, ZhangSan);
        list1.add(1, "张三");
        list1.add(2, "李四");
        list1.add(3, new Student("王武", 85));
        list1.add(4, new Student("赵榴", 76));
        list1.add(5, ZhangSan);
        printCollection(list1);

        // 删除元素（对于 LinkedList 建议使用迭代器遍历删除）
        System.out.println("-----------[演示 2] 删除元素---------------------");
        it = list1.listIterator();
        while (it.hasNext()) {
            Object o = it.next();
            if (o instanceof String) {
                System.out.println("String 对象 [ " + o + " ] ——从列表中清除！ ");
                it.remove();
            }
        }

        // 使用循环遍历时，要考虑删除元素后的索引变化，因此需要使用逆序循环
        // for (int i=5;i>-1;i--) {
        // if (list1.get(i) instanceof String){
        // System.out.println("String 对象 [ "+list1.remove(i)
        // +" ] ——从列表中清除！ ");
        // }
        // }
        printCollection(list1);
        // 逆序插入元素
        System.out.println("-----------[演示 3] 逆序插入元素--------------------");
        list2.add(0, ZhangSan);
        list2.add(0, "李四");
        printCollection(list2);
        // 插入列表
        System.out.println("-----------[演示 4] 插入列表---------------------");
```

笔 记

```
            list2.addAll(0, list1);
            printCollection(list2);
            // 定位元素
            System.out.println("-----------[演示 5] 定位元素---------------------");
            System.out.println("首个 [" + ZhangSan + " ] 对象位于"+ list2.indexOf(ZhangSan));
            System.out.println("末个[" + ZhangSan + " ] 对象位于"+ list2.lastIndexOf(ZhangSan));
            // 截取子列表
            System.out.println("-----------[演示 6] 截取子列表---------------------");
            list1 = list2.subList(1, 5);
            printCollection(list1);
        }
        private void printCollection(List list) { //打印列表中的数据
            it = list.listIterator();
            int n = 0;
            while (it.hasNext()) {
                System.out.println(n + ":" + it.next());
                n++;
            }
        }
        public static void main(String[] args) {
            new Example5_6();
        }
    }
```

运行结果如图 5-12 所示。

```
-----------[演示1] 顺序插入元素----------------------
0:张三 成绩: 90
1:张三
2:李四
3:王武 成绩: 85
4:赵榴 成绩: 76
5:张三 成绩: 90
-----------[演示2] 删除元素----------------------
String 对象 [ 张三 ] —从列表中清除!
String 对象 [ 李四 ] —从列表中清除!
0:张三 成绩: 90
1:王武 成绩: 85
2:赵榴 成绩: 76
3:张三 成绩: 90
-----------[演示3] 逆序插入元素---------------------
0:李四
1:张三 成绩: 90
-----------[演示4] 插入列表----------------------
0:张三 成绩: 90
1:王武 成绩: 85
2:赵榴 成绩: 76
3:张三 成绩: 90
4:李四
5:张三 成绩: 90
-----------[演示5] 定位元素----------------------
首个 [ 张三 成绩: 90 ] 对象位于0
末个 [ 张三 成绩: 90 ] 对象位于5
-----------[演示6] 截取子列表---------------------
0:王武 成绩: 85
1:赵榴 成绩: 76
2:张三 成绩: 90
3:李四
```

图 5-12
List 及 ListIterator 使用代码运行结果

笔 记

5.7 Stack 类

Stack 是 Vector 的一个子类，表示后进先出（LIFO）的对象堆栈。Stack 仅仅定义了创建空堆栈的默认构造函数。Stack 包括了由 Vector 定义的所有方法，同时增加了几种它自己定义的方法：

- boolean empty( )：如果堆栈是空的则返回 true，当堆栈包含元素时返回 false。
- Object peek( )：返回位于栈顶的元素，但是并不在堆栈中删除它。
- Object pop( )：返回位于栈顶的元素，并在进程中删除它。
- Object push (Object element)：将 element 压入堆栈，同时也返回 element。
- int search(Object element)：在堆栈中搜索 element，如果发现则返回它相对于栈顶的偏移量。否则返回-1。

Stack 类通过以上 5 个操作对类 Vector 进行扩展，允许将向量视为堆栈。它提供了通常的 push 和 pop 操作，以及取堆栈顶点的 peek 方法、测试堆栈是否为空的 empty 方法、在堆栈中查找项并确定到堆栈顶距离的 search 方法。

文档 源代码 5-7

【例 5-7】 向堆栈中添加元素并弹出。

```
package com.task2.demo;
import java.util.EmptyStackException;
import java.util.Stack;

public class Example5_7 {
    public static void main(String[] args) {
            Stack stack1 = new Stack();// 构造一个空堆栈 stack1
            try {
                    stack1.push(new Integer(0));
                    stack1.push(new Integer(1));
                    stack1.push(new Integer(2));
                    stack1.push(new Integer(3));
                    stack1.push(new Integer(4));
                    System.out.print((Integer) stack1.pop());
                    System.out.print("    "+(Integer) stack1.pop());
                    System.out.print("    "+(Integer) stack1.pop());
                    System.out.print("    "+(Integer) stack1.pop());
                    System.out.print("    "+(Integer) stack1.pop());
            } catch (EmptyStackException e) {
                    e.printStackTrace();
            }
    }
}
```

```
4  3  2  1  0
```

图 5-13
Stack 栈的使用运行结果

运行结果如图 5-13 所示。

5.8 Vector 类

Vector 提供向量（Vector）类以实现类似动态数组的功能，与 ArrayList 非常类似，但 Vector 是线程是安全的，也就是说是同步的。

Vector 非常类似 ArrayList，但是 Vector 是同步的。由 Vector 创建的 Iterator，虽然和 ArrayList 创建的 Iterator 是同一接口，但是，因为 Vector 是同步的，当一个 Iterator 被创建而且正在被使用，另一个线程改变了 Vector 的状态（如添加或删除了一些元素），这时调用 Iterator 的方法时将抛出 ConcurrentModificationException 异常，因此必须捕捉该异常。

笔 记

创建了一个向量类的对象后，可以往其中随意地插入不同的类的对象，既不需顾及类型也不需预先选定向量的容量，并可方便地进行查找。对于预先不知或不愿预先定义数组大小，并需频繁进行查找、插入和删除工作的情况，可以考虑使用向量类。Vector 中的方法如下所示。

- public final synchronized void adddElement(Object obj)：插入元素。
- public final synchronized void setElementAt(Object obj,int index)：将 index 处的对象设置成 obj，原来的对象将被覆盖。
- public final synchronized void insertElement(Object obj,int index)：在 index 指定的位置插入 obj，原来对象以及此后的对象依次往后顺延。
- public final synchronized void removeElement(Object obj)：从向量中删除 obj，若有多个存在，则从向量头开始试，删除找到的第一个与 obj 相同的向量成员。
- public final synchronized void removeAllElement()：删除向量所有的对象。
- public final synchronized void removeElementAt(int index)：删除 index 所指的地方的对象。
- public final int indexOf(Object obj)：从向量头开始搜索 obj，返回所遇到的第一个 obj 对应的下标，若不存在此 obj，返回-1。
- public final synchronized int indexOf(Object obj,int index)：从 index 所表示的下标处开始搜索 obj。
- public final int lastindexOf(Object obj)：从向量尾部开始逆向搜索 obj。
- public final synchornized int lastIndex(Object obj,int index)：从 index 所表示的下标处由尾至头逆向搜索 obj。
- public final synchornized firstElement()：获取向量对象中的首个 obj。
- public final synchornized Object lastElement()：获取向量对象的最后一个 obj。

可以看出 Vector 中提供的方法都是线程同步的，虽然安全，但是性能没有 ArrayList 高。

【任务实施】

该任务将会使用 ArrayList 存放多个房源信息，在任务 5.1 完成的基础上进行完善，省去了界面的设计，在业务处理类中原有的集合将会用一个 ArrayList 对象 list 进行处理。首先输入房源编号进行查询，如果存在该房源才可以进行修改操作；如果没有，则不能修改。

根据修改房源信息任务分析得出修改房源信息分以下 4 个步骤实施。

- 流程图设计。
- 根据房源编号查询房源信息功能设计。
- 修改房源信息功能设计。
- 修改房源信息功能调用。

1. 流程图设计

根据分析，修改房源信息流程如图 5-14 所示。

笔 记

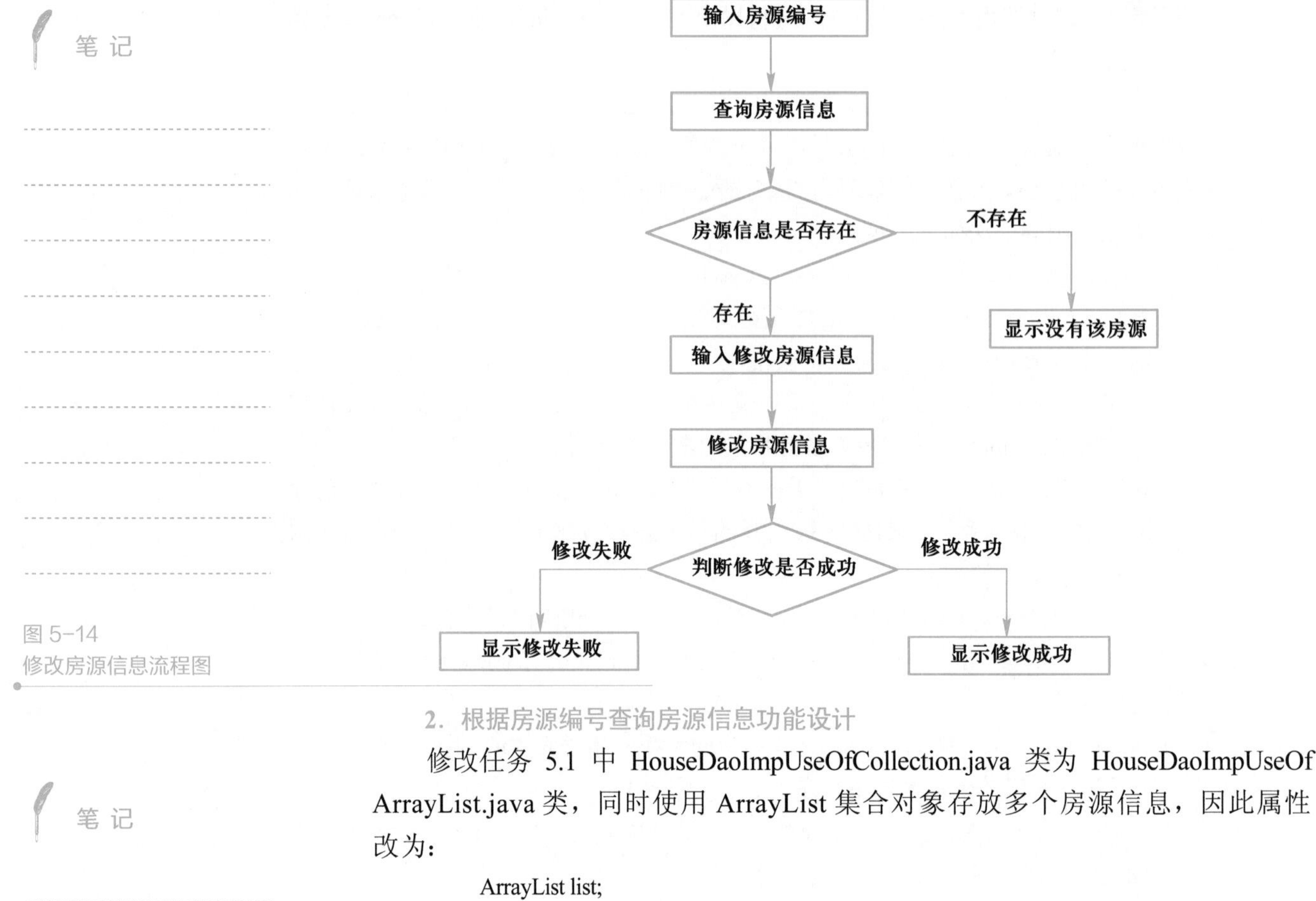

图 5-14
修改房源信息流程图

笔 记

2. 根据房源编号查询房源信息功能设计

修改任务 5.1 中 HouseDaoImpUseOfCollection.java 类为 HouseDaoImpUseOfArrayList.java 类，同时使用 ArrayList 集合对象存放多个房源信息，因此属性改为：

```
ArrayList list;
```

在 HouseDAO.java 中添加根据房源编号查询房源信息方法及修改房源信息的方法声明。

```
//按照房源编号查询房源信息
    public House selectById(String sid);
```

在 HouseDaoImpUseOfArrayList.java 中实现根据房源编号查询房源信息方法。

```
//按照房源编号查询房源信息，找到返回该房源对象，找不到返回空对象
    public House selectById(String sid) {
        House house=null;
        Iterator it=list.iterator();   //获取遍历对象
        while(it.hasNext())
        {
            House h=(House)it.next();
            if(h.getHouseId().equals(sid))
            {
                System.out.println("根据 Id 找到该房源");
                house=h;
            }
        }
        return house;
    }
```

3. 修改房源信息功能设计

在 HouseDAO.java 中添加根据房源编号查询房源信息方法及修改房源信息的方法声明。

笔 记

```
//修改房源信息
public boolean updateHouse(House house);
```

在 HouseDaoImpUseOfArrayList.java 中实现修改房源信息方法。

```
//根据 id 进行修改，如果成功返回 true，否则返回 false
public boolean updateHouse(String sid,House house) {
    boolean flag=false;
    House oldhouse=this.selectById(sid);    //根据 Id 找到原有房源
    if(oldhouse!=null){
        System.out.println("可以修改");
        int index=list.indexOf(oldhouse);   //获取原有房源的 index 索引号码
        list.set(index, house);   //修改
        flag=true;
    }else{
        System.out.println("不存在，不能修改");
    }
    return false;
}
```

4．修改房源信息功能调用

在 HouseManger.java 中将任务 5.1 中的业务处理对象进行修改。

```
//业务处理对象作为成员变量
HouseDaoImpUseOfArrayList hdia=new HouseDaoImpUseOfArrayList();
//添加修改房源信息方法
// 修改房源信息
public void updateHouseInfo() {
        // 1:首先根据输入的房源编号查询是否存在
        System.out.println("请输入要修改的房源编号：");
        Scanner sc = new Scanner(System.in);
        String houseId = sc.next();
        //2：调用业务方法，房源编号查询房源信息，返回房源对象
       House house= hdia.selectById(houseId);

        //3：根据查询结果执行修改和不修改操作
            //a：如果不存在，提示“该房源不存在！”;
            //b：如果存在，先显示房源信息：房源编号 |小区名称 |房屋类型 |幢/座编
号|楼层 |状态    | 房屋朝向 |出租价格 |房屋设施
            //同时进行修改信息的提示和录入，对该房源对象属性进行修改
        if(house==null){
            System.out.println("该房源不存在！");
        }else{
            System.out.println("房源编号  |小区名称  |房屋类型  |幢/座编号|楼层  |状
态 | 房屋朝向  |出租价格  |房屋设施 ");
                System.out.println(house.getHouseId() + "     |"
                        + house.getVillageName() + "     |"
                        + house.getHouseType() + "     |    "
                        + house.getHouseSet() + "     |"
                        + house.getHouseFloor() + "     |"
                        + house.getHouseState() + "     |"
                        + house.getHouseFavor() + "     |"
                        + house.getRentPrice() + "     |"
                        + house.getHouseFacility());
```

笔 记

```
System.out.println("请输入房源信息要修改的信息：");
System.out.println("请输入修改小区名称：");
String villageName = sc.next();

System.out.println("请输入修改房屋类型:");
String houseType = sc.next();

System.out.println("请输入修改房屋位置：");
String houseSet = sc.next();

System.out.println("请输入修改房屋楼层:");
String houseFloor = sc.next();

System.out.println("请输入修改房屋状态：");
int houseState = sc.nextInt();

System.out.println("请输入修改房屋朝向：");
String houseFavor = sc.next();

System.out.println("请输入修改出租价格：");
double rentPrice = sc.nextDouble();

System.out.println("请输入修改房屋设施:");
String houseFacility = sc.next();

if (!villageName.equals("")) {
        house.setVillageName(villageName);
}

if (!houseType.equals("")) {
        house.setHouseType(houseType);
}

if (!houseSet.equals("")) {
        house.setHouseSet(houseSet);
}

if (!houseFloor.equals("")) {
        house.setHouseFloor(houseFloor);
}

if (!houseFavor.equals("")) {
        house.setHouseFavor(houseFavor);
}

if (!houseFacility.equals("")) {
        house.setHouseFacility(houseFacility);
}

house.setHouseState(houseState);
house.setRentPrice(rentPrice);
```

笔 记

```
            }
            //4：调用修改方法，提示修改成功与否
            boolean flag=hdia.updateHouse(houseId,house);
            if(flag){
                System.out.println("x 修改成功");
            }else{
                System.out.println("修改失败");
            }
    //在 showAction()方法中将修改房源信息方法代替原先的输出语句
    case 3: //3：修改房源信息
        this.updateHouseInfo();
        break;
```

修改房源信息执行过程如图 5-15 所示。

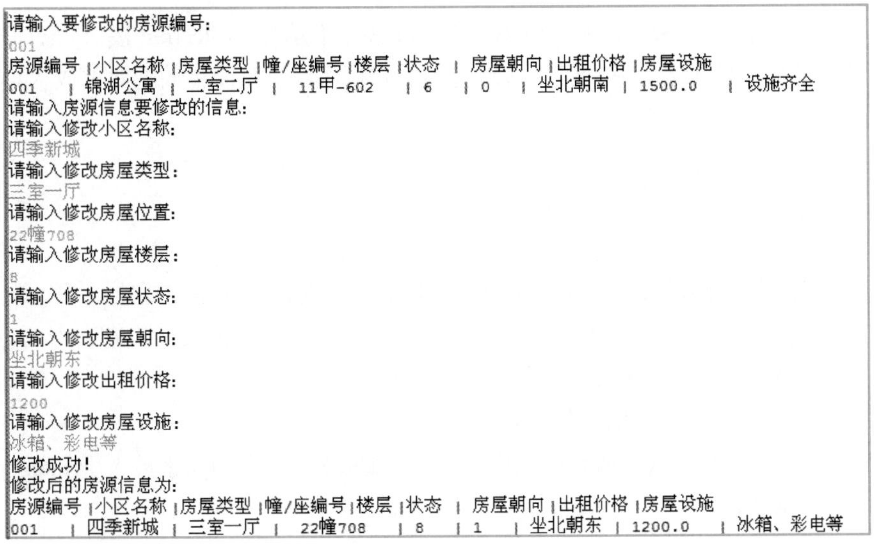

```
请输入要修改的房源编号:
001
房源编号 |小区名称 |房屋类型 |幢/座编号 |楼层 |状态  | 房屋朝向 |出租价格 |房屋设施
001    | 锦湖公寓  | 二室二厅  |  11甲-602   | 6   | 0    | 坐北朝南 | 1500.0    | 设施齐全
请输入房源信息要修改的信息:
请输入修改小区名称:
四季新城
请输入修改房屋类型:
三室一厅
请输入修改房屋位置:
22幢708
请输入修改房屋楼层:
8
请输入修改房屋状态:
1
请输入修改房屋朝向:
坐北朝东
请输入修改出租价格:
1200
请输入修改房屋设施:
冰箱、彩电等
修改成功!
修改后的房源信息为:
房源编号 |小区名称 |房屋类型 |幢/座编号 |楼层 |状态  | 房屋朝向 |出租价格 |房屋设施
001    | 四季新城  | 三室一厅  |  22幢708    | 8   | 1    | 坐北朝东 | 1200.0    | 冰箱、彩电等
```

图 5-15
修改房源信息执行过程图

【实践训练】

笔 记

1. 使用 List 列表实现求租客户信息管理。

- 添加求租客户信息设计。
- 修改求租客户信息设计。
- 删除求租客户信息设计。
- 查询求租客户信息设计。

2. 有 N 个孩子围成一圈，从第一个孩子开始顺时针报数，报到 3 的孩子出列，下一个孩子有从一开始报数直到剩下最后一个孩子为止，试写一个程序，能让用户输入 N，在输出最后剩下的孩子是第几号。例如，5 个孩子剩下的是 4 号；6 个孩子剩下的是 1 号。

3. 编写一个程序，实现以下操作。

- 生成 2 个 List 2。
- 往第 1 个 List 中放 3 个字符串："关羽"、"张飞"、"赵云"、"黄忠"、"马超"。
- 第 2 个 List 放 "关羽"、"张辽"、"徐晃"、"许褚"、"曹仁"、"夏侯渊"。
- 循环打印第 1 个 List 中的所有字符串，只要该字符串不是 "马超"。

- 将2个List拼成1个List，是所有List的合并，循环打印。

任务5.3 删除房源信息设计

【任务分析】

删除房源信息功能的目标是根据房源编号删除指定房源信息。删除房源信息首先根据输入的房源编号查询房源信息，如果不存在则显示房源信息不存在，否则显示房源信息；其次判断是否真的删除，如果取消则退出，如果选择删除则删除房源信息，判断是否删除成功，如果成功则显示删除成功啦，否则显示删除失败的提示信息。

这里将使用Set集进行模拟操作。Set接口继承自Collection接口，Set集中所存放的元素不能重复，其元素不按特定的方式排序，只是简单的把对象放入集合中。

【相关知识】

5.9 Set接口

笔记

Set 接口继承 Collection接口，且其不允许集合中存在重复项，每个具体的Set实现类依赖添加的对象的 equals()方法来检查独一性。Set接口没有引入新方法，所以Set就是一个Collection，只不过其行为不同。

Set接口中的方法有以下多种。

- int size()：返回Set中元素的数目，如果Set包含的元素数大于Integer.MAX_VALUE，返回Integer.MAX_VALUE。
- boolean isEmpty()：如果Set中不含元素，返回true。
- boolean contains(Object o)：如果Set包含指定元素，返回true。
- Iterator iterator()：返回Set中元素的迭代器，元素返回没有特定的顺序，除非Set是提高了该保证的某些类的实例。
- Object[] toArray()：返回包含Set中所有元素的数组。
- Object[] toArray(Object[] a)：返回包含Set中所有元素的数组，返回数组的运行时类型是指定数组的运行时类型 。
- boolean add(Object o)：如果Set中不存在指定元素，则向Set加入。
- boolean remove(Object o)：如果Set中存在指定元素，则从Set中删除。
- boolean removeAll(Collection c)：如果Set包含指定集合，则从Set中删除指定集合的所有元素。
- boolean containsAll(Collection c)：如果 Set 包含指定集合的所有元素，返回true。如果指定集合也是一个Set，只有是当前Set的子集时，方法返回true。
- boolean addAll(Collection c)：如果Set中不存在指定集合的元素，则向Set中加入所有元素。
- boolean retainAll(Collection c)：只保留Set中所含的指定集合的元素（可选操作）。换言之，从set中删除所有指定集合不包含的元素。如果指定集合也是一个 Set，那么该操作修改 Set 的效果是使它的值为两个 Set 的交集。

- boolean removeAll(Collection c)：如果 Set 包含指定集合，则从 Set 中删除指定集合的所有元素。
- void clear()：从 Set 中删除所有元素。

“集合框架”支持 Set 接口两种普通的实现，即 HashSet 和 TreeSet 以及 LinkedHashSet。

笔 记

5.10 hashCode 和 equals 方法

Set 集中元素不能重复，添加的元素不能有重复性，如何来判断元素与其他元素是否重复呢？Java 中使用对象的 equals()方法来检查唯一性，而 equals()又跟 hashCode()关系密切。因此 Set 集合中所存放元素的所在类一般都用这对方法进行处理。

1. hashCode 方法

在 Java 中，哈希码代表对象的特征，hashCode()是用来计算哈希值的。在对数据进行存储时，假如有成千上万个数据，每当存入一个数据，就需要比较多次，这样效率就很低，采用哈希值算法得到哈希值后，根据哈希值划分为不同的区域，这样就能大大减少比较次数，提高效率。

它主要是用于帮助集合中元素位的，就是可以通过它快速地找到某个集合当中元素是 HashSet 中某个元素的位置，这对于查询和插入元素是很有意义的。例如：

String str1 = "aa"　str1.hashCode= 3104

String str2 = "bb"　str2.hashCode= 3106

String str3 = "aa"　str3.hashCode= 3104

根据 HashCode 由此可得出 str1!=str2，str1==str3。

哈希码产生的依据：哈希码并不是完全唯一的，它是一种算法，让同一个类的对象按照自己不同的特征尽量的有不同的哈希码，但不表示不同的对象哈希码完全不同。也有相同的情况，这要根据程序员如何编写哈希码的算法。

2. equals 方法

equals 是默认的判断 2 个对象是否相等的方法，在 Object 类里有实现，判断的是 2 个对象的内存地址。

（1）equals 和"=="的关系

equals 是指内容（即值）相等，"=="是指地址相等，都来自于 Object 类，对于继承了 Object 类的所有 java 类（所有的 java 类都根于 Object），只要没重写 equals 方法，equals 和"=="是一样的，可通过 Object 类的源代码：

```
public boolean equals(Object obj){
  return this==obj
}
```

（2）对于基本数据类型和重写了 equals 方法的类来说，equals 和"=="是不一样的

如 int、bool、float 等基本类型没有 equals，只有"=="且进行比较的是值，而重写 equals 方法后比较的是内容，而不是地址的比较，如 String、Integer、Float 等类型，都是重写了 equals 方法的，所以它们的 equals 和"=="是不一样的，例如：

```
String str1=new String("111");
```

笔 记

```
String str2=new String("111");
str1.equals(str2)//true，值比较
str1==str2//false，地址比较
```

3. 重写 hashcode 和 equals 方法

在自定义类中类型添加到 HashSet 中通常要要重写 hashCode 方法和 equlas 方法，依此来判断元素是否重复。在进行判断元素是否相同时，先调用 hashCode 方法，如果哈希值一样，再调用 equals 方法继续比较判断。如果哈希值不同，则不再调用 equals 方法进行判断。

Set 集合是不允许有重复的，当然 HashSet 也是 set 当然也不允许重复，在插入元素前要确实该元素是否已经在集合中了，若在，则不可重插入，若不在，则可插入。

如何判断在不在呢？

- 首先要比较这两个元素的 hashCode()值是否一样，若不一样，则可以插入。
- 若一样，则要进行 equals 比较，若 equals 也相同，则说明该元素已经存在，若 equals 不相同，则要再散列一次计算一下该元素的 hashCode()，若此时的位置是空则说明此元素不存在，需在此插入，若存在元素，再进行 equals，如此反复下去。

通过上面判断在不在的步骤可知，若没有 hashCode，想判断一个元素在集合中存不存在，只能通过逐个元素的内容的 equals 去比较，若元素成千上万的话，查找和插入时等待的代价是承受不起的，这也再一次印证了 hashCode 的作用。

文档 源代码 5-8

【例 5-8】 重写 hashcode 及 equals 方法测试。

笔 记

```
Point.java 类:
package com.task3.demo;
public class Point {
    private double x;
    private double y;

    public Point() {
        super();
    }

    public Point(double x, double y) {
        super();
        this.x = x;
        this.y = y;
    }

    public double getX() {
        return x;
    }

    public void setX(double x) {
        this.x = x;
    }

    public double getY() {
        return y;
```

笔 记

```
    }

    public void setY(double y) {
        this.y = y;
    }

    public String toString() {
        return this.x + " " + this.y;
    }

    //重写 hashCode 方法
    public int hashCode() {
        final int prime = 31;
        int result = 1;
        long temp;
        temp = Double.doubleToLongBits(x);
        result = prime * result + (int) (temp ^ (temp >>> 32));
        temp = Double.doubleToLongBits(y);
        result = prime * result + (int) (temp ^ (temp >>> 32));
        return result;
    }

    //重写 equals 方法
    public boolean equals(Object obj) {
        if (this == obj)
            return true;
        if (obj == null)
            return false;
        if (getClass() != obj.getClass())
            return false;
        final Point other = (Point) obj;
        if (Double.doubleToLongBits(x) != Double.doubleToLongBits(other.x))
            return false;
        if (Double.doubleToLongBits(y) != Double.doubleToLongBits(other.y))
            return false;
        return true;
    }
}
```

Example5_8.java 测试类：

```
package com.task3.demo;

import java.util.ArrayList;
import java.util.HashSet;
import java.util.Set;

public class Example5_8 {
    public static void main(String[] args)
    {
        ArrayList al=new ArrayList();
        Point rp1=new Point(3,3);
        Point rp2=new Point(5,6);
```

笔 记

```
            Point rp3=new Point(3,3);

            al.add(rp1);
            al.add(rp2);
            al.add(rp3);
            al.add(rp1);
            System.out.println("list:"+al.size());//list:4
            System.out.println(al);

            Set hs=new HashSet();
            hs.add(rp1);
            hs.add(rp2);
            hs.add(rp3);
            hs.add(rp1);
            //重写了 hashCode 方法和 equals 方法，rp1 重复添加了，只添加一个 rp1、rp1
和 rp3 也重复，不添加 rp3
            System.out.println("hs:"+hs.size());//hs:2 [集合内存放的是 rp1 和 rp2]
            System.out.println(hs);//[3 3, 5 6]

            //集合中添加了元素 rp1 后，修改对象 rp1 的成员变量值，这个成员变量是参
与了 hashCode()值的运算，进行移除 rp1 操作
            rp1.setX(100.0);
            hs.remove(rp1);//移除元素
            //发现还是 2 个元素，remove 方法因为哈希值被修改了，无法移除原来的 rp1
对象，造成内存泄露!!
            System.out.println(hs);
        }
    }
```

```
list:4
[3.0 3.0, 5.0 6.0, 3.0 3.0, 3.0 3.0]
hs:2
[3.0 3.0, 5.0 6.0]
[100.0 3.0, 5.0 6.0]
```

图 5-16
hashCode 和 equals 方法测试结果

运行结果如图 5-16 所示。

4. hashCode 和 equals 的关系

笔 记

① 在 Java 中，hashCode 和 equlas 方法是比较重要的，可以使用代码生成器自动生成。

- 对于 String 类和数据包装类型，hashCode 和 equlas 方法已建重写。
- 对于自定义的类，如果需要比较逻辑相等，必须重写 hashCode 和 equlas 方法，且其规则根据需要定义。

② hashCode 和 equlas 方法之间的关系。

- equlas 相等，那么 hashCode 必须相等，这是 java 规范规定重写 equals 的，必须重写 hashCode 且要保持一致的结果。当然，如不重写 hashCode()的话，java 也不会报错，但是会带来一些不确实的结果，有时会很麻烦。
- equals 不相等，hashCode 有可能会相等。这是由用户的散列函数决定的，这也是为什么会有散列冲突的原因了，所以如何解决散列冲突是提高效率的重要内容。
- hashCode 不相等，equals 是肯定不相等的，这也是与第一条呼应的。当然也可以造成与此不同的案例，只能说用户没有按照 java 规范写好代码，这是与 java 底层实现相悖的。当然很多时候是没有副作用的，但是有时候会出现难以理解的错误，所以在以后的程序编写当中，最好是按照规范写代码，也就是重写 equals 必须重写 hashCode，以保持它们的一致性。

5.11　HashSet 类

笔 记

HashSet 类实现 Set 接口，由哈希表（实际上是一个 HashMap 实例）支持。它不保证 Set 的迭代顺序；特别是它不保证该顺序恒久不变。此类允许使用 null 元素。

HashSet 类的主要方法：

- boolean　add(E e)：如果此 Set 中尚未包含指定元素，则添加指定元素。
- void　clear()：从此 Set 中移除所有元素。
- boolean　contains(Object o)：如果此 Set 包含指定元素，则返回 true。
- boolean　isEmpty()：如果此 Set 不包含任何元素，则返回 true。
- Iterator<E>　iterator()：返回对此 Set 中元素进行迭代的迭代器。
- Boolean　remove(Object o)：如果指定元素存在于此 Set 中，则将其移除。
- int　size()：返回此 Set 中的元素的数量（Set 的容量）。

注意

HashSet 类实现不是同步的。

【例 5-9】　HashSet 类的方法测试。

文档　源代码 5-9

```
Example5_9.java
package com.task3.demo;

import java.util.HashSet;
import java.util.Iterator;
import java.util.Set;

public class Example5_9 {
    public static void main(String[] args) {
            // 创建 HashSet 对象
            Set set = new HashSet();

            // set 中添加元素
            set.add("Aaron");
            set.add("Abel");
            set.add("Adam");
            System.out.println("set.size=" + set.size());

            // 添加一个已存在元素
            set.add("Abel");
            System.out.println("添加与存在的元素后的 set.size=" + set.size());

            // HashSet 元素的遍历
            Iterator iterator = set.iterator();
            System.out.println("set 集合中的元素是：");
            while (iterator.hasNext()) {
                    System.out.print(iterator.next() + " ");
            }
    }
}
```

笔 记

运行结果如图 5-17 所示。

```
set.size=3
添加与存在的元素后的set.size=3
set集合中的元素是:
Aaron Adam Abel
```

图 5-17
HashSet 类的方法测试运行结果

笔 记

5.12 Comparble 自比较接口

在 java.lang 包中，Comparable 接口适用于一个有自然顺序的类。假定对象集合是同一类型，该接口允许把集合排序成自然顺序。在 JDK 类库中，有一部分类实现了 Comparable 接口，如数据包装类 Integer、Double 和 String 字符串类等。

Comparable 接口有一个 compareTo(Object o)比较方法。

int compareTo(Object o)：比较当前实例对象与对象 o，如果位于对象 o 之前，返回负值，如果两个对象在排序中位置相同，则返回 0，如果位于对象 o 后面，则返回正值。

一个类如果实现了 Comparable 接口，则说明其实例具有内在的排序关系，依赖于比较关系的类包括有序集合类 TreeSet 和 TreeMap，以及工具类 Collections 和 Arrays，若元素所在的类实现了 Comparable 接口，则可以直接使用 Collections 或者 Arrays 类的 sort 方法对集合或者数组进行排序。

一般情况下，实现了 Comparable 接口的类都按照下面规则进行设计：将当前这个对象与指定对象进行顺序比较，当该对象小于、等于或大于指定对象时，分别返回一个负整数、零或者正整数。如果由于指定对象的类型而使得无法进行比较，则抛出 ClassCastException 异常。

文档 源代码 5-10

【例 5-10】 Comparable 接口使用测试。

笔 记

```
Customer.java 类
package com.task3.demo;

import java.util.HashSet;
import java.util.Set;

public class Customer implements Comparable {
    private String name;
    private int age;

    public Customer(String name, int age) {
            this.age = age;
            this.name = name;
    }

    public int getAge() {
            return age;
    }

    public void setAge(int age) {
            this.age = age;
    }

    public String getName() {
            return name;
    }

    public void setName(String name) {
            this.name = name;
```

```
    }

    @Override
    public boolean equals(Object obj) {
        // 重写 equals 方法
        if (this == obj)
            return true;
        if (!(obj instanceof Customer))
            return false;
        final Customer other = (Customer) obj;
        if (this.name.equals(other.getName()) && this.age == other.getAge())
            return true;
        else
            return false;
    }

    public int compareTo(Object o) {
        Customer other = (Customer) o; // 先按照 name 属性排序
        if (this.name.compareTo(other.getName()) > 0)
            return 1;
        if (this.name.compareTo(other.getName()) < 0)
            return -1; // 在按照 age 属性排序
        if (this.age > other.getAge())
            return 1;
        if (this.age < other.getAge())
            return -1;
        return 0;
    }

    @Override
    public int hashCode() {
        // 重写 equals 方法必须重写 hashCode 方法
        int result;
        result = (name == null ? 0 : name.hashCode());
        result = 29 * result + age;
        return result;
    }

    public String toString() {
        return "姓名：" + this.getName() + "   年龄:" + this.getAge();
    }
}
//Example5_10.java 测试类
package com.task3.demo;

import java.util.HashSet;
import java.util.Set;

public class Example5_10 {
    public static void main(String[] args) {
        Set<Customer> set = new HashSet<Customer>();
        Customer customer1 = new Customer("Tom", 15);
```

笔 记

```
            Customer customer2 = new Customer("Tony", 15);
            set.add(customer1);
            set.add(customer2);

            System.out.println(set.size());
            System.out.println(set);
        }
    }
```

运行结果如图 5-18 所示。

```
2
[姓名: Tony   年龄:15, 姓名: Tom   年龄:15]
```

图 5-18
实现 Compable 接口运行结果

一般来说，compareTo 方法的相等测试应该返回与 equals 方法相同的结果。

- 如果相同，则由 compareTo 方法施加的顺序关系被称为“与 equals 一致”；如果不同，则顺序关系被称为“与 equals 不一致”。
- 如果一个类的 compareTo 方法与 equals 方法的顺序关系不一致，那么它仍然能正常工作，只是，如果一个有序集合包含了该类的实例，则这个集合可能无法遵循某些集合接口的通用约定。因为集合接口的通用约定是按照 equals 方法定义的，而有序集合使用了由 compareTo 施加的相等测试。

5.13 TreeSet 类

TreeSet 类不仅实现了 Set 接口，还实现了 java.util.SortedSet 接口，从而保证在遍历集合时按照递增的顺序获得对象。遍历对象时可能是按照自然顺序递增排列，所以存入用 TreeSet 类实现的 Set 集合的对象必须实现 Comparable 接口；也可以是按照指定比较器递增排列。TreeSet 中的元素，肯定可以通过某种方式比较其大小，进而实现对象的排序。

注意

添加没有实现 Comparable 的类对象时，编译时不会出错，但运行时报错，属于 RuntimeException。

【例 5-11】 TreeSet 类的方法测试。

文档 源代码 5-11

```
//Example5_11.java
package com.task3.demo;

import java.util.Iterator;
import java.util.Set;
import java.util.TreeSet;

public class Example5_11 {
    public static void main(String[] args) {
        // 创建 TreeSet 对象
        Set set = new TreeSet();

        // set 中添加元素
        set.add("jack");
        set.add("alen");
        set.add("rose");
```

```
        set.add("black");
        set.add("helo");
        System.out.println("set.size=" + set.size());

        // TreeSet 中元素遍历
        Iterator iterator = set.iterator();
        System.out.println("显示 set 中所有元素");
        while (iterator.hasNext()) {
            System.out.print(iterator.next() + " ");
        }
    }
}
```

运行结果如图 5-19 所示。

```
set.size=5
显示set中所有元素
alen black helo jack rose
```

图 5-19
TreeSet 类的方法测试运行结果

【任务实施】

PPT　任务 5.3　任务实施

该任务将使用 HashSet 集合存放多个房源信息，在任务 5.1 和 5.2 完成的基础上进行修改完善，将原来的业务处理类中用 HashSet 对象 Set 进行替换。删除房源信息跟修改功能一样，首先输入房源编号进行查询，如果存在该房源才可以进行删除操作；如果没有，则不能删除。

文档　任务 5.3　任务实施源代码

根据删除房源信息任务分析得出删除房源信息分以下 4 个步骤实施。

- 流程图设计。
- 处理房源信息实体类。
- 删除房源信息功能设计。
- 删除房源信息功能调用。

视频　任务 5.3　任务实施

1．流程图设计

根据分析，删除房源信息流程如图 5-20 所示。

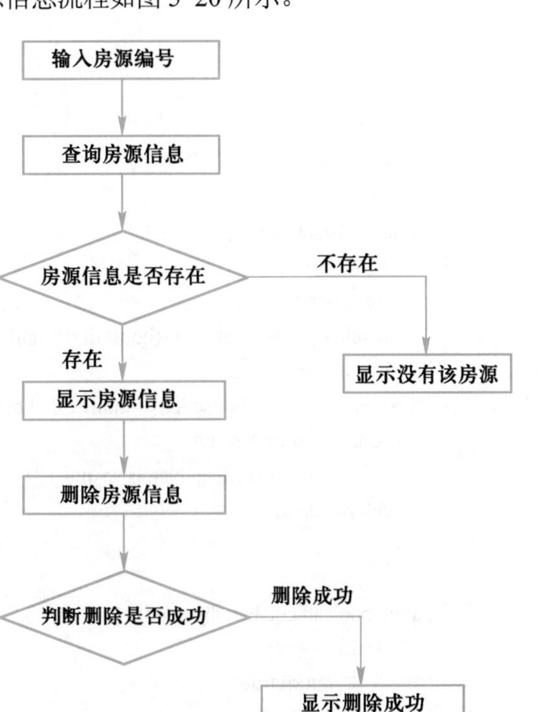

图 5-20
删除房源信息流程图

笔 记

2. 处理房源信息实体类

对原来的房源信息实体类重写 hashCode()和 equals()方法，实现 Compable 接口，实现房源的自比较功能。这里假设以房源编号 houseId、小区名称 villageName 和编号 houseSet 为判断逻辑相等和比较的规则。

```
/**
 * 出租房源信息类
 */

package com.task3.bean;

import java.util.Scanner;

public class House implements Comparable{
    private String houseId;          //房源编号
    private String villageName;      //小区名称
    private String companyName;      //公司名称
    private String houseType;        //房屋类型：二室二厅
    private String houseSet;         //幢/座 编号
    private int houseState;          //状态  0:未出租 1：已出租
    private String houseFavor;       //房屋朝向：南北通透
    private String houseMethod;      //房屋用途：
    private double housePrice;       //房屋价格
    private double rentPrice;        //出租价格
    private String houseFloor;       //楼层
    private String houseBuildYear;   //建筑年限
    private String houseFacility;    //房屋设施
    private String houseRemark;      //评价

    public House(){

    }

    //一组 getter 和 setter 方法

    public int hashCode() {
        final int prime = 31;
        int result = 1;
        result = prime * result + ((houseId == null) ? 0 : houseId.hashCode());
        result = prime * result
                + ((houseSet == null) ? 0 : houseSet.hashCode());
        result = prime * result
                + ((villageName == null) ? 0 : villageName.hashCode());
        return result;
    }

    public boolean equals(Object obj) {
        if (this == obj)
            return true;
        if (obj == null)
            return false;
```

笔 记

```
        if (getClass() != obj.getClass())
            return false;
        final House other = (House) obj;
        if (houseId == null) {
            if (other.houseId != null)
                return false;
        } else if (!houseId.equals(other.houseId))
            return false;
        if (houseSet == null) {
            if (other.houseSet != null)
                return false;
        } else if (!houseSet.equals(other.houseSet))
            return false;
        if (villageName == null) {
            if (other.villageName != null)
                return false;
        } else if (!villageName.equals(other.villageName))
            return false;
        return true;
    }

    public int compareTo(Object o) {
        House other=(House)o;
        if(this.getHouseId().compareTo(other.getHouseId())>0) { //先比较 id
            return 1;
        }else if(this.getHouseId().compareTo(other.getHouseId())<0){
            return -1;
        }else{
            if(this.getVillageName().compareTo(other.getVillageName())>0) { //再比较小区
                return 1;
            }else if(this.getVillageName().compareTo(other.getVillageName())<0){
                return -1;
            }else{
                return this.getHouseSet().compareTo(other.getHouseSet()); //最后比较编号
            }
        }
    }
```

3．删除房源信息功能设计

修改任务 5.2 HouseDaoImpUseOfArrayList.java 类为 HouseDaoImpUseOfHashSet.java 类，同时使用 HashSet 集合对象存放多个房源信息，因此属性改为：

```
HashSet set;
```

在 HouseDAO.java 中添加根据房源编号进行删除的方法声明。

```
//删除房源信息
public boolean deleteById(String sid);
```

在 HouseDaoImpUseOfHashSet.java 中实现根据房源编号进行删除方法。

```
//根据房源编号进行删除，先按照编号进行查询，如果存在才能删除，不存在，则不能删除
public boolean deleteById(String sid) {
    boolean flag=false;
    House oldhouse=this.selectById(sid);
    if(oldhouse!=null){
```

笔 记

```
                System.out.println("存在该房源，可以删除");
                set.remove(oldhouse);
                flag=true;
            }else{
                System.out.println("不存在该房源，不能删除");
            }
            return flag;
        }
```

4. 删除房源信息功能调用

在 HouseManger.java 中将任务 5.2 中的业务处理对象进行修改：

```
    //业务处理对象作为成员变量
        HouseDaoImpUseOfArrayList hdia=new HouseDaoImpUseOfArrayList();
```

添加删除房源信息方法。

```
    // 房源删除过程
    public void removeHouseInfo() {
        // 1:首先根据输入的房源编号查询是否存在
        System.out.println("请输入要删除的房源编号：");
        Scanner sc = new Scanner(System.in);
        String houseId = sc.next();

        //2：调用业务方法，根据房源编号删除房源信息
        boolean result=hdih.deleteById(houseId);
        if(result){
                System.out.println("删除成功");
        }else{
                System.out.println("删除失败");
        }
    }
```

在 showAction()方法中将修改房源信息方法代替原先的输出语句。

```
    case 4: //4：删除房源信息
                this.removeHouseInfo();
                break;
```

删除房源信息执行过程如图 5-21 所示。

```
请输入要删除的房源编号:
001
房源编号 |小区名称 |房屋类型 |幢/座编号|楼层 |状态  | 房屋朝向 |出租价格 |房屋设施
001    | 锦湖公寓 | 二室二厅 |  11幢甲单元802  | 6   | 0  | 坐北朝南 | 1500.0  | 冰箱; 彩电; 宽带
你确定要删除吗?c: 删除 d:取消
c
删除成功啦!
```

图 5-21
删除房源信息执行过程图

【实践训练】

1. 使用 Set 集实现求租客户信息管理，求租客户信息管理包括以下 4 个子任务。

- 添加求租客户信息设计。
- 修改求租客户信息设计。
- 删除求租客户信息设计。
- 查询求租客户信息设计。

2. 使用 Set 实现对工人类 Worker 对象的存储和操作。

- 定义 Worker 类。

笔 记

- 为 Worker 类增加相应的方法，使得 Worker 放入 HashSet 中时 Set 中没有重复元素，并编写相应的测试代码。
- 在前面的 Worker 类基础上，为 Worker 类添加相应的代码，使得 Worker 对象能正确放入 TreeSet 中。并编写相应的测试代码。

要求：比较时，先比较工人年龄大小，年龄小的排在前面。如果两个工人年龄相同，则再比较其收入，收入少的排前面。如果年龄和收入都相同，则根据字典顺序比较工人姓名。

任务 5.4　查询房源信息设计

【任务分析】

PPT　任务 5.4　查询房源信息设计

查询房源信息是根据一定条件查询房源信息，可以根据房租价格、房源状态、小区名称、房屋楼层查询。查询房源信息的步骤都相似，首先输入查询条件，获取查询条件；其次根据查询条件获取查询房源信息。

这里将使用 Map 映射进行模拟操作。Map 接口没有继承自 Collection 接口，其存放的是 key 到 value 的映射。Map 中不能包含相同的 key，每个 key 只能映射到一个 value。在实际应用中，Map 映射用的比较多。

【相关知识】

视频　任务 5.4　查询房源信息设计

5.14　Map 接口

Map 是一种把键对象和值对象进行关联的容器，而一个值对象又可以是一个 Map，以此类推，这样就可形成一个多级映射。对于键对象来说，像 Set 一样，一个 Map 容器中的键对象不允许重复，这是为了保持查找结果的一致性。在使用过程中，某个键所对应的值对象可能会发生变化，这时会按照最后一次修改的值对象与键对应。对于值对象则没有唯一性的要求。可以将任意多个键都映射到一个值对象上。

笔 记

Map 接口中有以下常用方法。

- void clear()：删除 Map 对象中所有 key-value 对。
- boolean containsKey(Object key)：查询 Map 中是否包含指定 key，如果包含则返回 true。
- boolean containsValue(Object value)：查询 Map 中是否包含一个或多个 value，如果包含则返回 true。
- Set entrySet()：返回 Map 中所有包含的 key-value 对组成的 Set 集合，每个集合元素都是 Map.Entry(Entry 是 Map 的内部类）对象。
- Object get(Obejct key)：返回指定 key 所对应的 value；如果此 Map 中不包含 key，则返回 null。
- boolean isEmpty()：查询该 Map 是否为空（即不包含任何 key-value 对），如果为空则返回 true。
- Set keySet()：返回该 Map 中所有 key 所组成的 Set 集合。

- Object put(Object key, Object value)：添加一个 key-value 对，如果当前 Map 中已有一个与该 key 相等的 key-value 对，则新的 key-value 对会覆盖原来的 key-value 对。
- Object remove(Object key)：删除指定 key 对应的 key-value 对，返回被删除 key 所关联的 value，如果该 key 不存在，返回 null。
- int size()：返回该 Map 里的 key-value 对的个数。
- Collection values()：返回该 Map 里所有 value 组成的 Collection。

注意

Map 没有继承 Collection 接口，Map 提供 key 到 value 的映射。一个 Map 中不能包含相同的 key，每个 key 只能映射一个 value。Map 接口提供 3 种集合的视图，Map 的内容可以被当作一组 key 集合，一组 value 集合，或者一组 key-value 映射。

笔记

Map 接口提供了大量的实现类，如 HashMap 和 Hashtable 等，以及 HashMap 的子类 LinkedHashMap，还有 SortedMap 子接口及该接口的实现类 TreeMap。

HashMap 用到了哈希码的算法，以便快速查找一个键，TreeMap 则是对键按序存放，因此它有一些扩展的方法，如 firstKey(),lastKey()等，可以从 TreeMap 中指定一个范围以取得其子 Map。键和值的关联很简单，用 pub(Object key,Object value)方法即可将一个键与一个值对象相关联。用 get(Object key)可得到与此 key 对象所对应的值对象。

Map 中包括一个内部类 Entry。该类封装了一个 key-value 对，Entry 包含以下 3 个方法。

- Object getkey()：返回该 Entry 里包含的 key 值。
- Object getValue()：返回该 Entry 里包含的 value 值。
- Object setValue()：设置该 Entry 里包含的 value 值，并返回新设置的 value 值。

可以把 Map 理解成一个特殊的 Set，只是该 Set 里包含的集合元素是 Entry 对象，而不是普通对象。

5.15 HashMap 类

HashMap 类是基于哈希表的 Map 接口的实现。此实现提供所有可选的映射操作，并允许使用 null 值和 null 键。此类不保证映射的顺序，特别是它不保证该顺序恒久不变。该实现假定哈希函数将元素适当地分布在各桶之间，可为基本操作（get 和 put）提供稳定的性能。迭代 collection 视图所需的时间与 HashMap 实例的“容量”（桶的数量）及其大小（键—值映射关系数）成比例，因此，如果迭代性能很重要，则不要将初始容量设置得太高（或将加载因子设置得太低）。

HashMap 类的主要方法如下。

- HashMap()：构造一个具有默认初始容量（16）和默认加载因子（0.75）的空 HashMap。
- HashMap(int initialCapacity)：构造一个带指定初始容量和默认加载因子（0.75）的空 HashMap。
- void clear()：从此映射中移除所有映射关系。
- boolean containsKey(Object key)：如果此映射包含对于指定键的映射关系，则返回 true。

- boolean containsValue(Object value)：如果此映射将一个或多个键映射到指定值，则返回 true。
- Set<Map.Entry<K,V>> entrySet()：返回此映射所包含的映射关系的 Set 视图。
- V get(Object key)：返回指定键所映射的值；如果对于该键来说，此映射不包含任何映射关系，则返回 null。
- Boolean isEmpty()：如果此映射不包含键-值映射关系，则返回 true。
- Set<K> keySet()：返回此映射中所包含的键的 Set 视图。
- V put(K key, V value)：在此映射中关联指定值与指定键。
- void putAll(Map<? extends K,? extends V> m)：将指定映射的所有映射关系复制到此映射中，这些映射关系将替换此映射目前针对指定映射中所有键的所有映射关系。
- V remove(Object key)：从此映射中移除指定键的映射关系（如果存在）。
- int size()：返回此映射中的键-值映射关系数。
- Collection<V> values()：返回此映射所包含的值的 Collection 视图。

【例 5-12】 HashMap 类的方法测试。

笔 记

文档 源代码 5-12

笔 记

```
学生类 Student.java
package com.task4.demo;

public class Student {
    private String no;
    private String name;
    private int age;
    private String address;

    public Student() {
        super();
    }

    public Student(String no, String name, int age, String address) {
        super();
        this.no = no;
        this.name = name;
        this.age = age;
        this.address = address;
    }

    public String getNo() {
        return no;
    }

    public void setNo(String no) {
        this.no = no;
    }

    public String getName() {
```

笔 记

```
        return name;
    }

    public void setName(String name) {
        this.name = name;
    }

    public int getAge() {
        return age;
    }

    public void setAge(int age) {
        this.age = age;
    }

    public String getAddress() {
        return address;
    }

    public void setAddress(String address) {
        this.address = address;
    }

    @Override
    public int hashCode() {
        final int prime = 31;
        int result = 1;
        result = prime * result + age;
        result = prime * result + ((name == null) ? 0 : name.hashCode());
        result = prime * result + ((no == null) ? 0 : no.hashCode());
        return result;
    }

    @Override
    public boolean equals(Object obj) {
        if (this == obj)
            return true;
        if (obj == null)
            return false;
        if (getClass() != obj.getClass())
            return false;
        final Student other = (Student) obj;
        if (age != other.age)
            return false;
        if (name == null) {
            if (other.name != null)
                return false;
        } else if (!name.equals(other.name))
            return false;
        if (no == null) {
            if (other.no != null)
```

笔 记

```
                return false;
        } else if (!no.equals(other.no))
            return false;
        return true;
    }

    @Override
    public String toString() {
        return "学生学号：    " + this.getNo() + "学生姓名：    " + this.getName()
                + "学生年龄：" + this.getAge() + "学生地址：    " + this.getAddress();
    }
}
Example5_12.java
package com.task4.demo;
import java.util.Collection;
import java.util.HashMap;
import java.util.Iterator;
import java.util.Map;
import java.util.Set;

public class Example5_12 {
    public static void main(String[] args) {

        //创建 HashMap 对象
        Map map=new HashMap();

        //创建学生对象
        Student stu1=new Student();
        stu1.setNo("0908001");
        stu1.setName("张阳");
        stu1.setAge(20);
        stu1.setAddress("江苏徐州");

        Student stu2=new Student();
        stu2.setNo("0908002");
        stu2.setName("孙旭");
        stu2.setAge(19);
        stu2.setAddress("江苏常州");

        Student stu3=new Student();
        stu3.setNo("0908003");
        stu3.setName("李东");
        stu3.setAge(21);
        stu3.setAddress("江苏苏州");

        //以 stuNo 为 key,student 对象为 value 保存中 map 中
        map.put(stu1.getNo(), stu1);
        map.put(stu2.getNo(), stu2);
        map.put(stu3.getNo(), stu3);

        //containsKey:如果此映射包含对于指定键的映射关系，则返回 true
```

笔 记

```
        boolean isContainsKey=map.containsKey(stu1.getNo());
        System.out.println("根据学生学号判断是否包含学生一:"+isContainsKey);

        //containsValue：如果此映射将一个或多个键映射到指定值，则返回 true
        boolean isContainsValue=map.containsValue(stu2);
        System.out.println("根据学生对象值判断是否包含学生二:"+isContainsValue);

        //get(Object key)：返回指定键所映射的值
        Student stu=(Student)map.get(stu3.getNo());
        System.out.println("stuName="+stu.getName());

        //entrySet()：返回此映射所包含的映射关系的 Set 视图
        Set entry=map.entrySet();
        Iterator iterator=entry.iterator();
        System.out.println("映射关系");
        while(iterator.hasNext()){
            System.out.println(iterator.next());
        }

        //keySet()：返回此映射中所包含的键的 Set 视图
        Set keys=map.keySet();
        System.out.println("map 中的 key");
        Iterator iterator1=keys.iterator();
        while(iterator1.hasNext()){
            System.out.println(iterator1.next());
        }

        //遍历 HashMap 中 values
        Collection stuValues=map.values();
        System.out.println("map 中学生对象");

        Iterator iterator2=stuValues.iterator();
        while(iterator2.hasNext()){
            Student student=(Student)iterator2.next();
            System.out.println(student.getNo()+":"+student.getName()+":"
                    +student.getAge()+":"+student.getAddress());
        }

        //remove(Object key)：从此映射中移除指定键的映射关系（如果存在）
        System.out.println("删除前的 map.size="+map.size());
        map.remove(stu2.getNo());
        System.out.println("删除后的 map.size="+map.size());

        //clear()：从此映射中移除所有映射关系
        System.out.println("清除前 的 map.size="+map.size());
        map.clear();
        System.out.println("清除后的 map.size="+map.size());
    }
}
```

运行结果如图 5-22 所示。

```
根据学生学号判断是否包含学生一:true
根据学生对象值判断是否包含学生二:true
stuName=李东
映射关系
0908002=学生学号:    0908002学生姓名:    孙旭学生年龄:    19学生地址:    江苏常州
0908003=学生学号:    0908003学生姓名:    李东学生年龄:    21学生地址:    江苏苏州
0908001=学生学号:    0908001学生姓名:    张阳学生年龄:    20学生地址:    江苏徐州
map中的key
0908002
0908003
0908001
map中学生对象
0908002:孙旭:19:江苏常州
0908003:李东:21:江苏苏州
0908001:张阳:20:江苏徐州
删除前的 map.size=3
删除后的 map.size=2
清除前的 map.size=2
清除后的 map.size=0
```

图 5-22
HashMap 类的方法测试运行结果

5.16 TreeMap 类

TreeMap 类通过使用树实现 Map 接口。TreeMap 提供了按排序顺序存储关键字/值对的有效手段，同时允许快速检索。应该注意的是，不像散列映射，树映射保证它的元素按照关键字升序排序。TreeMap 实现 SortedMap 并且扩展 AbstractMap。而它本身并没有另外定义其他方法。

【例 5-13】 TreeMap 类的方法测试。

文档 源代码 5-13

笔 记

```
CollatorComparator.java
package com.task4.demo;

import java.text.CollationKey;
import java.text.Collator;
import java.util.Comparator;

public class CollatorComparator implements Comparator {
    Collator collator = Collator.getInstance();

    public int compare(Object element1, Object element2) {
            CollationKey key1 = collator.getCollationKey(element1.toString());
            CollationKey key2 = collator.getCollationKey(element2.toString());
            return key1.compareTo(key2);
    }
}
//Example5_13.java
package com.task4.demo;

import java.util.Collection;
import java.util.Iterator;
import java.util.Map;
import java.util.Set;
import java.util.TreeMap;
import java.util.Map.Entry;

public class Example5_13 {
    public static void main(String[] args) {
```

笔 记

```
        //创建一个比较对象
        CollatorComparator comparator = new CollatorComparator();

        //创建 TreeMap 对象
        TreeMap map = new TreeMap(comparator);

        //添加数字元素到 map 中
        for (int i = 0; i < 10; i++) {
            String s = "" + (int) (Math.random() * 1000);
            map.put(s, s);
        }

        //添加字符字符串到 map 中
        map.put("abcd", "abcd");
        map.put("Abc", "Abc");
        map.put("bbb", "bbb");
        map.put("BBBB", "BBBB");
        map.put("eeee", "eeee");

        //添加汉字字符串到 map 中
        map.put("北京", "北京");
        map.put("中国", "中国");
        map.put("上海", "上海");
        map.put("厦门", "厦门");
        map.put("香港", "香港");

        //遍历 TreeMap 对象
        Set set=map.entrySet();
        Iterator it = set.iterator();
        int count = 1;
        while(it.hasNext())
        {
            Map.Entry entry=(Map.Entry)it.next();
            System.out.println("映射的键是："+entry.getKey()+"    值是："+entry.getValue());
            if (count % 5 == 0) {
                System.out.println("");
            }
            count++;
        }
    }
}
```

```
映射的键是：   160     值是：160
映射的键是：   453     值是：453
映射的键是：   468     值是：468
映射的键是：   540     值是：540
映射的键是：   554     值是：554

映射的键是：   60      值是：60
映射的键是：   649     值是：649
映射的键是：   779     值是：779
映射的键是：   874     值是：874
映射的键是：   919     值是：919

映射的键是：   Abc     值是：Abc
映射的键是：   abcd    值是：abcd
映射的键是：   bbb     值是：bbb
映射的键是：   BBBB    值是：BBBB
映射的键是：   eeee    值是：eeee

映射的键是：   北京    值是：北京
映射的键是：   上海    值是：上海
映射的键是：   厦门    值是：厦门
映射的键是：   香港    值是：香港
映射的键是：   中国    值是：中国
```

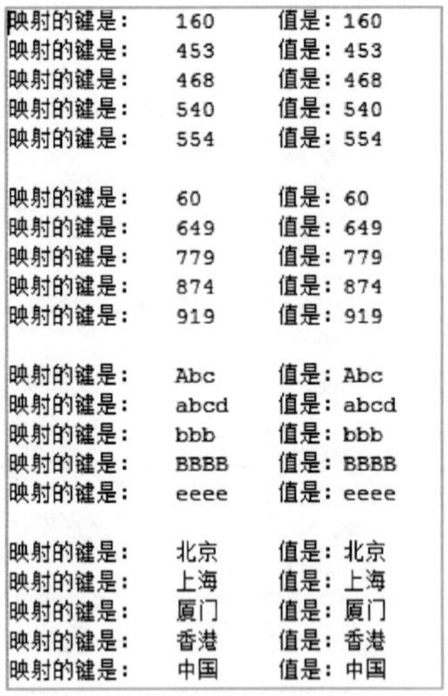

图 5-23
TreeMap 类的方法测试运行结果

运行结果如图 5-23 所示。

5.17 Comparator 接口

在“集合框架”中有 Comparable 接口和 Comparator 接口两种比较接口。像 String 和 Integer 等 Java 内建类实现 Comparable 接口以提供一定排序方式，但这样只能实现该接口一次。对于那些没有实现 Comparable 接口的类或者自定义的类，可以通过 Comparator 接口来定义自己的比较方式。

若一个类不能用于实现 java.lang.Comparable，或者用户不喜欢缺省的

Comparable 行为并想提供自己的排序顺序（可能有多种排序方式），可以实现 Comparator 接口从而定义一个比较器。

Comparator 接口有以下主要方法。

- int compare(Object o1, Object o2)：对两个对象 o1 和 o2 进行比较，如果 o1 位于 o2 的前面，则返回负值，如果在排序顺序中认为 o1 和 o2 是相同的，返回 0，如果 o1 位于 o2 的后面，则返回正值。与 Comparable 相似，0 返回值不表示元素相等。一个 0 返回值只是表示两个对象排在同一位置。由 Comparator 用户决定如何处理。
- boolean equals(Object obj)：指示对象 obj 是否和比较器相等。该方法重写 Object 的 equals()方法，检查的是 Comparator 实现的等同性，不是处于比较状态下的对象。

【例 5-14】 Comparator 接口的方法测试，根据学生年龄排序。

学生类同【例 5-12】类似，但不实现 Compable 接口，这里省略。

笔记

文档 源代码 5-14

```
StudentComparator.java
package com.task4.demo;

import java.util.Comparator;

public class StudentComparator implements Comparator<Student> {
    //根据学生年龄比较
    public int compare(Student stu1, Student stu2) {
        if (stu1.getAge() > stu2.getAge()) {
            return 1;
        } else if (stu1.getAge() < stu2.getAge()) {
            return -1;
        }
        return 0;
    }
}
Example5_14.java
package com.task4.demo;
import java.util.Arrays;

public class Example5_14 {
    public static void main(String[] args) {

        // 创建学生对象
        Student stu1 = new Student();
        stu1.setName("one");
        stu1.setAge(18);

        Student stu2 = new Student();
        stu2.setName("two");
        stu2.setAge(20);

        Student stu3 = new Student();
        stu3.setName("three");
        stu3.setAge(19);
```

笔记

```
        // 创建学生对象数组
        Student[] students = { stu1, stu2, stu3 };

        // 显示排序前的学生对象数组
        System.out.println("排序前学生信息");
        for (int i = 0; i < students.length; i++) {
            Student stu = (Student) students[i];
            System.out.print(stu.getName() + ":" + stu.getAge() + "    ");
        }
        System.out.println("");

        // 根据学生年龄排序
        Arrays.sort(students, new StudentComparator());

        // 显示排序后的学生对象数组
        System.out.println("排序后学生信息");
        for (int i = 0; i < students.length; i++) {
            Student stu = (Student) students[i];
            System.out.print(stu.getName() + ":" + stu.getAge() + "    ");
        }
    }
}
```

```
排序前学生信息
one:18    two:20    three:19
排序后学生信息
one:18    three:19    two:20
```

图 5-24
Comparator 接口的方法测试运行结果

运行结果如图 5-24 所示。

注意

用自定义类实现 Comparable 接口，那么这个类就具有排序功能，Comparable 和具体要进行排序的类的实例绑定。而 Comparator 比较灵活，只需要通过构造方法指定一个比较器就可以实现。其自定义类仅仅定义了一种排序方式或排序规则。不言而喻，这种方式比较灵活。要排序的类可以分别和多个实现 Comparator 接口的类绑定，从而达到可以按自己的意愿实现按多种方式排序的目的。

Comparable—“静态绑定排序”，Comparator—“动态绑定排序”。

Comparator 接口和具体的实现类，是策略模式的体现。Comparator 定义了策略类共同需要实现的接口，而具体策略类实现了具体的比较算法。

5.18 Collections 类

Collections 是针对集合类的一个工具类，它提供了一系列静态方法实现了对各种集合的排序、搜索和线程安全等操作。java.util.Collections 类包含很多有用的方法，可以使程序员的工作变得更加容易，但是这些方法通常都没有被充分地利用。

Collections 类不能创建对象，完全由在 Collection 上进行操作或返回 Collection 的静态方法组成。它包含在 Collection 上操作的多态算法，即“包装器”，包装器返回由指定 Collection 支持的新 Collection，以及少数其他内容。如果为此类的方法所提供的 Collection 或类对象为 null，则这些方法都将抛出 NullPointerException。常见方法如下。

- public static <T extends Comparable<? super T>> void sort(List<T> list)：根据元素的自然顺序对指定列表按升序进行排序。
- public static void shuffle(List<?> list)：使用默认随机源对指定列表进行置换。

笔 记

- reverse public static void reverse(List<?> list)：反转方法，反转指定列表中元素的顺序。
- public static <T> void fill(List<? super T> list, T obj)：使用指定元素替换指定列表中的所有元素。
- public static <T> void copy(List<? super T> dest, List<? extends T> src)：将所有元素从一个列表复制到另一个列表。
- public static <T extends Object & Comparable<? super T>> T min(Collection<? extends T> coll)：根据元素的自然顺序返回给定 collection 的最小元素。
- public static <T extends Object & Comparable<? super T>> T max(Collection<? extends T> coll)：根据元素的自然顺序，返回给定 collection 的最大元素。
- public static <T> int binarySearch(List<? extends Comparable<? super T>> list, T key)：使用二分搜索法搜索指定列表，以获得指定对象。
- public static int indexOfSubList(List<?> source, List<?> target)：返回指定源列表中第一次出现指定目标列表的起始位置；如果没有出现这样的列表，则返回 -1。更确切地说，返回满足 source.subList(i, i+target.size()).equals(target) 的最低索引 i；如果不存在这样的索引，则返回 -1。
- public static int lastIndexOfSubList(List<?> source, List<?> target)：返回指定源列表中最后一次出现指定目标列表的起始位置；如果没有出现这样的列表，则返回 -1。更确切地说，返回满足 source.subList(i, i+target.size()).equals(target) 的最高索引 i；如果不存在这样的索引，则返回 -1。
- public static void swap(List<?> list, int i, int j)：在指定列表的指定位置处交换元素。

【例 5-15】 Collections 使用测试。

文档 源代码 5-15

```
package com.task4.demo;
import java.util.Collections;
import java.util.Comparator;
import java.util.LinkedList;

public class Example5_15 {
    public static void main(String[] args) {
            LinkedList<String> list = new LinkedList<String>();
            list.add("arthinking");
            list.add("Jason");
            list.add("X");

            // 创建一个逆序的比较器
            Comparator<String> r = Collections.reverseOrder();
            // 通过逆序的比较器进行排序
            Collections.sort(list, r);

            for (int i = 0; i < list.size(); i++) {
                    System.out.println(list.get(i));
            }

            // 打乱顺序
```

笔 记

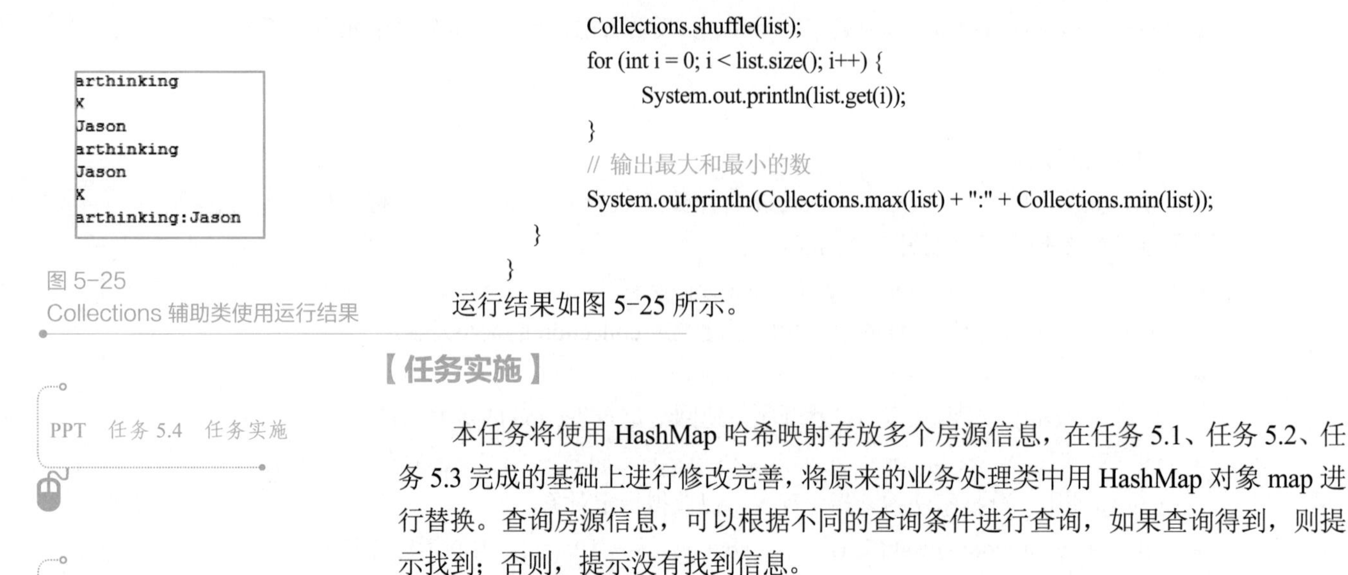

图 5-25
Collections 辅助类使用运行结果

```
            Collections.shuffle(list);
            for (int i = 0; i < list.size(); i++) {
                System.out.println(list.get(i));
            }
            // 输出最大和最小的数
            System.out.println(Collections.max(list) + ":" + Collections.min(list));
        }
    }
```

运行结果如图 5-25 所示。

【任务实施】

PPT 任务 5.4 任务实施

文档 任务 5.4 任务实施源代码

视频 任务 5.4 任务实施

本任务将使用 HashMap 哈希映射存放多个房源信息，在任务 5.1、任务 5.2、任务 5.3 完成的基础上进行修改完善，将原来的业务处理类中用 HashMap 对象 map 进行替换。查询房源信息，可以根据不同的查询条件进行查询，如果查询得到，则提示找到；否则，提示没有找到信息。

根据查询房源信息任务分析得出查询房源信息分以下 4 个步骤实施。

- 流程图设计。
- 查询房源信息功能设计。
- 查询房源信息功能调用。

1. 流程图设计

查询房源信息是根据一定条件查询房源信息，可以根据房租价格、房源状态、小区名称、房屋楼层查询。查询房源信息的步骤都相似，首先输入查询条件，获取查询条件；其次根据查询条件获取查询房源信息。

查询房源信息流程图如图 5-26 所示。

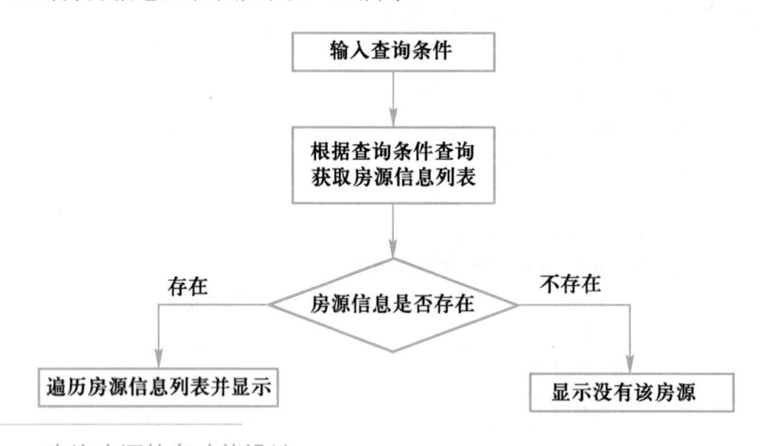

图 5-26
查询房源信息流程图

2. 查询房源信息功能设计

修改任务 5.3HouseDaoImpUseOfHashSet.java 类为 HouseDaoImpUseOfHashMap.java 类，同时使用 HashSet 集合对象存放多个房源信息，因此属性改为：

HashMap map=new HashMap();

在 HouseDAO.java 中添加根据不同条件进行查询的方法声明。

```
//查询所有
public List selectAll()

//根据房源楼层与小区名称查询过程一致，可合并到一个方法 simmpleSearchHouse()
```

笔 记

```
public List simleSearchHouse(String condition,String conditionValue);

//根据房源状态查询
public List searchByHouseState(int state);

//根据房租价格查询
public List searchByRentPrice(int low,int high);

// 显示所有房源信息
 public String showAllHouseInfo()
```

在 HouseDaoImpUseOfHashMap.java 中实现房源查询方法。

```
//查询所有
    public List selectAll() { // list.size()==0
            List list = new ArrayList();
            // 使用遍历
            Set set = map.entrySet();
            Iterator it = set.iterator();
            while (it.hasNext()) {
                    Map.Entry entry = (Entry) it.next();
                    House house = (House) entry.getValue();
                    list.add(house);
            }
            return list;
    }
    // 简单查询（单个条件查询）
    public List simleSearchHouse(String condition, String conditionValue) {
            List list = new ArrayList();
            List list1 = this.selectAll();
            for (int i = 0; i < list1.size(); i++) {
                    // 根据条件获取房源信息: 房源编号、小区名称、物业公司名称、房屋朝
                      向、楼层
                    House house = (House) list1.get(i);
                    if (condition.equals("villageName")
                                    && conditionValue.equals(house.getVillageName())) {
                            list.add(house);
                    } else if (condition.equals("companyName")
                                    && conditionValue.equals(house.getCompanyName())) {
                            list.add(house);
                    } else if (condition.equals("houseFavor")
                                    && conditionValue.equals(house.getHouseFavor())) {
                            list.add(house);
                    } else if (condition.equals("houseFloor")
                                    && conditionValue.equals(house.getHouseFloor())) {
                            list.add(house);
                    } else {
                    }
            }
            return list;
    }
    // 根据房源状态查询
    public List searchByHouseState(int state) {
```

笔 记

```
        List list = new ArrayList();
        list = this.selectAll();;
        for (int i = 0; i < list.size(); i++) {
            // 根据条件获取房源信息: 房源编号、小区名称、物业公司名称、房屋朝
               向、楼层
            House house = (House) list.get(i);
            if (house.getHouseState()== state) {
                list.add(house);
            }
        }
        return list;
    }
    // 根据房租价格查询
    public List searchByRentPrice(int low, int high) {
        List list = new ArrayList();
        List list1 = this.selectAll();
        for (int i = 0; i < list1.size(); i++) {
            // 根据条件获取房源信息: 房源编号、小区名称、物业公司名称、房屋朝
               向、楼层
            House house = (House) list1.get(i);
            if (house.getRentPrice() <= high && house.getRentPrice() >= low) {
                list.add(house);
            }
        }
        return list;
    }
    // 显示所有房源信息
    public String showAllHouseInfo() {
        List list =   this.selectAll();;
        StringBuffer stf = new StringBuffer();
        if (list.size()== 0) {
            stf.append("    还没有房源信息呢!        ");
        } else {
            stf.append("房源编号                    小区名称                  房屋类型
幢/座编号          楼层          状态                    房屋朝向           出租价格 ");
            stf.append("\n");
            for (int i = 0; i < list.size(); i++) {
                House house = (House) list.get(i);

                stf.append(house.getHouseId() + "    " + house.getVillageName()
                        + "    " + house.getHouseType() + "    "
                        + house.getHouseSet() + "    " + house.getHouseFloor()
                        + "    " + house.getHouseState() + "    "
                        + house.getHouseFavor() + "    " + house.getRentPrice());
                stf.append("\n");
            }

        }
        return stf.toString();
    }
```

3. 查询房源信息功能调用

笔 记

在 HouseManger.java 中将任务 5.3 中的业务处理对象进行修改：

```
//业务处理对象作为成员变量
private HouseDAOImpUseOfHashMap hdim;
```

在房源信息管理主界面中添加查询房源信息过程方法。

```
//房租价格查询
public void  getHouseRentPrice(){
        System.out.println("请输入最低价格：");
        Scanner sc=new Scanner(System.in);
        int lowPrice=sc.nextInt();
        System.out.println("请输入最高价格：");
        int highPrice=sc.nextInt();

        List list=houseDAO.searchByRentPrice(lowPrice,highPrice);
        System.out.println("list="+list.size());
        if(list==null){
            System.out.println("对不起，没有合适的房源信息！");
        }else{
            System.out.println("房源编号|小区名称 | 房屋类型 |幢/座编号 |
                        楼层 |状态 |房屋朝向  | 出租价格 "  );
            for(int i=0;i<list.size();i++){
                House house=(House)list.get(i);

                System.out.println(house.getHouseId()+" |
                    "+house.getVillageName()+" | "+house.getHouseType()+
                    "  | "+house.getHouseSet()+" | "+house.getHouseFloor()
                    +" | "+house.getHouseState()+" | "
                    +house.getHouseFavor()+" | "+house.getRentPrice());
                System.out.println("\n");
            }
        }
    }

    //根据房源状态查询
    public void getHouseByState(){
        System.out.println("请输入房源状态 0：没有出租  1：已出租");
        Scanner sc=new Scanner(System.in);
        int state=sc.nextInt();

        List list=houseDAO.searchByHouseState(state);
        if(list==null){
            System.out.println("没有房源信息！");
        }else{
            System.out.println("房源编号|小区名称 | 房屋类型 |幢/座编号 |
                            楼层 |状态 |房屋朝向  | 出租价格 "  );
             for(int i=0;i<list.size();i++){
                House house=(House)list.get(i);

                System.out.println(house.getHouseId()+" |
                    "+house.getVillageName()+" | "+house.getHouseType()+
```

笔 记

```
                    "    |"+house.getHouseSet()+" |"+house.getHouseFloor()
                    +" |"+house.getHouseState()+" |"
                    +house.getHouseFavor()+" |"+house.getRentPrice());
            System.out.println("\n");
        }
    }
}

//根据小区名称查询
public void getHouseByVillageName(){
    System.out.println("请输入房源小区名称:");
    Scanner sc=new Scanner(System.in);
    String villageName=sc.next();

    List list=houseDAO.simleSearchHouse("villageName",villageName);
    if(list==null ||list.size()==0){
        System.out.println("没有该房源信息！");
    }else{
        System.out.println("房源编号|小区名称 | 房屋类型 |幢/座编号 |
                        楼层 |状态 |房屋朝向  | 出租价格 "  );
         for(int i=0;i<list.size();i++){
            House house=(House)list.get(i);

            System.out.println(house.getHouseId()+" |
                    "+house.getVillageName()+" |"+house.getHouseType()+
                    "    |"+house.getHouseSet()+" |"+house.getHouseFloor()
                    +" |"+house.getHouseState()+" |"
                    +house.getHouseFavor()+" |"+house.getRentPrice());
            System.out.println("\n");
        }
    }
}

//根据房屋楼层查询
public void getHouseByFloor(){
    System.out.println("请输入房源楼层:");
    Scanner sc=new Scanner(System.in);
    String houseFloor=sc.next();

    List list=houseDAO.simleSearchHouse("houseFloor",houseFloor);
    if(list==null){
        System.out.println("没有该房源信息！");
    }else{
         System.out.println("房源编号|小区名称 | 房屋类型 |幢/座编号 |
                        楼层 |状态 |房屋朝向  | 出租价格 "  );
         for(int i=0;i<list.size();i++){
            House house=(House)list.get(i);

            System.out.println(house.getHouseId()+" |
                    "+house.getVillageName()+" |"+house.getHouseType()+
                    "    |"+house.getHouseSet()+" |"+house.getHouseFloor()
```

```
                +" | "+house.getHouseState()+" | "
              +house.getHouseFavor()+" | "+house.getRentPrice());
        System.out.println("\n");
      }
   }
}
```

在 showAction()方法中将查询房源信息方法代替原先的输出语句。

```
case 5:  this.getHouseRentPrice();
         break;
case 6:  this.getHouseByState();
         break;
case 7:  this.getHouseByVillageName();
         break;
case 8:  this.getHouseByFloor();
         break;
```

以根据房租价格查询为例说明查询房源信息执行过程，执行过程如图 5-27 所示。

```
请输入最低价格:
1500
请输入最高价格:
2500
list=1
房源编号|小区名称|房屋类型|幢/座编号|楼层|状态|房屋朝向|出租价格
002 | 花都四季| 三室两厅 | 11-甲-803 |  8 | 0 |坐北朝南| 2100.0
```

图 5-27
根据房租价格查询房源信息执行过程图

【实践训练】

1．使用 Map 实现求租客户信息管理。

- 添加求租客户信息设计。
- 修改求租客户信息设计。
- 删除求租客户信息设计。
- 查询求租客户信息设计。

2．使用 Map 接口的实现类完成员工工资（姓名-工资）的模拟。

- 添加几条信息。
- 列出所有的员工姓名。
- 列出所有员工姓名及其工资。
- 删除名叫 Tom 的员工信息。
- 输出 Jack 的工资，并将其工资改为 1500 元。
- 将所有工资低于 1000 元的员工的工资上涨 20%。

拓展实训

1．请编写程序，实现购物车功能。

① 编写一个购物车接口，至少包含以下方法。

- 添加商品方法。
- 删除商品方法。

笔 记

笔 记

笔 记

- 修改商品数量方法。
- 计算所购商品金额方法。
- 查看购物车中所有商品信息方法。
- 清空购物车方法。

② 商品类包含商品编号、商品名称、商品价格三个属性。

③ 编写一个购物车类使用 Hashtable 实现上面的购物车接口中的方法。

2. 请选择一个合适的集合容器实现以下功能，想想为什么选择它。

- 添加求租客户信息设计。
- 修改求租客户信息设计。
- 删除求租客户信息设计。
- 查询求租客户信息设计。

同步训练

文档 单元5案例

文档 单元5习题库/试题库

一、填空题

1. Collection 接口的特点是元素是________。

2. List 接口的特点是元素________（有|无）顺序，________（可以|不可以）重复。

3. Set 接口的特点是元素________（有|无）顺序，________（可以|不可以）重复。

4. Map 接口的特点是元素是________，其中________可以重复，________不可以重复。

5. 关于下列 Map 接口中常见的方法:

put 方法表示放入一个键值对，如果键已存在则________，如果键不存在则________。

remove 方法接受________个参数，表示________。

get 方法表示________，get 方法的参数表示________，返回值表示________。

要想获得 Map 中所有的键，应该使用方法________，该方法返回值类型为________。

要想获得 Map 中所有的值，应该使用方法________，该方法返回值类型为________。

要想获得 Map 中所有的键值对的集合，应该使用方法________，该方法返回一个________类型所组成的 Set。

二、简答题

1. 什么是集合容器？Java 中有哪些集合容器及集合容器框架？

2. Vector、ArrayList、LinkedList 类的作用是什么？它们有什么差别？

3. ArrayList 与 Arrays 的作用是什么？有什么区别？

4. Iterator 类的作用是什么？如何使用？

5. 接口 Set、 List 和 Map 有什么相同和不同？

6. 如果要把实现类由 ArrayList 转换为 LinkedList，应该改哪里？ArrayList 和

LinkedList 使用上有什么区别？实现上有什么区别？

三、判断题

1. 创建 Vector 对象时构造函数给定的是其中可以包容的元素个数，使用中应注意不能超越这个数值。（ ）

2. 数组有 length()这个方法。（ ）

3. Map 集合接口由二个值组成一个元素。（ ）

4. 数组允许存放不同类型的定长元素。（ ）

5. Vector 集合类的元素会自动排序。（ ）

四、程序填空题

1. 下列程序中构造了一个 set 并且调用其方法 add()，输出结果是________。

```
public class A{
    public int hashCode(){return 1；}
    public Boolean equals(Object b){return true;}
    public static void main(String args[]){
        Set set=new HashSet();
        set.add(new A());
        set.add(new A());
        set.add(new A());
        System.out.println(set.size());
    }
}
```

2. 有如下代码。

```
import java.util.*;
public class TestList{
    public static void main(String args[]){
        List list = new ArrayList();
        list.add("Hello");
        list.add("World");
        list.add(1, "Learn");
        list.add(1, "Java");
        printList(list);
    }
  public static void printList(List list){
    //1 代码补充完整
  }
}
```

要求：

① 把//1 处的代码补充完整，要求输出 list 中所有元素的内容。

② 写出程序执行的结果。

3. 写出下面程序的运行结果。

```
import java.util.*;
public class TestList{
    public static void main(String args[]){
        List list = new ArrayList();
        list.add("Hello");
        list.add("World");
        list.add("Hello");
```

```
            list.add("Learn");
            list.remove("Hello");
            list.remove(0);
            for(int i = 0; i<list.size(); i++){
                System.out.println(list.get(i));
            }
        }
    }
```

运行结果是________。

五、操作题

1. 编写一个函数 reverseList，该函数能够接受一个 List，然后把该 List 倒序排列。例如:

```
List list = new ArrayList();
list.add("Hello");
list.add("World");
list.add("Learn"); //此时 list 为 Hello World Learn
reverseList(list);
//调用 reverseList 方法之后，list 为 Learn World Hello
```

2. 用键盘向控制台输入一个 Email 地址（如 echo@sina.com），分析该地址，获取并输出域名（要求：不准使用 StringTokenizer 类，只使用 String 类的方法来完成）。

3. 创建一个职工类 Emplyee，其属性有员工编号 id、姓名 name、性别 sex、薪水 salary；再声明三个职工对象并赋值，然后依次使用 List、Set、Map 集合来实现对职工对象数据的存储、添加、删除、修改、查询等操作，并输出。

单元 6 图形用户界面设计

单元介绍

本单元的任务是完成房屋租赁管理系统的系统界面设计。系统界面包括系统的登录界面、主界面、各种管理操作中的界面、操作过程的一些弹出对话框等。本单元的目标是掌握常用容器的创建，掌握常用 Swing 组件使用，掌握组件的布局设置，理解事件处理机制。

本单元以其中的一部分实现为例，主要分为以下 4 个任务。

- 用户登录界面设计。
- 出租人信息设置。
- 求租人信息设置。
- 系统主界面设计。

文档　单元 6 设计

PPT　单元 6 概述

视频　单元 6　图形用户界面设计概述

学习目标

【知识目标】

- 了解 Swing 组件的基础知识。
- 熟悉图形界面编程步骤。
- 掌握常用容器的使用。
- 掌握常用 Swing 组件的创建与设置。
- 熟练使用布局管理器。
- 理解事件处理机制。
- 掌握对组件进行事件处理的方法。

【能力目标】

- 能创建各种类型的容器。
- 会创建各种组件，并添加到容器中。
- 能使用合适的布局管理器合理组织容器中的组件。
- 会根据需求对组件添加事件处理。
- 能应用图形界面相关知识，设计美观大方的用户界面。

思政导学　人生有终点　奋斗无止境

【素养目标】

- 激发科技报国的家国情怀和使命担当。
- 培养自我学习的能力，树立终身学习的意识。

任务 6.1 用户登录界面设计

PPT 任务 6.1 用户登录界面设计

视频 任务 6.1 用户登录界面设计

笔 记

【任务分析】

美观、易操作的系统界面是整个系统的门面。一个良好设计的用户界面可以提高用户的工作效率，使用户乐于使用。

用户登录界面需要提供输入用户名和密码的文本输入框及确定操作按钮，并根据用户输入信息，与合法的用户名和密码进行匹配，匹配成功则能正确登录，否则给出错误提示对话框，提示用户重新输入。本任务主要介绍图形界面编程的基础知识，用于组织各种组件的容器的创建与使用，以及在容器中添加基本组件后，组件的合理布局。

【相关知识】

6.1 组件概述

图形用户界面（Graphical User Interface，GUI）是采用图形方式显示计算机操作用户界面，包括窗口、菜单、按钮、工具栏和其他各种屏幕元素。在 Java 中有两个包为 GUI 设计提供丰富的功能，它们是 AWT（Abstract Window Toolkit）和 Swing。

AWT 是 Java 1.0 提供的抽象视窗工具包，最初的设计目标是让程序员构建一个通用的 GUI，使其在所有平台上都能正常显示。AWT 将处理用户界面的任务交给操作系统，由底层平台负责创建图形界面元素，对于一些图形界面元素，如菜单、滚动条等，在不同操作系统中有不同的形状和操作方式，而且不同操作系统提供的图形界面组件也有可能不同，导致 AWT 组件构建的 GUI 程序受操作系统的影响，在不同平台上进行测试会有不同的结果显示。

Swing 是第二代 GUI 开发工具集，是构筑在 AWT 上层的一组 GUI 组件的集合，为保证可移植性，它完全用 Java 语言编写。Swing 图形界面程序运行在所有平台上的外观和操作是一样的。和 AWT 相比，Swing 具有更丰富而且更加方便的用户界面元素集合，Swing 对于底层平台的依赖更少，会给用户带来交叉平台上的统一的视觉体验。Swing 在 Java 1.2 版本中正式加入标准类库中。现在，Swing 是 Java 基础类库（Java Foundation Class，JFC）的一部分。

Swing 并未完全放弃 AWT 组件，而是增强了 AWT 中组件的功能，这些增强的组件在 Swing 中的名称通常都是在 AWT 组件名前增加了一个“J”字母，如 AWT 中的 Button 在 Swing 中是 JButton。Swing 沿用了 AWT 的事件处理机制，同时一些辅助类，如颜色定义（Color）、字体定义（Font）、光标定义（Cursor）等，仍然使用 AWT 提供的，因此 Java 的后续版本都支持 AWT。

AWT 组件与 Swing 组件混合使用可能会产生一些无法预料的错误，一般在一个程序中，要么使用 AWT 组件，要么使用 Swing 组件。本项目主要使用 Swing 组件进行界面设计，因此讲解以 Swing 组件为主。

Java 的 GUI 中最重要的概念是容器和组件。GUI 的基本组成部分是组件。组件一般是指容器中的元素，以图形化的方式显示在屏幕上并能与用户进行交互的对象，如一个按钮、一个标签等。容器中可以加入各种组件。

笔 记

Swing 组件大都是 AWT 的 Container 类的直接子类和间接子类，各类之间的关系如下：

```
java.awt.Component
    -java.awt.Container
        -java.awt.Window
            -java.awt.Frame-javax.swing.JFrame
            -javax.Dialog-javax.swing.JDialog
            -javax.swing.JWindow
        -java.awt.Applet-javax.swing.JApplet
        -javax.swing.Box
        -javax.swing.Jcomponet
```

抽象类 Component 是所有 Java GUI 组件的共同父类。Component 类规定了所有 GUI 组件的基本特性，该类中定义的方法实现了作为一个 GUI 组件所应具备的基本功能。JComponent 类是大部分 Swing 组件的父类。JComponent 类是抽象类，不能创建对象，但它包含了数百个函数，Swing 中的每个组件都可以使用这些函数。

Java 的 GUI 程序设计基本分为两个步骤：首先是完成外观图形界面的设计，主要包括创建容器（如窗体），在容器中添加菜单、工具栏及各种 GUI 组件，设置各类组件的大小、位置、颜色等属性，并进行合理的布局；然后为各个组件对象提供响应与处理不同事件的功能支持，从而使程序具备与用户或外界事物交互的能力。

AWT 的组件主要在 java.awt 包中；事件处理类主要在 java.awt.event 包中；Swing 组件主要在 javax.swing 包中。在 Java 图形界面编程时，一般要导入这几个包。

6.2 常用容器

像 Windows 操作系统一样，菜单、工具栏、按钮、输入框等要使用窗口或对话框进行组织后呈现给用户，Java 图形界面编程也必须使用“容器”将各个组件装配起来，使其成为一个整体。容器的主要作用是包容其他组件，并按照一定的方式组织排列它们。

Java 中的容器主要分为顶层容器和中间容器。顶层容器是进行图形编程的基础，可以在其中放置若干中间容器或组件。在 Swing 中，有以下 4 种可以使用的顶层容器。

- JWindow：没有标题和菜单栏的顶层窗口。
- JFrame：用来设计类似于 Windows 系统中的窗口形式的应用程序。
- JDialog：和 JFrame 类似，只不过 JDialog 是用来设计对话框。
- JApplet：用来设计可以嵌入在网页中的 Java 小应用程序。

在 Java GUI 应用程序设计中，要以一个顶层容器作为程序的窗口来容纳其他的 GUI 组件。中间容器是专门用来放置其他组件，介于顶层容器和普通 Swing 组件之间的容器。常用的中间容器有 JPanel、JOptionPane、JScrollPane、JMenuBar、JToolBar、JTabbedPane 等。以下介绍常用的几个顶层容器和中间容器。

1. 顶层容器

（1）框架（JFrame）

JFrame 类可以让用户创建带有菜单栏、工具栏等的全功能窗口。组件添加到

笔 记

JFrame 中后，JFrame 会将组件进行组织并呈现给用户。在独立于操作系统的 Swing 组件与实际运行这些组件的操作系统之间，JFrame 起着桥梁的作用。JFrame 在本机操作系统中是以窗口的形式注册的，这样可以得到许多熟悉的操作系统窗口的特性，如最小化/最大化、关闭、改变大小、移动等。

① JFrame 常用的构造方法。

- JFrame()：构造一个初始时不可见的新窗体。
- JFrame(String title)：创建一个新的、初始不可见的、具有指定标题的窗体。

例如，构造一个标题为“我的第一个图形界面”的窗体，相应的代码为：

JFrame myFrame=new JFrame("我的第一个图形界面");

② 常用的成员方法。

JFrame 的成员方法除了自己定义的方法外，还继承了父类的若干方法，可通过查看 API 文档了解。

- add()：将组件添加到窗体中。
- is/setVisible()：获取/设置窗体的可视状态（是否在屏幕上显示）。
- get/setTitle()：获取/设置窗体的标题。
- get/setState()：获取/设置窗体的最小化、最大化等状态。
- get/setLocation()：获取/设置窗体在屏幕上应当出现的位置。
- get/setSize()：获取/设置窗体的大小。
- setDefaultCloseOperation(int operation)：设置单击窗体上的关闭按钮时的默认操作。
- getContentPane()：获取窗体的内容面板。

注意

在低版本的 JavaSE 中组件不能直接添加到 JFrame 中，需要通过 getContentPane()获取窗体的内容面板，再将组件添加到内容面板中，如 myFrame.get ContentPane().add(组件)，而在高版本中可以直接添加容器或组件。

在 GUI 编程时，经常通过继承 JFrame 类定义新的窗体类，在新的窗体类中创建各种组件并添加到新窗体中。

文档 源代码 6-1

【例 6-1】 显示一个空的主窗体。

```
package com.chap6;
//JFrame 的创建及基本设置
import javax.swing.JFrame;
public class MainFrame extends JFrame{
    public MainFrame(String title){
        super(title);
        this.setSize(300,200);          //设置窗体大小
        //设置单击窗体的关闭按钮时的默认操作
        this.setDefaultCloseOperation(JFrame.EXIT_ON_CLOSE);
        this.setVisible(true);          //设置窗体的可见性
    }
    public static void main(String[] args) {
        new MainFrame("房屋租赁管理系统");
    }
}
```

图 6-1
一个空的主窗体

程序运行结果如图 6-1 所示。

（2）对话框（JDialog）

笔 记

对话框与框架有一些相似，但它一般是一个临时的窗口，主要用于显示提示信息或接收用户输入。对话框中一般不需要菜单条，也不需要改变窗口大小，用户可以决定对话框的尺寸是否能被改变。此外，在对话框出现时，可以设定禁止其他窗口的输入，直到这个对话框被关闭。

① 对话框是由 JDialog 类实现的，有以下常用构造方法。

- JDialog(Dialog owner)：构造一个属于 Dialog 组件的对话框，无模式，无标题。
- JDialog(Dialog owner,boolean model)：构造一个属于 Dialog 组件的对话框，有模式，无标题。
- JDialog(Dialog owner,String title)：构造一个属于 Dialog 组件的对话框，无模式，有标题。
- JDialog(Dialog owner,String title,boolean model)：构造一个属于 Dialog 组件的对话框，有模式，有标题。
- JDialog(Frame owner)：构造一个属于 Frame 组件的对话框，无模式，无标题。
- JDialog(Frame owner,boolean model)：构造一个属于 Frame 组件的对话框，有模式，无标题。
- JDialog(Frame owner,String title)：构造一个属于 Frame 组件的对话框，无模式，有标题。
- JDialog(Frame owner,String title,boolean model)：构造一个属于 Frame 组件的对话框，有模式，有标题。

其中，model 是一种对话框操作模式，当 model 为 true 时，代表用户必须结束对话框才能回到原来所属的窗口；当 model 为 false 时，代表对话框与所属窗口可以互相切换，彼此之间在操作上没有顺序性。title 参数作为对话框的标题。

② 常用成员的方法。

- getContentPane()：返回此对话框的 ContentPane 对象。
- setDefaultCloseOperation(int operation)：设置当用户在此对话框上启动 close 时默认执行的操作。
- setJMenuBar(JMenuBar menu)：设置此对话框的菜单栏。

一般对话框都会依附在某个 JFrame 窗口上，因为对话框通常是在程序运行的过程中与用户互动的一个中间过程。JDialog 的使用与 JFrame 非常相似，要添加组件到 JDialog 上，一般需要先取得 JDialog 的 ContentPane，然后再把组件加到此 ContentPane 中。JDialog 默认的布局管理器是 BorderLayout。

【例 6-2】 对话框使用示例。

文档 源代码 6-2

```
package com.chap6;
import javax.swing.*;
import java.awt.*;
public class JDialogDemo extends JDialog{
    public JDialogDemo(){
    this.setTitle("不依附任何主窗口的对话框");
    this.setSize(350, 120);
    Container contentPane = this.getContentPane();
    contentPane.add(new JLabel("JLabel", JLabel.CENTER));
    contentPane.add(new JLabel("JLabel1,上面", JLabel.CENTER),BorderLayout.SOUTH);
```

```
            contentPane.add(new JLabel("JLabel2,左边", JLabel.CENTER),BorderLayout.WEST);
            contentPane.add(new JLabel("JLabel3,右边", JLabel.CENTER),BorderLayout.EAST);
            contentPane.add(new JLabel("JLabel4,g 下面", JLabel.CENTER),BorderLayout.
NORTH);
            this.setVisible(true);
            }
            public static void main(String[] agrs) {
                JDialogDemo dialog = new JDialogDemo();
            }
        }
```

图 6-2
对话框使用

程序运行结果如图 6-2 所示。

2. 中间容器

中间容器存在的目的就是为了容纳其他的组件，如 JPanel、JScorllPane、JSplitPane、JTabbedPane、JToolBar、JInternalFrame、JRootPane 等。以下是几个常用的中间容器。

（1）面板（JPanel）

JPanel 是最常用的容器，经常用来放置若干组件，然后作为整体放置在顶层容器中。用这种方法可以实现窗体的复杂布局。JPanel 作为中间容器，不能在屏幕上独立显示，主要用来存放组件。把组件放置到面板上的方法是 add（组件）或 panel.add（组件）。

① JPanel 的常用构造方法。

- JPanel()：创建具有流布局的新面板。
- JPanel(LayoutManager layout)：创建具有指定布局管理器的新面板。

② JPanel 的常用成员方法。

- add(Component comp)：添加组件到面板中。
- setBorder(Border border)：设置面板的边框。

方法 setBorder()中使用到的 Border 为边界接口，通过 BorderFactory 类的相关 createXXXBorder()方法可以创建其对象，并用来设置组件的边框。

例如：

```
JPanel jp1=new JPanel();
jp1. setBorder(BorderFactory.createTitledBorder( "测试"));
```

会给面板加上边界并设置标题为“测试”。

【例 6-3】 在【例 6-1】中加入一个面板，设置其边界，并在其中添加一个按钮组件。

```
package com.chap6;
//JFrame 中添加中间容器 JPanel
import javax.swing.BorderFactory;
import javax.swing.JButton;
import javax.swing.JFrame;
import javax.swing.JPanel;
class MainFrame1 extends JFrame{
    JPanel jp;
    JButton jb;
    public MainFrame1(String title){
        super(title);
```

```
        jp=new JPanel();
        jb=new JButton("面板中的按钮");
        jp.setBorder(BorderFactory.createTitledBorder( "JPanel 的边界"));
                                            //设置面板的边界格式
        jp.add(jb);                         //在面板中添加按钮
        this.add(jp);                       //在窗体中添加面板

        this.setSize(300,200);              //设置窗体大小
        //设置单击窗体的关闭按钮时的默认操作
        this.setDefaultCloseOperation(JFrame.EXIT_ON_CLOSE);
        this.setVisible(true);              //设置窗体的可见性
    }
    public static void main(String[] args) {
        new MainFrame1("房屋租赁管理系统");
    }
}
```

图 6-3
在窗体中添加面板

程序运行结果如图 6-3 所示。

（2）JToolBar

一般在设计界面时，会将所有功能分类放置在菜单（JMenu）中，但当功能很多时，可能会使用户为一个简单的操作反复地寻找菜单中相关的功能，操作很不方便。为了方便操作，可以将一些常用的功能以工具栏的方式呈现在菜单下，这就是 JToolBar 的好处。可以将 JToolBar 设计为水平或垂直方向，当然也可以用鼠标拖动的方式来改变。

笔 记

① JToolBar 的构造方法。

- JToolBar()：创建新的工具栏；默认的方向为 HORIZONTAL。
- JToolBar(int orientation)：创建具有指定 orientation 的新工具栏。
- JToolBar(String name)：创建一个具有指定 name 的新工具栏。
- JToolBar(String name, int orientation)：创建一个具有指定 name 和 orientation 的新工具栏。

② JToolBar 的常用方法。

- set Floatable(boolean b)：设置 Floatable 属性，针对工具栏能否移动。
- set/get Margin(Insets m)：设置或获取工具栏边框和其按钮之间的空白。
- set/get Orientation(int o)：设置或获取工具栏的方向。
- void addSeparator()：将默认大小的分隔符追加到工具栏的末尾。

工具栏中一般可添加各种格式的按钮组件，显示各种操作。

【例 6-4】　工具栏的基本使用。

文档　源代码 6-4

```
package com.chap6;
import javax.swing.*;
import java.awt.*;
public class JToolBarTest extends JFrame {
    private JToolBar toolBar;
    private JButton button1, button2;
    public JToolBarTest(String title) {
        super(title);
        toolBar = new JToolBar("工具箱");          //创建工具栏
        button1 = new JButton("常用工具 1");       //创建按钮 1
```

```
        //创建带图标的按钮 2，在 src 目录下创建 icons 文件夹，用于放置图形文件
        button2 = new JButton(new ImageIcon("src/icons/2.gif"));
        toolBar.setFloatable(true);                    //设置工具栏的可移动性
        toolBar.add(button1);
        toolBar.add(button2);
        this.add(toolBar, BorderLayout.NORTH);
        this.setSize(200, 300);
        this.setVisible(true);
    }
    public static void main(String[] args) {
        JToolBarTest application = new JToolBarTest("工具栏的使用");
        application.setDefaultCloseOperation(JFrame.EXIT_ON_CLOSE);
    }
}
```

图 6-4
工具栏使用

图 6-5
将工具栏移动到左侧显示

【例 6-4】中创建了一个工具栏，并添加到窗体中，在工具栏中添加了两个按钮，运行结果如图 6-4 所示。通过工具栏的 setFloatable(true)设置，工具栏的位置可以移动，如移动至左侧显示，如图 6-5 所示。

6.3 布局管理

笔 记

容器中可以添加若干组件，组件添加后，若不按一定的规则排放，则界面看上去会很凌乱，没有美观性可言。容器中组件的排列规则由相应的布局管理器决定。Java GUI 的布局管理采用的是容器和布局管理分离的方案，即容器只负责装入添加的组件等界面元素，而组件的排放和位置的管理维护则由指定的布局管理器完成。

布局管理器是组织和管理一个容器内组件布局的工具。当容器内包含多个组件时，布局管理器可以根据容器的大小自动安排各元素的大小及在容器中的相对位置。如果容器的大小有所变动，则布局管理器也能保持组件在整体布局上的合理性。布局管理器具有以下主要功能。

- 确定容器的全面尺寸。
- 确定容器内各元素的大小。
- 确定容器内各元素的位置。
- 确定元素间的间隔距离。

Java 为 GUI 设计提供了许多布局管理器。布局管理器也是类，负责处理组件在应用程序中的摆放位置，以及在应用程序改变尺寸或者删除、添加组件时对组件进行相应处理。Java 常用的布局管理器有 FlowLayout、BorderLayout、GridLayout、CardLayout、GridBagLayout 等。这些布局管理器仍然沿用 AWT 中的，因此在使用时导入包“java.awt.*”。

Java 的容器组件都被设定了一个默认的布局管理器，如 JFrame 的默认布局管理器是 BorderLayout，JPanel 的默认布局管理器是 FlowLayout。若需要改变容器默认的布局管理器，可以调用容器的 setLayout()方法改变容器的布局管理器。使用 add()方法将组件添加到容器中时，由布局管理器负责将它放在容器的相应位置上。

1. 流式布局（FlowLayout）

FlowLayout 是一个简单的布局风格，其原则是按组件添加的顺序，从左到右，从上到下依此排列。如果一个组件在本行放不下，就自动切换到下一行的开始，换行后扔按从左到右的顺序，默认的对齐方式为居中。

FlowLayout 使用比较简单，但其功能也较弱。使用流布局后，若容器的大小变化，则组件的相对位置可能会发生变化，但组件的大小不变。FlowLayout 的构造方法为：

- FlowLayout()：居中对齐，水平和垂直间距为 5 像素的流布局管理器。
- FlowLayout(int align)：指定对齐方式，水平和垂直间距为 5 像素的流布局管理器。
- FlowLayout(int align, int hgap, int vgap)：指定对齐方式及水平和垂直间距的流布局管理器。

在构造布局管理器时，可以指定布局管理器的对齐方式。创建完布局管理器后，还可以使用方法设置或获取组件之间及组件与容器边之间的水平或垂直间距，相关设置方法为：

- get/setAlignment()：获取/设置此布局管理器的对齐方式。
- get/setHgap()：获取/设置组件之间以及组件与容器的边之间的水平间距。
- get/setVgap()：获取/设置组件之间以及组件与容器的边之间的垂直间距。

【例 6-5】 流布局管理器实例。

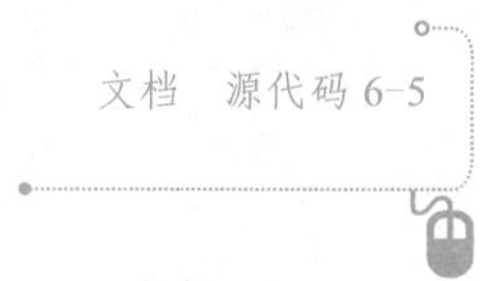


```
package com.chap6;
import javax.swing.*;
import java.awt.*;
public class FlowLayoutDemo extends JFrame {
    private JButton bt1,bt2,bt3;

    public FlowLayoutDemo(String title){
        super(title);
        this.setSize(100,200);//设定窗体大小
        this.setVisible(true);
    }
    //测试方法
    public void testLayout(){
        FlowLayout fl=new FlowLayout();          //创建流布局管理器
        fl.setVgap(5);                           //设置组件间的水平间距
        fl.setHgap(20);                          //设置组件间的垂直间距
        this.setLayout(fl);                      //设置窗体的布局管理器为 fl
        //创建三个按钮
        bt1=new JButton("语文");
        bt2=new JButton("数学");
        bt3=new JButton("外语");
        //添加三个按钮到窗体中
        this.add(bt3);
        this.add(bt1);
        this.add(bt2);
    }
    public static void main(String args[])
    {
        FlowLayoutDemo mf=new FlowLayoutDemo ("流布局管理器");
        mf.testLayout();
    }
}
```

图 6-6
流布局管理器

程序运行结果如图 6-6 所示。

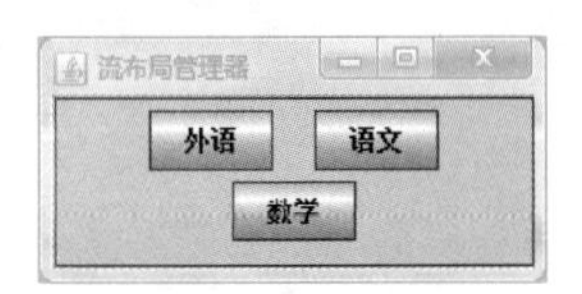

图 6-7
改变容器大小组件位置变化 1

图 6-8
改变容器大小组件位置变化 2

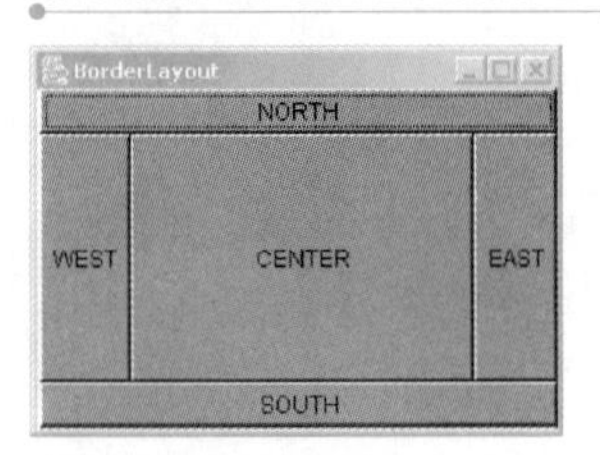

图 6-9
边界布局的 5 个方位

当容器窗口大小改变时，组件的位置可能会发生变化，但组件的尺寸不变，当窗口宽度变小后，第 1 行的组件排列到了第 2 行上，若宽度再变小，三个组件垂直放置，如图 6-7 和图 6-8 所示。

2. 边界布局（BorderLayout）

BorderLayout 按“上北下南，左西右东”将容器划分为东、南、西、北、中 5 个区域，如图 6-9 所示。

每个区域最多只能包含一个组件，并通过相应的常量进行标识，如 NORTH、SOUTH、EAST、WEST 和 CENTER。在将组件添加到边界布局的容器时，需要指定组件放置的区域，需要使用这 5 个常量之一，若不指定方位，则默认为 CENTER。基本使用如下：

```
JPanel jp = new JPanel();
jp.setLayout(new BorderLayout());
jp.add(new Button("Okay"), BorderLayout.SOUTH);    //将按钮 Okay 添加到容器的下边
jp.add(new Button("NO");                           //将按钮 NO 添加到容器的中间
```

当改变容器大小时，其中组件的变化规则为：北方和南方的组件只改变宽度；东方和西方的组件只改变高度；而中间组件的宽度和高度都会改变。在 BorderLayout 布局管理下，该管理器允许最多放置 5 个组件，如果想在窗口上放置更多的组件，可以将若干组件添加到一个 JPanel 上，然后将这个 JPanel 作为一个组件放置到窗口上。当容器上放置的组件少于 5 个，没有放置组件的区域将被相邻的区域占用。

① BorderLayout 表示方位的常量主要有以下 5 个。

BorderLayout.SOUTH，BorderLayout.NORTH，BorderLayout.CENTER，BorderLayout.EAST，BorderLayout.WEST。

② BorderLayout 的常用构造方法。

- BorderLayout()：构造一个组件之间没有间距的边界布局。
- BorderLayout(int hgap, int vgap)：构造一个具有指定组件间距的边界布局。

【例 6-6】 边界布局管理器。

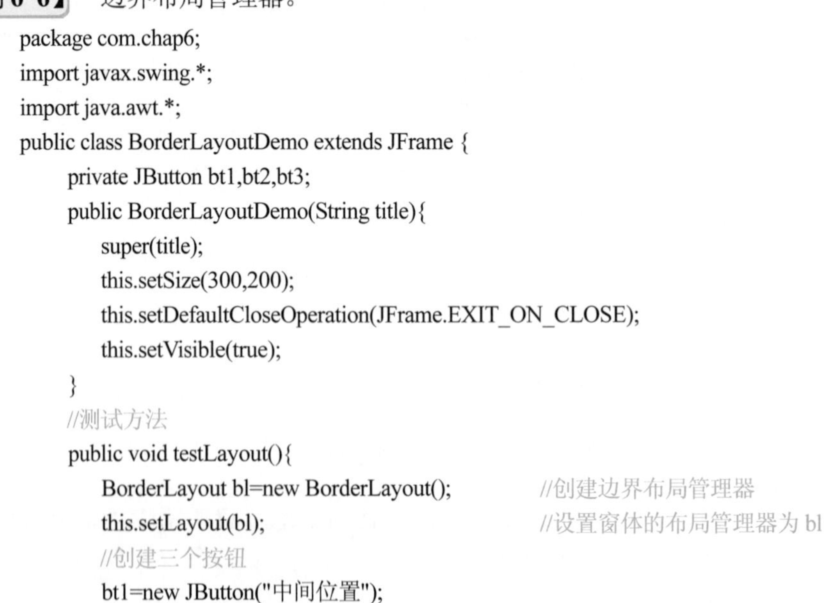

```
package com.chap6;
import javax.swing.*;
import java.awt.*;
public class BorderLayoutDemo extends JFrame {
    private JButton bt1,bt2,bt3;
    public BorderLayoutDemo(String title){
        super(title);
        this.setSize(300,200);
        this.setDefaultCloseOperation(JFrame.EXIT_ON_CLOSE);
        this.setVisible(true);
    }
    //测试方法
    public void testLayout(){
        BorderLayout bl=new BorderLayout();        //创建边界布局管理器
        this.setLayout(bl);                        //设置窗体的布局管理器为 bl
        //创建三个按钮
        bt1=new JButton("中间位置");
        bt2=new JButton("南边位置");
        bt3=new JButton("东边位置");
```

笔 记

```
            //添加三个按钮到窗体中
            this.add(bt1,BorderLayout.CENTER);
            this.add(bt2,BorderLayout.SOUTH);
            this.add(bt3,BorderLayout.EAST);
        }
        public static void main(String args[]){
            BorderLayoutDemo bf=new BorderLayoutDemo ("边界布局管理器");
            bf.testLayout();
        }
    }
```

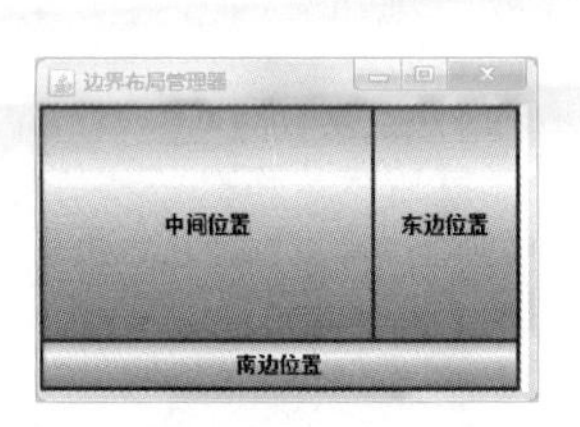

图 6-10
边界布局管理器

此例设置窗体的布局为边界布局方式，在三个指定方位添加按钮后，北边和西边方位没有添加组件，则将其他组件进行拉升填充，运行结果如图 6-10 所示。因为窗体的默认布局管理器为 BorderLayout，因此测试方法 testLayout()的前两条语句可以注释掉，则效果一样。

若改变窗体的大小，则根据边界布局的特征，组件相对位置不会改变，组件大小会发生变化，如图 6-11 所示。

图 6-11
改变容器大小后，组件相对位置不变

注意

位置参数字符串的书写是非常严格的，是系统定义的常量，必须大写。

3．网格布局（GridLayout）

GridLayout 将容器划分成若干尺寸大小相等的单元格，在添加组件到容器中时，它们会按添加的顺序从左到右、从上到下地在网格中排列，一个网格中放置一个组件。如按一个 4 行 3 列的网格布局要求，容器将会按照如图 6-12 所示的方式划分。

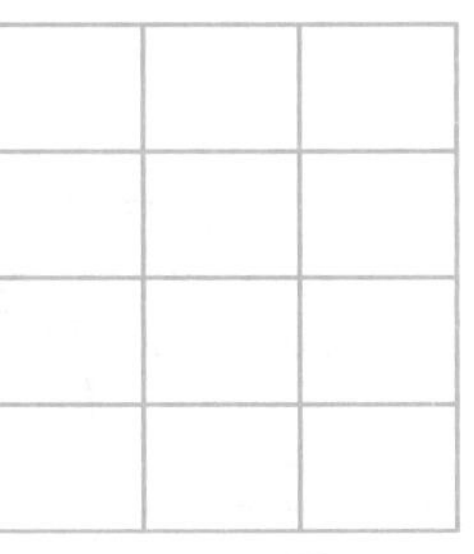

图 6-12
网格布局

GridLayout 布局管理器总是忽略组件的最佳大小，所有单元的宽度是相同的，是根据单元数对可用宽度进行平分而定的。同样地，所有单元的高度是相同的，是根据行数对可用高度进行平分而定的。在 GridLayout 的构造方法中，可以指定希望将容器划分成的网格的行、列数。

① 其构造方法如下。

- GridLayout()：创建具有默认值的网格布局，即每个组件占据一行一列。
- GridLayout(int rows, int cols)：创建具有指定行、列数的网格布局。
- GridLayout(int rows, int cols, int hgap, int vgap)：创建具有指定行、列数及间距的网格布局。

② 其常用方法如下。

- get/setRows()：获取/设置网格的行。
- get/setColumns()：获取/设置网格的列。

当改变容器大小时，其中组件的变化规律是：组件相对位置不变，大小发生变化。

【例 6-7】 网络布局管理。

文档　源代码 6-7

程序代码如下：

```
package com.chap6;
import javax.swing.*;
import java.awt.*;
public class GridLayoutDemo extends JFrame {
```

笔 记

```
    private JButton bt1,bt2,bt3,bt4,bt5;

    public GridLayoutDemo(String title){
        super(title);
        this.setSize(300,200);
        this.setDefaultCloseOperation(JFrame.EXIT_ON_CLOSE);
        this.setVisible(true);
    }
    //测试方法
    public void testLayout(){
        GridLayout gl=new GridLayout();          //创建网格布局管理器
        gl.setRows(2);                           //设置为 2 行
        gl.setColumns(3);                        //设置为 3 列
        this.setLayout(gl);                      //设置窗体的布局方式为网格布局
        bt1=new JButton("B1");
        bt2=new JButton("B2");
        bt3=new JButton("B3");
        bt4=new JButton("B4");
        bt5=new JButton("B5");
        this.add(bt1);
        this.add(bt2);
        this.add(bt3);
        this.add(bt4);
        this.add(bt5);
    }
    public static void main(String args[]){
        GridLayoutDemo gf=new GridLayoutDemo ("网格布局管理器");
        gf.testLayout();
    }
}
```

此例中网格布局设置为 2 行 3 列，可以放置 6 个组件，若组件个数不足，则会将后面的位置空着，运行结果如图 6-13 所示。若改变容器大小，则组件的相对位置不变，大小发生变化，如图 6-14 所示。

图 6-13
网络布局管理器

图 6-14
改变容器大小，组件大小变化

4. 网格袋布局（GridBagLayout）

GridBagLayout 是一种富有弹性的布局。这种布局和网格布局类似，将容器分成尺寸相等的单元格进行管理。不同的是，GridBagLayout 允许水平或垂直对齐时不要求组件的大小必须一致，并且每个组件可以占一格或多格。在 GridBagLayout 布局中，经常需要用到类 GridBagConstraints，这个类的作用是配置每个单元格中的元素，通过对 GridBagConstraints 类对象的相关属性进行设置，可以实现组件在容器内的灵活放置。

GridBagLayout 的功能非常强大，使用时也比较复杂，考虑到一般的读者很少会使用到这种布局管理器，这里不作更多的介绍，读者可以在 JDK 文档中看到其详细说明及案例子程序。

5. 卡片布局（CardLayout）

CardLayout 能够实现将多个组件放在同一容器区域内的交替显示，相当于多张卡片摞在一起，每次只显示其中的一张卡片。虽然每次只能显示一张卡片，但 CardLayout 提供了几个方法，可以显示特定的卡片，也可以按先后顺序依次显示，还可以直接定位到第一张或最后一张。常用的选择卡片的方法如下。

- show(Container parent, String name)：指定容器内的指定名称的元素可见。
- previous(Container parent)：指定容器中的前一张卡片可见。
- next(Container parent)：指定容器中的下一张卡片可见。
- first(Container parent)：指定容器中的第一张卡片可见。
- last(Container parent)：指定容器中的最后一张卡片可见。

6. 取消布局管理器

也可以用绝对坐标的方式来指定组件的位置和大小，在这种情况下，首先要调用 Container.setLayout(null)方法取消布局管理器设置，然后调用 Component.setBounds()方法来设置每个组件的大小和位置。

【例 6-8】 不使用任何布局实例。

程序代码如下：

文档 源代码 6-8

```
package com.chap6;
import javax.swing.*;
import java.awt.*;
public class NullLayoutDemo extends JFrame {
    private JButton bt1,bt2,bt3;
    public NullLayoutDemo(String title){
        super(title);
        this.setSize(300,200);
        this.setDefaultCloseOperation(JFrame.EXIT_ON_CLOSE);
        this.setVisible(true);
    }
    //测试方法
    public void testLayout(){
        this.setLayout(null);                //设定窗口的布局为无布局
        JPanel jp1=new JPanel();
        jp1.setLayout(new BorderLayout(10,5));
        bt1=new JButton("语文");
        bt2=new JButton("数学");
        bt3=new JButton("外语");
        jp1.add(bt1,BorderLayout.NORTH);
        jp1.add(bt2,BorderLayout.SOUTH);
        jp1.setBounds(10, 10, 100, 100);
        bt3.setSize(70, 70);                 //设定按钮 bt3 的大小
        bt3.setLocation(200,100);            //设定按钮 bt3 在窗体中的位置
        this.add(bt3);
        this.add(jp1);
    }
    public static void main(String args[]){
        NullLayoutDemo nf=new NullLayoutDemo ("无布局管理器，手动设置");
        nf.testLayout();
    }
}
```

笔记

图 6-15
不使用布局管理器

此例在窗体中添加了一个中间容器和一个按钮，手动设置位置，窗体大小改变时，组件的位置与大小均不变化。程序运行结果如图 6-15 所示。

【任务实施】

PPT 任务 6.1 任务实施

文档 任务 6.1 任务实施源代码

视频 任务 6.1 任务实施

笔 记

用户登录界面一般包括用户名和密码输入，输入完成后，可以单击“确定”按钮进行用户输入的判断，或单击“取消”按钮清空输入。根据图形界面设计的基本步骤，实施本任务的步骤为首先设计用户登录界面并进行合理布局，然后对相应组件进行事件处理，实现用户合法性的判断。因还未接触到事件处理，因此只进行用户登录界面的设计，界面中只要提供用户名和密码的提示信息、输入框及两个操作按钮即可。

用户登录界面的代码如下：

```
package com.chap6;
import java.awt.*;
import javax.swing.*;
public class UserLogin extends JFrame {
    private JTextField userName;
    private JPasswordField password;
    private JButton okButton, cancelButton;
    public UserLogin() {
        this.setTitle("房屋租赁管理系统");                    // 设置标题
        this.setSize(350, 250);
        this.setVisible(true);
    }

    public void doLogin() {
        JLabel title = new JLabel("欢迎您访问房屋租赁管理系统", JLabel.CENTER);
        JLabel userNameLabel = new JLabel("用户名:", JLabel.CENTER);
        JLabel passwordLabel = new JLabel("密    码:", JLabel.CENTER);
        userName = new JTextField(14);
        password = new JPasswordField(14);
        okButton = new JButton("确定");
        cancelButton = new JButton("取消");
        JPanel p=new JPanel();
        p.setLayout(new GridLayout(4,1));
        JPanel p0 = new JPanel();                    //放置首行标题的 JPanel
        p0.add(title);
        JPanel p1 = new JPanel();                    //放置用户名信息的 JPanel
        p1.add(userNameLabel);
        p1.add(userName);
        JPanel p2 = new JPanel();                    //放置密码信息的 JPanel
        p2.add(passwordLabel);
        p2.add(password);
        JPanel p3 = new JPanel();                    //放置两个按钮的 JPanel
        p3.add(okButton);
        p3.add(cancelButton);
        p.add(p0);
        p.add(p1);
        p.add(p2);
        p.add(p3);
        this.add(p);                    //添加 4 个中间容器到窗体中
    }
```

```
        public static void main(String[] args) {
            UserLogin userLogin = new UserLogin();
            userLogin.doLogin();
        }
    }
```

程序运行结果如图 6-16 所示。

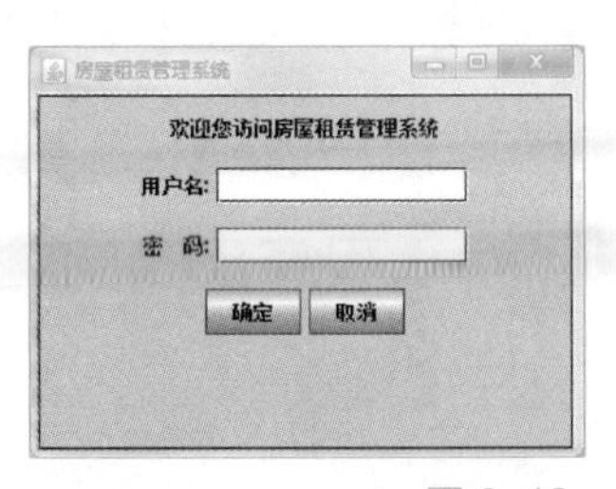

图 6-16
用户登录界面

【实践训练】

应用常用容器、按钮及文本输入框、布局管理器，设计一个简易计算器界面，注意界面的布局美观性。

任务 6.2　求租人信息设置

【任务分析】

求租人信息设置，主要进行求租人的添加、删除、修改、查询等操作。添加和修改均是输入求租人的相关信息，可以使用同一个界面；删除操作只要提供操作按钮即可；而查询操作需要用户提供查询条件，用户可以根据需要进行各种查询，如根据求租人编号、姓名进行查询，也可以根据性别进行模糊查询。在界面设计时，需要考虑这些可能的情况，提供给用户多个输入条件。

本任务主要介绍在图形界面设计中常用的一些组件创建与设置，如按钮、文本框、文本域、单选按钮、复选框、列表框等的使用。

【相关知识】

Swing 提供了丰富的用于现代图形界面设计的组件，这些组件中有些是对 AWT 组件的扩展，有些则是 Swing 中新增加的。这里介绍一些常用的、基础的 Swing 组件。

Swing 库中最基础的组件是 JLabel，其存在的价值主要是用于描述其他组件。JLabel 很有用，在应用程序中，不仅把 JLabel 用作文本描述，还可以将它用作图片描述。在 Swing 应用程序中所看到的图片就有可能是 JLabel。JLabel 的基本方法包括设置文本、图片、对齐以及标签描述的其他组件。例如，setIcon()用于设置标签的图片，而 setHorizontalAlignment()用于设置文本的水平位置。

6.4　按钮

Java 的按钮是 JButton 组件。JButton 是 Swing 的基本动作组件，创建按钮时可以使用文本或图像。JButton 提供了改变按钮属性的相关方法。

（1）JButton 的常用构造方法

- JButton(Icon icon)：创建一个带图标的按钮。
- JButton(String text)：创建一个带文本的按钮。
- JButton(String text, Icon icon)：创建一个带初始文本和图标的按钮。

（2）JButton 的常用成员方法

- get/setText()：获取/设置标签的文本。

- get/seticon()：获取/设置标签的图片。
- get/setHorizontalAlignment()：获取/设置文本的水平位置。
- get/setVerticalAlignment()：获取/设置文本的垂直位置。
- get/setDisplayedMnemonic()：获取/设置访问键（下画线字符），与Alt按钮组合时，造成按钮单击。

文档 源代码6-9

笔 记

【例6-9】 各种类型的按钮。

程序代码如下：

```
package com.chap6;
import javax.swing.*;
public class JButtonDemo extends JFrame{
    private JButton jbt1,jbt2,jbt3;
    public JButtonDemo(){
        this.setTitle("这是按钮的使用示例");
        this.setSize(300,200);
        this.setDefaultCloseOperation(JFrame.EXIT_ON_CLOSE);
        this.setVisible(true);
    }

    public void testJButton(){
        jbt1=new JButton("文本按钮");
        jbt2=new JButton(new ImageIcon("src/icons/1.gif"));
        jbt3=new JButton("文本+图片按钮",new ImageIcon("src/icons/2.gif"));
        JPanel jp=new JPanel();
        jp.add(jbt1);
        jp.add(jbt2);
        jp.add(jbt3);
        this.add(jp);
    }
    public static void main(String args[]){
        JButtonDemo jButtonDemo=new JButtonDemo();
        jButtonDemo.testJButton();
    }
}
```

图6-17
创建的各种按钮

程序运行结果如图6-17所示。

6.5 文本框

Java的文本框是JTextField组件。JTextField是单行文本输入框，主要用来接收用户的输入。

（1）JTextField的常用构造方法

- JTextField()：构造一个列数为0的文本框。
- JTextField(int columns)：构造一个指定列数的文本框。
- JTextField(String text)：构造一个指定文本的文本框。
- JTextField(String text, int columns)：构造一个指定文本和列数的文本框。

（2）JTextField的常用成员方法

- set/getText()：设置/获取文本框内容。
- set/getFont(Font f)：设置/获取当前字体。

- set/getHorizontalAlignment()：设置/获取水平对齐方式。
- set/getColumns()：设置/获取 JTextField 中的列数。

在输入密码时，习惯上将用户的输入信息用“*”代替，则需要使用一种特殊的文本框，即密码框（JPasswordField）。JPasswordField 是 JTextField 的子类，其构造方法也是类似的。用户可以向密码框中输入文本并加以编辑。向密码框中输入文本时，显示的不是实际输入的文本，而是特殊的回显字符（如'*'）。可以使用 setEchoChar(char c)方法改变默认的回显字符。

JPasswordField 的构造方法与 JTextField 的基本一致，常用成员方法中要注意的是 JTextField 获取文本框中文本使用的是 getText()，该方法返回的是一个 String 类型的对象；而要取得密码框中的文本，使用方法 getPassword()，该方法返回的是一个 char 数组。

例如，创建一个密码框，设置回显字符为“#”，并获取密码框的内容，代码如下：

```
JPasswordField txtPwd=new JPasswordField(20);
txtPwd.setEchoChar('#');
char []pwd=txtPwd.getPassword();
String pwdStr=new String(txtP.getPassword());
```

【例 6-10】详细介绍了单行文本输入框及密码框的使用及区别。

【例 6-10】 文本框及密码框的使用。

笔 记

文档 源代码 6-10

程序代码如下：

```
package com.chap6;
import javax.swing.*;
public class JTextDemo extends JFrame{
    private JTextField jtf1,jtf2;
    private JPasswordField jpf1;
    public JTextDemo(){
        this.setTitle("这是文本框及密码框的使用示例");
        this.setSize(300,200);
        this.setDefaultCloseOperation(JFrame.EXIT_ON_CLOSE);
        this.setVisible(true);
    }
    public void testJText(){
        jtf1=new JTextField();
        jtf2=new JTextField(20);        //构造文本框，并设置其列数为 20
        jtf1.setText("这是一个单行文本框");
        jtf1.setEditable(false);        //设置文本框不可编辑
        jpf1=new JPasswordField();
        jpf1.setEchoChar('$');                  //设置密码框的回显字符
        jpf1.setText("这是密码信息,界面显示为一串$");
        char[] pass=jpf1.getPassword();         //获取输入的密码信息
        JLabel jl=new JLabel();                 //用于显示密码信息
        jl.setText(new String(pass));           //将密码信息显示在标签中
        JPanel jp=new JPanel();
        jp.add(jtf1);
        jp.add(jtf2);
        jp.add(jpf1);
        jp.add(jl);
```

笔 记

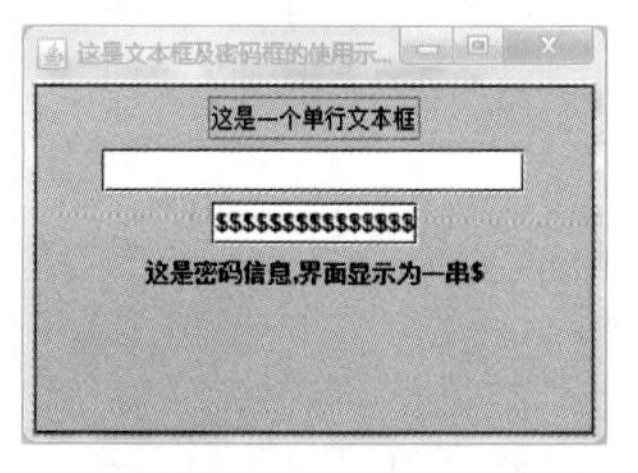

图 6-18
文本框示例

```
            this.add(jp);
        }
        public static void main(String args[]){
            JTextDemo jTextDemo=new JTextDemo();
            jTextDemo.testJText();
        }
    }
```

程序运行结果如图 6-18 所示。

6.6 文本域

笔记

Java 的文本域是 JTextArea。JTextField 是单行文本框，不能显示多行文本，如果想要显示多行文本，就只能使用多行文本框，即 JTextArea 了。

（1）JtextArea 的常用构造方法

- JTextArea()：构造行数和列数为 0 的文本域。
- JTextArea(int rows, int columns)：构造具有指定行数和列数的文本域。
- JTextArea(String text)：构造具有初始文本的文本域。
- JTextArea(String text, int rows, int columns)：构造具有指定行数和列数，并有初始文本的文本域。

其中，rows 为 JTextArea 的高度，以行为单位；columns 为 JTextArea 的宽度，以字符为单位。例如，

```
JTextArea textArea = new JTextArea(10, 20);        //构造一个高 10 行，宽 20 个字符的多行文本框
```

（2）JTextArea 的常用成员方法

- append(String str)：将给定文本追加到文档结尾。
- insert(String str, int pos)：将指定文本插入指定位置。
- set/getColumns()：设置/获取文本域的列数。
- set/getRows()：设置/获取文本域的行数。
- set/getLineWrap()：设置/获取文本区的换行策略。
- Set/getText()：设置/获取文本域内容。
- setWrapStyleWord(boolean word)：设置换行方式（如果文本区要换行）。

文档 源代码 6-11

【例 6-11】 文本域的使用。

程序代码如下：

```
package com.chap6;
import javax.swing.*;
public class JTextAreaDemo extends JFrame{
    private JTextArea jta1,jta2;
    public JTextAreaDemo(){
        this.setTitle("这是文本域的使用示例");
        this.setSize(300,200);
        this.setDefaultCloseOperation(JFrame.EXIT_ON_CLOSE);
        this.setVisible(true);
    }

    public void testJTextArea(){
        jta1=new JTextArea("第一个多行文本域");
```

```
            jta2=new JTextArea(5,10);          //创建 5 行 10 列的多行文本域
            jta1.append("&连接的新内容");       //在文本域中增加新内容
            jta1.insert("111", 2);  //在第一个多行文本的下标为 2 的位置插入字符串
            jta2.setText("第二个多行文本域&中华人民共和国");
            jta2.setLineWrap(true);            //设置自动换行
            JPanel jp=new JPanel();
            jp.add(jta1);
            jp.add(jta2);
            this.add(jp);
        }
        public static void main(String args[]){
            JTextAreaDemo jTextAreaDemo=new JTextAreaDemo();
            jTextAreaDemo.testJTextArea();
        }
    }
```

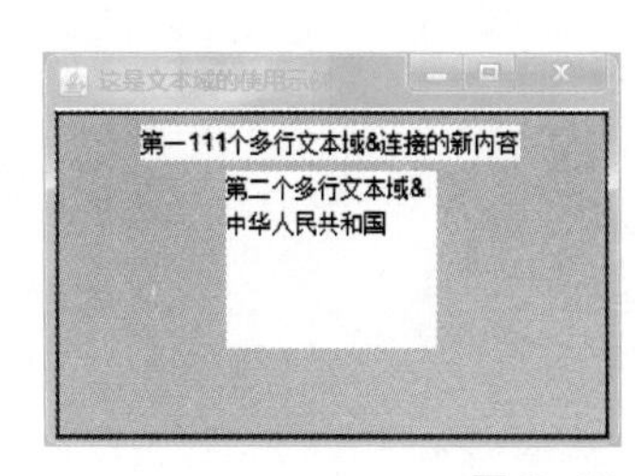

图 6-19
多行文本域的使用

程序运行结果如图 6-19 所示。

6.7 单选按钮

笔 记

Java 的单选按钮是 JRadioButton 组件。JRadioButton 可被选择或取消选择，并可为用户显示其状态。JRadioButton 一次只可以选择一个按钮。在实际使用中一般将几个单选按钮作为一组，通过组保证每次只能选中一个按钮，否则单选按钮之间不能关联，各自是独立的。按钮组为 ButtonGroup，在按钮添加到容器之前，先对按钮进行分组。若容器中有多个按钮组，则每个组要创建自己的 ButtonGroup。ButtonGroup 不是组件，不能加入到容器中。

（1）JRadioButton 的构造方法

- JRadioButton(Icon icon)：创建一个初始未选择、具有指定的图像单选按钮。
- JRadioButton(Icon icon, boolean selected)：创建一个具有指定图像和选择状态的单选按钮。
- JRadioButton(String text)：创建一个具有指定文本的状态为未选择的单选按钮。
- JRadioButton(String text, boolean selected)：创建一个具有指定文本和选择状态的单选按钮。
- JRadioButton(String text, Icon icon)：创建一个具有指定的文本和图像并初始化为未选择的单选按钮。
- JRadioButton(String text, Icon icon, boolean selected)：创建一个具有指定的文本、图像和选择状态的单选按钮。

（2）JRadioButton 的常用成员方法

- setSeletcted(boolean selected)：设置按钮是否被选中。
- isSelected()：返回单选按钮的当前状态。

单选按钮一般用在如性别选择、单项选择题等应用中。

【例 6-12】 单选按钮的应用，在图形界面中设计性别的选择。

文档 源代码 6-12

程序代码如下：

```
package com.chap6;
import javax.swing.*;
```

笔 记

```
public class JRadioButtonDemo extends JFrame{
    private JRadioButton jrb1,jrb2;
    public JRadioButtonDemo(){
        this.setTitle("这是单选按钮的使用示例");
        this.setSize(300,200);
        this.setDefaultCloseOperation(JFrame.EXIT_ON_CLOSE);
        this.setVisible(true);
    }
    public void testJRadioButton(){
        jrb1=new JRadioButton("男",true);   //创建单选按钮，并设置其状态为默认选中
        jrb2=new JRadioButton("女");
        JLabel jl=new JLabel("性别：");
        //创建分组对象，将 jrb1 和 jrb2 分为一组
        ButtonGroup buttonGroup1=new ButtonGroup();
        buttonGroup1.add(jrb1);
        buttonGroup1.add(jrb2);
        JPanel jp=new JPanel();
        jp.add(jl);
        jp.add(jrb1);
        jp.add(jrb2);
        this.add(jp);
    }
    public static void main(String args[]){
        JRadioButtonDemo jrbd=new JRadioButtonDemo();
        jrbd.testJRadioButton();
    }
}
```

图 6-20
单选按钮实现性别选择

在此例中创建单选按钮时，默认 jrb1 为选中状态，程序运行结果如图 6-20 所示。

6.8 复选框

笔 记

Java 的复选框是 JCheckBox 组件。JCheckBox 可以让用户选中多个选项，其每个选项都是一个 on/off 开关，每单击一次就进行状态的切换。复选框一般包含标签和按钮两部分，标签是显示在框左边的文本，状态就是右边方框所代表的布尔变量，在默认状态下，复选框没有选中。一组复选框允许全部选中、不选或部分选中。

（1）JCheckBox 的构造方法

- JCheckBox()：创建一个没有文本、没有图标并且最初未被选定的复选框。
- JCheckBox(Icon icon)：创建有一个图标、最初未被选定的复选框。
- JCheckBox(Icon icon, boolean selected)：创建一个带图标的复选框，并指定其最初是否处于选定状态。
- JCheckBox(String text)：创建一个带文本的、最初未被选定的复选框。
- JCheckBox(String text, boolean selected)：创建一个带文本的复选框，并指定其最初是否处于选定状态。
- JCheckBox(String text, Icon icon)：创建带有指定文本和图标的、最初未选定的复选框。
- JCheckBox(String text, Icon icon, boolean selected)：创建一个带文本和图标的复选框，并指定其最初是否处于选定状态。

（2）JCheckBox 的常用成员方法

- setSeletcted(boolean selected)：设置按钮是否被选中。
- isSelected()：返回单选按钮的当前状态。

【例 6-13】 复选框的应用，在图形界面中设计兴趣爱好的选择。

文档 源代码 6-13

笔 记

程序代码如下：

```
package com.chap6;
import javax.swing.*;
import javax.swing.border.Border;
public class JCheckBoxDemo extends JFrame{
    private JCheckBox jcb1,jcb2,jcb3,jcb4;
    public JCheckBoxDemo(){
        this.setTitle("这是复选框的使用示例");
        this.setSize(300,200);
        this.setDefaultCloseOperation(JFrame.EXIT_ON_CLOSE);
        this.setVisible(true);
    }
    public void testJCheckBox(){
        jcb1=new JCheckBox();
        jcb2=new JCheckBox("篮球");
        jcb3=new JCheckBox("电影", true);
                        //创建复选框，并设置其初始状态为选中状态
        jcb4=new JCheckBox("音乐",new ImageIcon("src/icons/3.gif"));
                        //创建带图标的复选框
        jcb1.setText("看书");
        JLabel jl=new JLabel();
        Border border = BorderFactory.createLoweredBevelBorder();      //创建边界对象
        Border title = BorderFactory.createTitledBorder(border,"请选择兴趣爱好");
        JPanel jp=new JPanel();
        jp.setBorder(title);
        jp.add(jl);
        jp.add(jcb1);
        jp.add(jcb2);
        jp.add(jcb3);
        jp.add(jcb4);
        this.add(jp);
    }
    public static void main(String args[]){
        JCheckBoxDemo jcbd=new JCheckBoxDemo();
        jcbd.testJCheckBox();
    }
}
```

程序运行结果如图 6-21 所示。

图 6-21
用复选框实现兴趣选择

6.9 列表框

Java 的列表框组件是 JList。JList 是让用户在几个条目中做出选择，选择模式可以是单一选择、连续选择、多项选择，选择模式对应于 ListSelectionModel 中的如下 3 个常量。

- static int SINGLE_SELECTION：只能选择一条。

笔 记

- static int SINGLE_INTERVAL_SELECTION：按住【Shift】键可选择联系的区间。
- static int MULTIPLE_INTERVAL_SELECTION：按住【Ctrl】键可选择多条。

若列表显示内容超出范围，JList 不能提供水平和垂直滚动条，则需要用 JScrollPane。

1．JList

（1）JList 的构造方法

- JList()：构造一个单选的 JList 对象。
- JList(ListModel model)：构造一个指定模式的单选的 JList 对象。
- JList(Object[] items)：利用数组对象构造一个单选的 JList 对象。
- JList(Vector items)：利用 Vector 对象构造一个单选的 JList 对象。

（2）JList 的常用方法

- int getSelectedIndex()：返回列表中的第一个被选择的项目的索引，-1 表示没有项目被选。
- int[] getSelectedIndices()：返回所选的全部索引的数组（按升序排列）。
- Object getSelectedValue()：返回 JList 列表中的第一个被选择的项目的名字。如果什么也没有选择，则返回 null。
- isSelectedIndex(int index)：判断第 index 项是否被选。
- setSelectedIndex(int index)：选择第 index 项。
- setSelectionMode(int selectionMode)：设置列表的选择模式。

2．JComboBox

组合框 JComboBox 与 JList 一样，也是让用户在多个条目中做出选择。组合框会将选项隐藏起来，只有用户单击时才会以下拉列表的方式显示，以供用户选择，每次只显示用户所选的项目。

（1）JComboBox 的构造方法

- JComboBox()：创建具有默认数据模型的 JComboBox。
- ComboBox(ComboBoxModel aModel)：创建一个 JComboBox，其项取自现有的 ComboBoxModel。
- JComboBox(Object[] items)：创建一个 JComboBox 对象，其初始项目为 items。
- JComboBox(Vector<?> items)：创建包含指定 Vector 中元素的 JComboBox。

（2）JComboBox 的常用方法

- void addItem(Object anObject)：为项列表添加项。
- void insertItemAt(Object anObject, int index)：在项列表中的给定索引处插入项。
- void removeItem(Object anObject)：从项列表中移除项。
- void removeItemAt(int anIndex)：移除 anIndex 处的项。
- Object getItemAt(int index)：返回指定索引处的列表项。
- int getItemCount()：返回列表中的项数。
- Object getSelectedItem()：返回当前所选项。

须要强调的是，JComboBox 的选项索引值从 0 开始。

文档 源代码 6-14

【例 6-14】 列表框的应用示例。

笔 记

程序代码如下：

```
package com.chap6;
import java.awt.*;
import javax.swing.*;
public class JListDemo extends JFrame {
    private JList jList1;
    JComboBox jcb_year, jcb_month, jcb_day;
    public JListDemo() {
        this.setTitle("列表使用示例");
        this.setSize(300, 200);
        this.setVisible(true);
    }
    //测试列表框的使用
    public void testJList() {
        JPanel jPanel1 = new JPanel(new GridLayout(1, 2));
        String[] fruit = { "苹果", "香蕉", "梨子", "草莓" };
                                            // 利用 String 数组建立 JList 对象
        JList jList1 = new JList(fruit);
        // 设置 jList1 对象的带标题边框
        jList1.setBorder(BorderFactory.createTitledBorder("您喜欢吃的水果: "));
        // 设置 jList1 对象的选择模式为单一选择
        jList1.setSelectionMode(ListSelectionModel.SINGLE_SELECTION);
        jPanel1.add(jList1);
        this.add(jPanel1);
    }
    //测试组合框的使用
    public void testJComboBox() {
        jcb_year = new JComboBox();
        JPanel jp = new JPanel();
        jp.setBorder(BorderFactory.createTitledBorder("请选择年-月-日"));
                                                        //设置 JPanel 的边界
        jp.add(jcb_year);
        jcb_month = new JComboBox();
        jp.add(jcb_month);
        jcb_day = new JComboBox();
        jp.add(jcb_day);
        // 给组合框添加数据项
        for (int i = 2011; i > 1940; i--)
            jcb_year.addItem(i);
        for (int i = 1; i <= 12; i++)
            jcb_month.addItem(i);
        for (int i = 1; i <= 31; i++)
            jcb_day.addItem(i);
        this.add(jp, BorderLayout.NORTH);
    }
    public static void main(String[] args) {
        JListDemo jListDemo=new JListDemo();
        jListDemo.testJList();
        jListDemo.testJComboBox();
    }
}
```

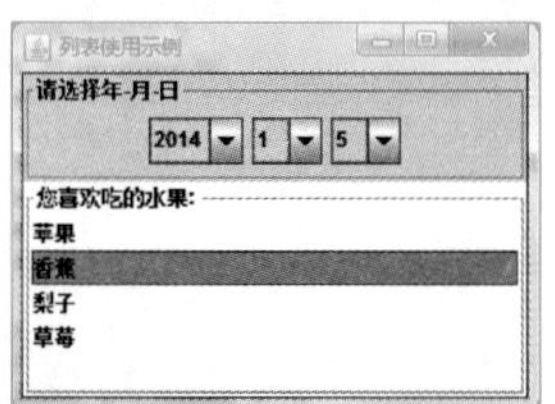

图 6-22
列表框示例

列表框中通过 setSelectionMode(ListSelectionModel.SINGLE_SELECTION)方法设置为单一选择模式，每次只能选择一项，若设置为 MULTIPLE_INTERVAL_SELECTION，则按住【Ctrl】键可以选择多个。程序运行结果如图 6-22 所示。

【任务实施】

在求租人信息设置时，设计一个操作主界面，其中进行添加、删除、修改等操作的选择，若选择“添加”操作，则打开一个新的“添加求租人信息”对话框，在其中输入求租人信息并进行添加。修改操作与添加基本类似，删除操作只要所需删除的求租人存在，即可直接删除。因此本任务在界面设计上，主要涉及求租人信息设置基本界面和添加求租人信息界面。

1. 求租人信息设置的基本界面

```
package com.chap6;
import javax.swing.*;
import java.awt.*;
public class HirePersonSetFrame   extends JFrame {
    private JPanel northPanel;
    private JPanel southPanel;
    private JButton addButton;
    private JButton updateButton;
    private JButton deleteButton;
    private JButton quitButton;
    public HirePersonSetFrame(){
        this.setTitle("求租人信息设置");
        this.setBounds(200, 200, 800, 400);
        Container container=this.getContentPane();
        container.setLayout(new BorderLayout(10,10));
        northPanel=new JPanel();
        northPanel.setBorder(BorderFactory.createTitledBorder("求租人信息操作"));
        northPanel.setBounds(30,30, 750,30);
        addButton=new JButton("添加");
        updateButton=new JButton("修改");
        deleteButton=new JButton("删除");
        quitButton=new JButton("退出");
        northPanel.add(addButton);
        northPanel.add(updateButton);
        northPanel.add(deleteButton);
        northPanel.add(quitButton);
        southPanel=new JPanel();
        southPanel.setBorder(BorderFactory.createTitledBorder("求租人信息列表"));
        JLabel jl=new JLabel("建设中，静请期待!!!! ");
        southPanel.add(jl);
        southPanel.setBounds(10, 10, 750,430);
        container.add(northPanel,BorderLayout.NORTH);
        container.add(southPanel,BorderLayout.CENTER);
        this.setVisible(true);
    }
    public static void main(String[] args) {
        HirePersonSetFrame hirePersonSetFrame=new HirePersonSetFrame();
    }
}
```

程序运行结果如图 6-23 所示，求租人信息列表可以通过 JTable 显示，在任务 6.4 中有介绍。

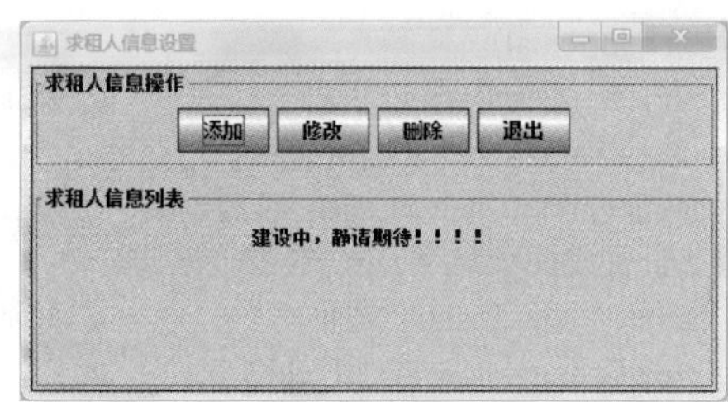

图 6-23
求租人信息设置界面

2. 求租人添加对话框设计与实现

笔 记

```
package com.chap6;
import java.awt.*;
import javax.swing.*;
import java.text.SimpleDateFormat;
import java.util.Date;
import java.util.List;
import java.util.Vector;
public class HirePersonAddDialog extends JDialog {
    private JLabel hirePersonNo;                    // 求租人编号
    private JTextField hirePersonValue;
    private JLabel userName;                        // 姓名
    private JTextField userNameValue;
    private JLabel sex;                             // 性别
    private JRadioButton male;
    private JRadioButton femal;
    ButtonGroup bg;
    private JLabel phone;                           // 电话
    private JTextField phoneValue;
    private JLabel homePhone;                       // 家庭电话
    private JTextField homePhoneValue;
    private JLabel email;                           // 邮箱
    private JTextField emailValue;
    private JLabel qq;                              // Qq
    private JTextField qqValue;
    private JLabel cardID;                          // 身份证号码
    private JTextField cardIDValue;
    private JButton addButton;
    private JButton resetButton;
    public HirePersonAddDialog(JFrame f, boolean model) {
        this.setTitle("添加求租人信息");
        this.setBounds(200, 200, 400, 400);
        this.setLayout(null);
        JPanel northPanel = new JPanel();           //创建组件
        northPanel.setBorder(BorderFactory.createTitledBorder("添加求租人信息"));
        northPanel.setBounds(3, 5, 385, 310);
        hirePersonNo = new JLabel("求租人编号");
        hirePersonValue = new JTextField(15);
        userName = new JLabel("姓名                    ",JLabel.RIGHT);
        userNameValue = new JTextField(15);
        sex = new JLabel("性别");
        male = new JRadioButton("男", true);
```

笔 记

```
femal = new JRadioButton("女");
bg = new ButtonGroup();
bg.add(male);
bg.add(femal);
phone = new JLabel("手机                ",JLabel.RIGHT);
phoneValue = new JTextField(15);
homePhone = new JLabel("家庭电话      ",JLabel.RIGHT);
homePhoneValue = new JTextField(15);
email = new JLabel("邮箱                ",JLabel.RIGHT);
emailValue = new JTextField(15);
qq = new JLabel("QQ            ");
qqValue = new JTextField(15);
cardID = new JLabel("身份证号码",JLabel.RIGHT);
cardIDValue = new JTextField(15);
Box vBox = Box.createVerticalBox();              //添加组件
Box vBox1 = Box.createVerticalBox();
Box hBox1 = Box.createHorizontalBox();
hBox1.add(hirePersonNo);
hBox1.add(Box.createHorizontalStrut(15));
hBox1.add(hirePersonValue);
vBox1.add(hBox1);
vBox1.add(Box.createVerticalStrut(12));
Box vBox2 = Box.createVerticalBox();
Box hBox2 = Box.createHorizontalBox();
hBox2.add(userName);
hBox2.add(Box.createHorizontalStrut(15));
hBox2.add(userNameValue);
vBox2.add(hBox2);
vBox2.add(Box.createVerticalStrut(12));
Box vBox3 = Box.createVerticalBox();
Box hBox3 = Box.createHorizontalBox();
hBox3.add(sex);
hBox3.add(Box.createHorizontalStrut(15));
hBox3.add(male);
hBox3.add(femal);
vBox3.add(hBox3);
vBox3.add(Box.createVerticalStrut(12));
Box vBox4 = Box.createVerticalBox();
Box hBox4 = Box.createHorizontalBox();
hBox4.add(cardID);
hBox4.add(Box.createHorizontalStrut(15));
hBox4.add(cardIDValue);
vBox4.add(hBox4);
vBox4.add(Box.createVerticalStrut(12));
Box vBox5 = Box.createVerticalBox();
Box hBox5 = Box.createHorizontalBox();
hBox5.add(homePhone);
hBox5.add(Box.createHorizontalStrut(15));
hBox5.add(homePhoneValue);
vBox5.add(hBox5);
vBox5.add(Box.createVerticalStrut(12));
Box vBox6 = Box.createVerticalBox();
Box hBox6 = Box.createHorizontalBox();
```

笔 记

```
            hBox6.add(email);
            hBox6.add(Box.createHorizontalStrut(15));
            hBox6.add(emailValue);
            vBox6.add(hBox6);
            vBox6.add(Box.createVerticalStrut(12));
            Box vBox7 = Box.createVerticalBox();
            Box hBox7 = Box.createHorizontalBox();
            hBox7.add(phone);
            hBox7.add(Box.createHorizontalStrut(15));
            hBox7.add(phoneValue);
            vBox7.add(hBox7);
            vBox7.add(Box.createVerticalStrut(12));
            Box vBox8 = Box.createVerticalBox();
            Box hBox8 = Box.createHorizontalBox();
            hBox8.add(qq);
            hBox8.add(Box.createHorizontalStrut(35));
            hBox8.add(qqValue);
            vBox8.add(hBox8);
            vBox8.add(Box.createVerticalStrut(12));
            vBox.add(vBox1);
            vBox.add(vBox2);
            vBox.add(vBox3);
            vBox.add(vBox4);
            vBox.add(vBox5);
            vBox.add(vBox6);
            vBox.add(vBox7);
            vBox.add(vBox8);
            northPanel.add(vBox);
            JPanel southPanel = new JPanel();              // 南边面板
            southPanel.setBounds(0, 320, 400, 70);
            addButton = new JButton("确定");
            resetButton = new JButton("重置");
            southPanel.add(addButton);
            southPanel.add(resetButton);
            this.add(northPanel);
            this.add(southPanel);
            // 关闭用户管理对话框事件处理
            this.setDefaultCloseOperation(JDialog.DO_NOTHING_ON_CLOSE);
            this.show();
        }
        public static void main(String[] args){
            HirePersonAddDialog hirePersonAddDialog=new HirePersonAddDialog(
            new HirePersonSetFrame(),true);
        }
    }
```

求租人信息添加界面如图 6-24 所示。

图 6-24
求租人信息添加界面

【实践训练】

1．应用 Swing 常用组件，设计并实现用户注册界面。
2．模仿 Windows 系统的计算器，设计并实现简易计算器。
3．思考出租人信息设置中主要涉及的操作，设计并实现出租人信息设置基本操作界面及其他相关界面。

任务 6.3 出租人信息设置

PPT 任务 6.3 出租人信息设置

视频 任务 6.3 出租人信息设置

笔 记

【任务分析】

出租人信息管理和求租人信息设置基本类似，包括出租人信息设置和查询，主要是出租人的添加、修改、删除、查询等操作。本任务主要介绍在图形界面已经设计实现的基础上使用 Java 事件处理机制，在相关组件上添加事件处理，实现与用户的交互。

【相关知识】

6.10 事件处理模型

GUI 设计的意义是应用程序提供给用户操作的图形界面，而 GUI 本身并不对用户操作的结果负责。如果在某个窗口上添加了一个按钮，当用户用鼠标单击这个按钮时，程序什么都不做，那只有空图形，没有功能实施。对于 GUI 程序与用户操作的交互功能，Java 使用了一种自己专门的方式，称之为事件处理机制。

Java 采用了委托事件处理模式，即对象（指组件）本身没有用成员方法来处理事件，而是将事件委托给事件监听者处理，这使得组件更加简练。

在事件处理机制中需要理解以下三个重要概念。

- 事件：用户对组件的一个操作，称之为一个事件，以类的形式出现。例如，键盘操作对应的事件类是 KeyEvent。
- 事件源：发生事件的组件就是事件源。
- 事件处理者：接收事件对象并对其进行处理的对象。

如果用户用鼠标单击了某一按钮对象，则该按钮 JButton 就是事件源，而 Java 运行时系统会生成 ActionEvent 类的对象，该对象中描述了该单击事件发生时的一些信息，然后，事件处理者对象将接收由 Java 运行时系统传递过来的事件对象并进行相应的处理。

同一个事件源上可能发生多种事件，事件源可以把在其自身所有可能发生的事件分别授权给不同的事件处理者来处理。例如，在某一对象上既可能发生鼠标事件，也可能发生键盘事件，则该对象就可以授权给事件处理者处理鼠标事件，同时授权给事件处理者处理键盘事件。

有时也将事件处理者称为监听器，主要原因在于监听器时刻监听着事件源上所有发生的事件类型，一旦该事件类型与自己所负责处理的事件类型一致，就马上进行处理。委托模型把事件的处理委托给外部的处理实体进行处理，实现了将事件源和监听器分开的机制。事件处理者（监听器）通常是一个类，该类如果要处理某种类型的事件，就必须实现与该事件类型相对的接口。如要处理按钮的激活事件（ActionEvent），则必须要有一个激活事件的监听器（ActionListener）对按钮进行监听，一旦按钮被激活，就做出一些响应来。

笔 记

事件处理过程如图 6-25 所示。

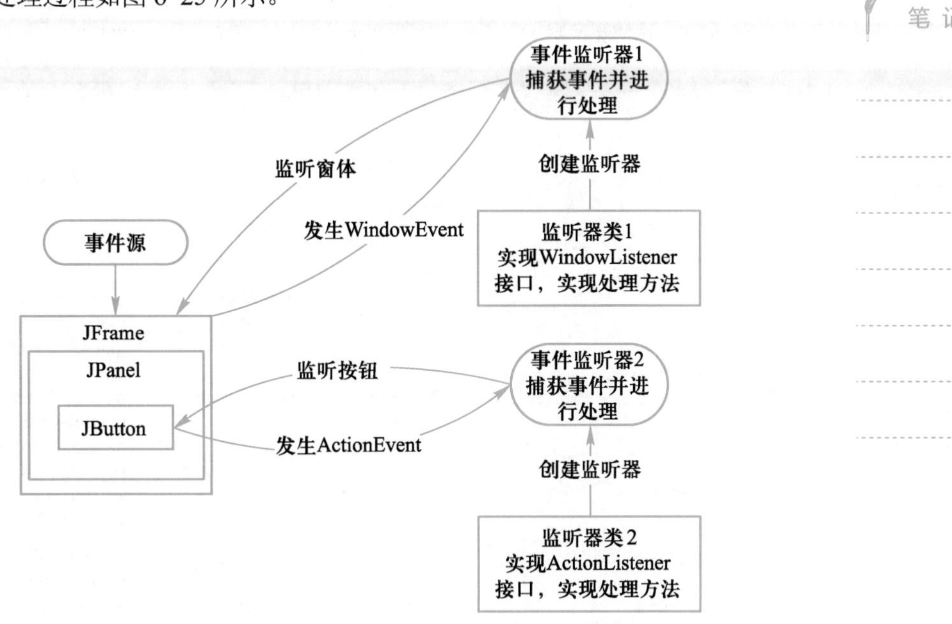

图 6-25
事件处理机制

笔 记

事件的处理过程是：事件处理器（事件监听器）首先与组件（事件源）建立关联，当组件接受外部作用（事件）时，组件就会产生一个相应的事件对象，并把此对象传给与之关联的事件处理器，事件处理器就会被启动并执行相关的代码来处理该事件。进行事件处理的一般方法归纳如下：

方法 1：对于某一类型的事件 XXXEvent，要想接收并处理这类事件，必须定义相应的事件监听器类，该类需要实现与该事件相对应的接口 XXXListener。

方法 2：事件源实例化以后，必须进行授权，注册该类事件的监听器，使用事件源.addXXXListener(XXXListener)方法来注册监听器。

根据事件的不同特征，Java 事件类分为低级事件（Low-level Event）和语义事件（Semantic Event）。AWTEvent 是所有事件类的父类，语义事件直接继承自 AWTEvent，如 ActionEvent、AdjustmentEvent 与 ComponentEvent 等。低级事件则是继承自 ComponentEvent 类，如 ContainerEvent、FocusEvent、WindowEvent 与 KeyEvent 等。Java 的所有事件类和处理事件的监听者接口都定义在 java.awt.event 包中，事件类的层次结构如图 6-26 所示。

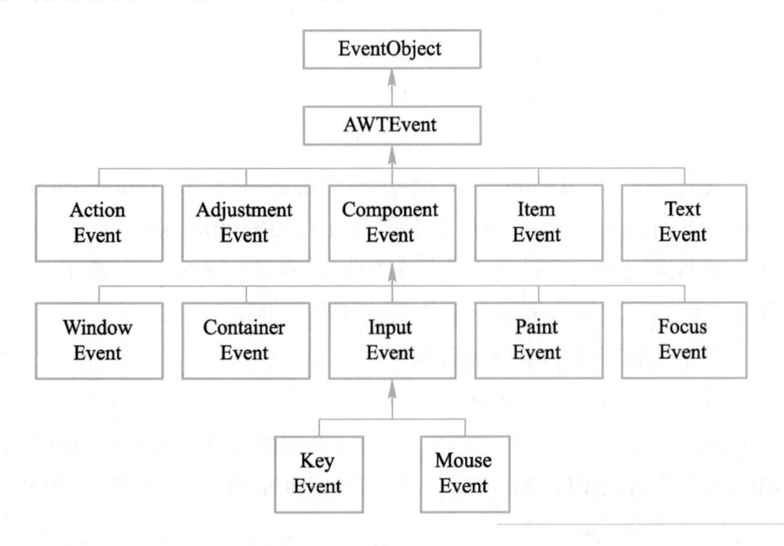

图 6-26
事件类的层次结构

每类事件都有对应的事件监听器。事件监听器是接口，根据动作来定义方法，事件处理的核心就是定义类实现监听接口。事件类及事件监听器见表6-1。

表6-1
事件类及事件监听接口

事件类	事件描述	事件源组件	事件监听接口	事件监听接口中的抽象方法
ActionEvent	激活组件	JButton\ JTextField\ JList\ JMenuItem 等	ActionListener	actionPerformed(ActionEvent)
ItemEvent	选择了某些项目	JList\Jradio Button 等	ItemListener	itemStateChanged(ItemEvent)
MouseEvent	鼠标移动	JComponent	MouseMotion Listener	mouseDragged(MouseEvent) mouseMoved(MouseEvent)
	鼠标单击等	JComponent	MouseListener	mousePressed(MouseEvent) mouseReleased(MouseEvent) mouseEntered(MouseEvent) mouseExited(MouseEvent) mouseClicked(MouseEvent)
KeyEvent	键盘输入	JComponent	KeyListener	keyPressed(KeyEvent) keyReleased(KeyEvent) keyTyped(KeyEvent)
FocusEvent	组件收到或失去焦点	JComponent	FocusListener	focusGained(FocusEvent) focusLost(FocusEvent)
Adjustment Event	移动了滚动条等组件	JScrollBar\ JScrollPane	Adjustment Listener	adjustmentValueChanged (AdjustmentEvent)
Component Event	对象移动缩放显示隐藏等	JComponent	Component Listener	componentMoved(ComponentEvent) componentHidden(ComponentEvent) componentResized(ComponentEvent) componentShown(ComponentEvent)
Window Event	窗口收到窗口级事件	Window	Window Listener	windowClosing(WindowEvent) windowOpened(WindowEvent) windowIconified(WindowEvent) windowDeiconified(WindowEvent) windowClosed(WindowEvent) windowActivated(WindowEvent) windowDeactivated(WindowEvent)
Container Event	容器中增加删除了的组件	Container	Container Listener	componentAdded(ContainerEvent) componentRemoved(ContainerEvent)
TextEvent	文本字段或文本区发生改变	Jtext Component	TextListener	textValueChanged(TextEvent)

笔 记

java.awt.event 包中还定义了11个监听器接口，每个接口内部包含了若干处理相关事件的抽象方法。一般说来，每个事件类都有一个监听者接口与之对应，而事件类中的每个具体事件类型都有一个具体的抽象方法与之对应。当具体事件发生时，这个事件将被封装成一个事件类的对象作为实际参数传递给与之对应的具体方法，由这个具体方法负责响应并处理发生的事件。

例如，与 ActionEvent 类事件对应的接口是 ActionListener，这个接口定义了抽象方法：

```
public void actionPerformed(ActionEvent e);
```

凡是要处理 ActionEvent 事件的类都必须实现 ActionListener 接口，而实现 ActionListener 接口就必须重载上述的 actionPerformed()方法，在重载的方法体中，通常需要调用参数 e 的有关方法。例如，调用 e.getSource 查明产生 ActionEvent 事件的事件源，然后再采取相应的措施处理该事件。

其中比较特殊的事件类有两个：一个是 InputEvent 类，因为它不对应具体的事件，所以没有监听者与之对应；另一个是 MouseEvent 类，它有两个监听者接口与之对应，一个是 MouseListener 接口（其中的方法可以响应 MOUSE_CLICKED、MOUSE_ENTERED、MOUSE_EXITED、MOUSE_PRESSED、MOUSE_RELEASED

的 5 个具体事件），另一个是 MouseMotionListener 接口（其中的方法可以响应 MOUSE_DRAGGED、MOUSE_MOVED 的两个事件）。

注意

并非每个事件类都只对应一个事件，例如 KeyEvent 类可能对应 KEY-PRESSED（键按下）、KEY-RELEASED（键松开）、KEY-TYPED（击键）三个具体的事件。

在 GUI 中实现事件响应处理的基本步骤如下：

步骤 1：根据需要定义相应类型的监听者类，实现监听接口，在类的响应事件的方法中编写响应程序，完成事件的处理。

步骤 2：创建事件监听者对象。

步骤 3：为将会触发事件的组件 C 注册相应的事件监听者对象（使用 C 的 addXXXListener()方法）。

进行事件处理的核心是定义监听器类，而定义监听器类的方法有多种，可以定义外部类、内部类、匿名内部类、或组件所在类自身作监听器。每一种方法各有各的特点，可以根据实际情况进行选择。

笔 记

6.11 常见事件处理

1. 激活事件处理

激活事件 ActionEvent 类只包含一个事件，即执行动作事件。能触发激活事件的动作主要有以下 4 类。

① 单击按钮。

② 双击一个列表中的选项。

③ 选择菜单项。

④ 在文本框中输入回车。

ActionEvent 类的重要方法有 String getActionCommand( )，其返回引发事件动作的命令名，该命令名可通过调用 setActionCommand( ) 指定给事件源组件，也可使用事件源的默认命令名。

使用 getActionCommand( )方法可以区分产生动作命令的不同事件源，使 actionPerformed( )方法对不同事件源引发的事件区分对待处理。区分事件的事件源也可以使用 getSource( )方法，但是这样处理事件的代码就与 GUI 结合得过于紧密，对于小程序尚可接受，对于大程序则不提倡。

【例 6-15】 按钮激活事件的处理。

文档 源代码 6-15

```
package com.chap6;
import java.awt.BorderLayout;
import java.awt.event.*;
import javax.swing.*;

public class ActionEventDemo extends JFrame implements ActionListener{
    private JButton jb1,jb2;
    private JLabel jl;
    public ActionEventDemo(){
        this.setTitle("这是激活事件的示例");
        this.setSize(300,200);
```

笔 记

```
        this.setDefaultCloseOperation(JFrame.EXIT_ON_CLOSE);
        this.setVisible(true);
    }
    //测试方法
    public void testActionEvent(){
        jb1=new JButton("张三");
        jb2=new JButton("李四");
        jl=new JLabel();
        jb1.addActionListener(this);            //给按钮1注册激活监听器
        jb2.addActionListener(this);            //给按钮2注册激活监听器
        this.add(jb1,BorderLayout.NORTH);
        this.add(jb2,BorderLayout.SOUTH);
        this.add(jl);
    }

    public static void main(String[] args) {
        ActionEventDemo eventDemo=new ActionEventDemo();
        eventDemo.testActionEvent();
    }

    //激活动作处理
    public void actionPerformed(ActionEvent e) {
        if(e.getActionCommand().equals("张三")){
            jl.setText("张三来了");
        }
        if(e.getActionCommand().equals("李四")){
            jl.setText("李四来了");
        }
    }
}
```

图 6-27
按钮激活事件 1

程序运行后，单击“张三”按钮，则运行结果如图 6-27 所示；单击“李四”按钮，则运行结果如图 6-28 所示。

图 6-28
按钮激活事件 2

2. 鼠标事件

鼠标事件 MouseEvent 类是属于低层次事件类的一种。用于处理鼠标事件的监听器接口有 MouseListener 和 MouseMotionListener。只要鼠标的按钮按下、鼠标指针进入或移出事件源，或者是移动、拖曳鼠标等，皆会触发鼠标事件。任何派生于 java.awt.Component 的 GUI 组件都可以捕获鼠标事件。

MouseEvent 类中的常用方法如下。

- Point getPoint()：取得鼠标按键按下之点的坐标，并以 Point 类类型的对象返回。
- int getX()：取得鼠标按键按下之点的 x 坐标。
- int getY()：取得鼠标按键按下之点的 y 坐标。

【例 6-16】 鼠标事件的处理，演示鼠标在各种操作下程序做出的反应。

```
package com.chap6;
import javax.swing.*;
import java.awt.event.*;
public class MouseEventDemo extends JFrame implements MouseListener{
    private JLabel jl;
```

笔 记

```
    public MouseEventDemo(){
        this.setTitle("这是鼠标事件的示例");
        this.setSize(300,200);
        this.setDefaultCloseOperation(JFrame.EXIT_ON_CLOSE);
        this.setVisible(true);
    }
    //测试方法
    public void testMouseEvent(){
        jl=new JLabel();
        this.add(jl);
         //注册鼠标事件到事件源，此处窗体是事件源，也是事件的监听者
        this.addMouseListener(this);
        jl.addMouseListener(this);   //注册鼠标事件到标签上
    }
    //鼠标单击
    public void mouseClicked(MouseEvent e) {
        int x=e.getX();
        int y=e.getY();
        jl.setText("你单击了一次鼠标,当时的坐标为：("+x+","+y+")");
    }
    //鼠标按下
    public void mousePressed(MouseEvent e) {
        jl.setText("你按下了鼠标");
    }
    //鼠标进入组件
    public void mouseEntered(MouseEvent e) {
        jl.setText("鼠标此时进入了标签中，此标签位于窗体的 CENTER 方位");
    }
    //鼠标离开组件
    public void mouseExited(MouseEvent e) {
        jl.setText("鼠标此时离开了窗体");
    }

    public static void main(String[] args) {
        MouseEventDemo mouseEventDemo=new MouseEventDemo();
        mouseEventDemo.testMouseEvent();
    }
}
```

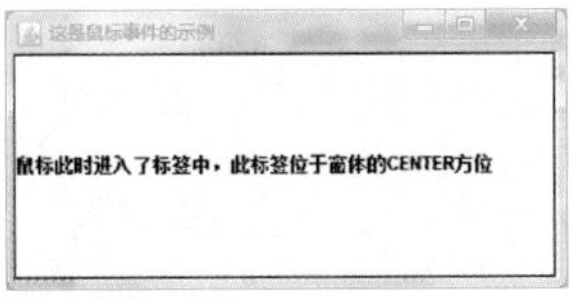

图 6-29
鼠标进入

图 6-30
鼠标离开

图 6-31
按下鼠标

图 6-32
单击鼠标

程序运行后，鼠标的任何操作会触发鼠标监听器。鼠标进入标签中，则显示如图 6-29 所示；鼠标离开窗体，则显示如图 6-30 所示；按下鼠标后，则显示如图 6-31 所示；单击鼠标后，则显示如图 6-32 所示。

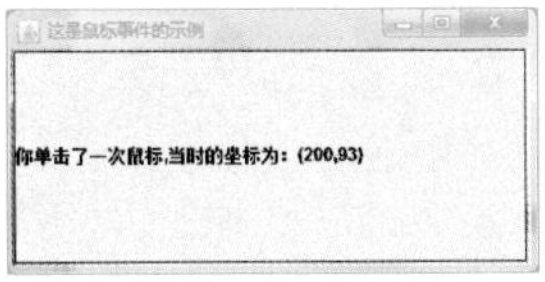

3．选择事件处理

选择事件 ItemEvent 类只包含代表选择项的选中状态发生变化的事件。

（1）引发 ItemEvent 类事件的动作

- 改变列表类 JList 对象选项的选中或不选中状态。
- 改变下拉列表类 JComboBox 对象选项的选中或不选中。
- 改变复选框类 JCheckBox 对象的选中或不选中状态。

（2）ItmeEvent 类的常用方法

- ItemSelectable getItemSelectable( )：返回引发选中状态变化事件的事件源。例

如，选项变化的 JList 对象，能引发选中状态变化事件的是实现了 ItemSelectable 接口的类的对象。

- Object getItem()：返回引发选中状态变化事件的具体选择项，如选中 JComboBox 的具体 item，通过调用这个方法可知用户选中了哪个选项。
- int getStateChange()：返回具体的选中状态变化类型，其返回值在 ItemEvent 类的几个静态常量列举的集合之内，ItemEvent.SELECTED 代表选项被选中，ItemEvent.DESELECTED 代表选项被放弃不选。

【例 6-17】 选择事件处理示例。

笔记

```
package com.chap6;
import java.awt.BorderLayout;
import java.awt.Font;
import java.awt.event.*;
import javax.swing.*;
public class ItemEventDemo extends JFrame {
    private JCheckBox jcb1, jcb2;
    JLabel jl;
    public ItemEventDemo() {
        this.setTitle("这是选择事件的示例");
        this.setSize(300, 200);
        this.setDefaultCloseOperation(JFrame.EXIT_ON_CLOSE);
        this.setVisible(true);
    }
    public void testItemEvent() {
        jcb1 = new JCheckBox("黑体");
        jcb2 = new JCheckBox("斜体");
        jl = new JLabel("显示文字设置效果");
        JPanel jPanel = new JPanel();
        jPanel.add(jcb1);
        jPanel.add(jcb2);
        // 创建监听对象
        ItemMoniter itemMoniter = new ItemMoniter();
        // 注册监听器
        jcb1.addItemListener(itemMoniter);
        jcb2.addItemListener(itemMoniter);
        this.add(jPanel,BorderLayout.NORTH);
        this.add(jl);
    }
    // 内部类实现监听
    class ItemMoniter implements ItemListener {
        public void itemStateChanged(ItemEvent e) {
            JCheckBox jcbTemp;
            Font oldF = jl.getFont();
            jcbTemp=(JCheckBox)e.getItemSelectable();
            if(jcbTemp==jcb1 & e.getStateChange()==ItemEvent.SELECTED){
                                                        //加粗按钮状态改变
                jl.setFont(new Font(oldF.getName( ),Font.BOLD,oldF.getSize( )));
            }else if(jcbTemp==jcb1 & e.getStateChange()==ItemEvent.DESELECTED){
                jl.setFont(new Font(oldF.getName( ),Font.PLAIN,oldF.getSize( )));
```

```
            }else if(jcbTemp==jcb2 & e.getStateChange()==ItemEvent.SELECTED ){
                                                                    //倾斜按钮状态改变
                    jl.setFont(new Font(oldF.getName( ),Font.ITALIC+Font.BOLD,oldF.
getSize( )));
                }else if(jcbTemp==jcb2 & e.getStateChange()==ItemEvent.DESELECTED){
                    jl.setFont(new Font(oldF.getName( ),Font.BOLD,oldF.getSize( )));
                }
            }
        }
        public static void main(String[] args) {
            ItemEventDemo eventDemo=new ItemEventDemo();
            eventDemo.testItemEvent();
        }
    }
```

图 6-33
选择事件示例

程序运行后选中两个复选框，文本的效果如图 6-33 所示。

6.12 事件适配器

为简化编程，Java 语言为大多数事件监听器接口定义了相应的实现类，这些类被称为事件适配器（Adapter）类。在适配器类中，实现了相应监听器接口中所有的方法，但不做任何事情，子类只要继承适配器类，就等于实现了相应的监听器接口，可以通过继承事件所对应的 Adapter 类重写需要的方法，无关的方法再也不用“简单实现”了。

笔 记

事件适配器提供了一种简单的实现监听器的手段，可以缩短程序代码。但是，由于 Java 的单一继承机制，当需要多种监听器或此类已有父类时，就无法采用事件适配器了，只能去实现事件监听器接口了。

例如，下列代码中使用了鼠标适配器实现鼠标事件的监听。

```
public class MouseClickHandler extends MouseAdaper{
    public void mouseClicked(MouseEvent e) //只实现需要的方法
    {……}
}
```

java.awt.event 包中定义的事件适配器类包括以下几个：

- ComponentAdapter：组件适配器。
- ContainerAdapter：容器适配器。
- FocusAdapter：焦点适配器。
- KeyAdapter：键盘适配器。
- MouseAdapter：鼠标适配器。
- MouseMotionAdapter：鼠标运动适配器。
- WindowAdapter：窗口适配器。

【例 6-18】 事件适配器示例。

文档 源代码 6-18

```
package com.chap6;
import java.awt.event.*;
import javax.swing.*;
public class WindowAdapterDemo extends JFrame{
    public WindowAdapterDemo(){
        this.setTitle("这是事件适配器的示例");
        this.setSize(300,200);
```

笔 记

```
        this.setVisible(true);
    }
    public void testWindowAdapter(){
        //处理窗口关闭事件
        this.addWindowListener(new WindowAdapter(){
            public void windowClosing(WindowEvent e){
                System.exit(0);
            }
        });
    }
    public static void main(String[] args) {
        WindowAdapterDemo demo=new WindowAdapterDemo();
        demo.testWindowAdapter();
    }
}
```

本例中给窗体添加窗体事件处理，单击窗体的“关闭”按钮，则会退出程序的运行。在事件处理时，创建窗体事件适配器的匿名内部类实现。

【任务实施】

PPT 任务6.3 任务实施

文档 任务6.3 任务实施源代码

视频 任务6.3 任务实施

出租人信息设置主要包括出租人的添加、修改、删除、查询等操作，这里主要介绍添加出租人信息的实现，因图形界面设计代码较多，此处只给出事件处理的核心代码。

添加出租人信息的事件处理核心代码如下：

笔 记

```
public void actionPerformed(ActionEvent e) {
// 添加出租人信息
    if (e.getSource()== addButton) {
        //1：先获取输入的出租人信息
        String rentPersonNo = rentPersonValue.getText();
        String userName = userNameValue.getText();          // 用户名
        String sex = "";
        if (male.isEnabled()) {
            sex = "男";
        } else {
            sex = "女";
        }
        String phone = phoneValue.getText();                // 电话
        String homePhone = homePhoneValue.getText();        // 家庭电话
        String email = emailValue.getText();                // 邮箱
        String qq = qqValue.getText();                      // Qq
        String cardID = cardIDValue.getText();              // 身份证号码
        Date date = new Date();
        SimpleDateFormat simpleDate = new SimpleDateFormat("yyyy-MM-dd");
        String recordDate = simpleDate.format(date);
        System.out.println("recordDate="+recordDate);
        RentPerson rentPerson = new RentPerson();
        rentPerson.setRentPersonNo(rentPersonNo);
        rentPerson.setUserName(userName);
        rentPerson.setSex(sex);
        rentPerson.setPhone(phone);
        rentPerson.setHomePhone(homePhone);
```

笔 记

```
            rentPerson.setEmail(email);
            rentPerson.setQq(qq);
            rentPerson.setCardID(cardID);
            rentPerson.setHouseID(houseID);
            rentPerson.setRecordDate(recordDate);
            rentPersonSet = new RentPersonSetFrame();
            RentPersonTable rentPersonTable = rentPersonSet
                    .getRentPersonTable();
            // String[] names = { "出租人编号", "姓名", "电话","QQ","身份证号码",
             "登记日期"};
            // 在表格中显示
            Vector v = new Vector();
            v.add(rentPerson.getRentPersonNo());
            v.add(rentPerson.getUserName());
            v.add(rentPerson.getPhone());
            v.add(rentPerson.getQq());
            v.add(rentPerson.getCardID());
            v.add(rentPerson.getRecordDate());
            System.out.println("v=" + v.size());
            DefaultTableModel defaultModel = rentPersonTable.getDefaultModel();
            defaultModel.addRow(v);

            JTable table = rentPersonSet.getRentPersonTable().getTable();
            DefaultTableCellRenderer r = new DefaultTableCellRenderer();
            r.setHorizontalAlignment(JLabel.CENTER);
            table.setDefaultRenderer(Object.class, r);
            table.revalidate();
            rentPersonDAO = new RentPersonDAOImpl();
            // 2：添加到数据库中
            boolean iresult = rentPersonDAO.addRentPerson(rentPerson);
            if (iresult) {// 添加成功
                System.out.println("出租人信息添加成功啦！");
                this.setVisible(false);
            } else {// 添加失败
                System.out.println("添加数据库失败！");
            }
        }
        // 重新设置
        if (e.getSource()== resetButton) {
            rentPersonValue.setText("");
            userNameValue.setText("");
            phoneValue.setText("");
            homePhoneValue.setText("");
            emailValue.setText("");
            qqValue.setText("");
            cardIDValue.setText("");
        }
        if (e.getSource() == selectHouseButton) {
            HouseInfoDisplay houseInfo = new HouseInfoDisplay();
            houseInfo.setRentPersonAdd(this);
        }
    }
```

【实践训练】

1．建立一个班级下拉式列表，列表项中有软件111～软件115，当选择某个选项时，将这个选项的内容复制到按钮文本中。要求字体大小为24号，颜色为红色。

2．给用户注册界面添加事件处理，若单击“注册”按钮，则获取的用户信息显示在界面下端，若单击“取消”按钮，则将所有输入清空。

3．为出租人信息设置其他相关界面的事件处理。

任务6.4 系统主界面设计

PPT 任务6.4 系统主界面设计

【任务分析】

系统的主界面部分主要分为4部分，依次为菜单栏、常用工具栏、图片显示区和状态栏。其中，菜单栏中放置常用管理操作的菜单；工具栏放置常用工具按钮，每个工具按钮对应一个功能操作。本任务主要是了解菜单、对话框、树结构视图、表格等组件的使用，并应用相关知识实现系统主界面的设计。

视频 任务6.4 系统主界面设计

【相关知识】

6.13 菜单

笔 记

菜单也是一种常用的GUI组件。菜单采用的是一种层次结构，最顶层是菜单栏（JMenuBar），在菜单栏中可以添加若干菜单（JMenu），每个菜单中又可以添加若干菜单选项（JMenuItem）、分隔线（Separator）或是菜单（称之为子菜单）。JMenuBar、JMenu、JMenuItem是构成菜单的三个基本要素。可以先了解这三个类，然后再看其具体用法。

1．JMenuBar

（1）JMenuBar的构造方法

- JMenuBar()：创建一个菜单栏。

（2）JMenuBar的常用方法

- JMenu add(JMenu menu)：添加指定菜单到菜单栏。
- JMenu getMenu(int index)：返回指定的菜单项。
- int getMenuCount()：返回菜单条的总数。

2．JMenu

（1）JMenu的构造方法

- JMenu()：创建一个没有标题的菜单。
- JMenu(String s)：创建标题为s的菜单。

（2）JMenu的常用成员方法

- JMenuItem add(JMenuItem item)：将菜单项item加入菜单末尾。
- void addSeperator()：向菜单添加一个分隔符。
- void remove(int index)：删除索引为index的菜单项。
- void remove(JMenuItem item)：删除指定菜单项。

笔 记

- JMenuItem add(JMenuItem item, int index)：向指定位置插入一个菜单项。
- JMenuItem insert(JMenuItem mi, int pos)：在给定位置插入指定的 JMenuitem。
- int getItemCount()：返回菜单上的项数，包括分隔符。

3．JMenuItem

（1）JMenuItem 的构造方法

- JMenuItem()：创建一个菜单项。
- JMenuItem(String text)：创建一个标题为 text 的菜单项。
- JMenuItem(String text, Icon icon)：创建带图标和文本的菜单。

（2）JMenuItem 的常用成员方法

- void setText(String lab)：设定标题为 lab。
- void setEnabled(boolean b)：设定菜单项是否可用，true 可用，false 为不可用。
- void setAccelerator(KeyStroke key)：指定菜单上的快捷键。

4．构建应用程序菜单的基本步骤

（1）创建一个菜单栏，并将菜单栏置于框架中

```
JMenuBar menuBar=new JMenuBar();        //创建菜单栏
frame.setJMenuBar(menuBar);             //将菜单栏放入框架中
```

菜单栏的添加和普通组件的添加不同，不是添加到窗体的内容面板中，而是通过窗体的 setJMenuBar(JMenuBar aMenuBar)方法将菜单栏置于框架中。

（2）在菜单栏中添加菜单

```
JMenu menu1=new JMenu("文件");          //新建菜单
JMenu menu2=new JMenu("编辑");          //新建菜单
menuBar.add(menu1);                     //添加菜单到菜单栏
menuBar.add(menu2);                     //添加菜单到菜单栏
```

（3）在菜单中添加菜单项

```
JMenuItem menuItem1=new JMenuItem("新建");    //新建菜单项
JMenuItem menuItem2=new JMenuItem("打开");    //新建菜单项
JMenuItem menuItem3=new JMenuItem("退出");    //新建菜单项
menu1.add(menuItem1);                         //添加菜单项到文件菜单
menu1.add(menuItem2);                         //添加菜单项到文件菜单
menu1. addSeparator();                        //在两个菜单项之间添加分隔线
menu1.add(menuItem3);                         //添加菜单项到文件菜单
```

注意

① 在菜单中除了可以添加菜单选项和分隔线外，还可以添加子菜单。

② 通常的菜单项是 JMenuItem，也可以使用复选框或单选按钮类型的菜单选项，分别是 JCheckBoxMenuItem 和 JRadioButtonMenuItem。使用 JRadioButtonMenuItem 时，同样需要将它们添加到同一个按钮组中，才能保证单选选钮的互斥。

③ 可以为一个菜单或菜单项设置快捷键，如

```
menu1.setMnemonic('F');
```

则菜单 menu1 可以通过【Alt+F】键打开。

④ 如果需要快速选择未打开的菜单中的菜单选项或子菜单，可以使用加速键。例如，当希望按下【CTRL+L】键时就立刻选中 lockItem 菜单选项，而不管 lockItem 所在的菜单是否已经打开，就可以使用下面的方法为 menuItem1 设置加速键：

```
KeyStroke ks= KeyStroke.getKeyStroke( KeyEvent.VK_L,InputEvent.CTRL_MASK);
menuItem1.setAccelerator(ks);
```

文档 源代码 6-19

笔 记

【例 6-19】 菜单使用示例。

```
package com.chap6;
//菜单栏添加
import javax.swing.*;
import java.awt.*;
public class JMenuDemo extends JFrame {
    public JMenuDemo(String title) {
        super(title);
        JMenuBar menuBar = new JMenuBar();          // 创建菜单栏
        this.setJMenuBar(menuBar);                  // 将菜单栏放入框架中
        JMenu menu1 = new JMenu("文件");            // 新建文件菜单
        JMenu menu2 = new JMenu("编辑");            // 新建编辑菜单
        menu1.setMnemonic('F');
        //为菜单设置快捷键，使用【Alt+F】键可以打开菜单
        // 添加菜单到菜单栏
        menuBar.add(menu1);
        menuBar.add(menu2);
        // 新建菜单项
        JMenuItem menuItem1 = new JMenuItem("新建");
        //JMenuItem menuItem2 = new JMenuItem("打开");
        JMenuItem menuItem3 = new JMenuItem("退出");

        JMenu viewMenu=new JMenu("打开");
        JRadioButtonMenuItem jrbItem1 = new JRadioButtonMenuItem("从本地...");
        JRadioButtonMenuItem jrbItem2 = new JRadioButtonMenuItem("从网络...");

        // 将三个单选按钮添加到一个按钮组
        ButtonGroup group = new ButtonGroup();
        group.add(jrbItem1);
        group.add(jrbItem2);
        // 构建子菜单
        viewMenu.add(jrbItem1);
        viewMenu.add(jrbItem2);

        // 添加菜单项到文件菜单
        menu1.add(menuItem1);
        //menu1.add(menuItem2);
        menu1.add(viewMenu);
        menu1.addSeparator();                  // 在两个菜单项之间添加分隔线
        menu1.add(menuItem3);

        this.setDefaultCloseOperation(JFrame.EXIT_ON_CLOSE);
        this.setSize(200, 200);
        this.setVisible(true);
    }

    public static void main(String[] args) {
        new JMenuDemo("菜单使用示例");
    }
}
```

程序运行结果如图 6-34 所示。

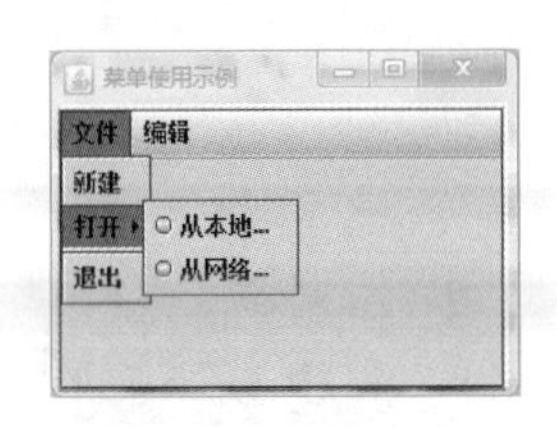

图 6-34
菜单使用示例

6.14　对话框

对话框是用户和应用程序进行交互（对话）的一个桥梁。对话框可以用于收集用户的输入数据并传递给应用程序，或是向用户显示应用程序的运行信息。前面所介绍的对话框（JDialog）为可调整版面的对话框，是一种顶层容器。Java 还提供了一个类 JOptionPane 用于创建简单的模式对话框，以在程序运行过程中提示或让用户输入数据、显示程序运行结果、报错等。

虽然 JOptionPane 提供了构造方法，但在一般使用时，更多地是使用 JOptionPane 提供的 4 种静态方法创建 4 种常用的标准对话框。

- 消息对话框（showMessageDialog）：显示消息等待用户单击“OK”按钮。
- 确认对话框（showConfirmDialog）：显示问题等待用户确认，即单击“OK”或“Cancel”等按钮。
- 输入对话框（showInputDialog）：等待并获取用户从文本框等组件中输入的信息。
- 选择对话框（showOptionDialog）：等待并获取用户从一组选项中选择信息。

JOptionPane 标准对话框主要由图标、消息、输入值以及选项按钮构成。针对这些显示成分，JOptionPane 定义了这些静态方法的重载方法。因其参数及其变化较多，这里仅以 showConfirmDialog()为例介绍相关参数的意义，其他静态方法的使用与此基本相同。

JOptionPane 定义的确认对话框方法如下（参数最多的一个）：

```
static int showConfirmDialog(Component parentComponent, Object message, String title,
int option Type, int messageType, Icon icon)              // 弹出一个带有指定图标的对话框
```

其中各个参数的意义如下：

① parentComponent：确定在其中显示对话框的 Frame；如果为 null 或者 parentComponent 不具有 Frame，则使用默认的 Frame。一般设为 null 值。

② message：要显示的 Object 可以是任意类型的对象。若是 String 类型，则显示字符串；若是图片，则显示图片；若是 GUI 组件，则显示组件。

③ title：对话框的显示标题。

④ optionType：指定对话框显示哪些按钮，可能的取值有三个，分别为：

```
JOptionPane.YES_NO_OPTION
JOptionPane.YES_NO_CANCEL_OPTION
JOptionPane. OK_CANCEL_OPTION
```

⑤ messageType：指定消息种类，用于确定来自可插入外观的图标，主要有 5 个取值，分别为：

```
JOptionPane.ERROR_MESSAGE
JOptionPane.INFORMATION_MESSAGE
JOptionPane.WARNING_MESSAGE
JOptionPane.QUESTION_MESSAGE
JOptionPane.PLAIN_MESSAGE       //不显示图标
```

⑥ icon：表示对话框中显示的图标。

基本对话框的使用比较简单，其基本使用可看以下示例。

笔 记

图 6-35
确认对话框 1

图 6-36
确认对话框 2

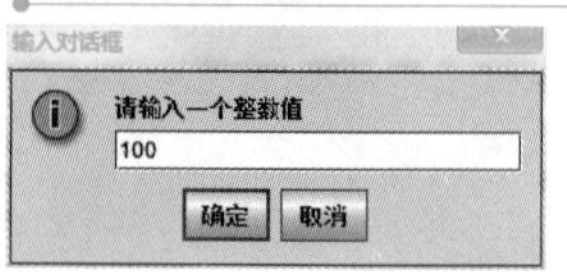

图 6-37
输入对话框

图 6-38
消息对话框

示例 1：

JOptionPane.showConfirmDialog(null, "确认对话框的默认状态");

弹出的对话框如图 6-35 所示。

示例 2：

JOptionPane.showConfirmDialog(null, "马上是春节了，节日快乐啊！", "确认对话框", JOptionPane. YES_NO_OPTION ,JOptionPane.INFORMATION_MESSAGE);

弹出的对话框如图 6-36 所示。

示例 3：

JOptionPane.showInputDialog(null, "请输入一个整数值", "输入对话框",JOptionPane.INFORMATION_MESSAGE);

弹出的输入对话框如图 6-37 所示。

示例 4：

JOptionPane.showMessageDialog(null,"我是消息对话框，想知道点什么吗？", "消息对话框", JOptionPane.QUESTION_MESSAGE);

弹出的消息对话框如图 6-38 所示。

showInputDialog()会返回输入值，类型为字符串，若要处理成数值等其他类型，可以进行相应的类型转换。showConfirmDialog()会返回一个整数，其值取决于用户所选的按钮，可能的取值有：

JOptionPane.YES_OPTION
JOptionPane.NO_OPTION
JOptionPane.CANCEL_OPTION
JOptionPane.OK_OPTION
JOptionPane.CLOSED_OPTION

这些返回值主要用在事件处理中，根据返回值类型判断用户的各种操作。

6.15 树结构视图

1. JTree 简介

要显示一个层次关系分明的一组数据，用树结构视图表示能给用户一个直观而易用的感觉。JTree 类如同 Windows 的资源管理器的左半部，通过单击可以“打开”、“关闭”文件夹，展开树结构的图表数据。JTree 也是依据 M-V-C 的思想设计的。JTree 的主要功能是把数据按照树结构进行显示，其数据来源于其他对象。

JTree 的构造方法如下：

- JTree()：建立一棵系统默认的树。
- JTree(Hashtable value)：利用 Hashtable 建立树，不显示 root node（根结点）。
- JTree(Object[] value)：利用 Object Array 建立树，不显示 root node。
- JTree(TreeModel newModel)：利用 TreeModel 建立树。
- JTree(TreeNode root)：利用 TreeNode 建立树。
- JTree(TreeNode root,boolean asksAllowsChildren)：利用 TreeNode 建立树，并决定是否允许子结点的存在。
- JTree(Vector value)：利用 Vector 建立树，不显示 root node。

文档 源代码 6-20

【例 6-20】 创建一个 Java 默认的树。

```
package com.chap6;
//创建默认树
import javax.swing.*;
```

```
import java.awt.*;
import java.awt.event.*;
public class JTreeDemo1 {
    public JTreeDemo1() {
        JFrame f = new JFrame("TreeDemo1");
        f.setBounds(300, 200,300, 400);
        Container contentPane = f.getContentPane();
        JTree tree = new JTree();
        JScrollPane scrollPane = new JScrollPane();
        scrollPane.setViewportView(tree);
        contentPane.add(scrollPane);
        f.setVisible(true);
        f.addWindowListener(new WindowAdapter() {
            public void windowClosing(WindowEvent e) {
                System.exit(0);
            }
        });
    }
    public static void main(String[] args) {
        new JTreeDemo1();
    }
}
```

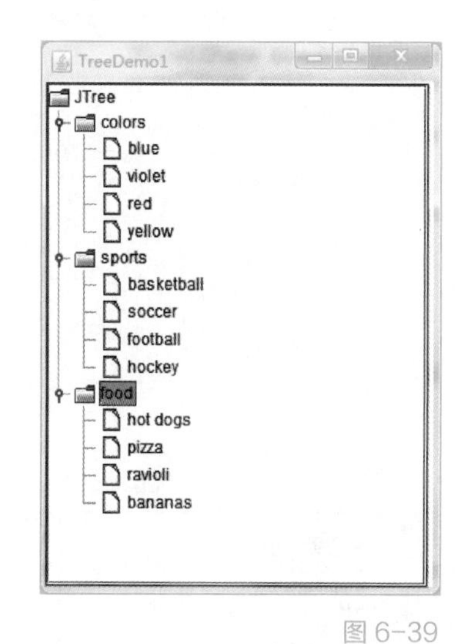

图 6-39
Java 默认树的运行结果

程序运行结果如图 6-39 所示。

2．以 Hashtable 构造 JTree

【例 6-20】中各结点的数据均是 Java 的默认值，而非用户自己设置的。因此用户须利用其他 JTree 构造函数来输入想要的结点数据。以下例子以 Hashtable 当作 JTree 的数据输入。

文档　源代码 6-21

【例 6-21】 以 Hashtable 构造树。

笔 记

```
package com.chap6;
//以 HashTable 构造树
import javax.swing.*;
import java.awt.*;
import java.awt.event.*;
import java.util.*;
public class JTreeDemo2 {
    public JTreeDemo2() {
        JFrame f = new JFrame("TreeDemo2");
        f.setBounds(300, 200, 300,300);
        Container contentPane = f.getContentPane();
        String[] s1 = { "公司文件", "个人信件", "私人文件" };
        String[] s2 = { "本机磁盘(C:)", "本机磁盘(D:)", "本机磁盘(E:)" };
        String[] s3 = { "奇摩站", "职棒消息", "网络书店" };
        Hashtable hashtable1 = new Hashtable();
        Hashtable hashtable2 = new Hashtable();
        hashtable1.put("我的公文包", s1);
        hashtable1.put("我的电脑", s2);
        hashtable1.put("收藏夹", hashtable2);
        hashtable2.put("网站列表", s3);
        Font font = new Font("Dialog", Font.PLAIN, 12);
```

笔 记

```
        Enumeration keys = UIManager.getLookAndFeelDefaults().keys();
        /** 定义 widnows 界面 **/
        while (keys.hasMoreElements()) {
            Object key = keys.nextElement();
            if (UIManager.get(key) instanceof Font) {
                UIManager.put(key, font);
            }
        }
        try {
            UIManager.setLookAndFeel("com.sun.java.swing.plaf.windows.Windows
Look AndFeel");
        } catch (Exception el) {
            System.exit(0);
        }
        /** 定义 widnows 界面 **/
        JTree tree = new JTree(hashtable1);
        JScrollPane scrollPane = new JScrollPane();
        scrollPane.setViewportView(tree);
        contentPane.add(scrollPane);
        f.setVisible(true);
        f.addWindowListener(new WindowAdapter() {
            public void windowClosing(WindowEvent e) {
                System.exit(0);
            }
        });
    }
    public static void main(String[] args) {
        new JTreeDemo2();
    }
}
```

图 6-40
以 Hashtable 构建树的运行结果

程序运行结果如图 6-40 所示。

6.16 表格

笔 记

JTable 简介

表格是 Swing 新增加的组件，其主要功能是把数据以二维表格的形式显示出来。JTable 构造函数：

- JTable()：建立一个新的 JTables，并使用系统默认的 Model。
- JTable(int numRows,int numColumns)：建立一个具有 numRows 行，numColumns 列的空表格，使用的是 DefaultTableModel。
- JTable(Object[][] rowData,Object[][] columnNames)：建立一个显示二维数组数据的表格，且可以显示列的名称。
- JTable(TableModel dm)：建立一个 JTable，有默认的字段模式以及选择模式，并设置数据模式。
- JTable(TableModel dm,TableColumnModel cm)：建立一个 JTable，设置数据模式与字段模式，并有默认的选择模式。
- JTable(TableModel dm,TableColumnModel cm,ListSelectionModel sm)：建立一个 JTable，设置数据模式、字段模式与选择模式。

- JTable(Vector rowData,Vector columnNames)：建立一个以 Vector 为输入来源的数据表格，可显示行的名称。

【例 6-22】 应用 Array 构造一个简单的表格。

文档 源代码 6-22

```
package com.chap6;
//构造一个简单表格
import javax.swing.*;
import java.awt.*;
import java.awt.event.*;
public class JTableDemo {
      public JTableDemo() {
          JFrame f = new JFrame();
          Object[][] playerInfo = {
                          { "王明明", new Integer(66), new Integer(32), new Integer(98),
                                  new Boolean(false) },
                          { "苏晓霏", new Integer(82), new Integer(69), new Integer(128),
                                  new Boolean(true) }, };
          String[] Names = { "姓名", "语文", "数学", "总分", "及格" };
          JTable table = new JTable(playerInfo, Names);
          table.setPreferredScrollableViewportSize(new Dimension(560, 30));
          JScrollPane scrollPane = new JScrollPane(table);
          f.getContentPane().add(scrollPane, BorderLayout.CENTER);
          f.setTitle("Simple Table");
          f.pack();
          f.show();
          f.addWindowListener(new WindowAdapter() {
                public void windowClosing(WindowEvent e) {
                      System.exit(0);
                }
          });
      }
      public static void main(String[] args) {
          JTableDemo b = new JTableDemo();
      }
}
```

笔 记

程序运行结果如图 6-41 所示。

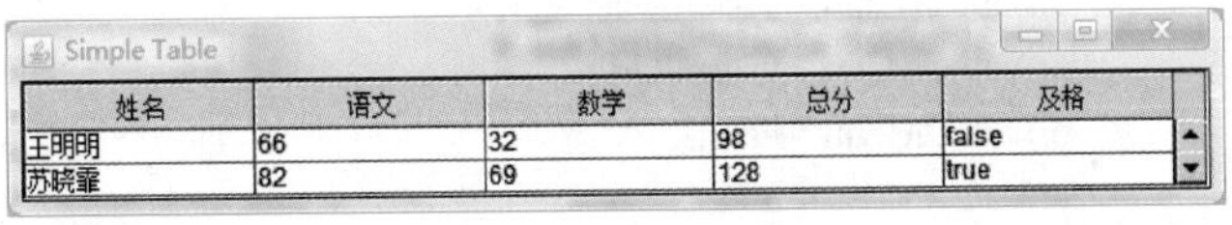

Simple Table

姓名	语文	数学	总分	及格
王明明	66	32	98	false
苏晓霏	82	69	128	true

图 6-41
应用数组创建 JTable 的运行结果

表格由行标题（Column Header）与行对象（Column Object）两部分组成。利用 JTable 所提供的 getTableHeader()方法取得行标题。

从上面程序的运行结果可以发现，每个字段的宽度都是一样的，除非用户自行拉曳某个列宽。若一开始就设置列宽的值，可以利用 TableColumn 类所提供的 setPreferredWidth()方法来设置，并可利用 JTable 类所提供的 setAutoResizeMode()方法来设置调整某个列宽时其他列宽的变化情况。可用于调整列宽的 5 个参数如下。

- AUTO_RESIZE_SUBSEQUENT_COLUMENS：当调整某一列宽时，此字段之后的所有字段列宽都会跟着一起变动。此为系统默认值。
- AUTO_RESIZE_ALL_COLUMNS：当调整某一列宽时，此表格上所有字段的列宽都会跟着一起变动。

- AUTO_RESIZE_OFF：当调整某一列宽时，此表格上所有字段列宽都不会跟着改变。
- AUTO_RESIZE_NEXT_COLUMN：当调整某一列宽时，此字段的下一个字段的列宽会跟着改变，其余均不会变。
- AUTO_RESIZE_LAST_COLUMN：当调整某一列宽时，最后一个字段的列宽会跟着改变，其余均不会改变。

PPT 任务 6.4 任务实施

文档 任务 6.4 任务实施源代码

视频 任务 6.4 任务实施

笔记

【任务实施】

用户登录成功后，即可进入房屋租赁管理系统主界面进行相关操作。主界面是展示信息和用户操作的关键页面，其中主要包含的界面元素有菜单、常用工具栏、欢迎图片。在主界面的菜单栏部分，设计了房源信息管理、出租人信息管理、求租人信息管理、出租房源信息管理、系统管理、常用工具、帮助、退出等菜单，在各个菜单中又包含若干菜单项，单击任何一个菜单项均能做出响应。在工具栏部分，主要显示常用工具，单击任意工具按钮，能做出响应。因此，在各个菜单项或工具按钮上均需要进行相关事件处理，以对用户的操作做出响应。

系统主界面设计的菜单及图片加载部分的代码如下：

```
package com.my.gui;
//导入相关的包
import java.awt.* ;
import java.awt.event.* ;
import javax.swing.* ;
public class MainFrame extends JFrame implements ActionListener{
    private double width;
    private double height;
    //菜单与菜单项
    private JMenuBar menuBar;                          //菜单条
    private JMenu houseInfoManager;                    //房源信息管理
    private JMenu   userInfoManager;                   //用户管理
    private JMenu   rentPersonManager;                 //出租人信息管理
    private JMenu   hirePersonManager;                 //求租人信息管理
    private JMenu rentInfoManager;                     //出租房源管理
    private JMenu   systemManager;                     //系统管理
    private JMenu   userfulUtil;                       //常用工具
    private JMenu   help;                              //帮助
    private JMenu   quit;                              //退出

    //房源信息管理菜单项
    private JMenuItem   setHouseInfo;
    private JMenuItem   searchHouseInfo;
    //用户管理菜单项
    private JMenuItem   userManager;
    private JMenuItem   passWordManager;
    private JMenuItem   dataBaseBackUp;
    //出租房源管理菜单项
    private JMenuItem     rentInfoSearch;
    private JMenuItem     rentInfoSet;
    //常用工具菜单项
    private JMenuItem     rentcalculator;
```

笔 记

```
private JMenuItem     notebook;
private JMenuItem     clockDisplay;
//出租人信息管理菜单项
private JMenuItem   rentPersonInfoSet;
private JMenuItem   rentPersonInfoSearch;
//求租人信息管理菜单项
private JMenuItem hirePersonInfoSet;
private JMenuItem hirePersonInfoSearch;
//帮助菜单项
private JMenuItem   version;
private JMenuItem   helpContent;
private JMenuItem   quitItem;
private DTimeFrame dtimeFrame;                    //时钟显示窗体
private JPanel dtimePanel;                        //时钟显示面板
private JToolBar uptoolBar;                       //工具条

public MainFrame(){
    this.setTitle("房屋租赁管理系统");
    //设置成最大化窗口
    Toolkit tokit=this.getToolkit();
    width=tokit.getScreenSize().getWidth();
    height=tokit.getScreenSize().getHeight();
    this.setSize((int)width,(int)height);
    Container contentPane=this.getContentPane();
    //加载图片
    Image housePic=tokit.getImage("/house.bmp");
    JPanel mainPanel=new JPanel();
    //菜单
    menuBar=new JMenuBar();
    houseInfoManager=new JMenu("【房源信息管理(H)】");
    houseInfoManager.setMnemonic('H');
    rentPersonManager=new JMenu("【出租人信息管理(R)】");
    rentPersonManager.setMnemonic('R');
    hirePersonManager=new JMenu("【求租人信息管理(P)】");
    hirePersonManager.setMnemonic('P');
    rentInfoManager=new JMenu("【出租房源信息管理(I)】");
    rentInfoManager.setMnemonic('I');
    systemManager=new JMenu("【系统管理(S)】");
    systemManager.setMnemonic('S');
    userfulUtil=new JMenu("【常用工具(U)】");
    userfulUtil.setMnemonic('U');
    help=new JMenu("【帮助(L)】");
    help.setMnemonic('L');
    quit=new JMenu("【退出(E)】");
    quit.setMnemonic('E');

    menuBar.add(houseInfoManager);
    menuBar.add(userInfoManager);
    menuBar.add(rentPersonManager);
    menuBar.add(hirePersonManager);
    menuBar.add(rentInfoManager);
    menuBar.add(systemManager);
```

笔 记

```
menuBar.add(userfulUtil);
menuBar.add(help);
menuBar.add(quit);
……
//求租人信息管理菜单项
hirePersonInfoSet=new JMenuItem("求租人员信息设置");
hirePersonInfoSearch=new JMenuItem("求租人员信息查询");
hirePersonManager.add(hirePersonInfoSet);
hirePersonManager.add(hirePersonInfoSearch);
hirePersonInfoSet.addActionListener(this);
hirePersonInfoSearch.addActionListener(this);
hirePersonInfoSet.setAccelerator(KeyStroke.getKeyStroke('Y',
                java.awt.Event.CTRL_MASK,false));
hirePersonInfoSearch.setAccelerator(KeyStroke.getKeyStroke('Z',
                java.awt.Event.CTRL_MASK,false));
……
this.setJMenuBar(menuBar);
    //创建工具条
uptoolBar=this.buildToolBar();
contentPane.add(uptoolBar,BorderLayout.NORTH);
contentPane.add(toolBar,BorderLayout.SOUTH);
PanelImageTest imagePanel=new PanelImageTest();
contentPane.add(imagePanel,BorderLayout.CENTER);
//关闭窗口事件
this.addWindowListener(new WindowAdapter(){
    public void windowClosing(WindowEvent e){
        System.exit(0);
    }
});
//设置最大化显示
setExtendedState(JFrame.MAXIMIZED_BOTH);
this.setVisible(true);
}
```

程序运行结果如图 6-42 所示。

图 6-42
系统主界面

【实践训练】

笔记

1．设计并实现简易记事本程序。

2．编写一个统计成绩的图形界面程序，在图形界面中输入学生的学号、姓名、性别、成绩，单击“确定”按钮后，输入的数据添加到表格中展示。

拓展实训

完成超市进销存系统主界面与添加购物车模块图形界面设计。超市进销存管理模块的主界面是超市进销存管理系统的入口。系统主界面主要包括菜单、快捷工具条、背景图片、状态栏。添加购物车模块主要设计购物车信息、用户信息、购物车列表等。

文档 单元6案例

同步训练

文档 单元6习题库/试题库

一、选择题

1. Swing 组件必须添加到 Swing 顶层容器相关的（　　）。

A. 分隔板上　　B. 内容面板上

C. 选项板上　　D. 复选框内

2. 下面属于容器类的是（　　）。

A. JFrame　　B. JTextField　　C. Color　　D. JMenu

3. 关于使用 Swing 的基本规则，下列说法正确的是（　　）。

A. Swing 组件可直接添加到顶级容器中

B. 要尽量使用非 Swing 的重要级组件

C. Swing 的 JButton 不能直接放到 Frame 上

D. 以上说法都对

4. Java 提供了多种布局对象类，其中使用卡片式布局的是（　　）。

A. FlowLayout　　B. BorderLayout

C. GridLayout　　D. CardLayout

5. Java 中，为了辨别用户关闭窗口的时间，要实现监听器接口（　　）。

A. MouseListener　　B. ActionListener

C. WindowListener　　D. 以上都要

6. 监听事件和处理事件（　　）。

A. 都由 Listener 完成

B. 都由相应事件 Listener 处登记过的构件完成

C. 由 Listener 和构件分别完成

D. 由 Listener 和窗口分别完成

7. 在 Java 编程中，将鼠标放在按钮上以后，用鼠标单击按钮，将会发生鼠标事件和组件激活事件，就鼠标事件而言，将调用（　　）个监听器方法。

A. 1　　B. 2　　C. 3　　D. 4

8. 在 Java 编程中，Swing 包中的组件处理事件时，下面（　　）是正确的。

A. Swing 包中的组件也是采用事件的授权处理模型来处理事件的

B. Swing 包中的组件产生的事件类型，也都带有一个 J 字母，如 JMouse Event

C. Swing 包中的组件也可以采用事件的传递处理机制

D. Swing 包中的组件所对应的事件适配器也是带有 J 字母的，如 JMouse Adapter

9. 在 Java 中，下列代码段允许按钮注册一个 action 事件的是（　　）。

A. button.enableActionEvents();

B. button.addActionListener(anActionListener);

C. button.enableEvents(true);

D. button.enableEvents(AWTEvent.ACTION_EVENT_MASK);

10. 在 Java 语言中，按“东、西、南、北、中”指定组件位置的布局管理器是（　　）。

A. FlowLayout　　B. GridLayout

C. BorderLayout　　D. CardLayout

11. 在 Java 语言中，下面是 main()方法的部分代码:

```
JFrame f=new JFrame("My Frame");
f.setSize(100,100);
```

为在屏幕显示 f，应增加的代码是（　　）。

A. f.appear();　　B. f.setForeground();

C. f.setVisible();　　D. f.enable();

12. 在 Java 中，假设有一个实现 ActionListener 接口的类，以下方法（　　）能够为一个 JButton 类注册这个类。

A. addListener()　　B. addActionListener()

C. addButtonListener()　　D. setListener()

二、填空题

1. Swing 的顶层容器有________、JApplet、JWindow 和 JDialog。

2. 显示 JFrame 的方法是________。

3. Swing 的事件处理机制包括________、事件和事件监听者。

4. Java 事件处理包括建立事件源、________和将事件源注册到监听器。

三、简答题

1. 什么是容器组件？组件与容器有何区别？Java 容器有哪些？

2. 简述如何在窗体中添加菜单。

3. 简述 Java 的事件处理机制。

4. 什么是布局管理？Java 提供了哪几种布局，各有何作用？

四、操作题

1. 完成房屋租赁管理系统相关功能模块的界面设计及事件处理。

2. 完成超市进销存系统的相关功能模块的界面设计及事件处理。

JDBC

单元介绍

文档 单元 7 设计

本单元的目标是完成租赁信息管理的设计与实现。在实际项目中，Java 程序一般都要和数据库进行交互，因此数据库访问在 Java 开发过程中起到了很大的作用。租赁信息的管理主要是用户对房屋的租赁信息进行查询，管理员对租赁信息可以维护，包括查询租赁信息、修改租赁信息、删除租赁信息和增加租赁信息等操作。

PPT 单元 7 概述

学习目标

【知识目标】

- 了解关系数据库的相关知识。
- 掌握 JDBC 技术、了解 JDBC 编程步骤。
- 掌握 JDBC 访问数据库的方法。
- 掌握 Java 数据库开发中的相关类、接口及其使用方法。

视频 单元 7 JDBC 概述

【能力目标】

- 会连接数据库。
- 会对数据表进行增加、删除、修改操作。
- 会对数据表进行查询操作。
- 会对查询结果集进行处理。

【素养目标】

- 培养软件知识产权及软件版权意识，遵守网络安全法及软件相关法律法规。
- 培养不使用非法或非合理渠道获得程序代码，绝不利用自己的技能去从事危害公众利益的活动的习惯。
- 挖掘程序设计中蕴含的计算思维、辩证思维等，学会辩证独立看待问题、理性思考问题、高效解决问题。

思政导学
遵守职业道德

任务 7.1 求租人信息查询

PPT 任务 7.1 求租人信息查询

视频 任务 7.1 求租人信息查询

【任务分析】

求租人信息查询主要是根据各种查询条件查询求租人信息，查询条件由用户从界面输入。可以根据求租人编号、姓名、身份证号等进行精确查询，也可根据性别或其他信息进行模糊查询，查询的具体实施需要结合数据库操作。本任务主要侧重于根据求租人编号查询求租人信息。

【相关知识】

7.1 JDBC 技术

JDBC（Java Data Base Connectivity）是一种用于执行 SQL 语句的 Java API，提供了访问和操作关系数据库的方法。它由一组用Java 语言编写的类和接口组成，为不同数据库（如 Oracle、DB2、SQL Server、MySQL 等）提供统一的编程接口，使开发人员能用纯 Java 的方式来连接数据库，并进行数据库的操作。

JDBC 是连接数据库和 Java 应用程序的纽带，通过它可以访问各种关系数据库。开发人员只需要关注编写 Java 代码，不需要关心具体是什么数据库及如何管理，只需要数据库供应商提供相应的驱动器，就能将 SQL 命名传给相应的数据库管理系统执行。不同的数据库，其数据库驱动器不同，如图 7-1 所示。

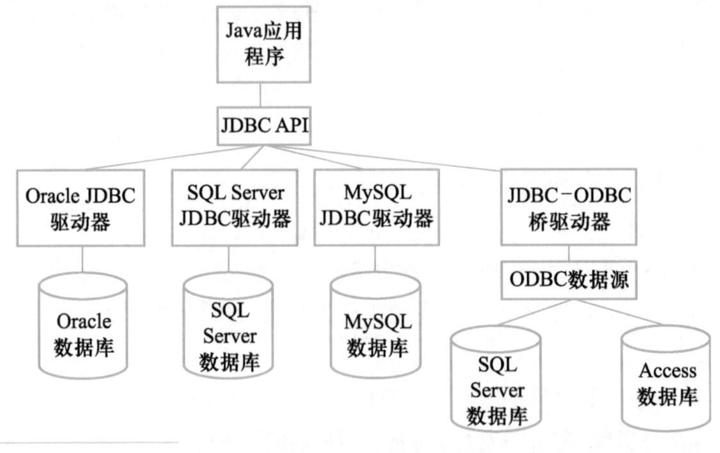

图 7-1
JDBC 原理图

JDBC 与 ODBC（Open Database Connectivity，开放数据库互联）类似，JDBC API 中提供了很多类和接口，分别用来实现装载数据库的驱动、连接数据库、执行 SQL 语句、处理查询结果以及其他的数据库对象，使 Java 应用程序能方便地与不同数据库交互并处理相应结果。JDBC 支持基本 SQL 语句，提供多样化的数据库连接方式，其主要目的是提供统一的数据库访问方式，使编程人员方便有效地访问各种数据库。另外，它还能使不同数据库的供应商实现相同的数据库访问方式，从而使不同的数据源有相同的访问方式。

简单地说，JDBC 就是用来访问操作数据库的，具体可以实现与数据库建立连接、向数据库发送 SQL 语句和获取并处理结果集三个功能。

7.2　JDBC 中常用类和接口

笔 记

Java 语言提供了丰富的类和接口用于数据库编程。利用它们可以方便地进行数据库的访问和处理。其主要包括 java.sql 和 javax.sql 两个包。

（1）java.sql

java.sql 包实现了数据库编程的基本功能。这个包中的类和接口主要针对基本的数据库编程服务，如生成连接、执行语句以及准备语句和运行批处理查询等。同时也有一些高级的处理，如批处理更新、事务隔离和可滚动结果集等。

（2）javax.sql

javax.sql 包是数据库编程的扩展功能。它主要为数据库方面的高级操作提供接口和类，如为连接管理、分布式事务和旧有的连接提供了更好的抽象，它引入了容器管理的连接池、分布式事务和行集等。

表 7-1 列出了 java.sql 包中的主要对象和接口。

表 7-1　java.sql 包中的主要类和接口

序号	接口名或类名	说　明
1	java.sql.Connection	与特定数据库的连接（会话）。能够通过 getMetaData 方法获得数据库提供的信息、所支持的 SQL 语法、存储过程和此连接的功能等信息。代表了数据库
2	java.sql.Driver	每个驱动程序类必须实现的接口，同时每个数据库驱动程序都应该提供一个实现 Driver 接口的类
3	java.sql.DriverManager	管理一组 JDBC 驱动程序的基本服务。作为初始化的一部分，此接口会尝试加载在 jdbc.drivers 系统属性中引用的驱动程序。只是一个辅助类，是工具
4	java.sql.Statement	用于执行静态 SQL 语句并返回其生成结果的对象
5	java.sql.PreparedStatement	继承 Statement 接口，表示预编译的 SQL 语句的对象，SQL 语句被预编译并且存储在 PreparedStatement 对象中，然后可以使用此对象高效地多次执行该语句
6	java.sql.CallableStatement	用来访问数据库中的存储过程。它提供了一些方法来指定语句所使用的输入/输出参数
7	java.sql.ResultSet	负责存储查询数据库的结果，并提供一系列的方法对数据库进行新增、删除和修改操作，也负责维护一个记录指针（Cursor），记录指针指向数据表中的某个记录，通过适当地移动记录指针，可以随心所欲地存取数据库，提高程序的效率
8	java.sql.ResultSetMetaData	可用于获取关于 ResultSet 对象中列的类型和属性信息的对象
9	java.sql.DatabaseMetaData	包含了关于数据库整体元数据信息

笔 记

其中 DriverManager 是一个类，其余都是接口。程序中需要使用数据库的地方必须要导入 java.sql 包。

Java 应用程序通过 JDBC 访问和操作数据库的一般步骤如下。

① 加载相关的数据库驱动程序。

② 与数据库建立连接。

③ 创建执行对象。

④ 向数据库发送需要执行的 SQL 语句。

⑤ 从数据库接收处理的结果，可对接收的结果进行处理。

⑥ 关闭数据库连接。

7.3　连接数据库

在连接数据库之前，需要先加载 JDBC 驱动程序，其目的是把用户对数据库的

笔 记

访问请求转换成数据库可以访问的方式，然后把数据库的执行结果返回给用户。

1. JDBC 驱动

JDBC 驱动程序按照工作方式分为 4 种，如图 7-2 所示。

4 种驱动的特点如下。

（1）JDBC–ODBC 桥接

ODBC 是 Microsoft 公司开发的一套开发数据库应用程序接口的规范，支持标准的 ODBC 函数和 SQL 命令。虽然 ODBC 提供了统一访问各种数据库的能力，但是 Java 语言并不能直接使用 ODBC，而必须通过 JDBC-ODBC 桥接方式间接利用 ODBC 驱动程序进行数据库操作。JDBC-ODBC 桥接驱动将 JDBC 调用翻译成 ODBC 调用，再由 ODBC 驱动翻译成访问数据库命令。

优点：支持数据源广泛，简单易用。

缺点：桥接转换增加了程序负担，其效率和安全性差，不易实现分布式作业，而且要求客户端必须安装 ODBC 驱动。一般不适合用于实际项目。

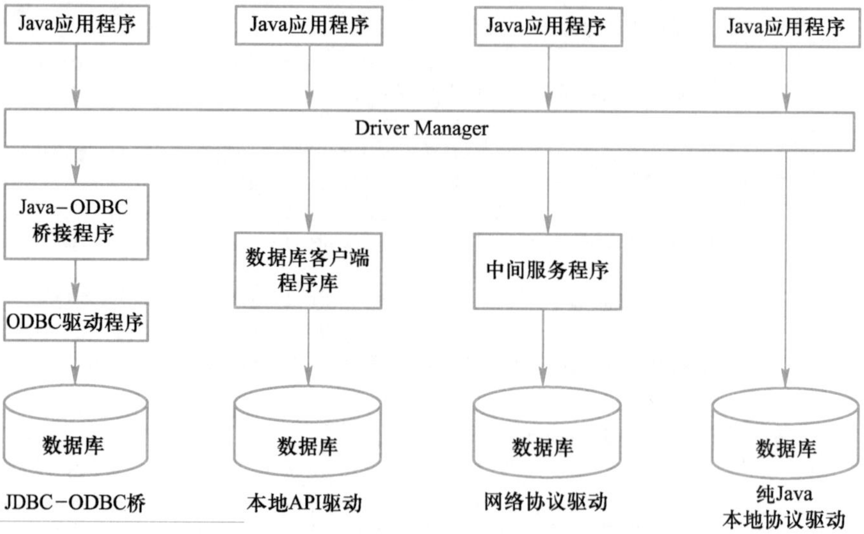

图 7–2
JDBC 驱动分类

（2）本地 API 驱动

本地 API 驱动直接把 JDBC 应用程序的调用转换为对不同数据库的标准调用，再去访问各自的数据库。这种方法需要本地数据库驱动代码。该驱动方式比 JDBC-ODBC 桥接执行效率有所提高，但是仍然需要在客户端加载数据库厂商提供的代码库。

笔 记

优点：效率高。

缺点：受限于客户端平台及操作系统，软件升级安装困难，而且安全性较差。

（3）网络协议驱动

网络协议驱动将 JDBC 应用程序先把对数据库的访问请求传给网络上的中间服务器，中间服务器再把请求翻译成符合数据库规范的调用。虽然中间服务器会影响整体系统的性能，但可以根据不同数据库的要求做调整，能够实现同一个 Java 程序对多种数据库的转换。

优点：可升级性好，安全性好。

缺点：效率较差。

笔 记

（4）纯 Java 本地协议驱动

这是纯 Java 技术的驱动程序，能直接把 JDBC 调用转换为符合相关数据库系统规范的请求。这种驱动不需要先把 JDBC 的调用传给 ODBC 或本地数据库接口或者是中间层服务器，所以执行效率非常高。同时，它不需要在客户端或服务器端装载任何软件或驱动，但是对于不同的数据库需要下载不同的驱动程序。

纯 Java 本地协议驱动一般被认为是较好的一种驱动程序，在分布式系统中采用较多。

优点：效率高、安全性好，很实用。

在实际开发过程中，应选择哪种类型的驱动呢？

JDBC-ODBC 桥由于其执行效率不高，更适合作为开发应用时的一种过渡方案，或对于初学者了解 JDBC 编程也较适用。对于那些需要大数据量操作的应用程序，则应该考虑选择纯 Java 本地协议驱动。就目前看，开发的趋势也是使用纯 Java 技术。

2. 加载驱动

不论使用哪种 JDBC 驱动程序，数据库的连接方式是相同的，即加载选定的 JDBC 驱动程序，利用该驱动创建一个与数据库的连接，连接建立之后通过相关类和接口访问和操作数据库。不同的数据库都有自己的驱动程序，根据要访问的数据库，到相应官方网站下载相应的 jar 包，并将其加入到环境变量中，然后加载其对应的数据库驱动程序。加载驱动必须通过 java.lang.Class 类的 forName()动态加载驱动程序类，并向 DriverManager 注册 JDBC 驱动程序（驱动程序会自动通过 DriverManager.registerDriver()方法注册）。

加载驱动程序的一般格式为：

```
Class.forName("驱动程序名");
```

常用数据库的驱动程序见表 7-2。

表 7-2 常用数据库的驱动程序

数 据 库 名	驱动程序名	jar 包
ODBC 数据源	sun.jdbc.odbc.JdbcOdbcDriver	不需要 jar 包，直接配置数据源
SQL Server	com.mircosoft.sqlserver.jdbc.SQLServerDriver	sqljdbc4.jar
MySQL	com.mysql.jdbc.Driver	mysql-connector-java-5.1.5-bin.jar
Oracle	oracle.jdbc.driver.OracleDriver	nls_charset12.jar,classes12.jar
DB2	com.ibm.db2.jdbc.net.DB2Driver	db2jcc.jar,db2jcc_license_cu.jar
Sybase	com.sybase.jdbc2.jdbc.SybDriver	jconn2.jar
Informix	com.informix.jdbc.IfxDriver	ifxjdbc.jar

（1）JDBC-ODBC 方式连接

其加载数据库的驱动程序为：

```
Class.forName( " sun.jdbc.odbc.JdbcOdbcDriver " );
```

sun.jdbc.odbc.JdbcOdbcDriver 为 JDBC-ODCB 桥接的驱动程序。另外，还可以通过配置 ODBC 数据源实现对不同数据库的操作。

ODBC 配置数据源的过程如下。

① 打开数据源（ODBC）。打开操作系统中的 ODBC 系统，如在 Windows XP 的“控制面板”中的“管理工具”下找到“ODBC 数据源”单击打开。

② 创建新数据源。在“ODBC 数据源管理器”中切换至“系统 DSN”选项卡，如图 7-3 所示，单击“添加”按钮，打开如图 7-4 所示的“创建新数据源”对话框，

选择“SQL Server”选项（以 SQL Server 2008 为例），单击“完成”按钮。

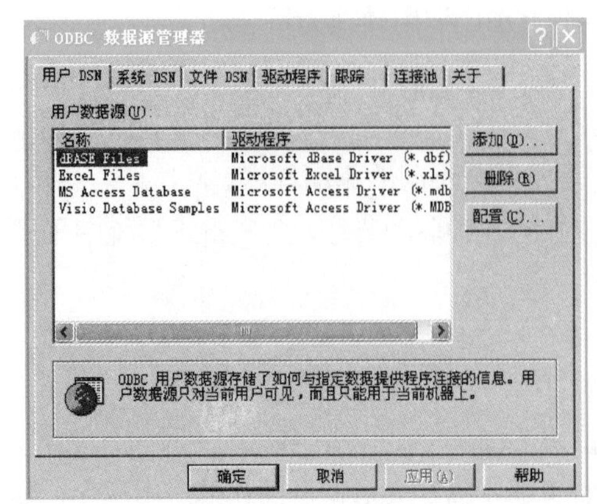

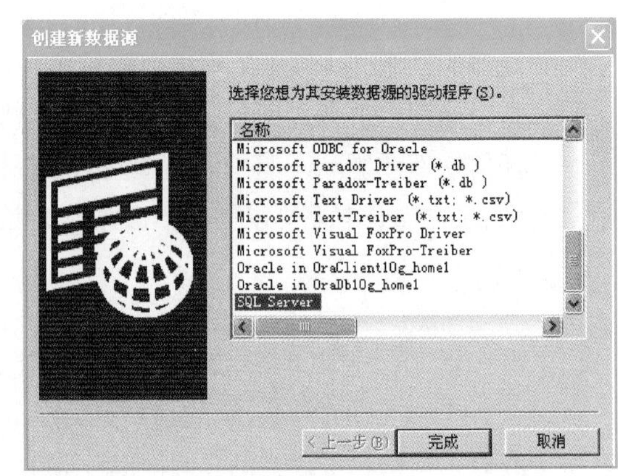

图 7-3
ODBC 数据源管理
图 7-4
创建新数据源

出现“创建到 SQL Server 的新数据源”对话框，如图 7-5 所示。输入数据源名称，该名称是 Java 程序中的数据库名称，可以同实际的数据库名字不同。输入连接的服务器，如果是本地，可以输入“(LOCAL)”，单击“下一步”按钮，使用默认的设置：“使用网络登录 ID 的 Windows NT 验证”和“连接 SQL Server 以获得其他配置选项的默认设置”，单击“下一步”按钮。

出现如图 7-6 所示界面，在“更改默认的数据库为”选项中选择所需连接的数据库，单击“下一步”按钮，在下一个界面中，直接单击“完成”按钮。

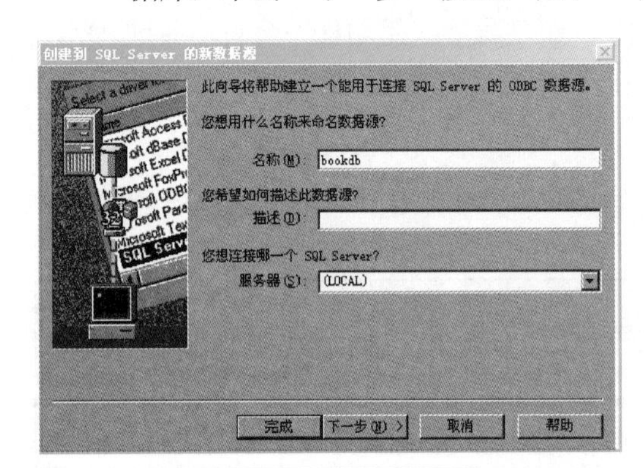

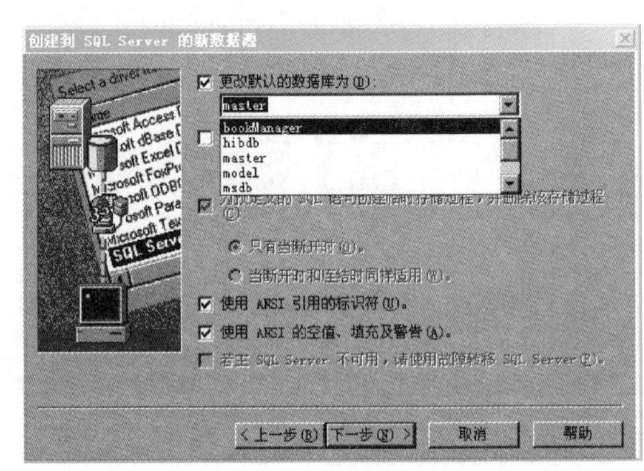

图 7-5
数据源
图 7-6
选择所需连接的数据库

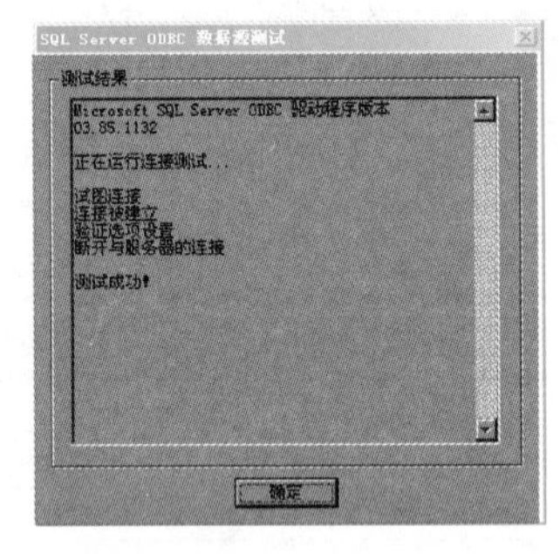

图 7-7
测试 ODBC 数据源

③ 测试数据源。在创建新数据源完成之后，需要测试数据源的连接情况，在“SQL Server ODBC 数据源测试”对话框中，单击“测试数据源”按钮，会弹出“测试结果”，当显示“测试成功”时，说明数据源配置完成，如图 7-7 所示。

（2）纯 Java 本地协议驱动

首先到微软公司的官网 http://download.microsoft.com/download/3/0/f/30ff65d3-a84b-4b8a-a570-27366b2271d8/setup.exe 去下载，安装 ms_jdbc_setup.exe 可执行文件，然后安装该可执行文件目录下\lib 下的一个 jar 包，是 sqljdbc4.jar，这个 jar 包就是所需要的 JDBC 驱动核心。

将这个 jar 包加入到环境变量中。可以将这个文件直接复制到 JVM 下，但是一般不建议这么做。添加 jar 包的过程如下：

① 复制。要将这个 jar 包文件复制到工程中，首先右击“工程”，在弹出的快捷菜单中选择“New”→“Folder”命令，新建一个文件夹，如图 7-8 所示，然后将这个 jar 包复制到该文件夹中。

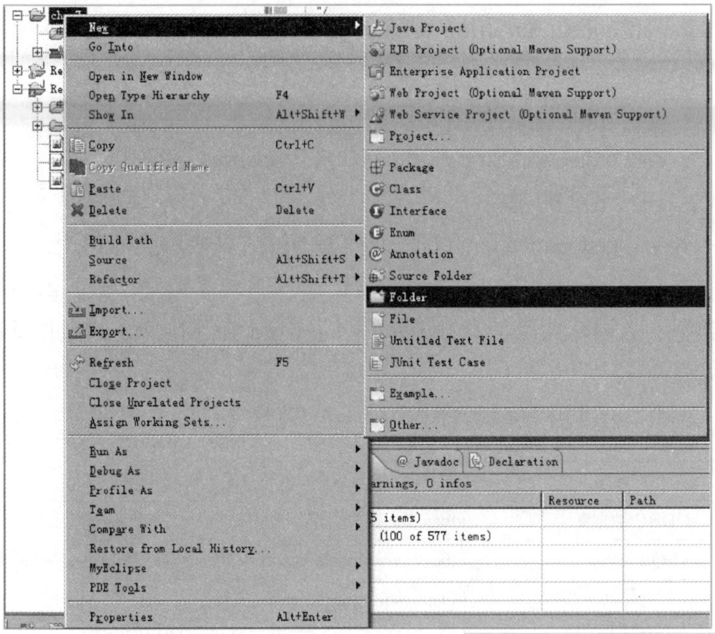

笔 记

图 7-8
新建文件夹

② 构建路径。右击工程，在弹出的快捷菜单中选择“Build Path”→“Configure Build Path”命令，构建路径，如图 7-9 所示。在打开的“构建路径”对话框中，选中“Libraries”选项，单击“Add JARS”按钮，选中本工程下刚刚新建的文件夹下的 sqljdbc4.jar 包，单击“OK”按钮即可。

笔 记

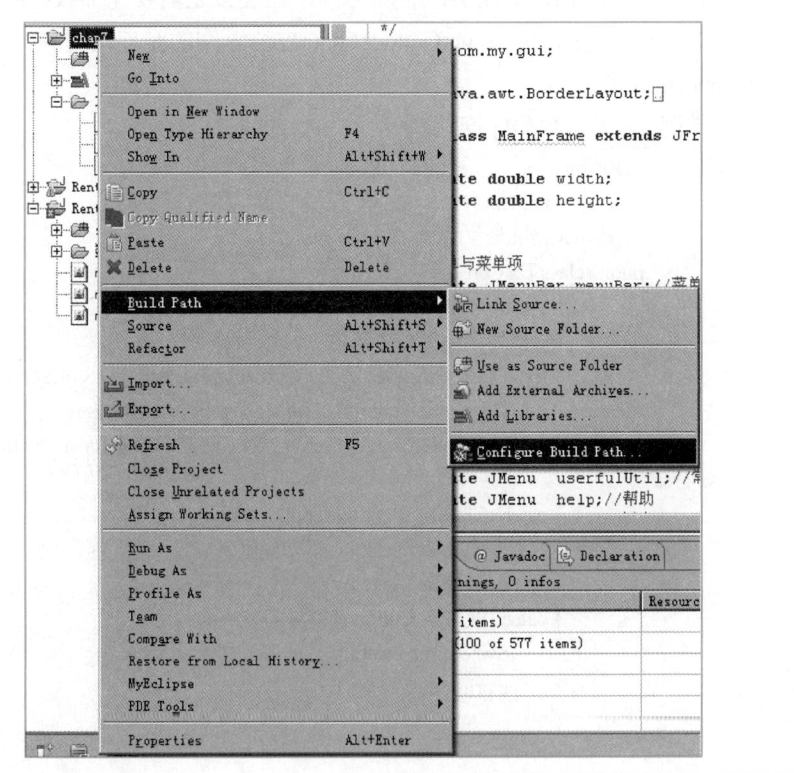

图 7-9
构建路径

3．连接数据库

JDBC 加载指定的驱动后，就可以利用 DriverManager 类的 getConnection 方法建立与数据库的连接。该方法会返回一个连接（Conncetion）对象。DriverManager 类中的 getConnection()方法如下。

笔 记

- getConnection(String url,String user,String password); //连接指定数据库，并指出数据库的用户名和密码
- getConnection(String url); //连接指定数据库
- getConnection(String url,java.util.Properties info); //连接指定数据库和一组作为连接变元的属性

其中，getConnection()方法是静态方法，直接用类名调用；url 为数据库连接名，是数据库的唯一标识，它描述了数据库的驱动器类型、服务器地址、端口号、数据库类型、数据库名等信息；user 和 password 为连接和访问数据库的用户名和密码，其见表 7-3。

同样，不同的驱动程序也有不同的建立方法。

表 7-3 常用数据库的url描述

数据库名	数据库 url
ODBC 数据源	jdbc:odbc:数据源名
SQL Server	jdbc:microsoft:sqlserver://localhost:1433;DatabaseName=数据库名
MySQL	jdbc:mysql:// localhost /数据库名
Orcacle	jdbc:orcale:thin:@ localhost:1521: 数据库名
DB2	jdbc:db2://localhost:5000/数据库名
Sybase	jdbc:sybase:Tds:localhost:5007/数据库名
Informix	jdbc:informix-sqli:// localhost:1533/数据库名

下面以纯 Java 本地协议驱动为例，在连接之前要先加载好纯 Java 的驱动，而且 DriverManager 类中 getConnection()方法返回的是连接对象，该对象是 java.sql.Connection 类。

文档 源代码 7-1

【例 7-1】 数据库连接。

```
//DBCon.java
package com.demo1;
import java.sql.* ;
public class DBCon {
	public static void main(String[] args) {
		try {
			Class.forName("com.microsoft.jdbc.sqlserver.SQLServerDriver");
			Connection con = DriverManager.getConnection(
			"jdbc:microsoft:sqlserver://localhost:1433;DatabaseName=bookManager",
"sa", "sa");
		} catch (ClassNotFoundException e) {
			System.out.println("驱动找不到");
			e.printStackTrace();
		} catch (SQLException e) {
			System.out.println("数据库连接不成功");
			e.printStackTrace();
		}
	}
}
```

笔 记

用 JDBC-ODBC 桥接方式连接时，应注意数据源与数据库的区别，程序中数据库名是指配置 ODBC 数据源时所设置的名字。

7.4 Statement 接口

笔 记

正确加载驱动程序并成功连接数据库之后，会成功获取一个数据库连接对象，但是该连接对象不能直接执行 SQL 语句，必须通过连接对象获取执行对象，通过执行对象可以发送 SQL 语句对数据库进行插入、查询、修改、删除等数据操作。

数据库的执行对象主要有三类：Statement 对象用于执行静态的不带参数的 SQL 语句；PreparedStatement 对象用来执行预编译的 SQL 语句；CallableStatement 对象用来执行数据库的存储过程。

Statement 对象提供了执行基本 SQL 语句的功能，一般通过 Connection 对象提供的 createStatement()方法获取。例如：

```
Statement stmt=con.createStatement();    //在连接 con 上创建执行对象
```

Statement 提供了许多方法，可以查看 JDK API 文档了解和熟悉，常见的有以下三种方法。

（1）executeQuery(String sql)

该方法主要用于查询数据库。以一个 SQL 命令字符串作为参数，执行产生单个结果集的 SQL 语句，如 select 语句，最后返回一个 ResultSet 对象格式的查询结果。例如：

```
Statement stmt=con.createStatement();        //创建执行对象 stmt
String sql= " select * from   customer " ;   //SQL 语句，customer 为数据库中的具体的表名
ResultSet rs=stmt.executeQuery(sql);         //执行 SQL 语句，返回结果集 rs
```

若要对结果集 rs 进行处理，可以使用 ResultSet 接口提供的相关方法进行操作和处理。

（2）executeUpdate()

该方法主要用于执行 insert、update、delete 语句及数据定义语句 create table、drop table 等。此方法的返回值都为整数，表示操作所影响的行数或 0 值（若执行 create table 或 drop table 时）。例如：

```
Statement stmt=con.createStatement();        //创建执行对象 stmt
String sql="insert into customer values('王五', '123',20, '江苏常州', '13900000000', '123@163.com')";
int num=stmt.executeUpdate(sql);                 //执行 SQL 语句，返回值为一整数
```

注意

此处的 SQL 语句为 insert、update、delete 及数据定义语句。

（3）execute()

该方法一般用于执行返回多个结果、多个更新计数或两者组合的语句，一般在不知道正要执行的 SQL 语句是哪一类型时，可以利用这个方法。通常会发生在应用程序执行动态建立 SQL 语句的场合，如果执行的结果为 ResultSet 结果集，则返回 true；如果为更新计数或不存在任何结果，则返回 false。

7.5 ResultSet 接口

ResultSet 接口又称结果集，是 Statement 执行 select 查询语句时，用来存储查询结果的对象。查询的结果有查询返回的列标题及对应的数据值。结果集除了具有存

笔 记

储数据的功能，同时还具有操纵数据的功能，可以完成对数据的更新等。

结果集获取数据的主要方法是 getXXX()方法，其参数可以是表示第几列的整型数据，也可以是表示字段名的字符串，返回值是对应的 XXX 类型的值。如果对应列是空值，XXX 是对象的话返回 XXX 型的 null，如果 XXX 是数值类型，则返回各自类型的默认值。

在访问数据库读取返回结果时，可能要前后移动指针。例如，先计算有多少条信息，这就需要把指针移到最后来计算，然后再把指针移到最前面，逐条读取，有时只需要逐条读取就可以了。有时只需要读取数据，为了不破坏数据可采用只读模式；有时需要向数据库里添加记录，这就要采用可更新数据库的模式。

```
Statement stmt=con.createStatement(int type,int concurrency);
```

1. 其参数说明

（1）参数 int type

- ResultSet.TYPE_FORWORD_ONLY：结果集的游标只能向下滚动。
- ResultSet.TYPE_SCROLL_INSENSITIVE：结果集的游标可以上下移动，当数据库变化时，当前结果集不变。
- ResultSet.TYPE_SCROLL_SENSITIVE：返回可滚动的结果集，当数据库变化时，当前结果集同步改变。

（2）参数 int concurrency

- ResultSet.CONCUR_READ_ONLY：不能用结果集更新数据库中的表。
- ResultSet.CONCUR_UPDATETABLE：能用结果集更新数据库中的表。

2. 常用方法

读取数据时可以使用next()方法移动到下一数据行，还可以借助previous()、first()等方法实现数据集的随机访问，具体的使用方法如下：

- public boolean previous(); //将游标向上移动，该方法返回 boolean 型数据，当移到结果集第一行之前时，返回 false。
- public void beforeFirst(); // 将游标移动到结果集的初始位置，即在第一行之前。
- public void afterLast(); // 将游标移到结果集最后一行之后。
- public void first(); // 将游标移到结果集的第一行。
- public void last(); // 将游标移到结果集的最后一行。
- public boolean isAfterLast(); // 判断游标是否在最后一行之后。
- public boolean isBeforeFirst(); // 判断游标是否在第一行之前。
- public boolean ifFirst(); // 判断游标是否指向结果集的第一行。
- public boolean isLast(); // 判断游标是否指向结果集的最后一行。
- public int getRow(); // 得到当前游标所指向行的行号，行号从 1 开始，如果结果集没有行，返回 0。
- public boolean absolute(int row) ; // 将游标移到参数 row 指定的行号。如果 row 取负值，就是倒数的行数，absolute(-1)表示移到最后一行，absolute(-2)表示移到倒数第 2 行。当移动到第一行前面或最后一行的后面时，该方法返回 false。

【任务实施】

PPT　任务 7.1　任务实施

文档　任务 7.1　任务实施源代码

视频　任务 7.1　任务实施

1．求租人实体类设计

主要封装求租人信息。求租人实体类的相关代码如下：

```
HirePerson.java                      //求租人实体类
package com.my.bean;
public class HirePerson {
    private int userID; //ID
    private String hirePersonNo;         //求租人编号
    private String userName;             //姓名
    private String sex;                  //性别
    private String phone;                //手机
    private String homePhone;            //家庭电话
    private String email;                //邮箱
    private String qq;                   //QQ
    private String cardID;               //身份证号码
    private String recordDate;           //登记日期
    public HirePerson() {
    }
}
```

2．求租人信息管理接口设计

定义一个求租人信息处理的业务接口，该接口定义了根据求助人编号获取求租人信息的抽象方法。求租人查询业务接口设计代码如下：

```
HirePersonDAO.java   //求租人信息接口
package com.my.dao;
import java.util.List;
import com.my.bean.HirePerson;
public interface HirePersonDAO {
    //根据求助人编号获取求租人信息
    public HirePerson getHirePersonByNo(String hirePersonNum);
}
```

3．求租人信息管理业务处理类设计

求租人信息管理业务处理类主要是实现求租人信息管理接口，并实现该接口中的抽象方法。求租人信息管理的业务处理类代码如下：

```
HirePersonDAOImpl.java   //根据求租人编号查询求租人信息业务类
package com.my.dao.impl;
import java.sql.*;
import java.util.*;
import com.my.bean.HirePerson;
import com.my.dao.HirePersonDAO;
import com.my.db.DBCon;
public class HirePersonDAOImpl implements HirePersonDAO {
    private Connection con;
    private Statement stmt;
    private PreparedStatement pstmt;
    private ResultSet rs;
    private DBCon db;
    public HirePersonDAOImpl(){
        db=new DBCon();
```

笔 记

笔 记

```
    }
    //根据求助人编号获取求租人信息
    public HirePerson getHirePersonByNo(String hirePersonNum) {
        HirePerson hirePerson=new HirePerson();
        try {
            con = db.getConnection();
            String sql = "select * from tb_hirePerson where hirePersonNo=?";
            pstmt = con.prepareStatement(sql);
            pstmt.setString(1, hirePersonNum);
            rs = pstmt.executeQuery();
            int userID;                          //ID
            String hirePersonNo;                 //出租人编号
            String userName;                     //姓名
            String sex;                          //性别
            String phone;                        //手机
            String homePhone;                    //家庭电话
            String email;                        //邮箱
            String qq;                           //QQ
            String cardID;                       //身份证号码
            String recordDate;                   //登记日期
            while (rs.next()) {
                userID=rs.getInt(1);
                hirePersonNo=rs.getString(2);
                userName=rs.getString(3);
                sex=rs.getString(4);
                phone=rs.getString(5);
                homePhone=rs.getString(6);
                email=rs.getString(7);
                qq=rs.getString(8);
                cardID=rs.getString(9);
                recordDate=rs.getString(10);
                hirePerson.setUserID(userID);
                hirePerson.setHirePersonNo(hirePersonNo.trim());
                hirePerson.setUserName(userName.trim());
                hirePerson.setSex(sex.trim());
                hirePerson.setPhone(phone.trim());
                hirePerson.setHomePhone(homePhone.trim());
                hirePerson.setEmail(email.trim());
                hirePerson.setQq(qq.trim());
                hirePerson.setCardID(cardID.trim());
                hirePerson.setRecordDate(recordDate);
            }
            if (rs != null)    rs.close();
            if (pstmt != null)    pstmt.close();
            if (con != null)    con.close();
        } catch (SQLException e) {
            e.printStackTrace();
        }
        return hirePerson;
    }
}
```

【实践训练】

建立数据库 db，分别用 JDBC-ODBC 桥接方式和纯 Java 驱动方式创建与数据库的连接，连接成功显示“成功获得连接！”，否则显示错误信息。

任务 7.2　出租人信息查询设计

【任务分析】

PPT　任务 7.2　出租人信息查询设计

根据出租人编号可以查询到出租人相关信息和与之相关的房源信息。跟任务 7.1 相似，同样采用 DAO 模型，需要设计出租人和房源信息相关的实体类、业务处理接口以及相应的业务处理方法。

视频　任务 7.2　出租人信息查询设计

由于出租人信息和房源信息是两张数据表，所以需要设计视图。所谓视图是一个虚拟表，其内容由查询定义。使用视图不仅可以简化用户对数据的理解，也可以简化操作。那些被经常使用的查询可以被定义为视图，从而使得用户不必为以后的操作每次指定全部的条件。

根据要求设计视图表 v_rentPersonHouse，如图 7-10 所示，将出租人信息表和房源信息表建立关联。

其中创建视图的命令如下：

```
SELECT dbo.tb_rentPerson.userID, dbo.tb_rentPerson.rentPersonNo,
        dbo.tb_rentPerson.userName, dbo.tb_rentPerson.sex, dbo.tb_rentPerson.phone,
        dbo.tb_rentPerson.homePhone, dbo.tb_rentPerson.email, dbo.tb_rentPerson.qq,
        dbo.tb_rentPerson.cardID, dbo.tb_rentPerson.houseID, dbo.tb_house.houseNO,
        dbo.tb_house.villageName, dbo.tb_house.companyName, dbo.tb_house.houseType,
        dbo.tb_house.houseSet, dbo.tb_house.houseState, dbo.tb_house.houseFavor,
        dbo.tb_house.houseMethod, dbo.tb_house.housePrice, dbo.tb_house.rentPrice,
        dbo.tb_house.houseFloor, dbo.tb_house.houseArea, dbo.tb_house.houseFacility,
        dbo.tb_house.houseRemark
FROM dbo.tb_rentPerson INNER JOIN
        dbo.tb_house ON dbo.tb_rentPerson.houseID = dbo.tb_house.houseID。
```

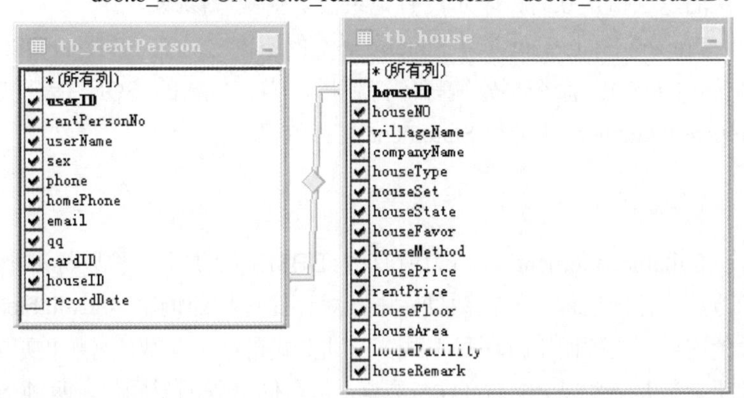

图 7-10　视图表

【相关知识】

7.6　PreparedStatement 接口

PreparedStatement 接口继承了 Statement 接口的方法，用来执行预编译的 SQL 语

笔 记

句。此时，SQL 语句可以具有一个或多个参数，每个参数用“？”代替。每个问号表示一个占位符，其值必须在 SQL 执行之前利用 setXXX 方法来设定它所代表的值，XXX 一般表示某一类型名。用于设置参数值的方法（如 setShort、setString 等）必须指定与输入参数的 SQL 类型兼容，若参数是 SQL 的整型，则必须使用 setInt 方法。

在创建 PreparedStatement 对象前首先定义带参的 SQL 语句。如要在某一客户表 customer（5 个字段：customName、customPassword、address、phone、email）中添加新客户记录，则相关的 SQL 语句可写为：

```
String sql= " insert into customer (customName,customPassword,address,phone,email) values (?,?,?,?,?) " ;
```

然后创建 PreparedStatement 对象，可以通过 Connection 接口的 prepareStatement() 方法获取，其执行的 SQL 语句可以具有参数。例如：

```
PreparedStatement pstmt=con.prepareStatement(sql);    //创建执行对象 pstmt
```

在执行 SQL 语句前，需要给“?”传递数值，相关的方法为：

```
pstmt.setString(1, " 王五 ");                //给第 1 个字段客户姓名赋值
pstmt.setString(2, " 123 ");                 //给第 2 个字段客户密码赋值
pstmt.setInt(3, 20);                         //给第 3 个字段年龄赋值
pstmt.setString(4, " 江苏常州 ");            //给第 4 个字段家庭住址赋值
pstmt.setString(5, " 13900000000 ");         //给第 5 个字段电话号码赋值
pstmt.setString(6, " 123@163.com ");         //给第 6 个字段电子邮箱赋值
```

参数设置后，可以使用相应的方法执行查询或更新等操作。此处执行插入操作，相应的执行语句为：

```
pstmt.executeUpdate();                       //执行增删改等操作
```

如果是执行查询操作，则相应的语句应为：

```
pstmt.executeQuery();                        //执行查询操作
```

PreparedStatement 对象的 executeUpdate() 方法不同于 Statement 对象的 executeUpdate()方法，前者是不带参数的，其所需要的 SQL 语句型的参数已经在实例化该对象时提供了，后者是要带参数的。

另外，executeUpdate()方法将返回一个整数，这个整数代表 executeUpdate()方法执行后所更新的数据库中记录的行数。当 PreparedStatement 对象的 executeUpdate() 方法的返回值是 0 时，表示没有记录被更新或者修改。

PreparedStatement 类和 Statement 类的不同之处在于 PreparedStatement 类对象会将传入的 SQL 命令事先编好等待使用，当有单一的 SQL 指令被多次执行时，用 PreparedStatement 类会比 Statement 类有效率。

7.7 CallableStatement 接口

CallableStatement 接口为所有的 DBMS 提供了一种以标准形式调用存储过程的方法，存储过程存储在数据库中，对存储过程的调用是 CallableStatement 对象所含的内容。这种调用有两种形式，一种形式带结果参数，另一种形式不带结果参数。结果参数是一种输出（OUT）参数，是存储过程的返回值。两种形式都可带有数量可变的输入（IN 参数）、输出（OUT 参数）或输入和输出（INOUT 参数）的参数，问号将用作参数的占位符。

带结果参数的语法为：

```
{? = call 过程名[(?, ?, ...)]}
```

笔 记

不带结果参数的语法为：

```
{call 过程名}
```

CallableStatement 是 PreparedStatement 的子类，可以用于处理一般的 SQL 语句，也可以用于处理 IN 参数。CallableStatement 中定义的所有方法都用于处理 OUT 参数或 INOUT 参数的输出部分：注册 OUT 参数的 JDBC 类型（一般 SQL 类型）、从这些参数中检索结果，或者检查所返回的值是否为 JDBC NULL。

CallableStatement 对象可由 Connection 的 prepareCall 方法创建，例如：

```
CallableStatement cstmt=con.prepareCall(sql);
```

使用 CallableStatement 调用数据库的存储过程如下。

```
String sql = "CALL getTestData(?,?)";                         //getTestData 为存储过程
cstmt.registerOutParameter(1, java.sql.Types.INTEGER);         // 注册 OUT 参数
cstmt.registerOutParameter(2, java.sql.Types.DECIMAL, 2);
cstmt.executeQuery();
int x = cstmt.getInt(1);                                       //获取第 1 个参数值
java.math.BigDecimal n = cstmt.getBigDecimal(2);               //获取第 2 个参数值
```

上述代码先注册 OUT 参数，执行由 cstmt 所调用的已存储过程，然后检索在 OUT 参数中返回的值。方法 getInt 从第 1 个 OUT 参数中取出一个 Java 整型，而 getBigDecimal 从第 2 个 OUT 参数中取出一个 BigDecimal 对象。

7.8 数据库查询

从数据库中查询相关的数据操作和其他的操作不同，例如，增加、删除、修改操作都使用执行对象的 executeUpdate()方法，该方法返回的整数分别说明执行成功还是不成功（0 可能没有执行）；当执行查询操作时，执行对象的 executeQuery()方法，该方法返回的是结果集 ResultSet。结果集（ResultSet）是数据中查询结果返回的一种对象，或者说是一个存储查询结果的对象，但是结果集并不仅仅具有存储的功能，同时还具备操作数据的功能，可以完成对数据的更新等操作。

在创建执行对象时，有三种方法可以创建：

- Statement stmt=con. createStatement();　//创建无参的执行对象 stmt
- Statement stmt=con. createStatement(int type, int concurrency);
  //创建可滚动查询的执行对象 stmt
- Statement stmt=con.createStatement(int type,int concurrency,int holdability);
  //创建可保存的执行对象 stmt

当执行对象创建使用无参时，执行查询语句返回的结果集是最基本的 ResultSet，因为此时该结果集 ResultSet 只是完成了查询结果的存储功能，而且每次只能读一次，不能来回地滚动读取。

由于这种结果集不支持滚动的读取功能，所以，如果获得这样一个结果集，只能使用它里面的 next()方法逐个地读取数据。

```
boolean next();    //结果集中将光标从当前位置向下移一行
```

next()方法的返回值为 boolean 值，当指针移动到最后一行之后，则返回 false。使用 next()方法来操作行的向下移动一行，只要结果集中还有数据，则继续调用该方法，将指针向下移动以实现遍历结果集，直到数据全部取完为止。如果要获取每个字段的值，则使用相应的 getXXX()方法。

```
XXX  getXXX(int columnIndex);          //获取结果集中的当前行中指定列的值
```

```
XXX   getXXX(String column Label);      //获取结果集中的当前行中指定字段的值
```

使用getXXX()方法有两个重载的方法，可以使用指定的列数，也可以使用指定的字段的字段名。

文档 源代码7-2

【例7-2】 对数据库中的数据表进行查询处理，以一个网上商店的客户表作为例子，给出数据库操作的常用操作。首先在Microsoft SQL Server 2008中创建数据库bookManager，并在数据库中创建了用户表customer，结构见表7-4。

表7-4 客户信息表

字段名	数据类型	主键	允许为空	说明	备注
id	int	是	否	客户ID	自增
customName	varchar(20)	否	否	客户姓名	
customPassword	varchar(20)	否	否	客户密码	
age	int(4)	否	否	年龄	
address	varchar(30)	否	是	客户地址	
phone	nvarchar(30)	否	是	电话号码	
email	nvarchar(30)	否	是	电子邮箱	

① 首先实现数据库连接，编写DBCon数据库连接类，在该方法中设计getConnection()方法完成加载驱动和连接的操作。

笔 记

```
DBCon.java
package com.demo2;
import java.sql.Connection;
import java.sql.DriverManager;
import java.sql.SQLException;
public class DBCon {
    public Connection getConnection(){
        Connection con=null;
        try {
            Class.forName("com.microsoft.jdbc.sqlserver.SQLServerDriver");
                                                                    //加载驱动
            con = DriverManager.getConnection
("jdbc:microsoft:sqlserver://localhost:1433;DatabaseName=bookManager","sa", "sa");
                                                                    //数据库连接
        } catch (ClassNotFoundException e) {
            System.out.println("驱动找不到");
            e.printStackTrace();
        } catch (SQLException e) {
            System.out.println("数据库连接不成功");
            e.printStackTrace();
        }
        return con;
    }
}
```

② 编写数据操作类，在类中定义查询所有客户信息的方法。

```
CustomerDataOperate.java
package com.demo2;
import java.sql.Connection;
import java.sql.ResultSet;
import java.sql.SQLException;
```

笔 记

```
import java.sql.Statement;
public class CustomerDataOperate {
        DBCon db=null;
        Connection con=null;
        Statement stmt=null;
        ResultSet rs=null;
       public CustomerDataOperate() {
            db=new DBCon();
            con=db.getConnection();
     }
        //查询所有客户信息
       public String selectAll(String sql) {
            StringBuffer str=new StringBuffer("");
            if(con!=null){
                    try {
                            stmt=con.createStatement();
                            rs=stmt.executeQuery(sql);
                            while(rs.next()){
                                    str=str.append("id 是"+rs.getString(1));
                                    str=str.append("\t 姓名是"+rs.getString(2));
                                    str=str.append("\t 密码是"+rs.getString(3));
                                    str=str.append("\t 年龄是"+rs.getInt(4));
                                    str=str.append("\t 地址是"+rs.getString(5));
                                    str=str.append("\t 电话是"+rs.getString(6));
                                    str=str.append("\t 年龄是"+rs.getString(7)+"\n");
                            }
                    } catch (SQLException e) {
                            e.printStackTrace();
                    }
            }
            return new String(str);
        }
}
```

③ 在主方法中，增加测试查询所有客户信息方法。

```
Test.java
package com.demo2;
public class Test {
    public static void main(String[] args) {
            CustomerDataOperate cdo=new CustomerDataOperate();
            String sql4="select * from customer";  //查询所有客户信息
            System.out.println(cdo.selectAll(sql4));
    }
}
```

运行结果如图 7-11 所示。

```
id是1    姓名是张小文      密码是11 年龄是19 地址是常州新区    电话是85234214   年龄是zxw@163.com
id是2    姓名是李亚枫      密码是11 年龄是20 地址是常州武进区  电话是86334343   年龄是lyf@163.com
id是3    姓名是冯雪        密码是11 年龄是19 地址是上海徐汇区  电话是88243434   年龄是fx@163.com
id是4    姓名是张晓副      密码是11 年龄是20 地址是江苏常州    电话是9876567    年龄是zxf@126.com
id是5    姓名是孙国钱      密码是11 年龄是21 地址是苏州新区    电话是90807898   年龄是sgq@163.com
id是10   姓名是王五        密码是123年龄是20 地址是北京        电话是13900000000年龄是123@163.com
```

图 7-11
查询所有客户信息

笔 记

7.9 游动查询

前面的介绍的顺序查询使用 next()方法只能将指针向后顺序移动，并且对查询过的结果不能重新查询。而在实际应用中，有时需要获取结果集的指定位置的元素或向前移动，则必须得到一个可滚动的 ResultSet 对象。

这个类型支持前后滚动取得纪录 next()、previous()，回到第一行 first()，同时还支持要去的 ResultSet 中的第几行 absolute(int n)，以及移动到相对当前行的第几行 relative(int n)，要实现这样的 ResultSet 在创建 Statement 时可用以下方法：

```
Statement stmt=con. createStatement(int type, int concurrency);
```

其中参数说明和常用方法在 ResultSet 接口中已经介绍过。如果只是想要可以滚动的类型的 Result 只要把 Statement 进行如下赋值：

```
Statement stmt = conn.createStatement
        (Result.TYPE_SCROLL_INSENITIVE,ResultSet.CONCUR_READ_ONLY);
```

用这个 Statement 执行的查询语句得到的就是可滚动的 ResultSet。

文档 源代码 7-3

【例 7-3】 客户信息表中，游动查询客户信息。

① 数据库连接跟【例 7-2】相同，只要在数据操作类中增加游动查询的方法，在这里首先获悉结果集的总的记录数，再定位根据要求输出某条记录信息。

笔 记

```
//游动查询客户信息
public String rollSelect(String sql) {
    StringBuffer str=new StringBuffer("");
    if(con!=null){
            try {
                stmt = con.createStatement(ResultSet.TYPE_SCROLL_
                INSENSITIVE,
                        ResultSet.CONCUR_READ_ONLY);
                rs = stmt.executeQuery(sql);
                rs.last();                          // 最后一行
                str.append("一共有" + rs.getRow() + "个客户\n");
                str.append("显示第 2 位客户的信息\n");
                rs.absolute(2);                             // 定位
                str = str.append("id 是" + rs.getString(1));
                str = str.append("\t 姓名是" + rs.getString(2));
                str = str.append("\t 密码是" + rs.getString(3));
                str = str.append("\t 年龄是" + rs.getInt(4));
                str = str.append("\t 地址是" + rs.getString(5));
                str = str.append("\t 电话是" + rs.getString(6));
                str = str.append("\t 年龄是" + rs.getString(7) + "\n");
            } catch (SQLException e) {
                e.printStackTrace();
            }
    }
    return new String(str);
}
```

② 在主方法中，增加测试游动查询的方法。

```
//测试游动查询客户信息
String sql5="select * from customer";
System.out.println(cdo.rollSelect(sql5));
```

运行结果如图 7-12 所示。

```
一共有6个客户
显示第2位客户的信息
id是2    姓名是李亚枫        密码是11 年龄是20 地址是常州武进区    电话是86334343    年龄是lyf@163.com
```

图 7-12
游动查询效果

【任务实施】

PPT 任务 7.2 任务实施

1. 出租人及房源信息实体类设计

主要封装出租人员信息及房源信息。出租人及房源信息实体类的相关代码如下：

文档 任务 7.2 任务实施 源代码

```
V_RentPersonHouseInfo.java
//出租人及房源信息实体类
package com.my.bean;
public class V_RentPersonHouseInfo {
      private int userID;                    //ID
      private String rentPersonNo;           //出租人编号
      private String userName;               //姓名
      private String phone;                  //手机
      private String cardID;                 //身份证号码
      private int houseID;                   //房源 ID
      private String houseNo;                //房源编号
      private String villageName;            //小区名称
      private String companyName;            //物业公司
      private String houseType;              //房型
      private String houseSet;               //房屋位置
      private String houseFavor;             //房源朝向
      private double rentPrice;              //出租价格
      private String houseFloor;             //楼层编号
      private double houseArea;              //建筑面积
      private String houseFacility;          //房屋设施
      public V_RentPersonHouseInfo() {
      }
      ......
      //set 与 get 属性方法
}
```

视频 任务 7.2 任务实施

笔 记

2. 出租人及房源信息管理接口设计

定义一个处理出租人信息和相应房源信息的业务处理接口，定义了根据出租人编号查询出租人房源信息抽象方法。出租人及房源信息管理接口设计代码如下：

```
V_RentPersonHouseInfoDAO.java
//出租人及房源信息管理接口
package com.my.dao;
import com.my.bean.V_RentPersonHouseInfo;
public interface V_RentPersonHouseInfoDAO {
      //根据出租人编号查询出租人房源信息
      public V_RentPersonHouseInfo getRentPersonHouseInfoByNo(String rentPersonNo);
}
```

3. 出租人及房源信息管理业务处理类设计

出租人及房源信息管理的业务处理类主要是实现出租人及房源信息管理接口，

笔记

并实现该接口中的抽象方法。出租人及房源信息管理的业务处理类代码如下：

```
V_RentPersonHouseInfoDAOImpl.java
//根据出租人编号查询出租人与房源信息
package com.my.dao.impl;
import java.sql.*;
import com.my.bean.V_RentPersonHouseInfo;
import com.my.dao.V_RentPersonHouseInfoDAO;
import com.my.db.*;
public class V_RentPersonHouseInfoDAOImpl implements V_RentPersonHouseInfoDAO {
    private Connection con;
    private Statement stmt;
    private PreparedStatement pstmt;
    private ResultSet rs;
    private DBCon db;
    public V_RentPersonHouseInfoDAOImpl() {
        db = new DBCon();
    }
    public V_RentPersonHouseInfo getRentPersonHouseInfoByNo(String rentPersonNo) {
        V_RentPersonHouseInfo v_rentPersonHouseInfo = new V_RentPersonHouseInfo();
        try {
            con = db.getConnection();
            String sql = "select * from v_rentPersonHouseInfo    where rentPersonNo=?";
            pstmt = con.prepareStatement(sql);
            pstmt.setString(1, rentPersonNo);
            rs = pstmt.executeQuery();
            while (rs.next()) {
                int userID = rs.getInt(1);                          // ID
                rentPersonNo = rs.getString(2);                     // 出租人编号
                String userName = rs.getString(3);                  // 姓名
                String phone = rs.getString(4);                     // 手机
                String cardID = rs.getString(5);                    // 身份证号码
                int houseID = rs.getInt(6);                         // 房源 ID
                String houseNo = rs.getString(7);                   // 房源编号
                String villageName = rs.getString(8);               // 小区名称
                String companyName = rs.getString(9);               // 物业公司
                String houseType = rs.getString(10);                // 房型
                String houseSet = rs.getString(11);                 // 房屋位置
                String houseFavor = rs.getString(12);               // 房源朝向
                double rentPrice = rs.getDouble(13);                // 出租价格
                double houseArea = rs.getDouble(14);                // 建筑面积
                String houseFacility = rs.getString(15);            // 房屋设施
                String houseFloor = rs.getString(16);               // 楼层编号
                v_rentPersonHouseInfo.setUserID(userID);
                v_rentPersonHouseInfo.setRentPersonNo(rentPersonNo);
                v_rentPersonHouseInfo.setUserName(userName);
                v_rentPersonHouseInfo.setPhone(phone);
                v_rentPersonHouseInfo.setCardID(cardID);
                v_rentPersonHouseInfo.setHouseID(houseID);
                v_rentPersonHouseInfo.setHouseNo(houseNo);
                v_rentPersonHouseInfo.setVillageName(villageName);
                v_rentPersonHouseInfo.setCompanyName(companyName);
```

```
                v_rentPersonHouseInfo.setHouseType(houseType);
                v_rentPersonHouseInfo.setHouseFavor(houseFavor);
                v_rentPersonHouseInfo.setRentPrice(rentPrice);
                v_rentPersonHouseInfo.setHouseSet(houseSet);
                v_rentPersonHouseInfo.setHouseFloor(houseFloor);
                v_rentPersonHouseInfo.setHouseArea(houseArea);
                v_rentPersonHouseInfo.setHouseFacility(houseFacility);
            }
            if (rs != null)   rs.close();
            if (pstmt != null)   pstmt.close();
            if (con != null)   con.close();
        } catch (SQLException e) {
            e.printStackTrace();
        }
        return v_rentPersonHouseInfo;
    }
}
```

笔 记

【实践训练】

建立图书分类表 category，实现对该表的查询操作。

任务 7.3　租赁业务处理

【任务分析】

PPT　任务 7.3　租赁业务处理

租赁信息管理主要管理租赁信息，主要包括租赁信息的 ID、租赁信息编号、员工 ID、员工姓名、房源信息 ID、出租信息 ID、出租人的信息、求租人的信息以及月租金、租赁时间等相关信息。

为了实现租赁信息管理的业务设计采用 DAO 模型，分别设计房屋租赁信息的实体类、房屋租赁管理业务接口和房屋租赁管理业务处理类。

视频　任务 7.3　租赁业务处理

【相关知识】

对数据库中的数据表进行处理，主要有数据的添加、删除、更新、查询等操作。下面以【例 7-2】所示网上商店的客户表作为例子，给出数据库操作的增加、删除、修改操作。

7.10　添加数据

当需要在数据表中添加一行新的记录时，需要调用 SQL 的 insert 语句，然后使用执行对象来向数据库管理系统发送命令，然后调用执行对象的方法实现。

```
public int executeUpdate(String sql);
```

该方法的参数为 SQL 命令的字符串，这里的命令可以是增加、删除、修改的三种命令；返回值为整型，表示被更新的行数，若返回值为 0，则表示 SQL 语句可能执行相关的操作不成功。基本使用如下：

```
Statement stmt=con.createStatement();          //创建执行对象 stmt
String sql="insert into customer values('王五',123,'江苏常州','13900000000','123@
163.com')";
int m=stmt.executeUpdate(sql);                 //执行 SQL 语句，返回值为一整数
```

【例 7-4】 客户信息表中，插入一行新的记录。

文档 源代码 7-4

① 数据库连接跟【例 7-2】相同，只要在数据操作类中增加添加记录的方法。

```
//添加客户信息
public boolean insert(String sql){
    boolean result=false;
    if(con!=null){
        try {
            stmt=con.createStatement();
            int m=stmt.executeUpdate(sql);
            if(m>0){
                result=true;
            }
        } catch (SQLException e) {
            e.printStackTrace();
        }
    }
    return result;
}
```

② 在主方法中，增加测试删除记录的方法。

```
//测试插入一行记录
String sql1="insert into customer values('王五',123,'江苏常州','13900000000','123@163.
com')";
boolean flag=cdo.insert(sql1);
if(flag){
    System.out.println("插入成功");
}else{
    System.out.println("插入不成功");
}
```

插入成功

图 7-13
添加数据运行结果

运行结果如图 7-13 所示，显示数据插入成功。

7.11 删除数据

删除数据和添加数据相似，也是通过执行对象的 executeUpdate()方法来执行 SQL 语句，可以删除数据表中的某一条记录或几条记录，删除数据使用的 SQL 语句是 delete 语句。基本使用如下：

```
Statement stmt=con.createStatement();          //创建执行对象 stmt
String sql="delete from customer where customName='王五';
int m=stmt.executeUpdate(sql);                 //执行 SQL 语句，返回值为一整数
```

方法的返回值为整型，表示被删除的行数，若返回值为 0，则表示 SQL 语句可能执行相关的操作不成功。

【例 7-5】 客户信息表中，根据条件删除记录。

文档 源代码 7-5

① 数据库连接跟【例 7-2】相同，只要在数据操作类中增加删除记录的方法。

```
//删除客户信息
public boolean insert(String sql){
    boolean result=false;
```

笔 记

```
        if(con!=null){
            try {
                stmt=con.createStatement();
                int m=stmt.executeUpdate(sql);
                if(m>0){
                        result=true;
                }
            } catch (SQLException e) {
                e.printStackTrace();
            }
        }
        return result;
    }
```

② 在主方法中，增加测试删除记录的方法。

```
//测试删除记录
String sql2="delete from customer where   customName='王五'";
flag=cdo.delete(sql2);
if(flag){
    System.out.println("删除成功");
}else{
    System.out.println("删除不成功");
}
```

删除成功

图 7-14
删除数据运行结果

运行结果如图 7-14 所示，显示数据删除成功。

7.12 修改数据

修改数据的操作同添加和删除类似，也是通过执行对象的 executeUpdate()方法来执行 SQL 语句，可以修改数据表中的某一条记录，修改数据使用的 SQL 语句是 update 语句。基本使用如下：

```
Statement stmt=con.createStatement();          //创建执行对象 stmt
String sql="update customer set address='北京' where customName='王五';
int m=stmt.executeUpdate(sql);                 //执行 SQL 语句，返回值为一整数
```

其中 m 是方法的返回值，表示被更新的行数，若返回值为-1，则表示 SQL 语句可能执行相关的操作不成功。

【例 7-6】 客户信息表中，根据条件修改记录。

文档 源代码 7-6

① 数据库连接跟【例 7-2】相同，只要在数据操作类中增加修改记录的方法。

```
//修改客户信息
public boolean update(String sql){
    boolean result=false;
    if(con!=null){
        try {
            stmt=con.createStatement();
            int m=stmt.executeUpdate(sql);
            if(m>0){
                    result=true;
            }
        } catch (SQLException e) {
            e.printStackTrace();
        }
```

```
        }
        return result;
    }
```

② 在主方法中，增加测试修改记录的方法。

```
//测试修改记录
String sql3="update customer set address='北京' where customName='王五'";
flag=cdo.update(sql3);
if(flag){
    System.out.println("修改成功");
}else{
    System.out.println("修改不成功");
}
```

修改成功

图 7-15
修改数据运行结果

运行结果如图 7-15 所示，显示数据修改成功。

从【例 7-4】、【例 7-5】和【例 7-6】中可以看出，对数据库的数据进行添加数据、删除数据和修改数据时，其业务操作是相同的，只不过是接收不同的 SQL 语句，系统自动会根据 SQL 的不同命令执行相应操作。

PPT 任务 7.3 任务实施

文档 任务 7.3 任务实施源代码

视频 任务 7.3 任务实施

笔 记

【任务实施】

1. 房屋租赁信息实体类设计

主要封装租赁相关信息。房屋租赁信息实体类的相关代码如下：

```
RentInfo.java
//租赁信息实体类
package com.my.bean;
public class RentInfo {
        private int rentInfoID;              //租赁信息 ID
        private String rentInfoNo;           //租赁信息编号
        private int empID;                   //员工 ID
        private String empName;              //员工姓名
        private int houseID;                 //房源信息 ID
        private int rentID;                  //出租信息 ID
        private String rentName;             //出租人姓名
        private String rentPhone;            //出租人电话
        private int hireID;                  //求租人 ID
        private String hireName;             //求租人姓名
        private String hirePhone;            //求租人电话
        private double payMoney;             //月租金
        private int rentTime;                //租赁时间
        private String rentStartDate;        //租赁开始日期
        private String rentEndDate;          //租赁结束日期
        private String payDate;              //收费日期
        private String remark;               //备注
        public RentInfo() {
        }
}
```

2. 房屋租赁管理接口设计

定义一个处理租赁信息的业务处理接口，定义了添加、修改、删除、根据编号查询和查询所有租赁信息等抽象方法。房屋租赁信息处理的接口设计代码如下：

```
RentInfoDAO.java
```

笔 记

```
//房屋租赁信息处理的接口
package com.my.dao;
import java.util.List;
import com.my.bean.RentInfo;

public interface RentInfoDAO {
    public boolean addRentInfo(RentInfo rentInfo);      //添加租赁信息
    public boolean updateRentInfo(RentInfo rentInfo);   //修改租赁信息
    public boolean deleteRentInfo(RentInfo rentInfo);   //删除租赁信息
    public RentInfo getRentInfoByNo(String rentNum); //根据编号查询租赁信息
    public List getAllRentInfo();                       //获取所有租赁信息
    public List getRentInfoListByCondition(String sql); //根据查询条件查询租赁信息
}
```

3. 房屋租赁管理业务处理类设计

房屋租赁信息管理的业务方法主要是实现房屋租赁信息管理接口，并实现接口中的抽象方法。实现该业务需要跟数据库数据进行交互，因此首先设计数据库连接类。数据库连接使用 JDBC-ODBC 桥接的驱动方式，具体设计代码如下：

```
DBCon.java
//数据库连接类
package com.my.db;
import java.sql.*;
public class DBCon {
    private Connection con;
    public Connection getConnection(){
        try{
            Class.forName("sun.jdbc.odbc.JdbcOdbcDriver");
            con=DriverManager.getConnection("jdbc:odbc:houseRent","sa","sa");
        }catch(Exception e){
            e.printStackTrace();
        }
        return con;
    }
}
```

房屋租赁信息管理的业务类代码如下：

```
RentInfoDAOImpl.java
package com.my.dao.impl;
import java.sql.*;
import java.util.ArrayList;
import java.util.List;
import com.my.bean.RentInfo;
import com.my.dao.RentInfoDAO;
import com.my.db.DBCon;
public class RentInfoDAOImpl implements RentInfoDAO {
    private Connection con;
    private Statement stmt;
    private PreparedStatement pstmt;
    private ResultSet rs;
    private DBCon db;
    public RentInfoDAOImpl(){
        db=new DBCon();
```

笔 记

```
}
//添加租赁信息
public boolean addRentInfo(RentInfo rentInfo) {
    boolean result = false;
    try {
        con = db.getConnection();
        String sql = "insert into tb_rentInfo values(?,?,?,?,?,?,?,?,?,?,?,?,?,?,?,?)";
        pstmt = con.prepareStatement(sql);
        pstmt.setString(1, rentInfo.getRentInfoNo());
        pstmt.setInt(2, rentInfo.getEmpID());
        pstmt.setString(3, rentInfo.getEmpName());
        pstmt.setInt(4,rentInfo.getHouseID());
        pstmt.setInt(5, rentInfo.getRentID());
        pstmt.setString(6,rentInfo.getRentName());
        pstmt.setString(7,rentInfo.getRentPhone());
        pstmt.setInt(8, rentInfo.getHireID());
        pstmt.setString(9,rentInfo.getHireName());
        pstmt.setString(10,rentInfo.getHirePhone());
        pstmt.setDouble(11,rentInfo.getPayMoney());
        pstmt.setInt(12,rentInfo.getRentTime());
        pstmt.setString(13,rentInfo.getRentStartDate());
        pstmt.setString(14,rentInfo.getRentEndDate());
        pstmt.setString(15,rentInfo.getPayDate());
        pstmt.setString(16, rentInfo.getRemark());
        int i = pstmt.executeUpdate();
        if (i > 0) {
            result = true;
        } else {
            result = false;
        }
        if (pstmt != null)    pstmt.close();
        if (con != null)    con.close();
    } catch (SQLException e) {
        e.printStackTrace();
    }
    return result;
}
//删除租赁信息
public boolean deleteRentInfo(RentInfo rentInfo) {
    boolean result = false;
    try {
        con = db.getConnection();
        String sql = "delete from    tb_rentInfo where rentInfoNo=?";
        pstmt = con.prepareStatement(sql);
        pstmt.setString(1, rentInfo.getRentInfoNo());
        int i = pstmt.executeUpdate();
        if (i > 0) {
            result = true;
        } else {
            result = false;
        }
```

笔 记

```
                if (pstmt != null)   pstmt.close();
                if (con != null)   con.close();
            } catch (SQLException e) {
                e.printStackTrace();
            }
            return result;
    }
    //根据编号查询租赁信息
    public RentInfo getRentInfoByNo(String rentNum) {
        RentInfo rentInfo=new RentInfo();
        try {
            con = db.getConnection();
            String sql = "select * from tb_rentInfo where rentInfoNo=?";
            pstmt = con.prepareStatement(sql);
            pstmt.setString(1, rentNum);
            rs = pstmt.executeQuery();
            int rentInfoID=0;                    //租赁信息 ID
            String rentInfoNo="";                //租赁信息编号
            int empID=0;                         //员工 ID
            String empName="";                   //员工姓名
            int houseID=0;                       //房源信息 ID
            int rentID=0;                        //出租信息 ID
            String rentName="";                  //出租人姓名
            String rentPhone="";                 //出租人电话
            int hireID=0;                        //求租人 ID
            String hireName="";                  //求租人姓名
            String hirePhone="";                 //求租人电话
            double payMoney=0;                   //月租金
            int rentTime=0;                      //租赁时间
            String rentStartDate="";             //租赁开始日期
            String rentEndDate="";               //租赁结束日期
            String payDate="";                   //收费日期
            String remark="";                    //备注
            while (rs.next()) {
                rentInfoID=rs.getInt(1);
                rentInfoNo=rs.getString(2);
                empID=rs.getInt(3);
                empName=rs.getString(4);
                houseID=rs.getInt(5);
                rentID=rs.getInt(6);
                rentName=rs.getString(7);
                rentPhone=rs.getString(8);
                hireID=rs.getInt(9);
                hireName=rs.getString(10);
                hirePhone=rs.getString(11);
                payMoney=rs.getDouble(12);
                rentTime=rs.getInt(13);
                rentStartDate=rs.getString(14);
                rentEndDate=rs.getString(15);
                payDate=rs.getString(16);
                remark=rs.getString(17);
```

笔 记

```
                    rentInfo.setRentID(rentInfoID);
                    rentInfo.setRentInfoNo(rentInfoNo);
                    rentInfo.setEmpID(empID);
                    rentInfo.setEmpName(empName);
                    rentInfo.setHouseID(houseID);
                    rentInfo.setRentName(rentName);
                    rentInfo.setRentPhone(rentPhone);
                    rentInfo.setHireID(hireID);
                    rentInfo.setHireName(hireName);
                    rentInfo.setHirePhone(hirePhone);
                    rentInfo.setPayMoney(payMoney);
                    rentInfo.setRentTime(rentTime);
                    rentInfo.setRentStartDate(rentStartDate);
                    rentInfo.setRentEndDate(rentEndDate);
                    rentInfo.setPayDate(payDate);
                    rentInfo.setRemark(remark);
                }
                if (rs != null)    rs.close();
                if (pstmt != null)    pstmt.close();
                if (con != null)    con.close();
            } catch (SQLException e) {
                e.printStackTrace();
            }
            return rentInfo;
        }
        //修改租赁信息
        public boolean updateRentInfo(RentInfo rentInfo) {
            return false;
        }
        //获取所有租赁信息
        public List getAllRentInfo() {
            List list = new ArrayList();
            try {
                con = db.getConnection();
                String sql = "select * from tb_rentInfo";
                pstmt = con.prepareStatement(sql);
                rs = pstmt.executeQuery();
                int rentInfoID=0;                    //租赁信息 ID
                String rentInfoNo="";                //租赁信息编号
                int empID=0;                         //员工 ID
                String empName="";                   //员工姓名
                int houseID=0;                       //房源信息 ID
                int rentID=0;                        //出租信息 ID
                String rentName="";                  //出租人姓名
                String rentPhone="";                 //出租人电话
                int hireID=0;                        //求租人 ID
                String hireName="";                  //求租人姓名
                String hirePhone="";                 //求租人电话
                double payMoney=0;                   //月租金
                int rentTime=0;                      //租赁时间
                String rentStartDate="";             //租赁开始日期
                String rentEndDate="";               //租赁结束日期
```

笔 记

```
            String payDate="";                          //收费日期
            String remark="";                           //备注
            while (rs.next()) {
                rentInfoID=rs.getInt(1);
                rentInfoNo=rs.getString(2);
                empID=rs.getInt(3);
                empName=rs.getString(4);
                houseID=rs.getInt(5);
                rentID=rs.getInt(6);
                rentName=rs.getString(7);
                rentPhone=rs.getString(8);
                hireID=rs.getInt(9);
                hireName=rs.getString(10);
                hirePhone=rs.getString(11);
                payMoney=rs.getDouble(12);
                rentTime=rs.getInt(13);
                rentStartDate=rs.getString(14);
                rentEndDate=rs.getString(15);
                payDate=rs.getString(16);
                remark=rs.getString(17);
                RentInfo rentInfo=new RentInfo();
                rentInfo.setRentID(rentInfoID);
                rentInfo.setRentInfoNo(rentInfoNo);
                rentInfo.setEmpID(empID);
                rentInfo.setEmpName(empName);
                rentInfo.setHouseID(houseID);
                rentInfo.setRentName(rentName);
                rentInfo.setRentPhone(rentPhone);
                rentInfo.setHireID(hireID);
                rentInfo.setHireName(hireName);
                rentInfo.setHirePhone(hirePhone);
                rentInfo.setPayMoney(payMoney);
                rentInfo.setRentTime(rentTime);
                rentInfo.setRentStartDate(rentStartDate);
                rentInfo.setRentEndDate(rentEndDate);
                rentInfo.setPayDate(payDate);
                rentInfo.setRemark(remark);
                list.add(rentInfo);
            }
            if (rs != null)   rs.close();
            if (pstmt != null)   pstmt.close();
            if (con != null)   con.close();
        } catch (SQLException e) {
            e.printStackTrace();
        }
        return list;
    }
    //根据查询条件查询租赁信息
    public List getRentInfoListByCondition(String sql) {
        List list = new ArrayList();
        try {
            con = db.getConnection();
            stmt=con.createStatement();
```

笔 记

```
rs = stmt.executeQuery(sql);
int rentInfoID=0;                     //租赁信息 ID
String rentInfoNo="";                 //租赁信息编号
int empID=0;                          //员工 ID
String empName="";                    //员工姓名
int houseID=0;                        //房源信息 ID
int rentID=0;                         //出租信息 ID
String rentName="";                   //出租人姓名
String rentPhone="";                  //出租人电话
int hireID=0;                         //求租人 ID
String hireName="";                   //求租人姓名
String hirePhone="";                  //求租人电话
double payMoney=0;                    //月租金
int rentTime=0;                       //租赁时间
String rentStartDate="";              //租赁开始日期
String rentEndDate="";                //租赁结束日期
String payDate="";                    //收费日期
String remark="";                     //备注
while (rs.next()) {
        rentInfoID=rs.getInt(1);
        rentInfoNo=rs.getString(2);
        empID=rs.getInt(3);
        empName=rs.getString(4);
        houseID=rs.getInt(5);
        rentID=rs.getInt(6);
        rentName=rs.getString(7);
        rentPhone=rs.getString(8);
        hireID=rs.getInt(9);
        hireName=rs.getString(10);
        hirePhone=rs.getString(11);
        payMoney=rs.getDouble(12);
        rentTime=rs.getInt(13);
        rentStartDate=rs.getString(14);
        rentEndDate=rs.getString(15);
        payDate=rs.getString(16);
        remark=rs.getString(17);
        RentInfo rentInfo=new RentInfo();
        rentInfo.setRentID(rentInfoID);
        rentInfo.setRentInfoNo(rentInfoNo);
        rentInfo.setEmpID(empID);
        rentInfo.setEmpName(empName);
        rentInfo.setHouseID(houseID);
        rentInfo.setRentName(rentName);
        rentInfo.setRentPhone(rentPhone);
        rentInfo.setHireID(hireID);
        rentInfo.setHireName(hireName);
        rentInfo.setHirePhone(hirePhone);
        rentInfo.setPayMoney(payMoney);
        rentInfo.setRentTime(rentTime);
        rentInfo.setRentStartDate(rentStartDate);
        rentInfo.setRentEndDate(rentEndDate);
        rentInfo.setPayDate(payDate);
        rentInfo.setRemark(remark);
```

```
                list.add(rentInfo);
            }
            if (rs != null)    rs.close();
            if (pstmt != null)    pstmt.close();
            if (con != null)    con.close();
        } catch (SQLException e) {
            e.printStackTrace();
        }
        return list;
    }
```

笔 记

【实践训练】

建立图书分类表 category，实现对该表增加、修改、删除等操作。

拓展实训

完成商品信息管理设计、商品管理模块用户维护商品的资料。商品信息管理包括更新商品信息、查询商品信息。为了方便，加入了准确查询和模糊查询。实施要求：

① 分析商品管理模块，设计商品管理模块的用例图。

② 设计与实现添加商品模块。

③ 设计与实现修改商品模块。

④ 设计与实现查询商品模块。

同步训练

文档 单元7案例

文档 单元7习题库/试题库

一、选择题

1. DriverManager 类的 getConnection 方法的作用是（　　）。
   A. 取得数据库连接　　B. 取得数据表
   C. 取得字段　　D. 取得记录
2. Class 的 forName 方法的作用是（　　）。
   A. 注册类名　　B. 注册数据库驱动程序
   C. 创建类名　　D. 创建数据库驱动程序
3. Connection 的 createStatement 方法的作用是（　　）。
   A. 创建数据库　　B. 创建数据表
   C. 创建记录集　　D. 创建 SQL 命令执行接口
4. ResultSet 的 next 方法的作用是（　　）。
   A. 取得下一条记录　　B. 取得下二条记录
   C. 取得上一条记录　　D. 取得上二条记录
5. ResultSet 的 getString 方法的作用是（　　）。
   A. 取得字符串类型的字段值　　B. 取得浮点数类型的字段值

C. 取得日期类型的字段值　　D. 取得备注类型的字段值

6. 下述选项中不属于JDBC基本功能的是（　　）。

A. 与数据库建立连接　　B. 提交SQL语句

C. 处理查询结果　　D. 数据库维护管理

二、填空题

1. JDBC的英文全称是________。

2. JDBC中为Statement接口提供了3种执行方法，它们是________方法、________方法和________方法。

3. 在Java中，当执行了查询操作时，一般将查询结果保存在________对象中。

4. 当执行的SQL语句是预编译的，或者需要执行多条语句，此时需要一个________对象。

5. 在JSP中，连接数据库的方式通常有两种：一种是________；另一种是________。

三、判断题

1. 可以用JDBC驱动课程连接SQL Server数据库。（　　）

2. ResultSet接口可以查询数据。（　　）

3. Statement接口可以删除数据。（　　）

四、简答题

1. 如何创建JDBC-ODBC数据源？

2. Java与数据库的操作具体流程是什么？

五、上机编程题

SQL Server数据库JDB中有一数据表test，表中有字段t1(int)、t2(varchar(10))、t3(float)。

DBCon类中一个获取连接的方法public Connection getCon(); 表示与数据库JDB获得了连接。请写出建立连接并从表test中查询所有记录并显示的相关代码。

输入输出流与多线程

单元介绍

本单元的目标是了解输入与输出流，理解 File 类，掌握文件输入与输出流、字节流与字符流、缓冲输入与输出流、数据输入与输出流、对象输入与输出流、多线程等。能够使用常用的输入输出流、多线程开发记事本与时钟显示器模块。

文档 单元 8 设计

输入输出流与多线程单元分为 4 个任务。

- 使用字节流设计记事本。
- 使用字符流流设计记事本。
- 使用数据流设计记事本。
- 时钟显示器设计。

PPT 单元 8 概述

学习目标

【知识目标】

- 了解输入与输出流。
- 理解 File 类。
- 掌握文件输入与输出流。
- 掌握字节流与字符流。
- 掌握缓冲输入与输出流。
- 掌握数据输入与输出流。
- 掌握对象输入输出流。
- 理解多线程。

视频 单元 8 输入输出流与多线程概述

【能力目标】

- 会使用 File 类。
- 会使用文件输入与输出流。
- 会使用字节流与字符流。
- 会使用缓冲输入与输出流。
- 会使用数据输入与输出流。
- 会使用对象输入与输出流。
- 能够使用输入与输出设计记事本。
- 能够使用多线程设计时钟显示器。

【素养目标】

- 培养遵守软件行业公约、标准和规范，严格遵守流程进行程序开发的习惯。
- 激发科技报国的家国情怀和使命担当。

思政导学 “神威·太湖之光”超级计算机

任务 8.1 使用字节流设计记事本

PPT 任务8.1 使用字节流设计记事本

视频 任务8.1 使用字节流设计记事本

【任务分析】

记事本是房屋租赁管理系统的一个常用工具，主要用于记录工作日志、突发事件等。记事本的主要功能是新建文件、保存文件、打开文件等。

IO 流是 Java 中实现输入输出的基础，它可以很方便地完成数据的输入输出操作，Java 把不同的输入输出抽象为流，通过流的方式允许 Java 程序使用相同的方式来访问不同的输入输出。文件是流操作的基础，在本任务中详细分析了 File 类及其使用。文件输入与输出流根据处理数据的类型和流向，分为文件字节输入流 FileInputStream 和文件字节输出流 FileOutputStream，以及文件字符输入流 FileReader 和文件字符输出流 FileWriter，本任务重点介绍文件字节流的使用。本任务的实施首先设计记事本界面；其次添加新建文件、保存文件、打开文件的事件处理。

笔记

【相关知识】

8.1 输入输出流概述

输入输出是指应用程序与外部设备及其他计算机进行数据交流的操作，如读写硬盘数据、向显示器输出数据、通过网络读取其他节点的数据等。任何一种编程语言都必须拥有输入输出的处理方式，Java 语言也不例外。Java 语言的输入输出数据是以流的形式出现的，并且 Java 提供了大量的类来对流进行操作，从而实现了输入输出功能。

所谓流是指同一台计算机或网络中不同计算机之间有序运动着的数据序列，Java 把这些不同来源和目标的数据都统一抽象为数据流。

流是一个很形象的概念，当程序需要读取数据的时候，就会开启一个通向数据源的流，这个数据源可以是文件、磁盘、或是网络连接。类似的，当程序需要写入数据的时候，就会开启一个通向目的地的流。这时候就可以想象数据好像在这其中"流"动一样，如图 8-1 所示。

图 8-1
输入输出流示意图

根据数据流的方向可分为输入流和输出流，输入流代表从其他设备流入计算机的数据序列，输出流代表从计算机流向外部设备的数据序列。根据数据流中处理的数据可分为字节流和字符流。字节流是用来处理没有进行加工的原始数据（二进制字节数据），字符流是经过编码的符合某种格式规定的数据。

笔 记

可以分别用 InputStream、OutputStream、Reader、Writer 4 个抽象类来表示，它们都包含在 java.io 包中。Java 中其他多种多样变化的流均是由它们派生出来的。

下面分类说明 Java 流类的层次关系和使用方法，如图 8-2 所示。

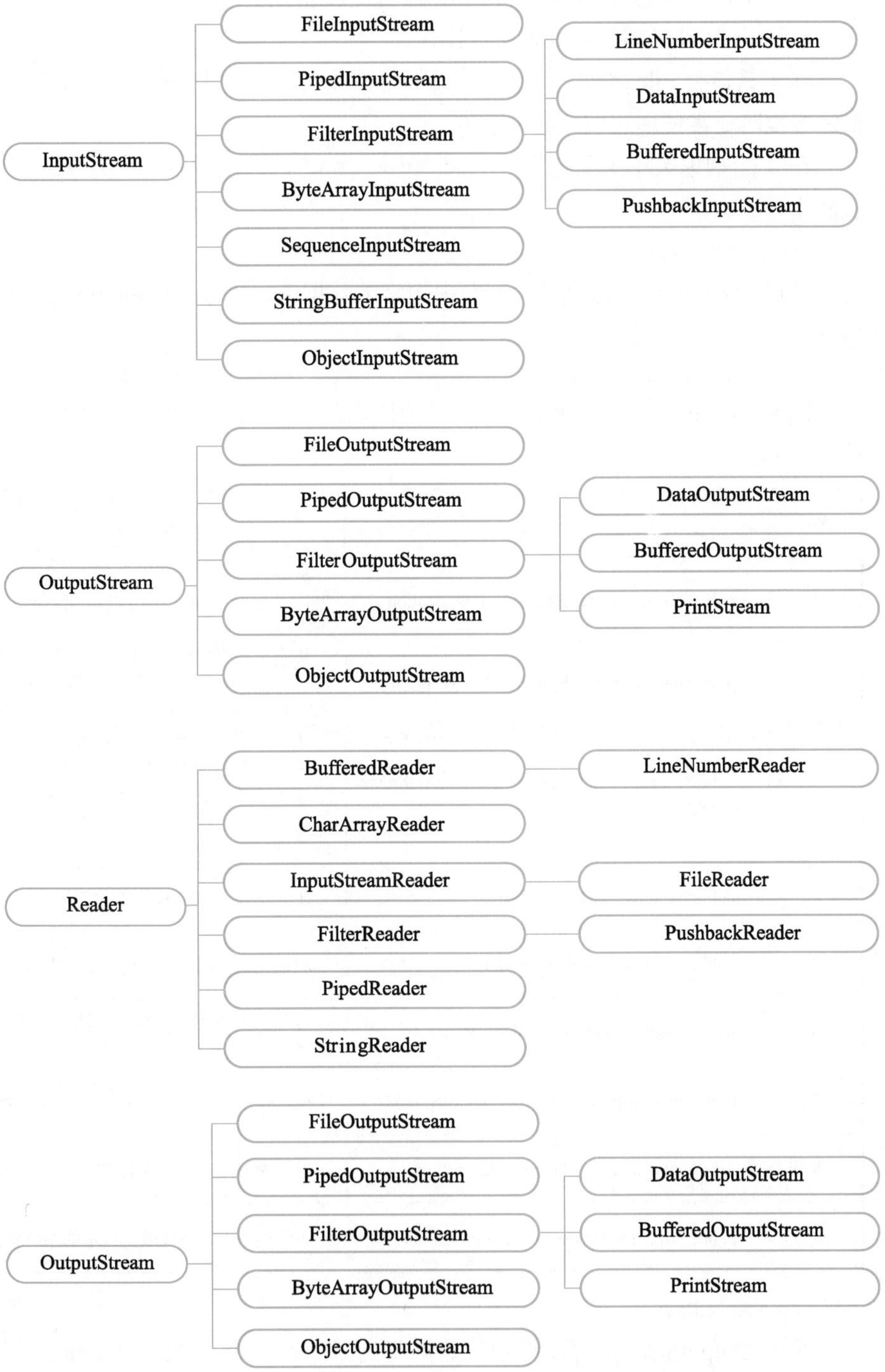

- InputStream
  - FileInputStream
  - PipedInputStream
  - FilterInputStream
    - LineNumberInputStream
    - DataInputStream
    - BufferedInputStream
    - PushbackInputStream
  - ByteArrayInputStream
  - SequenceInputStream
  - StringBufferInputStream
  - ObjectInputStream
- OutputStream
  - FileOutputStream
  - PipedOutputStream
  - FilterOutputStream
    - DataOutputStream
    - BufferedOutputStream
    - PrintStream
  - ByteArrayOutputStream
  - ObjectOutputStream
- Reader
  - BufferedReader
    - LineNumberReader
  - CharArrayReader
  - InputStreamReader
    - FileReader
  - FilterReader
    - PushbackReader
  - PipedReader
  - StringReader
- OutputStream
  - FileOutputStream
  - PipedOutputStream
  - FilterOutputStream
    - DataOutputStream
    - BufferedOutputStream
    - PrintStream
  - ByteArrayOutputStream
  - ObjectOutputStream

图 8-2
输入输出流层次结构图

1. 输入输出流的第一层次

直接继承自 java.lang.object 类。常用的类如下。

- InputStream：抽象类，是字节输入流的直接或间接的父类，它定义了许多

笔 记

有用的、所有子类必须的方法，包括读取、移动指针、标记、复位、关闭等方法。

- OutputStream：抽象类，作为字节输出流的直接或间接的父类。
- Reader：抽象类，作为字符输入流的直接或间接父类。
- Writer：抽象类，作为字符输出流的直接或间接父类。
- File：文件具体类，处理文件操作。

除了具体类 File 之外，其他 4 个类都是抽象类，主要用来提供子类共同的操作，实际编程时通常使用它们的具体子类。

在 4 个抽象类中主要定义了 read()和 write()方法，通过这两个方法或它们的重载来读写数据。

（1）InputStream

通过 InputStream 可以从数据源中把字节数据读取进来。InputStream 类的定义如下：

```
public abstract class InputStream   extends Object   implements Closeable
```

InputStream 本身是一个抽象类，必须依靠其子类。InputStream 类中的主要方法见表 8-1。

表 8-1 InputStream 类的常用方法

序号	方 法	描 述
1	public abstract int read() throws IOException	从输入流的当前位置读取一个字节的数据，并返回一 int 型值，如果当前位置没有数据则返回-1
2	public int read(byte[] b) throws IOException	从输入流的当前位置开始读取多个字节，并将它们保存到字节数组 b 中，同时返回所读到的字节数，如果当前位置没有数据则返回-1
3	public int read(byte[] b,int off,int length) throws IOException	从输入流的当前位置读取指定个数（len）的字节，并将读取的字节保存到字节数组 b 中，并且要从数组 b 指定索引（off）位置开始起，同时返回所读到的字节数，如果当前位置没有数据则返回-1
4	public void mark(int readlimit)	在此输入流中标记当前的位置
5	public boolean markSupported()	测试此输入流是否支持 mark 和 reset 方法
6	public void reset()throws IOException	将此流重新定位到最后一次对此输入流调用 mark 方法时的位置
7	public long skip(long n)throws IOException	跳过和丢弃此输入流中数据的 n 个字节
8	public int available() throws IOException	返回输入流中可以读取的字节数
9	public void close() throws IOException	关闭输入流，并释放流占用的系统资源

（2）OutputStream

通过 OutputStream 可以将字节数据写到目的设备中。OutputStream 类的定义如下：

```
public abstract class OutputStream extends Object implements Closeable, Flushable
```

OutputStream 本身也是一个抽象类，必须依靠其子类。OutputStream 类中的主要方法见表 8-2。

序号	方　法	描　述
1	public abstract void write(int b)throws IOE xception	向输出流写入一个字节。要写入的字节是参数 b 的 8 个低位。b 的 24 个高位将被忽略
2	public void write(byte[] b)throws IO Exception	将 b.length 个字节从指定的 byte 数组写入此输出流
3	public void write(byte[] b, int off, int len)throws IOException	从输入流的当前位置读取指定个数（len）的字节，并将指定 byte 数组中从偏移量 off 开始的 len 个字节写入此输 出流
4	public void flush()throws IOException	刷新此输出流并强制写出所有缓冲的输出字节
5	public void close()throws IOException	关闭此输出流并释放与此流有关的所有系统资源

表 8-2　OutputStream 类的常用方法

（3）Reader

通过 Reader 可以从数据源中读取字符数据。在 Java 中字符是以 Unicode 码存放的，因此是两个字节。Reader 类的定义如下：

```
public abstract class Reader extends Object implements Readable, Closeable
```

Reader 也是一个抽象类，Reader 的主要方法见表 8-3。

序号	方　法	描　述
1	public int read()throws IOException	读取单个字符，作为整数读取的字符，范围是 0～65 535，如果已到达流的末尾，则返回-1
2	public int read(char[] cbuf)throws IOException	将字符读入数组，读取的字符数，如果已到达流的末尾，则返回-1
3	public abstract int read(char[] cbuf, int off, int len)throws IOException	将字符读入数组的某一部分，读取的字符数，如果已到达流的末尾，则返回-1
4	public void mark(int readAheadLimit) throws IO Exception	标记流中的当前位置
5	public boolean markSupported()	判断此流是否支持 mark() 操作
6	public boolean ready()throws IOException	判断是否准备读取此流
7	public void reset()throws IOException	重置该流
8	public long skip(long n)throws IO Exception	跳过字符
9	public void flush()throws IOException	刷新此输出流并强制写出所有缓冲的输出字节
10	public void close()throws IOException	关闭此输出流并释放与此流有关的所有系统资源

表 8-3　Reader 类的常用方法

（4）Writer

通过 Writer 可以将字符数据写入到目标设备中。Writer 类的定义如下：

```
public abstract class Writer extends Object implements Appendable, Closeable, Flushable
```

Writer 也是一个抽象类。Writer 类中的主要方法见表 8-4。

序号	方　法	描　述
1	public void write(int c)throws IOException	写入单个字符。要写入的字符包含在给定整数值的 16 个低位中，16 高位被忽略
2	public void write(char[] cbuf) throws IOException	写入字符数组
3	public abstract void write(char[] cbuf,int off, int len) throws IOException	写入字符数组的某一部分
4	public void write(String str)throws IOException	写入字符串
5	public void write(String str,int off,int len) throws IOException	写入字符串的某一部分
6	public Writer append(char c)throws IOException	将指定字符添加到此 writer
7	public abstract void flush() throws IOException	刷新该流的缓冲
8	public abstract void close()throws IOException	关闭此流

表 8-4　Writer 类的常用方法

2．输入输出流的第二层次

是第一层次 4 个抽象类的子类，分别实现不同的功能，常用的类如下。

笔 记

- FileInputStream：文件字节输入流。
- FilterInputStream：过滤流，实现对不同类型数据的输入操作。
- ObjectInputStream：对象字节输入流。
- File OutputStream：文件字节输出流。
- FilterOutputStream：过滤流，实现对不同类型数据的输出操作。
- ObjectOutputStream：对象字节输出流。
- BufferReader：缓冲字符输入流。
- InputStreamReader：字节转换为字符输入流。
- BufferWriter：缓冲字符输出流。
- InputStreamWriter：字节转换为字符输出流。

其中文件字节、字符输入输出流、对象输入输出流是经常使用到的，是主要的学习内容。

3. 输入输出流的第三层次

是第二层中部分类的子类，使处理流的对象更加具体化，主要是针对不同格式的数据进行处理。常用的类如下。

- BufferedInputStream：缓冲字节输入流。
- DataInputStream：数据输入流。
- BufferedOutputStream：缓冲字节输出流。
- DataOutputStream：数据输出流。
- PrintStream：打印数据输出流。
- FileReader：文件字符输入流。
- FileWriter：文件字符输出流。

该层次的类处理具体数据格式会更加方便，也是主要的学习内容。

4. 实现的接口

Java.io 包中还有若干接口。

- DataInput：从字节流中读取基本数据类型。
- DataOutput：将任意一个基本数据类型转换为字节数据写入到相应外包设备。
- Serializable：数据的序列化接口，可以按照流式序列化保存对象信息。

主要学习 Serializable 接口，通过实现该接口来完成对象的保存和读取。

8.2 文件概述

在介绍输入输出流及其使用方法之前，先介绍文件。因为大多数是以文件作为数据源和目的地的。

1. File 类

在整个 io 包中，可以使用 File 类对文件进行创建或删除等操作。File 类提供了管理文件和目录的方法，File 实例表示真实文件系统中的一个文件或目录。

要使用 File 类，则首先要了解 File 类的构造方法，此类的常用构造方法如下：

```
public File(String pathname)      //参数 pathname 表示文件路径或目录路径
public File(String parent,String child) //参数 parent 表示根路径，参数 child 表示子路径
public File(File parent,String child)   //参数 parent 表示根路径，参数 child 表示子路径
```

因此在创建文件对象时，必须要给出一个文件的路径，例如：

```
File file=new File("d:\\test.txt");
```

文件对象 file 就表示 D 盘下的 test.txt 文件，其中文件路径'\'，必须用转义字符'\\'或者'/'表示，否则系统编译出错。另外还经常使用'.'表示当前目录，'..'表示上一层目录。

笔 记

在实际编程时使用哪种构造方法取决于出现所处理的文件系统。一般情况下，如果程序只处理一个文件，那么使用第一种构造方法，如果程序处理一个公共目录中的若干子目录或子文件，那么使用第二种或第三种方法比较方便。

另外文件类中还定义了很多方法便于操作文件，File 类中的主要方法见表 8-5。

表 8-5　File 类中的主要方法和常量

序号	方　法	描　述
1	public String getName()	返回文件对象名字字符串，串空时返回 null
2	public String getParent()	返回文件对象上一级路径字符串，不存在返回 null
3	public File getParentFile()	返回文件对象上一级文件名，不存在则返回 null
4	public String getAbsolutePath()	返回此抽象路径名的绝对路径名字符串
5	public File getAbsoluteFile()	返回此抽象路径名的绝对路径名
6	public boolean canRead	是否能读
7	public boolean canWrite()	是否能写
8	public boolean exits()	是否存在
9	public boolean isFile()	是否是一般文件
10	public boolean isDirectory()	是否是目录
11	public long length()	返回文件的大小
12	public boolean delete()	删除文件
13	public boolean createNewFile() throws IOException	创建新文件
14	public boolean mkdir()	创建一个目录
15	public boolean mkdirs()	创建多个目录
16	public String[] list()	列出指定目录的全部内容，只是列出了名称
17	public File[] listFiles()	列出指定目录的全部内容，会列出路径
18	public boolean renameTo(File dest)	为已有的文件重新命名

以上方法是 File 类中常用的，实际开发时可以用方法创建文件也可以手动创建文件，然后对实际已经物理存在的文件使用上述方法进行操作，如果不创建，或者文件实际不存在，只是创建文件对象是没有实际意义的。

2．File 类的使用

File 类可以用来查看文件或目录信息，还可以创建和删除文件或目录。

【例 8-1】 查看、创建和删除文件或目录。

```
FileOperate.java
package com.demo1;
import java.io.*;

public class FileOperate {
    public FileOperate() {
    }

    public static void main(String args[]) {
            newFolder("目录");
            newFile("文件.txt","这是文件内容");
```

笔 记

```
}

//新建目录
public static void newFolder(String folderPath) {
    try {
        File myFilePath = new File(folderPath);
        if (!myFilePath.exists()) {
            myFilePath.mkdir();
        }
    } catch (Exception e) {
        System.out.println("新建目录操作出错");
        e.printStackTrace();
    }
}

// 新建文件
public static void newFile(String filePathAndName, String fileContent) {
    try {
        File myFilePath = new File(filePathAndName);
        if (!myFilePath.exists()) {
            myFilePath.createNewFile();
        }
        FileWriter resultFile = new FileWriter(myFilePath);
        PrintWriter myFile = new PrintWriter(resultFile);
        String strContent = fileContent;
        myFile.println(strContent);
        resultFile.close();
    } catch (Exception e) {
        System.out.println("新建目录操作出错");
        e.printStackTrace();
    }
}

//删除文件
public static void delFile(String filePathAndName) {
    try {
        File myDelFile = new File(filePathAndName);
        myDelFile.delete();
    } catch (Exception e) {
        System.out.println("删除文件操作出错");
        e.printStackTrace();
    }
}

// 删除文件夹
public static void delFolder(String folderPath) {
    try {
        delAllFile(folderPath); //删除完里面所有内容
        File myFilePath = new File(folderPath);
        myFilePath.delete(); //删除空文件夹
    } catch (Exception e) {
```

笔 记

```
                System.out.println("删除文件夹操作出错");
                e.printStackTrace();
            }
        }

        //删除文件夹里面的所有文件
        public static void delAllFile(String path) {
            File file = new File(path);
            if (!file.exists()) {
                return;
            }
            if (!file.isDirectory()) {
                return;
            }
            String[] tempList = file.list();
            File temp = null;
            for (int i = 0; i < tempList.length; i++) {
                if (path.endsWith(File.separator)) {
                    temp = new File(path + tempList[i]);
                } else {
                    temp = new File(path + File.separator + tempList[i]);
                }
                if (temp.isFile()) {
                    temp.delete();
                }
                if (temp.isDirectory()) {
                    delAllFile(path + "/" + tempList[i]);//先删除文件夹里面的文件
                    delFolder(path + "/" + tempList[i]);//再删除空文件夹
                }
            }
        }
    }
```

在本例中定义了新建目录和文件、删除文件和文件夹以及文件夹所有内容的方法，从本例中可以看到，无论是对文件还是目录的操作，一般都要判断该文件或目录是否存在，如果不存在需要创建文件或目录，只有存在的前提下，才可以进行操作。

创建文件用 creatNewFile()，创建目录或多个目录用 mkdir()或 mkdirs()方法。

8.3 文件输入输出流

文件输入输出流根据处理数据的类型和流向，分为文件字节输入流 FileInput Stream 和文件字节输出流 FileOutputStream，以及文件字符输入流 FileReader 和文件字符输出流 FileWriter。

从文件读写数据的基本过程如下。

① 创建文件对象，判断该文件是否存在，如果存在执行以下步骤，否则创建文件。

② 创建文件流对象。

③ 调用 read()方法或 write()方法，以及这两个的重载方法，进行读写数据。

④ 关闭该文件流（close()）。

笔 记

1. FileInputStream

FileInputStream 是 InputStream 的子类，是从文件中读取字节数据到程序中。从文件中读取字节数据，除了创建文件对象之外，还要创建文件字节输入流。

FileInputStream 类的构造方法如下：

- public FileInputStream(File file) throws FileNotFoundException

通过文件 file 对象来创建一个 FileInputStream 对象。

- public FileInputStream(String name) throws FileNotFoundException

通过文件名为 name 的文件来创建一个 FileInputStream 对象。

对于上面两个构造方法，如果指定文件不存在，或者它是一个目录而不是一个常规文件，抑或因为其他某些原因而无法打开进行读取，则抛出 FileNotFound-Exception 异常。

对于 FileInputStream 类中的常用方法都是从其父类 InputStream 继承过来的，没有增加新的方法。

文档 源代码 8-2

【例 8-2】 从文件中分别读取一个字节和多个字节数据。

笔 记

```
FileInputStreamOperate.java
package com.demo2;

import java.io.*;

public class FileInputStreamOperate {
    public static void main(String[] args) {
            File file=new File("demo2.txt"); // demo2.txt 文件中的内容为 this is demo2
            try {
                if(!file.exists())//如果文件不存在，则创建文件
                {
                    file.createNewFile();
                }
              //创建文件字节输入流，用来从文件中读取字节数据
                FileInputStream fis=new FileInputStream(file);

                //一次读一个字节
                System.out.println("以字节为单位读取文件内容，一次读一个字节：");
                int tempbyte;
                while((tempbyte=fis.read())!=-1){  //文件没有结束
                  char c=(char)(tempbyte);
                  System.out.print(c);
                }
                fis.close();

                //一次读取多个字节
                System.out.println("\n 以字节为单位读取文件内容，一次读多个字节：");
                fis=new FileInputStream(file);
                byte[] tempbytes = new byte[64];
                //读入多个字节到字节数组中，byteread 为一次读入的字节数
                fis.read(tempbytes);
                System.out.write(tempbytes,0,30);
                while ((tempbyte = fis.read(tempbytes))!=-1){
```

```
                    System.out.write(tempbytes,0,30);
                }
                fis.close();
            } catch (FileNotFoundException e) {
                e.printStackTrace();
            } catch (IOException e) {
                e.printStackTrace();
            }
        }
    }
```

在【例 8-2】中，每次读取一个字节数据用 read()方法，如果需要读取多个字节数据，需要定义字节数组，每次可以读取字节数组长度个，或者部分，并且存入该字节数组中。其运行结果如图 8-3 所示。

```
以字节为单位读取文件内容，一次读一个字节：
this is demo2
以字节为单位读取文件内容，一次读多个字节：
this is demo2
```

图 8-3
从文件中分别读取一个字节和多个字节数据运行效果图

当程序中输出到控制台语句改成以下语句时：

```
System.out.print(tempbyte);
System.out.print(tempbytes);
```

则运行结果如图 8-4 所示。

```
以字节为单位读取文件内容，一次读一个字节：
11610410511532105115321001011091115032
以字节为单位读取文件内容，一次读多个字节：
this is demo2
```

图 8-4
用 print 输出效果

从上面可以看出，文件字节输入流使用 read()方法每次只读一个字节。

2．FileOutputStream

FileOutputStream 是 OutputStream 的子类，是将程序中的数据以字节的形式写入到指定文件中。对文件进行写字节数据，除了创建文件对象之外，还要创建文件字节输出流对象。

笔 记

FileOutputStream 类的构造方法如下：

- public FileOutputStream(File file) throws FileNotFoundException

创建一个向指定 file 文件中写入字节数据的文件字节输出流。

- public FileOutputStream(File file,boolean append) throws FileNotFoundException

创建一个向指定 file 文件中写入字节数据的文件字节输出流，如果第 2 个参数为 true，则将字节数据追加到文件末尾处，而不是写入文件开始处。

- public FileOutputStream(String name)throws FileNotFoundException

创建一个向具有指定名称为 name 的文件中写入字节数据的文件字节输出流。

- public FileOutputStream(String name,boolean append)throws FileNotFoundException

创建一个向具有指定名称为 name 的文件中写入字节数据的文件字节输出流，如果第 2 个参数为 true，则将字节写入文件末尾处，而不是写入文件开始处。

以上 4 个构造方法，如果该文件存在，但它是一个目录，而不是一个常规文件；或者该文件不存在，但无法创建它；抑或因为其他某些原因而无法打开，则抛出 FileNotFoundException 异常。

对于 FileOutputStream 类中的常用方法都是从其父类 OutputStream 继承过来的，没有增加新的方法。

【例 8-3】 用 FileOutputStream 类向文件中写入数据，然后用 FileInputStream 读出写入的内容。

文档 源代码 8-3

```
FileOutputStreamOperate.java
package com.demo3;
import java.io.*;
```

笔记

```
public class FileOutputStreamOperate {
    public static void main(String[] args) {
        try {
            File file=new File("demo3.txt");
            if(!file.exists())
            {
                file.createNewFile();
            }
            FileOutputStream fos= new FileOutputStream(file);
            //写一个整数，该整数范围最好在-128～127，否则其高位数据被丢失
            fos.write(97);
            //写一个字节数组，或者部分
            byte b[]={'a','b','c','d','e'};
            fos.write(b);
            fos.write(b,0,2);
            //写一个字符串
            fos.write("hello world!".getBytes()); //把字符串转化为字节数组并写入到流中
            fos.close();

          byte[] buf = new byte[1024];
            FileInputStream fis = new FileInputStream(file);
            int len = fis.read(buf); //读取内容到字节数组中
            System.out.println(new String(buf,0,len)); //把字节数组转化为字符串
            fis.close();
        } catch (FileNotFoundException e) {
            e.printStackTrace();
        } catch (IOException e) {
            e.printStackTrace();
        }
    }
}
```

```
aabcdeabhello world!
```

图8-5
FileOutputStream与FileInputStream运行效果图

【例8-3】运行结果如图8-5所示。

【任务实施】

PPT 任务8.1 任务实施

文档 任务8.1 任务实施源代码

视频 任务8.1 任务实施

本任务实施的重点是记事本文件新建、文件保存、文件打开。实施步骤首先创建记事本用户界面，其次在菜单中添加新建文件、保存文件、打开文件事件处理。

1. 记事本界面设计

记事本界面包括两个部分，上半部分是菜单，下半部分是一个文本编辑区域。菜单项包括文件、编辑、格式与查看，其中文件菜单包括新建、保存、打开、另存为、退出等子菜单。记事本界面代码如下：

```
    NoteBook.java
public class Notebook {
    private static final long serialVersionUID = 1L;
    private   TextArea content;            //文本区域
    private   String filePath = "";        //路径为空
    Color color=Color.red;
    Toolkit toolKit = Toolkit.getDefaultToolkit();
```

笔 记

```
Clipboard clipboard = toolKit.getSystemClipboard();
public Notebook(){
    //创建一个 JFrame 对象；并设置相关属性
    final JFrame jf = new JFrame("我的记事本");
    jf.setDefaultCloseOperation(JFrame.DO_NOTHING_ON_CLOSE);
    jf.setBounds(100,100,500,500);
    jf.setResizable(true);
    jf.setVisible(true);
    //创建菜单栏
    MenuBar menu = new MenuBar();
    jf.setMenuBar(menu);
    //创建并添加文本框
    content = new TextArea("",50,50,TextArea.SCROLLBARS_VERTICAL_ONLY);
    jf.add(content);
    content.setVisible(true);
    content.requestFocusInWindow();
    //菜单栏添加内容
    Menu filemenu = new Menu("文件（F）");
    Menu editmenu = new Menu("编辑（E）");
    Menu formatmenu = new Menu("格式（O）");
    Menu viewmenu = new Menu("查看（V）");
    menu.add(filemenu);
    menu.add(editmenu);
    menu.add(formatmenu);
    menu.add(viewmenu);

    //创建文件菜单上的各个菜单项并添加到菜单上
    MenuItem newitem = new MenuItem("新建（N）");
    newitem.setShortcut(new MenuShortcut(KeyEvent.VK_N,false));
    filemenu.add(newitem);
    MenuItem openitem = new MenuItem("打开（O）");
    openitem.setShortcut(new MenuShortcut(KeyEvent.VK_O,false));
    filemenu.add(openitem);
    MenuItem saveitem = new MenuItem("保存（S）");
    saveitem.setShortcut(new MenuShortcut(KeyEvent.VK_S,false));
    filemenu.add(saveitem);
    MenuItem saveasitem = new MenuItem("另存为（A）");
    saveasitem.setShortcut(new MenuShortcut(KeyEvent.VK_A,false));
    filemenu.add(saveasitem);
    MenuItem setitem = new MenuItem("页面设置（U）");
    setitem.setShortcut(new MenuShortcut(KeyEvent.VK_U,false));
    filemenu.add(setitem);
    setitem.setEnabled(false);
    MenuItem printitem = new MenuItem("打印（P）");
    printitem.setShortcut(new MenuShortcut(KeyEvent.VK_P,false));
    filemenu.add(printitem);
    printitem.setEnabled(false);
    filemenu.addSeparator();
    MenuItem exititem = new MenuItem("退出（X）");
    exititem.setShortcut(new MenuShortcut(KeyEvent.VK_X,false));
```

笔 记

```
        filemenu.add(exititem);

        //退出菜单项的功能实现
        exititem.addActionListener(new ActionListener(){
            public void actionPerformed(ActionEvent e) {
                Object[] options = { "是的，我要退出", "不好意思，点错了" };
                int option = JOptionPane.showOptionDialog(null, "您确定要退出吗？
","退出提示...."
        ,JOptionPane.OK_CANCEL_OPTION,JOptionPane.WARNING_MESSAGE,null,options,
options[0]);
                if(option == JOptionPane.OK_OPTION){
                    jf.dispose();
                }
            }
        });
        ......
    }
    public static void main(String[] args){
        new Notebook();
    }
}
```

2. 新建文件功能实现

新建文件实现步骤如下。

（1）首先获取文本区域的内容。

（2）判断文本区域的内容是否为空。

（3）如果不为空，则选择是否保存文件。

（4）选择保存文件，则使用文件字节流保存文件。

（5）选择取消，则设置文本区域的内容为空。

新建文件实现代码如下：

```
newitem.addActionListener(new ActionListener(){
    public void actionPerformed(ActionEvent e) {
            String con = content.getText();
            if(!con.equals("")){//文本域里文本不为空
                int result = JOptionPane.showConfirmDialog(
                 null, ("是否要保存？"),("保存文件...")
                     ,JOptionPane.YES_NO_CANCEL_OPTION);
                if(result == JOptionPane.NO_OPTION){//不保存
                    content.setText("");
                }

                else if(result == JOptionPane.CANCEL_OPTION){//取消新建
                }

                else if(result == JOptionPane.YES_OPTION) {//选择保存
                    JFileChooser jfc = new JFileChooser();//用于选择保存路径
的文件名

                    int bcf = jfc.showSaveDialog(jf);
                    if(bcf == JFileChooser.APPROVE_OPTION){
```

笔 记

```
                        try {
                            //保存文件
                            FileOutputStream fos=new FileOutputStream(
new File(jfc.getSelectedFile().getAbsolutePath()+".txt"));
                            //获取文件保存的路径
                            filePath = jfc.getSelectedFile().getAbsolutePath()
+".txt";
                            byte[] b=con.getBytes();
                            fos.write(b);
                            fos.close();//关闭输出流
                        } catch (IOException ex) {
                            Logger.getLogger(Notebook1.class.getName())
                            .log(Level.SEVERE, null, ex);
                        }
                    jf.setVisible(false);
                    new Notebook1();//新建文本文件
                }
            }
        }
    }
});
```

3. 打开文件功能实现

打开文件首先根据文件对话框选择要打开的文件，其次通过文件字节流读取文件内容到文本区域中显示。打开文件实现代码如下所示。

```
openitem.addActionListener(new ActionListener(){
    public void actionPerformed(ActionEvent e) {
            FileDialog dialog = new FileDialog(new JFrame(),"打开....",FileDialog.
LOAD);
            dialog.setVisible(true);
            filePath = dialog.getDirectory() + dialog.getFile();
            File file = new File(filePath);
            //声明文件字节流对象
            FileInputStream fis=null;
            StringBuilder sb = new StringBuilder();
            try{
                //创建文件输入流
                fis=new FileInputStream(file);
                String str = null;
                byte[] b=new byte[50];

                //读文件
                while(fis.read(b)!=-1){
                    str=new String(b);
                    sb.append(str);
                }
                //将文件的内容设置为文本区域的内容中
                content.setText(sb.toString());
            }catch(FileNotFoundException e1){
                e1.printStackTrace();
            }catch(IOException e1){
                e1.printStackTrace();
```

笔 记

```
                    }finally{
                        if(fis != null){
                            try{
                                fis.close();
                            }catch(IOException e1){
                                e1.printStackTrace();
                            }
                        }
                    }
                }
            });
```

4. 保存文件功能实现

```
        //保存文件菜单项的功能实现
        saveitem.addActionListener(new ActionListener(){
            public void actionPerformed(ActionEvent e) {
                FileDialog dialog = new FileDialog(new JFrame(),"保存....",FileDialog. SA-
VE);
                dialog.setVisible(true);
                filePath = dialog.getDirectory() + dialog.getFile();
                if(filePath.equals("")){//没有路径时，就另存为
                    JFileChooser jfc = new JFileChooser();//用于选择保存路径的文件名
                    int bcf = jfc.showSaveDialog(jf);//弹出保存窗口
                    if(bcf == JFileChooser.APPROVE_OPTION){
                    try {
                        //保存文件
                        FileOutputStream fos=new FileOutputStream(
                            new File(jfc.getSelectedFile().getAbsolutePath()+".txt"));
                            filePath = jfc.getSelectedFile().getAbsolutePath();//获取文件保存的路径

                            byte[] b=content.getText().getBytes();
                            fos.write(b);
                                fos.close();//关闭输出流
                    }
                } catch (IOException ex) {
                        Logger.getLogger(Notebook.class.getName()).log(Level.SEVERE,
null, ex);
                }
                    } else{//路径不为空时，保存在原来的路径下
                    try {
                            //保存文件
                            FileOutputStream fos=new FileOutputStream(new File(filePath));
                            byte[] b=content.getText().getBytes();
                            fos.write(b);
                            fos.close();//关闭输出流
                        } catch (IOException ex) {
                            Logger.getLogger(Notebook1.class.getName()).log(Level.SEVERE,
null, ex);
                        }
                    }
                }
            });
```

运行结果如图 8-6～图 8-8 所示。

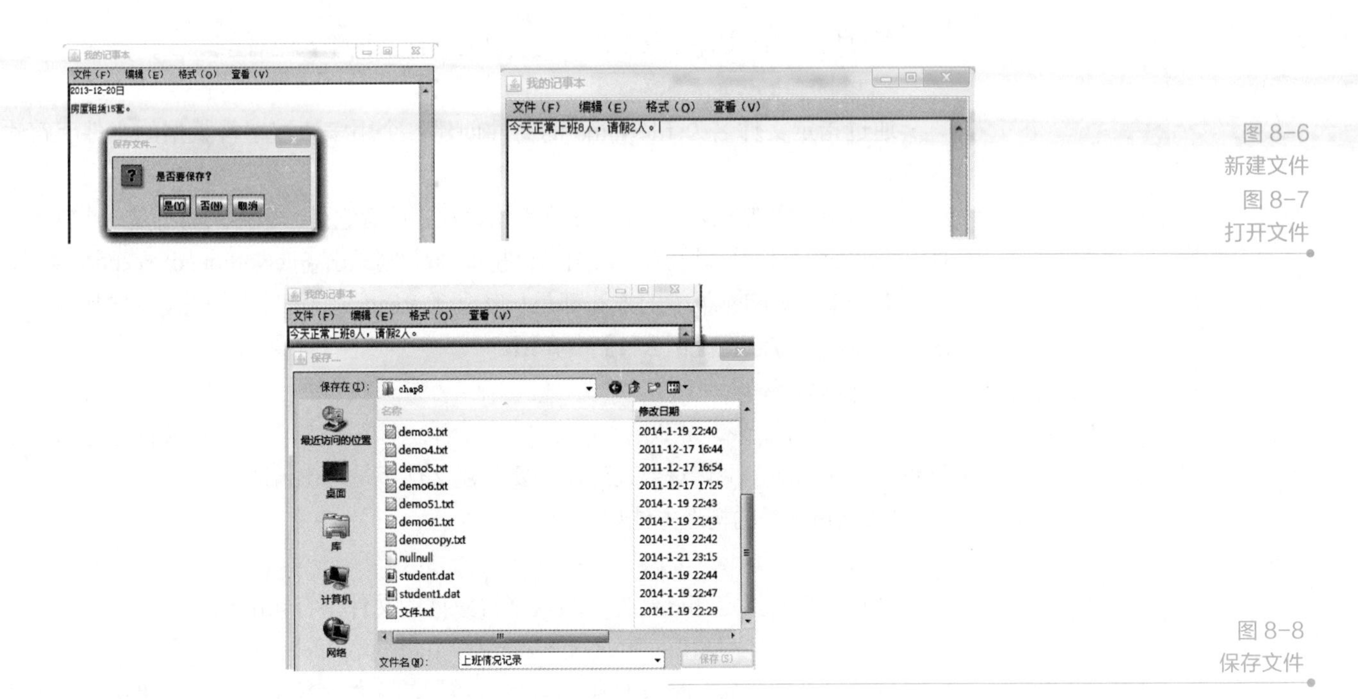

图 8-6 新建文件

图 8-7 打开文件

图 8-8 保存文件

【实践训练】

1. 删除磁盘上的一个指定目录 C:\bak-old 及目录下所有内容。
2. 列出指定目录下的全部文件，包括子目录。
3. 使用文件字节流拷贝图片。

任务 8.2　使用字符流设计记事本

【任务分析】

PPT　任务 8.2　使用字符流设计记事本

字符流就是对流数据以一个字符的长度为单位处理，并进行适当字符编码转换处理。字符流操作效率比字节流高，字符流操作时使用了缓冲区，通过缓冲区再操作文件。缓冲输入输出流使用字节或字符缓冲区提高效率。例如，FileReader 对象，如果没有缓存，每次调用 read()方法进行读操作时，都会直接去文件中读取字节，转换成字符并返回，这样频繁的读取文件效率很低。本任务使用字符流与缓冲流设计记事本中的新建文件、打开文件、保存文件。

视频　任务 8.2　使用字符流设计记事本

【相关知识】

8.4　字符流

1. FileReader

FileReader 是 Reader 的子类，从指定文件中读取字符数据。对文件进行读取字符数据，除了创建文件对象之外，还要创建文件字符输入流对象。

FileReader 类的构造方法如下：

- public FileReader(File file)throws FileNotFoundException

笔 记

通过指定 file 文件对象创建读取字符的文件字符输入流对象。

● public FileReader(String fileName)throws FileNotFoundException

通过指定文件名为 fileName 的文件创建一个用来读取字符数据的文件字符输入流。

上面两个构造方法，如果指定文件不存在，或者它是一个目录而不是一个常规文件，抑或因为其他某些原因而无法打开进行读取，则抛出 FileNotFoundException 异常。

对于 FileReader 类中的方法都是从其父类 Reader 继承过来的，没有增加新的方法。具体使用方法在【例 8-4】中介绍。

2. FileWriter

FileWriter 是 Writer 的子类，将字符数据写入到指定文件中。对文件进行写入字符数据，除了创建文件对象之外，还要创建文件字符输出流对象。

FileWriter 类的构造方法如下：

● public FileWriter(File file) throws FileNotFoundException

创建一个向指定 file 文件中写入字符数据的文件字符输出流。

● public FileWriter(File file,boolean append) throws FileNotFoundException

创建一个向指定 file 文件中写入字符数据的文件字符输出流，如果第 2 个参数为 true，则将字符追加到文件末尾处，而不是写入文件开始处。

● public FileWriter(String name)throws FileNotFoundException

创建一个向具有指定名称为 name 的文件中写入字符数据的文件字符输出流。

● public FileWriter(String name,boolean append)throws FileNotFoundException

创建一个向具有指定名称为 name 的文件中写入字符数据的文件字符输出流，如果第 2 个参数为 true，则将字符数据追加到文件末尾处，而不是写入文件开始处。

上面 4 个构造方法，如果该文件存在，但它是一个目录，而不是一个常规文件；或者该文件不存在，但无法创建它；抑或因为其他某些原因而无法打开，则抛出 FileNotFoundException 异常。

对于 FileWriter 类中的方法都是从其父类 Writer 继承过来的，没有增加新的方法。

文档 源代码 8-4

【例 8-4】 将一个文件中的小写字母改为大写字母后复制到另外一个文件中。

```
FileReaderAndWriterOperate.java
package com.demo4;

import java.io.*;

public class FileReaderAndWriterOperate {
    public static void main(String[] args) {
        try {
            File file1 = new File("demo4.txt"); // 源文件
            File file2 = new File("democopy.txt"); // 修改后的文件
            if (!file1.exists()) {
                file1.createNewFile();
            }
            if (!file2.exists()) {
                file2.createNewFile();
            }
            FileReader fr = new FileReader(file1); // 从源文件读数据
```

```
            FileWriter fw = new FileWriter(file2); // 将修改好的写入新文件
            char charTemp[] = new char[128];
            int size = fr.read(charTemp);   //读入字符数组中，并返回读取数组的个数
            for (int k = 0; k < size; k++) {
                char ch = charTemp[k];
                if (ch >= 'a' && ch <= 'z') {  //将小写转换为大写
                    charTemp[k] = (char) (ch - 32);
                }
            }
            fw.write(charTemp, 0, size);      //写入到新文件中
            fw.close();     //文件字符输出流必须要关闭，否则不能写
            fr.close();
        } catch (FileNotFoundException e) {
            e.printStackTrace();
        } catch (IOException e) {
            e.printStackTrace();
        }
    }
}
```

【例 8-4】的两个文件的结果如图 8-9 所示。

this is demo4！ 这是第四个例子！	THIS IS DEMO4！ 这是第四个例子！
(a)	(b)

图 8-9
文件复制运行结果

8.5　缓冲输入输出流

在介绍 FileInputStream 和 FileOutputStream 的例子中，使用了一个 byte 数组来作为数据读入的缓冲区，以文件存取为例，硬盘存取的速度远低于内存中的数据存取速度。为了减少对硬盘的存取，通常从文件中一次读入一定长度的数据，而写入时也是一次写入一定长度的数据，这可以增加文件存取的效率。

为了提高读写的效率，减少访问硬盘的次数，引入增加缓冲输入输出流。缓冲输入输出流使用字节或字符缓冲区，输入时，输入流先成块的把字符或字节读入缓冲区，然后程序再从缓冲区读取单个字符或字节；输出时，先在缓冲区积累一块字节或字符，然后再整块写到输出数据流中。只有缓冲区满时，才会将数据送到输入输出流。

缓冲输入输出流有 BufferedInputStream、BufferedOutputStream、BufferedReader 和 BufferedWriter，他们全部要套接在相应的输入输出流上，为其他流提高缓冲功能。

1．BufferedInputStream

BufferedInputStream 是一个带有缓冲区域的 InputStream。其构造方法是：

- public BufferedInputStream(InputStream in)

创建一个为字节输入流 in 提高缓冲功能的 BufferedInputStream 对象，默认缓冲大小为 512 字节。

- public BufferedInputStream(InputStream in,int size)

创建一个指定 size 字节的大小的，为字节输入流 in 提高缓冲功能的 Buffered InputStream 对象，一般 size 的大小为 512 的整数倍。

在创建 BufferedInputStream 时，会创建一个内部缓冲区数组。在读取或跳过

笔 记

流中的字节时，可根据需要从包含的输入流再次填充该内部缓冲区，一次填充多个字节。

该类的方法都是从父类 InputStream 继承过来的，没有新的方法。

2. BufferedOutputStream

BufferedOutputStream 是一个带有缓冲区域的 OutputStream。其构造方法是：

- public BufferedOutputStream(OutputStream out)

创建一个新的缓冲输出流，以将数据写入指定的底层输出流，默认缓冲大小为512字节。

- public BufferedOutputStream(OutputStream out,int size)

创建一个新的缓冲输出流，以将具有指定缓冲区大小的数据写入指定的底层输出流，一般 size 的大小为 512 的整数倍。

该类的方法都是从父类 OutputStream 继承过来的，没有新的方法。有时要人为地将尚未填满的缓冲区中的数据送出，可以使用 flush()方法。

文档 源代码 8-5

【例 8-5】 使用缓冲字节输入输出流完成文件的复制。

笔 记

```
//BufferedStreamOperate.java
package com.demo5;

import java.io.*;

public class BufferedStreamOperate {
    public static void main(String[] args) {
        try {
            File srcFile = new File("demo5.txt");
            File desFile = new File("demo51.txt");
            if (!srcFile.exists()) {
                srcFile.createNewFile();
            }
            if (!desFile.exists()) {
                desFile.createNewFile();
            }
            FileInputStream fis = new FileInputStream(srcFile);
            BufferedInputStream bis = new BufferedInputStream(fis);
            FileOutputStream fos = new FileOutputStream(desFile);
            BufferedOutputStream bos = new BufferedOutputStream(fos);

            System.out.println("复制文件：" + srcFile.length() + "字节");
            byte data[] = new byte[(int) srcFile.length()];
            while (bis.read(data) != -1) {
                bos.write(data);
            }
            // 将缓冲区中的数据全部写出
            bos.flush();
            // 关闭流
            bis.close();
            bos.close();
            System.out.println("复制完成");
        } catch (ArrayIndexOutOfBoundsException e) {
```

```
                System.out.println("using: java UseFileStream src des");
                e.printStackTrace();
            } catch (IOException e) {
                e.printStackTrace();
            }
        }
    }
```

【例 8-5】完成了两个文件的复制。源文件和目标文件的结果如图 8-10 所示。

(a)	(b)
hello Beijing hello china hello world	hello Beijing hello china hello world

图 8-10
使用缓冲字节输入输出流完成文件的复制运行结果

3．BufferedReader

BufferedReader 是从字符输入流中读取文本，缓冲各个字符，从而实现字符、数组和行的高效读取。其构造方法是：

● public BufferedReader (Reader in)

创建一个使用默认大小输入缓冲区的缓冲字符输入流，默认缓冲区大小为 512 字节。

● public BufferedReader (ReaderStream in,int size)

创建一个指定 size 大小的输入缓冲区的缓冲字符输入流，一般 size 的大小为 512 的整数倍。

该类的方法大都是从父类 Reader 继承过来的，新增了一个对行操作的方法：

public String readLine() throws IOException

读取一行文本。通过下列字符之一即可认为某行已终止：换行 ('\n')、回车 ('\r') 或回车后直接跟着换行。如果已到达流末尾，则返回 null。

4．BufferedWriter

BufferedWriter 是将文本写入字符输出流，缓冲各个字符，从而提供单个字符、数组和字符串的高效写入。其构造方法是：

● public BufferedWriter (Writer in)

建一个使用默认大小输出缓冲区的缓冲字符输出流，默认缓冲大小为 512 字节。

● public BufferedWriter (Writer in,int size)

创建一个指定 size 字节大小输出缓冲区的缓冲字符输出流，一般 size 的大小为 512 的整数倍。

该类的方法大都是从父类 Wreter 类继承过来的，也新增了一个对行操作的方法：

public void newLine()throws IOException

写入一个行分隔符。

由于换行字符根据操作系统不同而有所区别，在 Windows 下是"\r\n"，在 Linux 下是'\n'，在 Mac OS 下是'\r'，使用 newLine()方法，由执行环境依当时的操作系统决定该输出哪一种换行字符。

笔 记

文档　源代码 8-6

【例 8-6】 使用缓冲字符输入输出流完成文件的复制。

BufferReaderAndWriter.java

笔 记

```
package com.demo6;
import java.io.*;
public class BufferReaderAndWriter {

    public static void main(String[] args) {
        try {
            File srcFile = new File("demo6.txt");
            File desFile = new File("demo61.txt");
            if (!srcFile.exists()) {
                srcFile.createNewFile();
            }
            if (!desFile.exists()) {
                desFile.createNewFile();
            }
            FileReader fr = new FileReader(srcFile);
            BufferedReader br = new BufferedReader(fr);
            FileWriter fw = new FileWriter(desFile);
            BufferedWriter bw = new BufferedWriter(fw);
            System.out.println("复制文件： " + srcFile.length() + "字节");
            String str="";
            while((str=br.readLine())!=null){
                bw.write(str);
            }
            bw.flush();
            // 关闭流
            br.close();
            bw.close();
            System.out.println("复制完成");
        } catch (ArrayIndexOutOfBoundsException e) {
            System.out.println("using: java UseFileStream src des");
            e.printStackTrace();
        } catch (IOException e) {
            e.printStackTrace();
        }
    }
}
```

【例 8-6】的源文件和目标文件如图 8-11 所示。

(a)	(b)
hello Beijing hello china hello world	hello Beijinghello chinahello world

图 8-11
使用缓冲字符输入输出流完成文件的复制运行结果

从【例 8-5】和【例 8-6】可以看出字符流和缓冲字符输出流没有对换行进行处理。要让文本信息换行，使用 newLine()方法。

上面程序写字符时改为：

```
while((str=br.readLine())!=null){
    bw.write(str);
    bw.newLine();
}
```

【任务实施】

PPT　任务 8.2　任务实施

文档　任务 8.2　任务实施源代码

视频　任务 8.2　任务实施

笔记

本任务使用字符流与缓冲流设计记事本中的新建文件、打开文件、保存文件。实施步骤与任务 8.1 相似，主要区别是在读写文件方式上，本任务中使用 FileReader、BufferedReader、FileWriter、BufferedWriter 读写文件。

1. 新建文件功能实现

新建文件功能是通过菜单项 newitem 中添加事件处理实现的，修改任务 8.1 中新建文件代码，修改代码如下所示。

```
……
try {
    //保存文件
    BufferedWriter bfw =
            new BufferedWriter(new FileWriter(new File(jfc.getSelectedFile().getAbsolutePath
()+".txt")));
    filePath = jfc.getSelectedFile().getAbsolutePath()+".txt";        //获取文件保存的路径
    bfw.write(con);                                                   //向文件写出数据
    bfw.flush();
    bfw.close();//关闭输出流
} catch (IOException ex) {
    Logger.getLogger(Notebook.class.getName()).log(Level.SEVERE, null, ex);
}
……
```

2. 打开文件功能实现

打开文件功能是通过菜单项 openitem 中添加事件处理实现的，修改任务 8.1 中打开文件代码，修改代码如下所示。

```
……
BufferedReader br = null;//缓冲字符输入流
StringBuilder sb = new StringBuilder();
try{
    br = new BufferedReader (new FileReader(file));
    String str = null;
   //读取文件内容
    while ((str = br.readLine()) != null){
        sb.append(str).append("\n");
    }
    content.setText(sb.toString());
}catch(FileNotFoundException e1){
    e1.printStackTrace();
}catch(IOException e1){
    e1.printStackTrace();
}
……
```

3. 保存文件功能实现

保存文件功能是通过菜单项 saveitem 中添加事件处理实现的，修改任务 8.1 中保存文件代码，修改代码如下所示。

```
……
try {
```

笔 记

```
        // 保存文件
        BufferedWriter bfw = new BufferedWriter(new FileWriter(new File(jfc.getSelectedFile()
        .getAbsolutePath()+ ".txt")));
        filePath = jfc.getSelectedFile().getAbsolutePath();
        bfw.write(content.getText());// 向文件写入数据
        bfw.flush();
        bfw.close();// 关闭输出流
    } catch (IOException ex) {
        Logger.getLogger(Notebook.class.getName()).log(Level.SEVERE, null, ex);
    }
    ……
```

【实践训练】

1．从键盘输入一行内容后写入到文本文件。
2．写入一些字符到一指定文本文件，然后读出并显示到屏幕。

任务 8.3　使用数据流设计记事本

PPT　任务 8.3　使用数据流设计记事本

视频　任务 8.3　使用数据流设计记事本

【任务分析】

数据流能以一种与机器无关（当前操作系统等）的方式直接地从字节输入流读取 Java 基本类型和 String 类型的数据，常用于网络传输等（网络传输数据要求与平台无关）。对象流可以将对象串行化后通过对象输入输出流写入文件或传送到其他地方。本任务使用数据输入输出流设计记事本中的新建文件、打开文件、保存文件。

【相关知识】

8.6　数据输入输出流

过滤器流是为某种目的过滤字节或字符的数据流。基本输入流提供的读取方法只能用来读取字节或字符。如果想读取整数值、双精度值或字符串，就需要一个过滤器类来包装输入流。使用过滤器类就可以读取整数值、双精度值或字符串，而不仅仅是字节或字符。

数据流（DataInputStream 和 DataOutputStream）属于过滤器流的一种，用于处理所有基本数据类型的数据。使用数据输入输出流读取和写入 Java 的基本类型数据，所以在一台机器上写一个数据文件，可以在另一台具有不同操作系统和文件结构的机器上读取该文件。

1．DataInputStream

DataInputStream 是 FilterInputStream 的子类并实现 DataInput 接口，通过它可以从其他字节输入流中读取基本数据类型的数据。DataInputStream 的构造方法如下。

```
public DataInputStream(InputStream in)
```

使用指定的底层 InputStream 创建一个 DataInputStream，用于向 in 输入流中读取基本类型数据。

笔 记

DataInputStream 中方法除了从 InputStream 继承过来的方法外，还有实现了 DataInput 接口的对基本数据类型读取的方法，主要有如下。

- int readByte() throws IOException
- int readShort() throws IOException
- int readInt() throws IOException
- int readLong() throws IOException
- float readFloat() throws IOException
- double readDouble() throws IOException
- char readChar() throws IOException
- boolean readBoolean() throws IOException
- String readUTF() throws IOException

其中 readXXX()可以读取不同的基本数据类型，数据字节输入流可以根据不同基本类型的字节数，从字节流上读取相应的字节数作为一个整体赋给一个数据。其中 readUTF()方法是读取使用 UTF-8 修改版格式编码的 Unicode 字符串的表示形式；然后以 String 的形式返回此字符串。

2．DataOutputStream

DataOutputStream 是 FilterOutputStream 的子类并实现 DataOutput 接口，通过它可以向一个字节输出流总写入基本数据，而不是一个字节数据。DataOutputStream 的构造方法如下。

public DataOutputStream(OutputStream out)

创建一个新的数据输出流，可以将数据，包括基本类型数据写入指定基础输出流。

DataOutputStream 中方法除了从 OutputStream 继承过来的方法外，还是实现了 DataOutput 接口的对基本数据类型写入的方法，主要有如下。

- void writeByte(byte b) throws IOException
- void writeShort(short s) throws IOException
- void writeInt(int i) throws IOException
- void writeLong(long l) throws IOException
- void writeFloat(float f) throws IOException
- void writeDouble(double d) throws IOException
- void writeChar(char c) throws IOException
- void writeBoolean(boolean b) throws IOException
- void writeBytes(String l) throws IOException
- void writeChars(String l) throws IOException
- void writeUTF(String l) throws IOException

其中 writeXXX()可以写入不同基本数据类型，数据字节输出流可以将不同基本类型的数据写入到相应的流中。其中 writeUTF()方法是将表示长度信息的两个字节写入输出流，后跟字符串 s 中每个字符的 UTF-8 修改版表示形式，用该方法写入的字符串可以用 readUTF()读取。

【例 8-7】 定义变量用来保存学号、姓名、性别、年龄、成绩，并将这些变量保存到 student.dat 文件中，然后将这些信息从文件中读取并显示在控制台上。

文档 源代码 8-7

笔 记

```
DataStreamOperate.java
package com.demo7;
import java.io.*;

public class DataStreamOperate {
    public static void main(String[] args) {
            int outSno=10,inSno;
            //保存学号、姓名、性别、年龄、成绩
            String outName="zlh",inName;
            char outSex='f',inSex;
            int outAge=20,inAge;
            double outScore=90.0,inScore;
            try {
                File file=new File("student.dat");
                if(!file.exists()){
                    file.createNewFile();
                }
                FileOutputStream fos=new FileOutputStream(file);
                DataOutputStream dos=new DataOutputStream(fos);//创建数据输出流对象
                System.out.println("开始写文件：");
                dos.writeInt(outSno);
                dos.writeUTF(outName);
                dos.writeChar(outSex);
                dos.writeInt(outAge);
                dos.writeDouble(outScore);
                dos.close();
                fos.close();
                System.out.println("写文件结束");

                FileInputStream fis=new FileInputStream(file);
                DataInputStream dis=new DataInputStream(fis); //创建输出输入流对象
                System.out.println("开始读文件：");
                inSno=dis.readInt();
                inName=dis.readUTF();
                inSex=dis.readChar();
                inAge=dis.readInt();
                inScore=dis.readDouble();
                dis.close();
                fis.close();
                System.out.println("读文件结束");

                System.out.println("从文件中读出的内容是：");
                System.out.println("学号是"+inSno+"姓名是"+inName+"性别是"
+inScore+"年龄是"+inAge+"成绩是"+inScore);
            } catch (FileNotFoundException e) {
                e.printStackTrace();
            } catch (IOException e) {
                e.printStackTrace();
            }
    }
}
```

【例 8-7】的运行结果如图 8-12 所示。

```
开始写文件:
写文件结束
开始读文件:
读文件结束
从文件中读出的内容是:
学号是10姓名是zlh性别是90.0年龄是20成绩是90.0
```

图 8-12
数据流操作运行效果

8.7 对象输入输出流

在 Java 应用程序中，很多数据都是封装在对象中，以对象的属性的形式存在于内存中。如果想把整个对象存储在外部设备上，可以使用对象输入输出流。

1. 对象序列化

使用对象流可以直接写入或读取一个对象。由于一个类的对象包含多种信息，为了保证从对象流中能够读取到正确的对象，因此要求所有写入对象流的对象都必须是序列化的对象。

所谓对象序列化就是把一个对象变为二进制的数据流的一种方法。通过对象序列化可以方便地实现对象的传输或存储。一个类如果实现了 java.io.Serializable 接口，那么这个类的对象就是序列化的对象。

```
public interface Serializable{}
```

Serializable 接口没有方法，实现该接口的类不需要实现额外的方法。

【例 8-8】 定义序列化的学生类。

文档　源代码 8-8

```
Student.java
package com.demo8;
import java.io.Serializable;

public class Student implements Serializable{//实现了序列化接口
    private int stuNO;
    private String stuName;
    private String sex;
    private int age;
    private double score;
    public Student() {
            super();
    }

//若干 getter 和 setter 方法
……

public String toString() {//重写 toString 方法
        return "学号是"+this.getStuNO()+"\t 姓名是"+this.getStuName()+"\t 性别是"+this.
                                            getSex()+"\t 年龄是"+this.getAge()+"\t 成绩是
                                            "+this.getScore();
    }
}
```

笔记

以上的 Student 类已经实现了序列化接口，所以此类的对象是可以经过二进制数据流进行传输的。而如果要完成对象的输入或输出，还必须使用对象输出流（ObjectInputStream）和对象输入流（ObjectOutputStream）。

2. ObjectInputStream

使用 ObjectInputStream 可以直接把被序列化好的对象反序列化，即把原来以对象输入方式存储的对象数据从数据源中读取出来。它也是 InputStream 的子类。

ObjectInputStream 构造方法如下：

```
public ObjectInputStream(InputStream in)throws IOException
```

笔 记

创建从指定字节输入流 in 中 读取对象数据的对象输入流。

ObjectInputStream 类中方法同 InputStream 方法类似，多了对数据包装类的读取和对对象数据的读取方法：

```
public final Object readObject() throws IOException, ClassNotFoundException
```

从指定位置读取对象。

3. ObjectOutputStream

将一个对象数据写入到目标设备，则必须使用 ObjectOutputStream 类。ObjectOutputStream 类属于 OutputStream 的子类。

ObjectOutputStream 的构造方法如下：

```
public ObjectOutputStream(OutputStream out)throws IOException
```

创建写入指定 OutputStream 的 ObjectOutputStream。

ObjectOutputStream 类中方法同 OutputStream 方法类似，多了对数据包装类的写入和对对象数据的写入方法：

```
public final void writeObject(Object obj)throws IOException
```

将指定的对象写入 ObjectOutputStream。要求被写入对象所在的类必须实现序列化接口。

文档 源代码 8-9

【例 8-9】 将若干个学生对象写入到文件中，再从该文件中读取出来显示在控制平台上。

笔 记

```
ObjectStreamOperate.java
package com.demo9;

import java.io.*;
import com.demo8.Student;

public class ObjectStreamOperate {
    public static void main(String[] args) {
            File file=new File("student1.dat");
            try {
                    if(!file.exists()){
                            file.createNewFile();
                    }
                    FileOutputStream fos=new FileOutputStream(file);
                    ObjectOutputStream oos=new ObjectOutputStream(fos);//创建对象输出流
                    //创建序列化的对象
                    Student s1=new Student();
                    s1.setStuNO(1);
                    s1.setStuName("lili");
                    s1.setSex("f");
                    s1.setAge(20);
                    s1.setScore(85.0);

                    Student s2=new Student();
                    s2.setStuNO(2);
                    s2.setStuName("tom");
                    s2.setSex("m");
                    s2.setAge(19);
                    s2.setScore(95.0);
```

笔 记

```
            Student s3=new Student();
            s3.setStuNO(3);
            s3.setStuName("peter");
            s3.setSex("m");
            s3.setAge(21);
            s3.setScore(75.0);

            System.out.println("开始向文件写对象");
            oos.writeObject(s1);
            oos.writeObject(s2);
            oos.writeObject(s3);
            oos.close();
            System.out.println("写文件写结束");

            FileInputStream fis=new FileInputStream(file);
            ObjectInputStream ois=new ObjectInputStream(fis);
            System.out.println("开始从文件读对象");
            Student   stu1=(Student) ois.readObject();
            System.out.println(stu1);
            Student   stu2=(Student) ois.readObject();
            System.out.println(stu2);
            Student   stu3=(Student) ois.readObject();
            System.out.println(stu3);
            ois.close();
            System.out.println("读文件写结束");
        } catch (FileNotFoundException e) {
            e.printStackTrace();
        } catch (IOException e) {
            e.printStackTrace();
        } catch (ClassNotFoundException e) {
            e.printStackTrace();
        }
    }
}
```

```
开始向文件写对象
写文件写结束
开始从文件读对象
学号是1   姓名是lili        性别是f   年龄是20  成绩是85.0
学号是2   姓名是tom         性别是m   年龄是19  成绩是95.0
学号是3   姓名是peter       性别是m   年龄是21  成绩是75.0
读文件写结束
```

图 8-13
对象流操作运行效果

【例 8-9】程序运行效果如图 8-13 所示。

【任务实施】

PPT　任务 8.3　任务实施

本任务使用数据输入与输出流设计记事本中的新建文件、打开文件、保存文件。实施步骤与任务 8.1 相似，主要区别是在读写文件方式上，本任务中使用 DataInputStream、DataOutputStream 读写文件。

文本　任务 8.3　任务实施源代码

1. 新建文件功能实现

修改任务 8.1 中新建文件代码，修改代码如下：

```
……
DataOutputStream dow=new DataOutputStream(new BufferedOutputStream(
new FileOutputStream(new File(jfc.getSelectedFile().getAbsolutePath()+".txt"))));
filePath = jfc.getSelectedFile().getAbsolutePath()+".txt";//获取文件保存的路径
dow.write(con.getBytes());
dow.flush();
dow.close();
```

视频　任务 8.3　任务实施

笔 记

```
……
```

2. 打开文件功能实现

修改任务 8.1 中打开文件代码，修改代码如下：

```
……
//声明数据输入流对象
DataInputStream dis=null;
StringBuilder sb = new StringBuilder();
try{
    br = new BufferedReader (new FileReader(file));
    //创建数据输入流对象
    dis=new DataInputStream(new BufferedInputStream(new FileInputStream(file)));
    String str = null;
    byte[] b=new byte[50];

    //读取文件内容
    while (dis.read(b)!=-1){
            str=new String(b);
            sb.append(str);
    }
    content.setText(sb.toString());
……
```

3. 保存文件功能实现

修改任务 8.1 中保存文件代码，修改代码如下：

```
……
//创建数据输出流对象
DataOutputStream dow=new DataOutputStream(new BufferedOutputStream(
                new FileOutputStream(new File(jfc.getSelectedFile().getAbsolutePath()+
                ".txt"))));
filePath = jfc.getSelectedFile().getAbsolutePath();//获取文件保存的路径
//将文本区域中的内容通过数据输出流写到文件中
dow.write(content.getText().getBytes());
dow.flush();
dow.close();
……
```

【实践训练】

1. 使用数据输出流保存员工对象信息到文件，使用数据输入流从文件中读取员工对象属性数据。

2. 使用对象流设计班级成绩信息管理，保存学生成绩对象到文件中，从文件中查询指定学生的成绩。

任务 8.4 时钟显示器设计

【任务分析】

PPT 任务 8.4 时钟显示器设计

时钟显示器是房屋租赁管理系统的一个工具，其是在系统的主界面动态地显示系统的时间。为了能实时获取系统的时间，本任务使用多线程的方法实现该功能。

多线程是 Java 语言的一个重要特性，本任务重点介绍了多线程实现方式与多线程状态的控制等。时钟显示器实施首先创建时钟显示器界面；其次创建一个线程获取时间；最后将获取的时间在主界面中显示。

视频 任务 8.4 时钟显示器设计

【相关知识】

8.8 多线程概述

进程是运行中的应用程序，进程拥有系统资源（CPU、内存）。线程是进程中的一段代码，一个进程中可以拥有多段代码。进程本身不拥有资源（共享所在进程的资源）。在 Java 中，程序入口被自动创建为主线程，在主线程中可以创建多个子线程。在同一应用程序中有多个功能流同时执行成为多线程。

笔 记

多线程（多个线程同时运行）程序的主要优点如下。

① 可以减轻系统性能方面的瓶颈，因为可以并行操作。

② 提高 CPU 处理器的效率，在多线程中，通过优先级管理，可以使重要的程序优先操作，提高了任务管理的灵活性；另一方面，在多 CPU 系统中，可以把不同的线程在不同的 CPU 中执行，真正做到同时处理多任务。

8.9 Java 多线程实现

在 Java 中实现多线程的步骤如下。

（1）定义线程

- 扩展 java.lang.Thread 类。

此类中有个 run()方法，应该注意其用法：

```
public void run()
```

如果该线程是使用独立的 Runnable 运行对象构造的，则调用该 Runnable 对象的 run 方法；否则，该方法不执行任何操作并返回。Thread 的子类应该重写该方法。

- 实现 java.lang.Runnable 接口。

```
public void run()
```

使用实现接口 Runnable 的对象创建一个线程时，启动该线程将导致在独立执行的线程中调用对象的 run 方法。方法 run 的常规协定是，它可能执行任何所需的操作。

（2）实例化线程

- 如果是扩展 java.lang.Thread 类的线程，则直接 new 即可。
- 如果是实现了 java.lang.Runnable 接口的类，则用 Thread 的构造方法，其方法如下。

```
Thread(Runnable target)
Thread(Runnable target, String name)
Thread(ThreadGroup group, Runnable target)
Thread(ThreadGroup group, Runnable target, String name)
Thread(ThreadGroup group, Runnable target, String name, long stackSize)
```

（3）启动线程

在线程的 Thread 对象上调用 start()方法，而不是 run()或者别的方法。在调用 start()方法之前，线程处于新状态中，新状态指有一个 Thread 对象，但还没有一个真正的线程。

在调用 start()方法之后发生了一系列复杂的事情：

- 启动新的执行线程（具有新的调用栈）。
- 该线程从新状态转移到可运行状态。
- 当该线程获得机会执行时，其目标 run()方法将运行。

注意

对 Java 来说，run()方法没有任何特别之处。像 main()方法一样，它只是新线程知道调用的方法名称（和签名）。因此，在 Runnable 上或者 Thread 上调用 run 方法是合法的，但并不启动新的线程。

文档 源代码 8-10

【例 8-10】 应用继承 Thread 类创建线程的示例。

MyThread.java

```
package com.demo10;

public class MyThread extends Thread {
    public void run() {
        for(int i=0;i<5;i++) {
            System.out.println("invoke MyThread "+i+ " run method");
            try {
                Thread.sleep(500);
            } catch (InterruptedException e) {
                e.printStackTrace();
            }
        }
    }
    public static void main(String[] args) {  // main 方法测试线程的创建与启动
        MyThread myThread = new MyThread(); // 实例化 MyThread 的对象
        myThread.start(); // 调用 myThread 对象的 start 方法启动一个线程
    }
}
```

```
invoke MyThread 0 run method
invoke MyThread 1 run method
invoke MyThread 2 run method
invoke MyThread 3 run method
invoke MyThread 4 run method
```

图 8-14
继承 Thread 类创建线程运行结果

运行结果如图 8-14 所示。

文档 源代码 8-11

【例 8-11】 应用实现 Runable 接口创建线程的示例。

MyRunable.java

```
//通过 Runable 接口实现多线程定义 MyRunable 类实现 Runnable 接口，并实现接口中的 run 方法
package com.demo11;
public class MyRunable implements Runnable {
    public void run() {
        for(int i=0;i<5;i++) {
            System.out.println("invoke MyThread "+i+ " run method");
            try {
                Thread.sleep(500);
            } catch (InterruptedException e) {
                e.printStackTrace();
            }
        }
    }
    public static void main(String[] args) {// main 方法测试线程的创建与启动
        // 建立 MyRunable 类的对象，以此对象为参数建立 Thread 类的对象
```

```
            Thread thread = new Thread(new MyRunable());
            thread.start();        // 调用 thread 对象的 start 方法启动一个线程
    }
}
```

运行结果与【例 8-10】相同。

8.10 线程的状态控制

1. 新建状态

用 new 关键字和 Thread 类或其子类建立一个线程对象后，该线程对象就处于新生状态。处于新生状态的线程有自己的内存空间，通过调用 start 方法进入就绪状态（runnable）。

2. 就绪状态

处于就绪状态的线程已经具备了运行条件，但还没有分配到 CPU，处于线程就绪队列，等待系统为其分配 CPU。等待状态并不是执行状态，当系统选定一个等待执行的 Thread 对象后，它就会从等待执行状态进入执行状态，系统挑选的动作称之为“CPU 调度”。一旦获得 CPU，线程就进入运行状态并自动调用自己的 run 方法。

3. 死亡状态

死亡状态是线程生命周期中的最后一个阶段。线程死亡的原因有以下两个。

- 正常运行的线程完成了它的全部工作。
- 线程被强制性地终止，如通过执行 stop 或 destroy 方法来终止一个线程。

当一个线程进入死亡状态以后，就不能再回到其他状态了。让一个 Thread 对象重新执行一次的唯一方法，就是重新产生一个 Thread 对象。

笔 记

文档 源代码 8-12

【例 8-12】 线程状态转变的示例。

```
MyThreadState.java
package com.demo12;

public class MyThreadState  implements Runnable {
    public void run() {
            System.out.println("MyThread  start!");
            for(int i=0;i<5;i++){
                    System.out.println("invoke MyThread run method");
            }
    }

    public static void main(String[] args) {
            Thread thread = new Thread(new MyThreadState());  // 新生状态
            System.out.println("MyThread create!");
            thread.start();            // 就绪状态，获得 CPU 后就能运行
            try {
                    Thread.sleep(5000);
            } catch (InterruptedException e) {
                    e.printStackTrace();
            }
            thread.stop();             // 死亡状态
            System.out.println("MyThread stop!");
    }
```

```
}
```

运行结果如图 8-15 所示。

```
MyThread create!
MyThread  start!
invoke MyThread run method
invoke MyThread run method
invoke MyThread run method
invoke MyThread run method
invoke MyThread run method
MyThread stop!
```

图 8-15
线程状态转变运行结果

通过查 API 可以看到 stop 方法和 destory 方法已经过时了，所以不能再用，强制销毁一个线程可以有以下两个方法。

- 在 run 方法中执行 return 线程，结束。
- 可以在 while 循环的条件中设定一个标志位，当它等于 false 的时候，while 循环就不再运行，这样线程也就结束了。

【例 8-13】 线程强制销毁的示例。

文档 源代码 8-13

```
MyRunable2.java
package com.demo13;

public class MyRunable2 implements Runnable {
    private boolean isStop; //线程是否停止的标志位
    public void run() {
        while (!isStop)
            System.out.println("invoke MyRunable run method");
    }
    public void stop(){            //终止线程
        isStop=true;
    }
    public static void main(String[] args) {
        MyRunable2 myRunable=new MyRunable2();
        Thread thread = new Thread(myRunable);
        thread.start();
        try {
            Thread.sleep(5000);
        }
         catch (InterruptedException e) {
            e.printStackTrace();
        }
        myRunable.stop();       //正确的停止线程的方法
    }
}
```

运行结果如图 8-16 所示。

```
Thread create!
Thread run!
invoke MyRunable run method
invoke MyRunable run method
invoke MyRunable run method
invoke MyRunable run method
Thread stop!
```

图 8-16
线程强制停止的运行结果

4. 阻塞状态

处于运行状态的线程在某些情况下，如执行了 sleep（睡眠）方法，或等待 I/O 设备等资源，将让出 CPU 并暂时停止自己的运行，进入阻塞状态。

在阻塞状态的线程不能进入就绪队列。只有当引起阻塞的原因消除时，如睡眠时间已到或等待的 I/O 设备空闲下来，线程便转入就绪状态，重新到就绪队列中排队等待，被系统选中后从原来停止的位置开始继续运行。

有三种方法可以暂停 Threads 执行。

（1）sleep 方法

可以调用 Thread 的静态方法：

```
public static void sleep(long millis) throws InterruptedException
```

使得当前线程休眠（暂时停止执行 millis 毫秒）。由于是静态方法，sleep 可以由类名直接调用：Thread.sleep(…)。

（2）yield 方法

让出 CPU 的使用权，从运行态直接进入就绪态。

【例 8-14】　线程 yield 方法的示例。

文档　源代码 8-14

笔 记

```
MyThread2.java
package com.demo14;

public class MyThread2 implements Runnable {
    private String name;
    MyThread2(String s) {
            this.name = s;
    }
    public void run() {
            for (int i = 1; i <= 6; i++) {
                    System.out.println(name + ": " + i);
                    if (i % 10 == 0) {
                            Thread.yield();
                    }
            }
    }
}
YieldTest.java
package com.demo14;

public class YieldTest {
    public static void main(String[] args) {
            Runnable r1 = new MyThread2("S1");
            Runnable r2 = new MyThread2("S2");
            Thread t1 = new Thread(r1);
            Thread t2 = new Thread(r2);
            t1.start();
            t2.start();
            try {
                    Thread.sleep(2);
            }
catch (InterruptedException e) {
                    e.printStackTrace();
            }
            System.out.println("main method over!");
    }
}
```

```
S1: 1
S1: 2
S1: 3
S1: 4
S1: 5
S1: 6
S2: 1
S2: 2
S2: 3
S2: 4
S2: 5
S2: 6
main method over!
```

图 8-17
线程 yield 方法运行结果

运行结果如图 8-17 所示。

（3）join 方法

当某个 A 线程等待另一个线程 B 执行结束后，才继续执行时，使用 join 方法。A 的 run 方法调用 b.join()。

【例 8-15】　线程 join 方法的示例。

文档　源代码 8-15

```
SonThread.java
package com.demo15;

public class SonThread   implements Runnable {
```

笔 记

```
        public void run() {
            String tabs="\t\t\t";
            System.out.println(tabs+"哥哥出门去买棒棒糖");
            System.out.println(tabs+"哥哥买棒棒糖需要 3 分钟");
            try {
                for (int i = 0; i < 3;) {
                    Thread.sleep(500);
                    System.out.println(tabs+"哥哥出去第" + ++i + "分钟");
                }
            }
            catch (InterruptedException e) {
                e.printStackTrace();
            }
            System.out.println(tabs+"哥哥买棒棒糖回来了");
        }
}
FatherThread.java
package com.demo15;

public class FatherThread   implements Runnable {
        public void run() {
            System.out.println("妹妹想吃棒棒糖，发现棒棒糖吃完了");
            System.out.println("爸爸让哥哥去买");
            Thread son = new Thread(new SonThread());
            son.start();
            System.out.println("妹妹等哥哥买回来");
            try {       //join 含义：等待 son 线程执行完毕，father 线程才继续执行
                son.join();
            }
            catch (InterruptedException e) {
                System.out.println("爸爸出门去找哥哥跑哪去了");
                System.exit(1);
            }
            System.out.println("妹妹高兴地接过棒棒糖");
        }
}
JoinTest.java
package com.demo15;

public class JoinTest {
    public static void main(String[] args) {
        System.out.println("棒棒糖的故事");
        Thread father = new Thread(new FatherThread());
        father.start();
    }
}
```

```
棒棒糖的故事
妹妹想吃棒棒糖，发现棒棒糖吃完了
爸爸让哥哥去买
妹妹等哥哥买回来
                        哥哥出门去买棒棒糖
                        哥哥买棒棒糖需要3分钟
                        哥哥出去第1分钟
                        哥哥出去第2分钟
                        哥哥出去第3分钟
                        哥哥买棒棒糖回来了
妹妹高兴地接过棒棒糖
```

图 8-18
线程 join 方法运行结果

运行结果如图 8-18 所示。

当时间到哥哥出去买棒棒糖时，Father 线程调用 interrupt 方法就会打断 son 线程的正常执行，从而 father 线程也就不必等待 son 线程执行完毕再执行了。

【任务实施】

PPT 任务 8.4 任务实施

文档 任务 8.4 任务实施源代码

视频 任务 8.4 任务实施

笔 记

时钟显示器是在主界面状态栏上动态显示日历与时间。时钟显示器实现原理是创建一个线程不断获取当前时间并显示到界面上。

时钟显示器设计步骤如下。

- 设计时钟显示器界面。
- 实现 Runnable 接口，在 run( )方法中增加获取当前时间。
- 最后将获取的时间设置到界面上。

时钟显示器实现代码如下：

```
DTimeFrame.java
package com.my.task;

import java.awt.*;
import java.text.SimpleDateFormat;
import java.util.Calendar;
import javax.swing.*;

public class DTimeFrame extends JFrame implements Runnable {
    private JFrame frame;
    private JPanel timePanel;
    private JLabel timeLabel;
    private JLabel displayArea;
    private String DEFAULT_TIME_FORMAT = "yyyy-MM-dd HH:mm:ss";
    private int ONE_SECOND = 1000;

    public DTimeFrame() {
            timePanel = new JPanel();
            timeLabel = new JLabel("当前时间是: ");
            timeLabel.setForeground(Color.red);

            displayArea = new JLabel();

            timePanel.add(timeLabel);
            timePanel.add(displayArea);
            this.add(timePanel);
            this.setDefaultCloseOperation(EXIT_ON_CLOSE);
            this.setSize(new Dimension(250, 80));
            this.setLocationRelativeTo(null);
    }

    public void run() {
            while (true) {
                    SimpleDateFormat dateFormatter = new SimpleDateFormat(
                                    DEFAULT_TIME_FORMAT);
                    displayArea.setText(dateFormatter.format(Calendar.getInstance()
                                    .getTime()));
                    try {
                            Thread.sleep(ONE_SECOND);
                    } catch (Exception e) {
```

笔 记

```
                        displayArea.setText("Error!!!");
                    }
                }
            }

        public JPanel getTimePanel() {
                return timePanel;
        }

        public void setTimePanel(JPanel timePanel) {
                this.timePanel = timePanel;
        }

        public static void main(String arg[]) {
                DTimeFrame df2 = new DTimeFrame();
                df2.setVisible(true);

                Thread thread1 = new Thread(df2);
                thread1.start();
        }
}
```

时钟显示器实现界面如图 8-19 所示。

图 8-19
时钟显示器运行效果

【实践训练】

1. 用 Thread 类和 Runnable 接口实现多线程，线程执行 10 次循环，每次显示线程名称并随机休眠一段时间，线程运行结束时显示结束信息。

2. 实现生产者和消费者问题，深刻理解进程同步问题。

拓展实训

使用输入输出流完成商品信息管理，要求如下：

① 输入商品信息保存到文件中。

② 从文件中读出所有商品信息。

③ 能够查询指定的商品信息。

④ 能够修改、删除指定商品信息。

同步训练

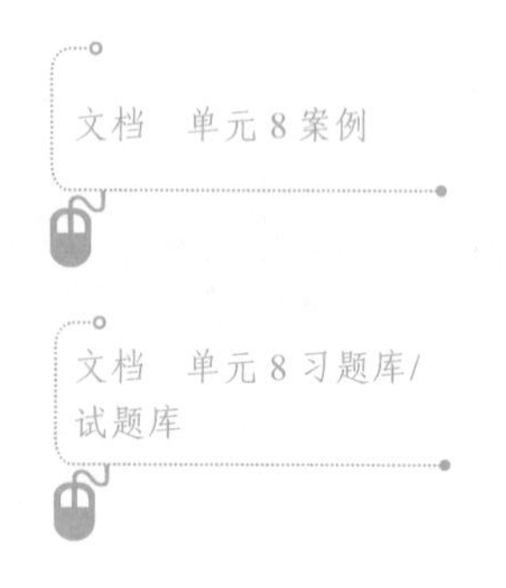

一、填空题

1. ________类提供了管理文件和目录的方法，该实例表示真实文件系统中的一个文件或目录。

2. FileInputStream 是________的子类，是从文件中读取字节数据到程序中。从文件中读取字节数据，除了创建文件对象之外，还要创建文件字节输入流。

3. 缓冲输入输出流有 BufferedInputStream、________、________和 BufferedWriter，它们全部要套接在相应的输入输出流上，为其他流提高缓冲功能。

4. ________属于过滤器流的一种，用于处理所有基本数据类型的数据。

5. 使用对象流可以直接写入或读取一个对象。由于一个类的对象包含多种信息，为了保证从对象流中能够读取到正确的对象，因此要求所有写入对象流的对象都必须是________的对象。

6. Java 中实现多线程的方法有________与________。

二、简答题

1. 字节流与字符流有什么区别?

2. 什么是缓冲流?

3. 什么是过滤流?

4. 什么是对象序列化?

5. 什么是多线程? Java 中如何实现多线程?

三、操作题

1. 使用文件字节流分割电影文件并合并。

2. 在一个指定的目录中统计 java 源程序文件的代码量，包括代码行数、注释行数、空白行数、总代码量。

3. 使用数据流将雇员对象的属性写入一个文件，然后读出并显示。

4. 使用对象流将雇员对象写入一个文件，然后读出并显示。

5. 用 Swing 绘图和多线程实现模拟时钟。

单元 9

房屋租赁管理系统设计与实现

文档　单元 9 设计

单元介绍

本单元的目标是完成房屋租赁管理系统的需求分析、系统设计、实现与展示、系统测试、系统部署，体验 Java 项目的开发过程。本节重点讲解房屋租赁管理系统的分析、设计与实现。房屋租赁管理系统设计与实现单元分为以下 4 个任务。

- 系统需求分析。
- 系统设计与实现。
- 系统测试。
- 系统打包。

PPT　单元 9 概述

学习目标

【知识目标】

- 理解软件需求分析。
- 理解软件设计过程。
- 掌握数据库设计步骤。
- 理解系统功能模块设计。
- 理解系统的详细设计步骤。
- 了解软件测试基础知识。
- 理解系统打包。

视频　单元 9　房屋租赁管理系统设计与实现概述

【能力目标】

- 学会分析房屋租赁管理系统的功能。
- 能够画出房屋租赁管理系统的功能结构图。
- 学会使用数据库设计工具设计房屋租赁管理系统的数据库。
- 能够设计房屋租赁管理系统的实现架构。
- 学会使用 JUnit 工具。
- 能够使用黑盒方法编写测试用例。
- 能够使用 jar 命令打包。
- 学会使用 Eclipse 工具打包。

【素养目标】

- 提高沟通表达、自我学习和团队协作方面的意识。
- 理解坚持、合作、严谨、创新等工匠精神的基本内涵，养成追求卓越的创新精神。
- 培养自我学习的能力，树立终身学习的意识。

思政导学　绝知此事要躬行

任务 9.1 系统需求分析

PPT 任务 9.1 系统需求分析

文本 任务 9.1 系统需求分析

视频 任务 9.1 系统需求分析

笔 记

【任务分析】

系统需求分析是系统开发的前提与基础，系统需求分析重点解决了“做什么”。系统需求分析包括需求调研、功能与性能分析、编写需求分析报告、需求评审等。本任务介绍需求分析的基本概念、需求分析任务、需求分析步骤。在任务实施中重点分析了房屋租赁管理系统的功能需求。

【相关知识】

9.1 需求分析

在软件工程中，需求分析指的是在建立一个新的或改变一个现存的系统时描写新系统的目的、范围、定义和功能时所要做的所有的工作。需求分析是软件工程中的一个关键过程。在这个过程中，系统分析员和软件工程师确定顾客的需求。只有在确定了这些需求后他们才能够分析和寻求新系统的解决方法。

从广义上理解：需求分析包括需求的获取、分析、规格说明、变更、验证、管理的一系列需求工程。狭义上理解：需求分析指需求的分析、定义过程。

1. 为什么要需求分析

需求分析就是分析软件用户的需求是什么。如果投入大量的人力、物力、财力、时间开发出的软件却没人要，那所有的投入都是徒劳。如果费了很大的精力开发了一个软件，最后却不能满足用户的要求，从而要重新开发，这种返工是让人痛心疾首的。需求分析之所以重要，就因为其具有决策性、方向性、策略性的作用。需求分析在软件开发的过程中具有举足轻重的地位。大家一定要对需求分析具有足够的重视，在一个大型软件系统的开发中，它的作用要远远大于程序设计。

2. 需求分析的任务

简而言之，需求分析的任务就是解决“做什么”的问题，就是要全面地理解用户的各项要求，并准确地表达所接受的用户需求。具体的包括以下几个方面。

（1）确定对系统的综合要求

虽然功能需求是对软件系统的一项基本需求，但却并不是唯一的需求。通常对软件系统有以下几方面的综合要求。

- 功能需求
- 性能需求
- 可靠性和可用性需求
- 出错处理需求
- 接口需求
- 约束
- 逆向需求
- 将来可能提出的要求

（2）分析系统的数据要求

任何一个软件本质上都是信息处理系统，系统必须处理的信息和系统应该产生的信息很大程度上决定了系统的面貌，对软件设计有深远的影响，因此，必须分析系统的数据要求，这是软件分析的一个重要任务。分析系统的数据要求通常采用建立数据模型的方法。复杂的数据由许多基本的数据元素组成，数据结构表示数据元素之间的逻辑关系。利用数据字典可以全面地定义数据，但是数据字典的缺点是不够直观。为了提高可理解性，常常利用图形化工具辅助描述数据结构。

（3）导出系统的逻辑模型

综合上述两项分析的结果可以导出系统的详细的逻辑模型，通常用数据流图、E-R 图、状态转换图、数据字典和主要的处理算法描述这个逻辑模型。

（4）修正系统开发计划

根据在分析过程中获得的对系统的更深入的了解，可以比较准确地估计系统的成本和进度，修正以前定制的开发计划。

笔 记

9.2　需求分析步骤

需求分析阶段的工作可以分为问题识别、分析与综合、制订规格说明和评审 4 个方面。

问题识别：就是从系统角度来理解软件、确定对所开发系统的综合要求，并提出这些需求的实现条件，以及需求应该达到的标准。这些需求包括功能需求（做什么）、性能需求（要达到什么指标）、环境需求（如机型、操作系统等）、可靠性需求（不发生故障的概率）、安全保密需求、用户界面需求、资源使用需求（软件运行时所需的内存、CPU 等）、软件成本消耗与开发进度需求、预先估计以后系统可能达到的目标。

分析与综合：逐步细化所有的软件功能，找出系统各元素间的联系、接口特性和设计上的限制，分析它们是否满足需求，剔除不合理部分，增加需要部分。最后，综合成系统的解决方案，给出要开发的系统的详细逻辑模型（做什么的模型）。

制订规格说明书：即编制文档，描述需求的文档称为软件需求规格说明书。

评审：对功能的正确性、完整性和清晰性，以及其他需求给予评价。评审通过才可进行下一阶段的工作，否则重新进行需求分析。

PPT　任务 9.1　任务实施

【任务实施】

随着我国市场经济的快速发展和人们生活水平的不断提高，简单的租赁服务已经不能满足人们的需求。如何利用先进的管理手段提高房屋租赁管理水平，是当今社会所面临的一个重要课题。应用计算机支持企业高效率完成房屋租赁管理的日常事务，是适应现代企业制度要求、推动企业劳动型管理走向科学化、规范化的必要条件。

文本　任务 9.1　任务实施源代码

房屋租赁管理是一项琐碎、复杂而又十分细致的工作，房屋的基本资料、客户资料的管理、房屋租赁管理，如果实行手工操作，须手工填制大量的表格，这就会耗费工作人员大量的时间和精力，计算机进行房屋租赁工作的管理，不仅能够保证各项信息准确无误、快速地输出，同时计算机具有手工管理所无法比拟的优点，如检索迅速、查找方便、可靠性高、存储量大、保密性好、寿命长、成本低等。

视频　任务 9.1　任务实施

根据用户需求的分析，得出房屋租赁管理系统的功能如下。

笔 记

（1）房源信息管理

- 房源信息设置：添加房源信息、修改房源信息、删除房源信息。
- 房源信息查询：根据条件（条件可以组合）查询不同的房源信息。

（2）出租人员信息管理

- 出租人员信息设置：添加出租人员信息、修改出租人员信息、删除人员信息。
- 出租人员信息查询：根据条件查询出租人员信息。

（3）求租人信息管理

- 求租人员信息设置：添加求租人员信息、修改求租人员信息、删除求租人员信息。
- 求租人员信息查询：根据条件查询求租人员信息。

（4）租赁信息管理

- 租赁信息设置：添加租赁信息、删除租赁信息。
- 租赁信息查询：根据租赁编号、出租人姓名、求租人姓名查询租赁信息。

（5）系统管理

- 用户管理：添加用户、删除用户、修改用户。
- 密码管理：修改个人密码。
- 数据库备份：为保障数据安全，用户可以定期备份数据到指定目录。

（6）财务信息管理

- 财务收入计算：收入计算、成本计算、净收入计算。
- 财务信息查询：收入查询、成本查询等。

（7）常用工具

- 租金计算器：根据月租金、开始日期、结束日期、合作人数、物业费用、其他费用计算总费用与平均费用。
- 我的记事本：文件功能包括新建、打开、保存、另存为等；编辑功能包括剪切、复制、粘贴、删除、查找、替换、时间/日期等；格式功能包括字体、颜色等；查看功能包括字数统计。
- 时钟显示器：显示当前的日期与时间。

（8）帮助

- 帮助主题：描述各个模块的功能及使用步骤。
- 版本类型：描述版本、日期、作者等信息。

【实践训练】

根据房屋租赁管理系统功能分析查阅需求分析报告资料，编写房屋租赁管理系统的需求分析报告。

任务 9.2 系统设计与实现

PPT 任务 9.2 系统设计与实现

【任务分析】

系统设计的任务是设计软件系统的模块层次结构，设计数据库的结构以及设计模块的控制流程，其目的是明确软件系统"如何做"，这个阶段又分为概要设计和详细设计两个步骤。概要设计解决软件系统的模块划分和模块的层次机构以及数据库设计；详细设计解决每个模块的控制流程、内部算法和数据结构的设计。

视频　任务 9.2　系统设计与实现

本任务将讨论软件设计的基本概念、总体设计、数据库设计、详细设计。在任务实施中讨论了房屋租赁管理系统的功能模块设计、系统数据库设计、系统的架构设计、系统部分功能模块的界面实现。

【相关知识】

9.3　软件设计

笔 记

系统设计是新系统的物理设计阶段。根据系统分析阶段所确定的新系统的逻辑模型、功能要求，在用户提供的环境条件下，设计出一个能在计算机网络环境上实施的方案，即建立新系统的物理模型。

在系统分析的基础上，设计出能满足预定目标的系统的过程。系统设计内容主要包括：确定设计方针和方法；将系统分解为若干子系统；确定各子系统的目标、功能及其相互关系；决定对子系统的管理体制和控制方式；对各子系统进行技术设计和评价；对全系统进行技术设计和评价等。

1. 总体设计

总体设计的主要任务是把需求分析得到的 DFD 转换为软件结构和数据结构。设计软件结构的具体任务是：将一个复杂系统按功能进行模块划分、建立模块的层次结构及调用关系、确定模块间的接口及人机界面等。数据结构设计包括数据特征的描述、确定数据的结构特性以及数据库的设计。

总体设计基本过程主要包括三个方面的设计。首先是系统构架设计，用于定义组成系统的子系统，以及对子系统的控制、子系统之间的通信和数据环境等；然后是软件结构和数据结构的设计，用于定义构造子系统的功能模块、模块接口、模块之间的调用与返回关系，以及数据结构、数据库结构等。

总体设计要求建立在需求分析基础之上，软件需求文档是软件概要设计的前提条件。只有这样，才能使得开发出来的软件系统最大限度地满足用户的应用需要。

总体设计阶段的任务主要有以下几个方面。

（1）制定规范

具有一定规模的软件项目总是需要通过团队形式实施开发，为了适应团队式开发的需要，在进入软件开发阶段之后，首先应该为软件开发团队制定在设计时应该共同遵守的规范，以便协调与规范团队内各成员的工作。

（2）系统构架设计

系统构架设计就是根据系统的需求框架确定系统的基本结构，以获得有关系统创建的总体方案。当系统构架被设计完成之后，软件项目就可按每个具有独立工作特征的子系统为单位进行任务分解了，由此可以将一个大的软件项目分解成许多小的软件子项目。

（3）软件结构设计

软件结构设计是在系统构架确定以后，对组成系统的各个子系统的结构设计。例如，将子系统进一步分解为诸多功能模块，并考虑如何通过这些模块来构造软件。

笔 记

（4）公共数据结构设计

概要设计中还需要确定那些将被许多模块共同使用的公共数据的构造。例如，公共变量、数据文件以及数据库中数据等，可以将这些数据看作为系统的公共数据环境。

（5）安全性设计

系统安全性设计包括操作权限管理设计、操作日志管理设计、文件与数据加密设计以及特定功能的操作校验设计等。概要设计需要对以上方面的问题作出专门的说明，并制定出相应的处理规则。

（6）故障处理设计

软件系统工作过程中难免出现故障，概要设计时需要对各种可能出现的来自于软件、硬件以及网络通信方面的故障作出专门考虑。例如，提供备用设备、设置出错处理模块、设置数据备份模块等。

（7）可维护性设计

软件系统在投入使用以后必将面临维护，如改正软件错误、扩充软件功能等。对此，概要设计需要作出专门安排，以方便日后的维护。例如，在软件中设置用于系统检测维护的专用模块；预计今后需要进行功能扩充的模块，并对这些接口进行专门定义。

（8）编写文档

概要设计阶段需要编写的文档包括概要设计说明书、数据库设计说明书、用户操作手册。此外，还应该制定出有关测试的初步计划。

2. 数据库设计

数据库设计（Database Design）是指对于一个给定的应用环境，构造最优的数据库模式，建立数据库及其应用系统，使之能够有效地存储数据，满足各种用户的应用需求（信息要求和处理要求）。在数据库领域内，常常把使用数据库的各类系统统称为数据库应用系统。

数据库设计过程包括以下步骤：

（1）需求分析阶段

需求收集和分析，结果得到数据字典描述的数据需求和数据流图描述的处理需求。需求分析的重点是调查、收集与分析用户在数据管理中的信息要求、处理要求、安全性与完整性要求。

（2）概念结构设计阶段

通过对用户需求进行综合、归纳与抽象，形成一个独立于具体 DBMS 的概念模型，可以用 E-R 图表示。

（3）逻辑结构设计阶段

将概念结构转换为某个 DBMS 所支持的数据模型（如关系模型），并对其进行优化。设计逻辑结构应该选择最适于描述与表达相应概念结构的数据模型，然后选择最合适的 DBMS。E-R 图转换为关系模型实际上就是要将实体、实体的属性和实体之间的联系转化为关系模式，这种转换一般遵循如下原则：

- 一个实体型转换为一个关系模式。实体的属性就是关系的属性。实体的码就是关系的码。
- 一个 m:n 联系转换为一个关系模式。与该联系相连的各实体的码以及联系本身的属性均转换为关系的属性。而关系的码为各实体码的组合。
- 一个 1:n 联系可以转换为一个独立的关系模式，也可以与 n 端对应的关系模式合并。如果转换为一个独立的关系模式，则与该联系相连的各实体的码以及联系本身的属性均转换为关系的属性，而关系的码为 n 端实体的码。

- 一个 1:1 联系可以转换为一个独立的关系模式，也可以与任意一端对应的关系模式合并。
- 三个或三个以上实体间的一个多元联系转换为一个关系模式。与该多元联系相连的各实体的码以及联系本身的属性均转换为关系的属性。而关系的码为各实体码的组合。
- 同一实体集的实体间的联系，即自联系，也可按上述 1:1、1:n 和 m:n 三种情况分别处理。
- 具有相同码的关系模式可合并。

（4）数据库物理设计阶段

为逻辑数据模型选取一个最适合应用环境的物理结构（包括存储结构和存取方法）。根据 DBMS 特点和处理的需要，进行物理存储安排，设计索引，形成数据库内模式。

（5）数据库实施阶段

运用 DBMS 提供的数据语言（如 SQL）及其宿主语言（如 C），根据逻辑设计和物理设计的结果建立数据库，编制与调试应用程序，组织数据入库，并进行试运行。数据库实施主要包括以下工作：用 DDL 定义数据库结构、组织数据入库、编制与调试应用程序、数据库试运行。

3. 详细设计

详细设计的主要任务是设计每个模块的实现算法、所需的局部数据结构。详细设计的目标有两个：实现模块功能的算法要逻辑上正确和算法描述要简明易懂。

详细设计的基本任务如下。

（1）为每个模块进行详细的算法设计。用某种图形、表格、语言等工具将每个模块处理过程的详细算法描述出来。

（2）为模块内的数据结构进行设计。对于需求分析、概要设计确定的概念性的数据类型进行确切的定义。

（3）为数据结构进行物理设计，即确定数据库的物理结构。物理结构主要指数据库的存储记录格式、存储记录安排和存储方法，这些都依赖于具体所使用的数据库系统。

（4）其他设计：根据软件系统的类型，还可能要进行以下设计。

- 代码设计。为了提高数据的输入、分类、存储、检索等操作，节约内存空间，对数据库中的某些数据项的值要进行代码设计。
- 输入/输出格式设计。
- 人机对话设计。对于一个实时系统，用户与计算机频繁对话，因此要进行对话方式、内容、格式的具体设计。

（5）编写详细设计说明书。

（6）评审。对处理过程的算法和数据库的物理结构都要评审。

【任务实施】

1. 功能模块设计

根据系统的需求分析，房屋租赁管理系统的功能结构图如图 9-1 所示。

笔 记

PPT 任务 9.2 任务实施

视频 任务 9.2 任务实施

2. 数据库设计

根据用户需求得出房屋租赁管理系统包括以下 5 张表。

- 用户登录表
- 房源信息表
- 出租人员信息表
- 求租人员信息表
- 租赁信息表

房屋租赁管理系统数据库设计如图 9-2 所示。

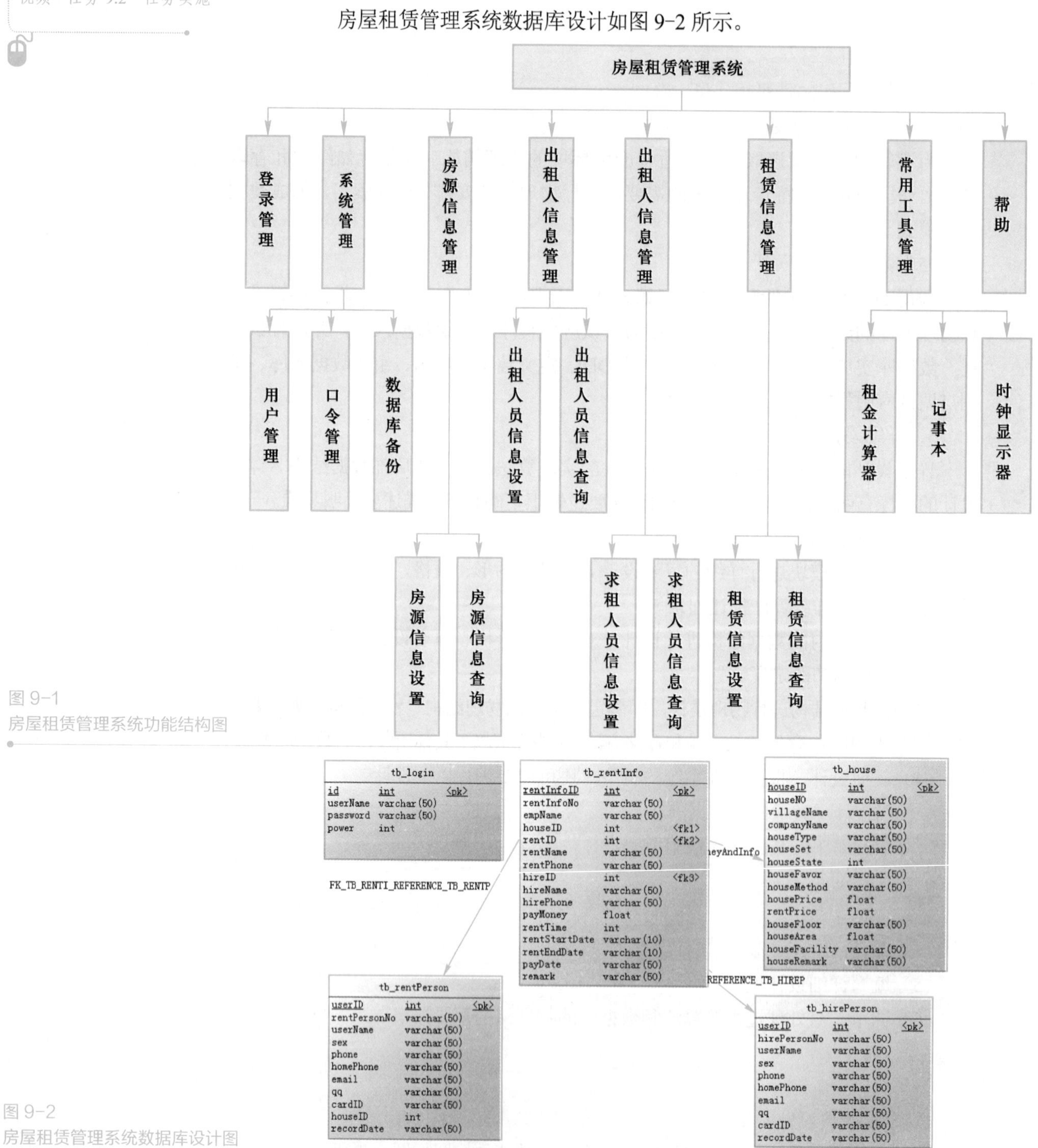

图 9-1 房屋租赁管理系统功能结构图

图 9-2 房屋租赁管理系统数据库设计图

3. 系统架构设计

系统架构设计应用 DAO 设计模式，系统架构实现如图 9-3 所示。

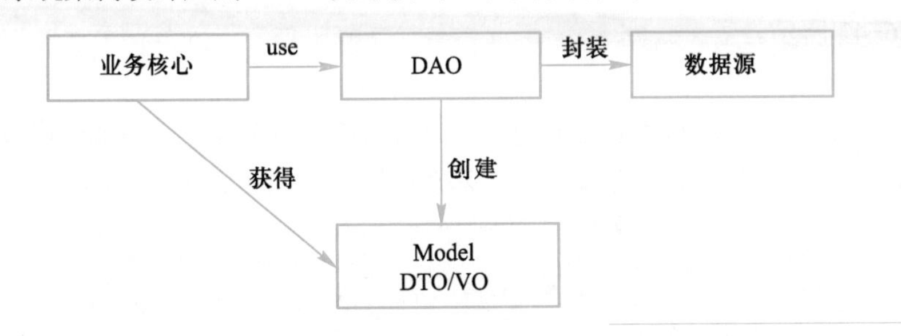

图 9-3
系统架构设计实现图

DAO 设计模式具有以下众多优点。

（1）数据存储逻辑的分离

通过对数据访问逻辑进行抽象，为上层机构提供抽象化的数据访问接口。业务层无需关心具体的 select、insert、update 操作，这样，一方面避免了业务代码中混杂 JDBC 调用语句，使得业务落实实现更加清晰，另一方面，由于数据访问接口与数据访问实现分离，也使得开发人员的专业划分成为可能。某些精通数据库操作技术的开发人员可以根据接口提供数据库访问的最优化实现，而精通业务的开发人员则可以抛开数据库中的繁琐细节，专注于业务逻辑编码。

（2）数据访问底层实现的分离

DAO 模式通过将数据访问计划分为抽象层和实现层，从而分离了数据使用和数据访问的底层实现细节。这意味着业务层与数据访问的底层细节无关，也就是说，可以在保持上层机构不变的情况下，通过切换底层实现来修改数据访问的具体机制，常见的一个例子就是，可以通过仅仅替换数据访问的实现，将系统部署在不同的数据库平台之上。

（3）资源管理和调度的分离

在数据库操作中，资源的管理和调度是一个非常值得关注的主题。大多数系统的性能瓶颈往往并非集中于业务逻辑处理本身。在系统涉及的各种资源调度过程中，往往存在着最大的性能黑洞，而数据库作为业务系统中最重要的系统资源，自然也成为关注的焦点。DAO 模式将数据访问逻辑从业务逻辑中脱离开来，使得在数据访问层实现统一的资源调度成为可能，通过数据库连接池以及各种缓存机制（Statement Cache、Data Cache 等，缓存的使用是高性能系统实现的一个关键所在）的配合使用，往往可以保持上层系统不变的情况下，大幅度提升系统性能。

（4）数据抽象

在直接基于 JDBC 调用的代码中，程序员面对的数据往往是原始的 RecordSet 数据集，对于业务逻辑开发过程而言，如此琐碎和缺乏寓意的字段型数据实在令人厌倦。DAO 模式通过对底层数据的封装，为业务曾提供一个面向对象的接口，使得业务逻辑开发人员可以面向业务中的实体进行编码。通过引入 DAO 模式，业务逻辑更加清晰，且富于形象性和描述性，这将为日后的维护带来极大的便利。

4. 系统实现与展示

（1）登录界面

登录界面是系统操作的入口，系统登录成功后进入主界面。系统登录界面如图 6-16 所示。

笔 记

（2）系统主界面

系统主界面是主要功能操作区域，主要包括菜单、工具条等。系统主界面如图 6-42 所示。

（3）房源信息设置

房源信息设置是房源操作的入口，房源信息设置提供了添加、修改、删除的入口，并且可以查看部分房源信息。房源信息设置界面如图 9-4 所示。

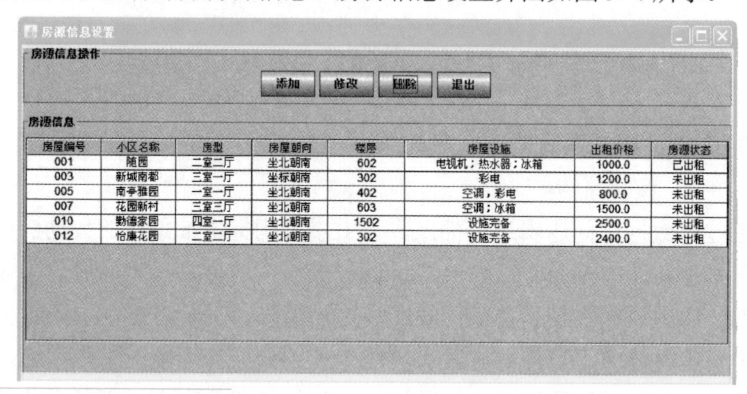

房屋编号	小区名称	房型	房屋朝向	楼层	房屋设施	出租价格	房源状态
001	随园	二室二厅	坐北朝南	602	电视机；热水器；冰箱	1000.0	已出租
003	新城南都	三室一厅	坐标朝南	302	彩电	1200.0	未出租
005	南亭雅园	一室一厅	坐北朝南	402	空调，彩电	800.0	未出租
007	花园新村	三室三厅	坐北朝南	603	空调；冰箱	1500.0	未出租
010	勤德家园	四室一厅	坐北朝南	1502	设施完备	2500.0	未出租
012	怡康花园	二室二厅	坐北朝南	302	设施完备	2400.0	未出租

图 9-4
房源信息设置界面

（4）添加房源信息界面

添加房源信息的目标是输入房源信息并保存到数据库中。添加房源信息如图 9-5 所示。

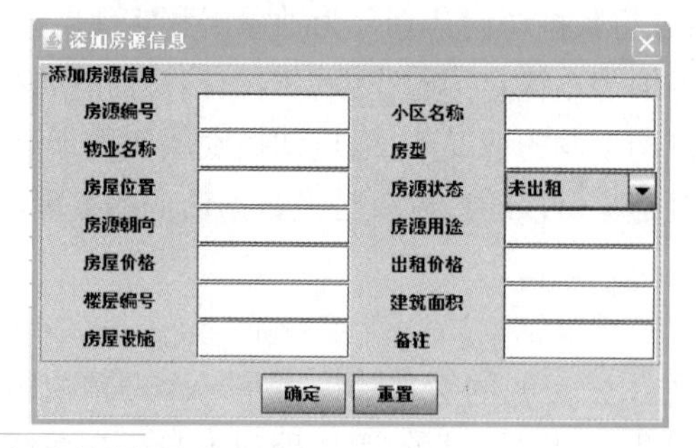

图 9-5
添加房源信息界面

（5）房源信息查询界面

房源信息查询的目标根据输入查询条件查询符合条件的房源信息并显示到房源信息表中。房源信息查询界面如图 9-6 所示。

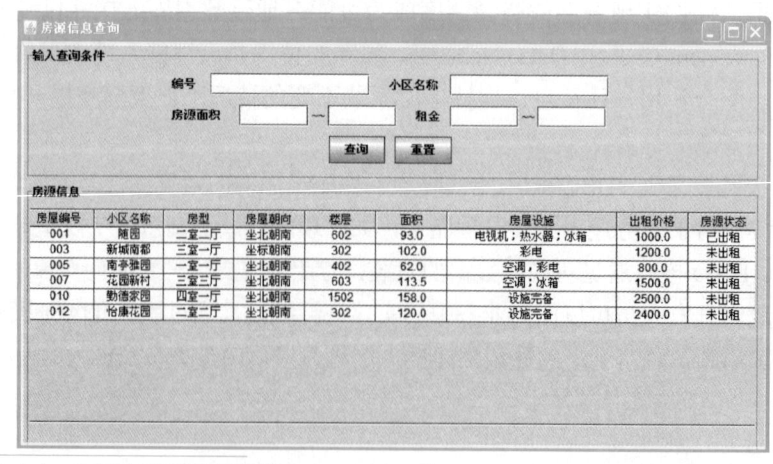

房屋编号	小区名称	房型	房屋朝向	楼层	面积	房屋设施	出租价格	房源状态
001	随园	二室二厅	坐北朝南	602	93.0	电视机；热水器；冰箱	1000.0	已出租
003	新城南都	三室一厅	坐标朝南	302	102.0	彩电	1200.0	未出租
005	南亭雅园	一室一厅	坐北朝南	402	62.0	空调，彩电	800.0	未出租
007	花园新村	三室三厅	坐北朝南	603	113.5	空调；冰箱	1500.0	未出租
010	勤德家园	四室一厅	坐北朝南	1502	158.0	设施完备	2500.0	未出租
012	怡康花园	二室二厅	坐北朝南	302	120.0	设施完备	2400.0	未出租

图 9-6
房源信息查询界面

（6）出租人员设置界面

出租人员设置界面是出租人员操作的入口，出租人员设置界面提供了添加、删除、修改出租人员信息的入口。出租人员信息设置如图 9-7 所示。

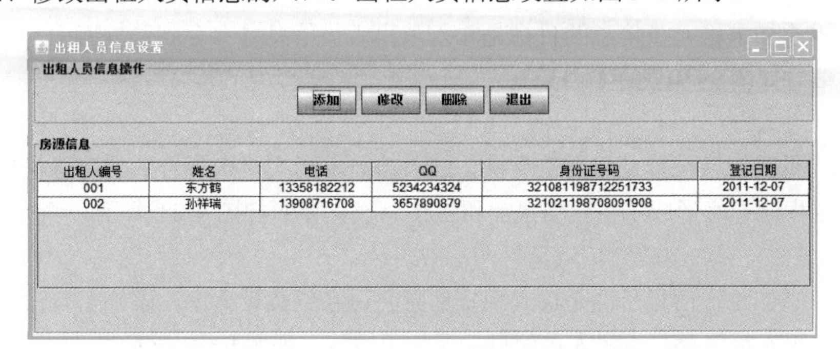

图 9-7
出租人员信息设置界面

（7）添加出租人员信息界面

添加出租人员信息的目标是输入出租人员信息并保存到数据库中，添加出租人员信息时需要选择已经登记好的房源信息。添加出租人员信息如图 9-8 所示。

图 9-8
添加出租人员信息界面

（8）出租人员查询界面

出租人员信息查询的目标根据输入查询条件查询符合条件的出租人员信息并显示到出租人员信息表中。在出租人员信息列表中单击每一行就可以在下面显示房源信息。出租人员信息查询界面如图 9-9 所示。

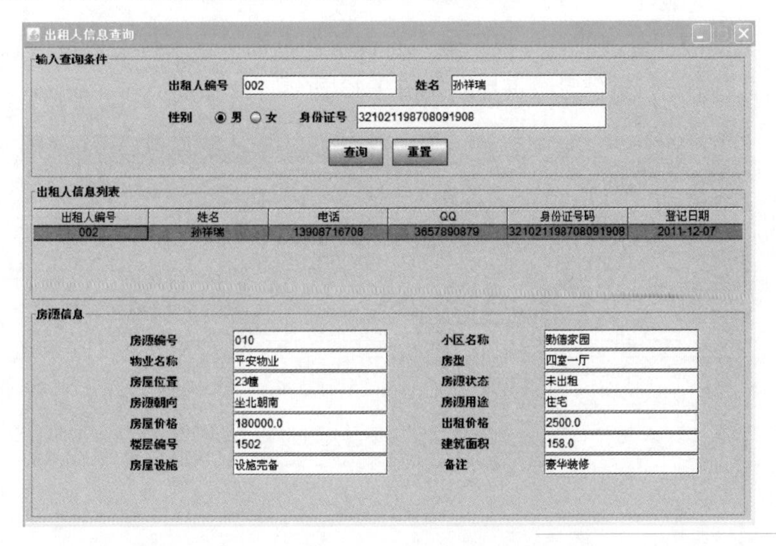

图 9-9
出租人员信息查询界面

添加求租人信息
添加求租人信息
求租人编号
姓名
性别 男 女
身份证号码
家庭电话
邮箱
手机
QQ
确定
重置

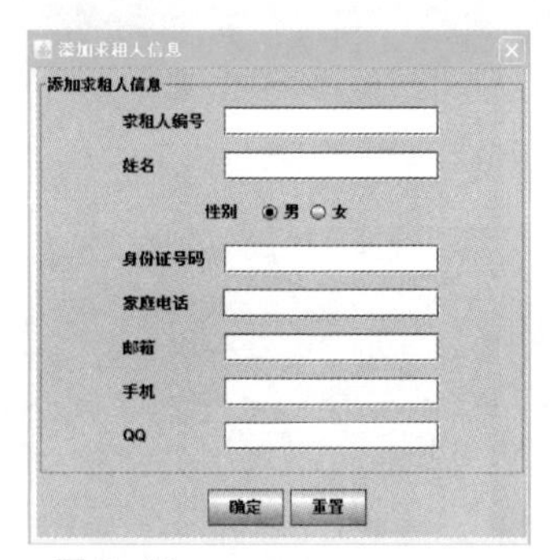

图 9-10
添加求租人信息界面

（9）添加求租人员信息界面

添加求租人员信息的目标是输入求租人员信息并保存到数据库中。添加求租人员信息如图 9-10 所示。

（10）租赁信息设置界面

租赁信息设置是租赁信息操作的入口。求租人员选择合适的房源信息并登记租赁过程信息就形成了租赁信息。租赁信息设置界面如图 9-11 所示。

（11）添加出租人员信息界面

添加租赁信息目标是输入租赁信息并保存到数据库中，添加租赁信息时需要选择出租人员信息与求租人员信息。添加租赁信息如图 9-12 所示。

租赁信息设置
租赁信息操作
添加
删除
退出
租赁信息列表
租赁编号 出租人姓名 出租人电话 求租人姓名 求租人电话 月租金 租赁时间 开始日期 结束日期 员工
0001 东方鹤 13358182212 张小勇 13812313456 1300.0 12 2009-12-20 2010-12-20 jwx
0003 孙祥瑞 13908716708 文华 13908780968 2500.0 12 2011-1-1 2012-1-1 admin

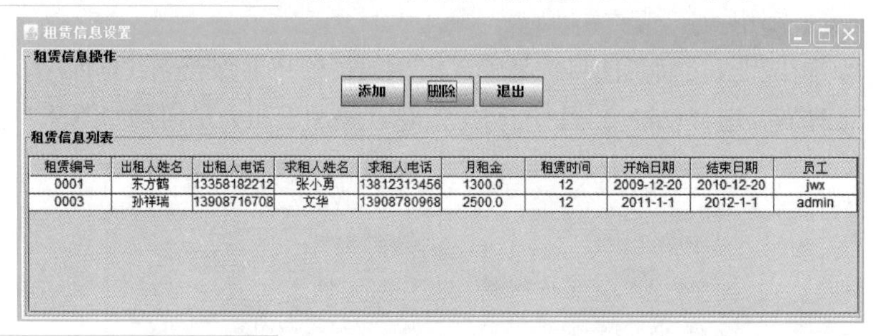

图 9-11
租赁信息设置界面

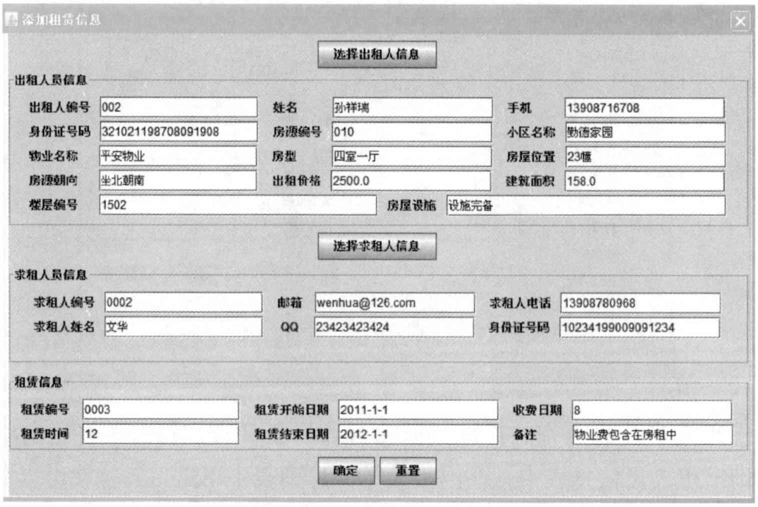

添加租赁信息
选择出租人信息
出租人员信息
出租人编号 002
姓名 孙祥瑞
手机 13908716708
身份证号码 321021198708091908
房源编号 010
小区名称 勤德家园
物业名称 平安物业
房型 四室一厅
房屋位置 23幢
房源朝向 坐北朝南
出租价格 2500.0
建筑面积 158.0
楼层编号 1502
房屋设施 设施完备
选择求租人信息
求租人员信息
求租人编号 0002
邮箱 wenhua@126.com
求租人电话 13908780968
求租人姓名 文华
QQ 23423423424
身份证号码 10234199009091234
租赁信息
租赁编号 0003
租赁开始日期 2011-1-1
收费日期 8
租赁时间 12
租赁结束日期 2012-1-1
备注 物业费包含在房租中
确定
重置

图 9-12
添加租赁信息界面

（12）租赁信息查询界面

租赁信息查询的目标根据输入查询条件查询符合条件的租赁信息并显示到租赁信息表中。租赁信息查询界面如图 9-13 所示。

租赁信息查询
输入查询条件
租赁信息编号
出租人姓名
求租人姓名
查询
重置
出租人信息列表
租赁编号 出租人姓名 求租人姓名 月租金 租赁时间 开始日期 结束日期 员工
0001 东方鹤 张小勇 1300.0 12 2009-12-20 2010-12-20 jwx
0003 孙祥瑞 文华 2500.0 12 2011-1-1 2012-1-1 admin

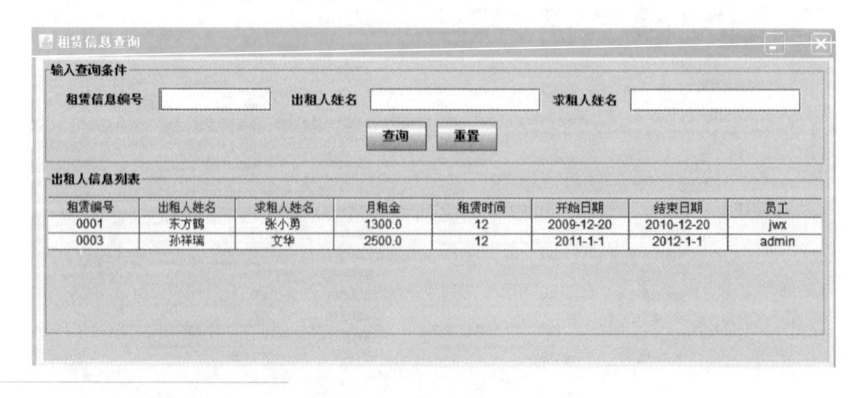

图 9-13
租赁信息查询界面

【实践训练】

根据房屋租赁管理系统的系统功能设计、总体设计、数据库设计、详细设计、系统的界面实现编写系统的设计报告。

任务 9.3 系统测试

PPT 任务 9.3 系统测试

【任务分析】

系统测试的目的是保证软件产品的质量，测试功能是确认和验证软件应用或程序是否符合用户的需求、软件应用或程序是否符合它设计和开发的技术要求、软件应用是否如预期中工作良好。

本任务将探讨软件测试基础知识、JUnit 测试工具。在任务实施中以系统登录模块测试为例说明单元测试测试过程。应用黑盒测试方法设计租金计算模块测试用例。

【相关知识】

9.4 测试基础知识

笔 记

1. 测试的定义

软件测试是软件工程过程的一个重要阶段，是在软件发布前对软件开发各阶段产品的最终检查，是为了保证软件开发产品的正确性、完全性和一致性而检测软件错误、修正软件错误的过程。

软件测试是：

- 程序测试是为了发现错误而执行程序的过程。
- 测试是为了证明程序有错，而不是证明程序无错误。
- 一个好的测试用例是在于它能发现至今未发现的错误。
- 一个成功的测试是发现了至今未发现的错误的测试。

软件开发的目的是开发出实现用户需求的高质量、高性能的软件产品，而软件测试是以检查软件功能和其他非功能特性为核心，是软件质量保证的关键，也是成功实现软件开发目标的重要保障。

2. 测试的种类

（1）从测试方法角度分类

① 黑盒测试：是功能测试、数据驱动测试或基于规格说明的测试。在不考虑程序内部结构和内部特性的情况下，测试者依据该程序功能上的输入输出关系，或是程序的外部特性来设计和选择测试用例，推断程序编码的正确性。

② 白盒测试：是结构测试、逻辑驱动测试或基于程序的测试。测试者熟悉程序的内部结构，依据程序模块的内部结构来设计测试用例，检测程序代码的正确性。

（2）从测试发生的时间顺序分类

① 单元测试，单元测试的对象是程序系统中的最小单元-模块或组件上，在编码阶段进行，针对每个模块进行测试，主要通过白盒测试方法，从程序的内部结构

笔 记

出发设计测试用例，检查程序模块或组件的已实现的功能与定义的功能是否一致，以及编码中是否存在错误。多个模块可以平行地、对立地测试，通常要编写驱动模块和桩模块。单元测试一般由编程人员和测试人员共同完成，而以开发人员为主。单元测试包括代码评审，代码评审可以发现程序50%～70%代码的缺陷。

② 集成测试，也称组装测试、联合测试或子系统测试。在单元测试的基础上，将模块按照设计要求组装起来同时进行测试，主要目标是发现与接口有关的模块之间问题。其有两种集成测试方式，即一次性集成方式和增值式集成方式。

③ 功能测试，一般须在集成测试之后进行，而且是针对应用系统进行测试。功能测试是基于产品功能说明书，实现产品应具有的功能。从用户角度来进行功能验证，确认每个功能是否都能正常使用。

④ 系统测试，是将软件放在整个计算机环境下，包括软硬件平台、某些支持软件、数据和人员等，在实际运行环境下进行的一系列测试，包括恢复测试、安全测试、强度测试和性能测试等。

⑤ 验收测试与安装测试。验收测试的目的是向未来的用户表明系统能够按预定要求那样工作，验证软件的功能和性能如同用户所合理期待的那样。安装测试是指按照软件产品安装手册或相应的文档，在一个和用户使用该产品完全一样的环境中或相当于用户使用环境中，进行一步一步的安装操作性的测试。

3. 测试的执行过程

测试主要由以下6个相互关联、相互作用的过程组成。

（1）测试计划

确定各测试阶段的目标和策略。这个过程将输出测试计划，明确要完成的测试活动，评估完成活动所需要的时间和资源，设计测试组织和岗位职权，进行活动安排和资源分配，安排跟踪和控制测试过程的活动。

（2）测试设计

根据测试计划设计测试方案。测试设计过程输出的是各测试阶段使用的测试用例。测试设计也与软件开发活动同步进行，其结果可以作为各阶段测试计划的附件提交评审。测试设计的另一项内容是回归测试设计，即确定回归测试的用例集。对于测试用例的修订部分，也要求进行重新评审。

（3）测试实施

使用测试用例运行程序，将获得的运行结果与预期结果进行比较和分析，记录、跟踪和管理软件缺陷，最终得到测试报告。

（4）测试配置管理

测试配置管理是软件配置管理的子集，作用于测试的各个阶段。其管理对象包括测试计划、测试方案（用例）、测试版本、测试工具及环境、测试结果等。一般会得到一个基线测试用例库。

（5）资源管理

包括对人力资源和工作场所，以及相关设施和技术支持的管理。如果建立了测试实验室，还存在其他的管理问题。

（6）测试管理

采用适宜的方法对上述过程及结果进行监视，并在适用时进行测量，以保证上述过程的有效性。如果没有实现预定的结果，则应进行适当地调整或纠正。

9.5　JUnit 工具简介

笔　记

1．JUnit 含义

JUnit 是由 Erich Gamma 和 Kent Beck 编写的一个回归测试框架（regression testing framework）。JUnit 测试是程序员测试，即所谓白盒测试，因为程序员知道被测试的软件如何（How）完成功能和完成什么样（What）的功能。JUnit 是一套框架，继承 TestCase 类，就可以用 JUnit 进行自动测试了。

2．JUnit 特性

JUnit 是一个开放源代码的 Java 测试框架，用于编写和运行可重复的测试。它是用于单元测试框架体系 xUnit 的一个实例（用于 Java 语言）。它包括以下特性：

- 用于测试期望结果的断言（Assertion）。
- 用于共享共同测试数据的测试工具。
- 用于方便的组织和运行测试的测试套件。
- 图形和文本的测试运行器。

3．JUnit 优点

JUnit 是在 XP 编程和重构（refactor）中被极力推荐使用的工具，因为在实现自动单元测试的情况下可以大大的提高开发的效率。

① 对于 XP 编程而言，要求在编写代码之前先写测试，这样可以强制用户在写代码之前好好地思考代码（方法）的功能和逻辑，否则编写的代码很不稳定，需要同时维护测试代码和实际代码，工作量就会大大增加。因此在 XP 编程中，其基本过程是：构思→编写测试代码→编写代码→测试，而且编写测试和编写代码都是增量式的，写一点测一点，在编写以后的代码中如果发现问题就可以较快地追踪到问题的原因，减小回归错误的纠错难度。

② 对于重构而言，其好处和 XP 编程中是类似的，因为重构也是要求改一点测一点，减少回归错误造成的时间消耗。

③ 对于非以上两种情况，在开发时使用 JUnit 写一些适当的测试也是有必要的，因为在一般情况下也是需要编写测试代码的。可能原来不是使用 JUnit 的，如果使用 JUnit，而且针对接口（方法）编写测试代码会减少以后的维护工作，如以后对方法内部的修改（相当于重构的工作）。另外就是因为 JUnit 有断言功能，如果测试结果不通过则会告诉用户哪个测试不通过及原因，而如果是像以前的一般做法，即写一些测试代码看其输出结果，然后再由自己来判断结果使用正确，使用 JUnit 的好处就是这个结果是否正确的判断是它来完成的，用户只需要看其结果提示是否正确就可以了，在一般情况下会大大提高效率。

4．安装 JUnit

安装很简单，先下载一个最新的 zip 包（http://download.sourceforge.net/JUnit/）下载完以后解压缩，假设是解压到目录 JUNIT_HOME 中，然后将 JUNIT_HOME 下的 JUnit.jar 包加到系统的 CLASSPATH 环境变量中。对于 IDE 环境，对需要用到的 JUnit 的项目增加到 lib 中，其设置不同的 IDE 有不同的设置。

【例 9-1】　JUnit 测试实例。

文档　源代码 9-1

首先，在 Eclipse 中建立一个 JavaSE 项目（Java Project），名称为“chap9”，然后在其中加入一个类，包名为“com.my.book”，类名为“Helloworld”，如图 9-14

笔 记

所示。

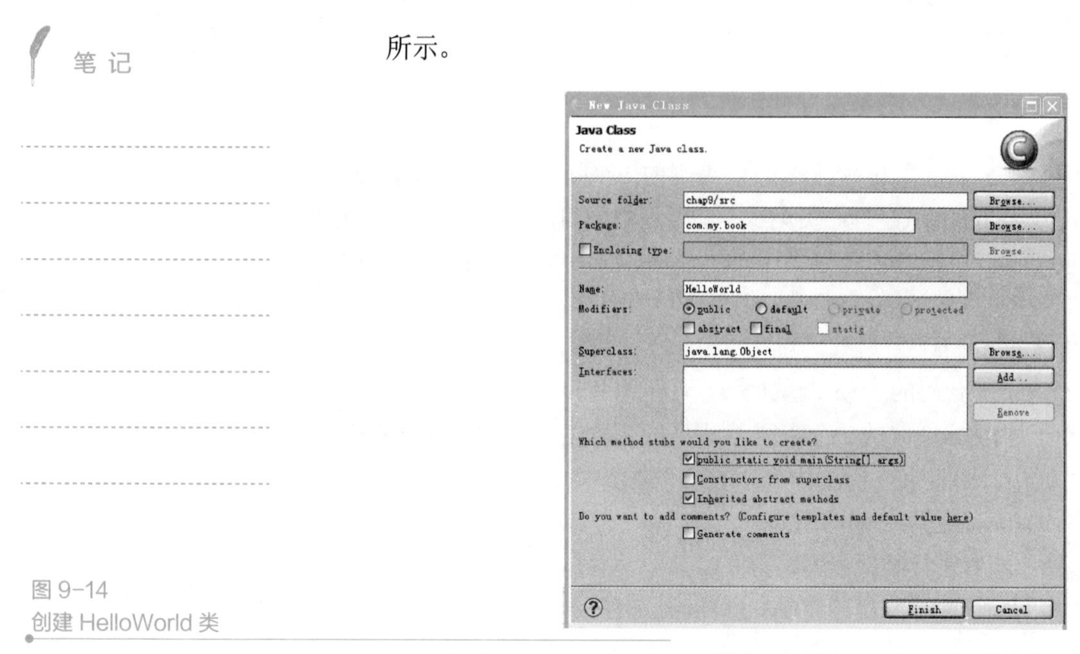

图 9-14
创建 HelloWorld 类

完成后加入自定义方法“ShowHello”和“isSubString”，代码如下：

```
package com.my.book;
public class HelloWorld {
    public String showHello(String words) {
        return "Hello " + words;
    }
    public boolean isSubString(String allstr, String substr) {
        return allstr.indexOf(substr) >= 0 ? true : false;
    }
    public static void main(String[] args) {
    }
}
```

第 2 步，测试 Helloworld 类的两个方法。在项目“chap9”中右击“Helloworld.java”文件，在弹出的快捷菜单中选择“New”→“JUnit Test Case”命令，如图 9-15 所示。

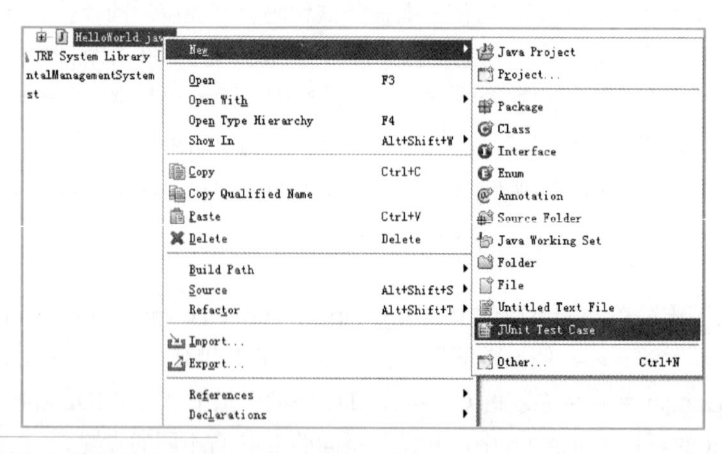

图 9-15
创建一个 JUnit TestCase

在弹出的窗体中，选中 setUp()和 tearDown()，其他包名、类名用默认值，然后单击“Next”按钮，选中类 Helloworld 的要测试的两个方法，单击“完成”按钮即可得到测试代码，如图 9-16 和图 9-17 所示。

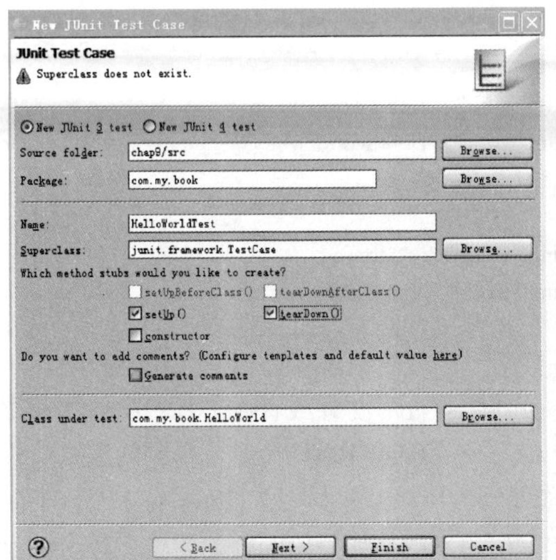

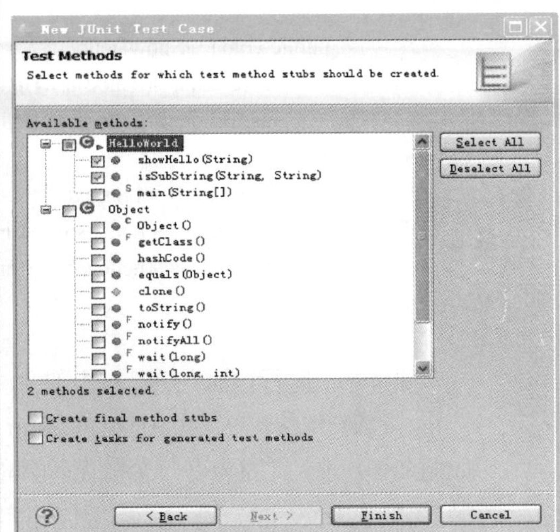

图 9-16
选中 setUP()与 tearDown()方法

图 9-17
选中测试的方法

注意

在新建窗体中的下面有提示要加入 JUnit 3 的包，单击“Click here”按钮，然后就会弹出“Java Build Path”窗体，单击“OK”按钮即可在项目中加入 JUnit 3 的包了。如果不在出现提示时这样做，也可直接右击项目后在 Java Build Path 中选择“Add Library”选项，在其中选择 JUnit 3 即可，如图 9-18 所示。

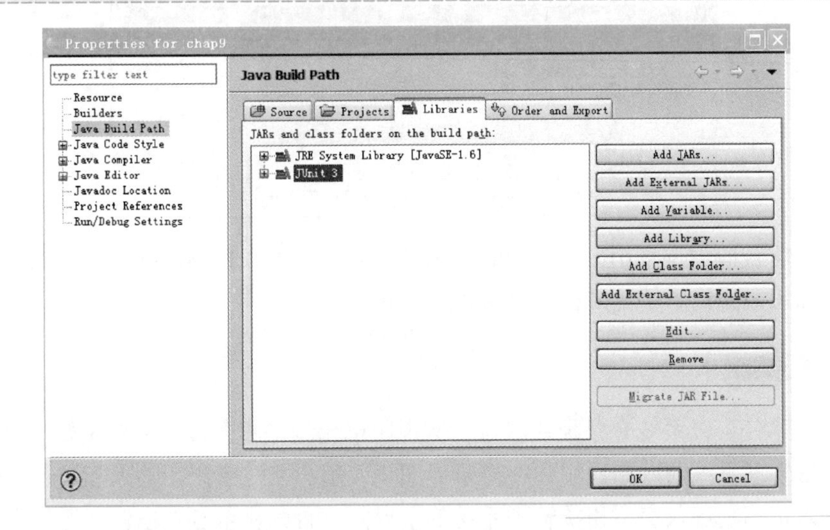

图 9-18
加入 JUnit 包

第 3 步，得到的测试类名为 HellowordTest，在同一个包下产生文件 Helloword Test.java，完成后在 HellowordTest.java 中输入测试相关代码，得到完整代码如下：

```
package com.my.book;

import JUnit.framework.TestCase;

public class HelloWorldTest extends TestCase {
    private HelloWorld hello;
    protected void setUp() throws Exception {
        super.setUp();
        hello=new HelloWorld();
    }
    protected void tearDown() throws Exception {
        super.tearDown();
```

笔 记

```
    }
    public void testShowHello() {
        assertEquals(hello.showHello("world"),"Hello world");
        assertEquals(hello.showHello("world"),"Helloworld"); //故意输入错的结果
    }
    public void testIsSubString() {
        assertEquals(hello.isSubString("world","or"),true);
        assertEquals(hello.isSubString("world","not"),false);
    }
}
```

第 4 步，运行测试代码。右击 HelloworldTest.java 文件或者在工具栏中单击按钮，在弹出的下拉菜单中选择“Run As”→“JUnit Test”命令，得到的测试结果如图 9-19 所示。因为有一个故意输入的错误，所以结果显示 Failures 有 1 个，下面的 Failure Trace 部分提示了期望值和实际值的不同。如果给的预期结果一致，每次的测试结果都应该是 OK 的，这样才能说明测试是成功的，如果 JUnit 报告了测试没有成功，它会区分失败（failures）和错误（errors）。失败是代码中的 assert 方法失败引起的；而错误则是代码异常引起的，根据提示信息就可以进行修正了。

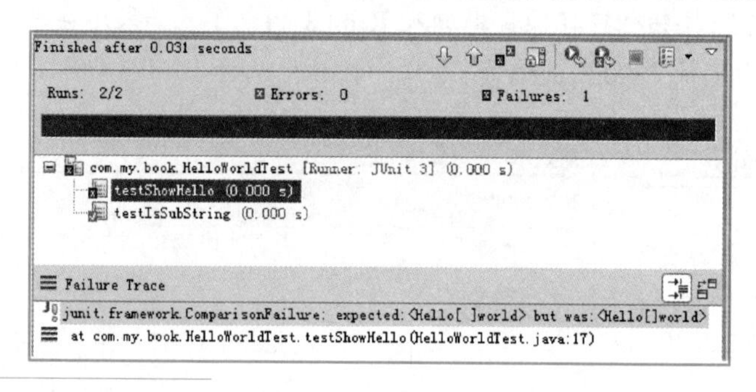

图 9-19
测试结果

将代码中 assertEquals(hello.showHello("world"),"Helloworld")；改为与上一行一样即可，即输出结果应该为“Hello world”。

PPT 任务 9.3 任务实施

文档 任务 9.3 任务实施源代码

视频 任务 9.3 任务实施

【任务实施】

本任务以系统登录模块测试为例说明单元测试测试过程。系统登录模块是房屋租赁管理系统的入口。用户在登录界面输入用户名与密码，输入后进行校验，如果输入正确则进入房屋租赁管理系统的主界面，否则显示登录出错。系统登录模块测试是应用 JUnit 工具对 LoginInfoDAOImpl 类中查询用户是否存在方法进行单元测试，主要测试输入正确的用户信息与输入错误的用户信息的情况。

本任务以租金计算器模块为例说明功能测试过程，即根据用户需求说明书的要求测试系统的功能是否能正确实现。租金计算器模块测试的步骤是设计测试测试用例、记录测试结果、判断是否与达到用户的功能，这种测试方法是黑盒测试。

1. 系统登录模块测试

根据任务分析，系统登录模块测试分为三个步骤实施：首先是创建 JUnit Test Case；其次是输入测试代码；最后是测试结果。

（1）创建 Junit Test Case

在 LoginInfoDAOImpl 类上右击，在弹出的快捷菜单中选择“Junit Test Case”命令，弹出如图 9-20 所示窗口。

单击“Next”按钮，选择测试方法，如图 9-21 所示。

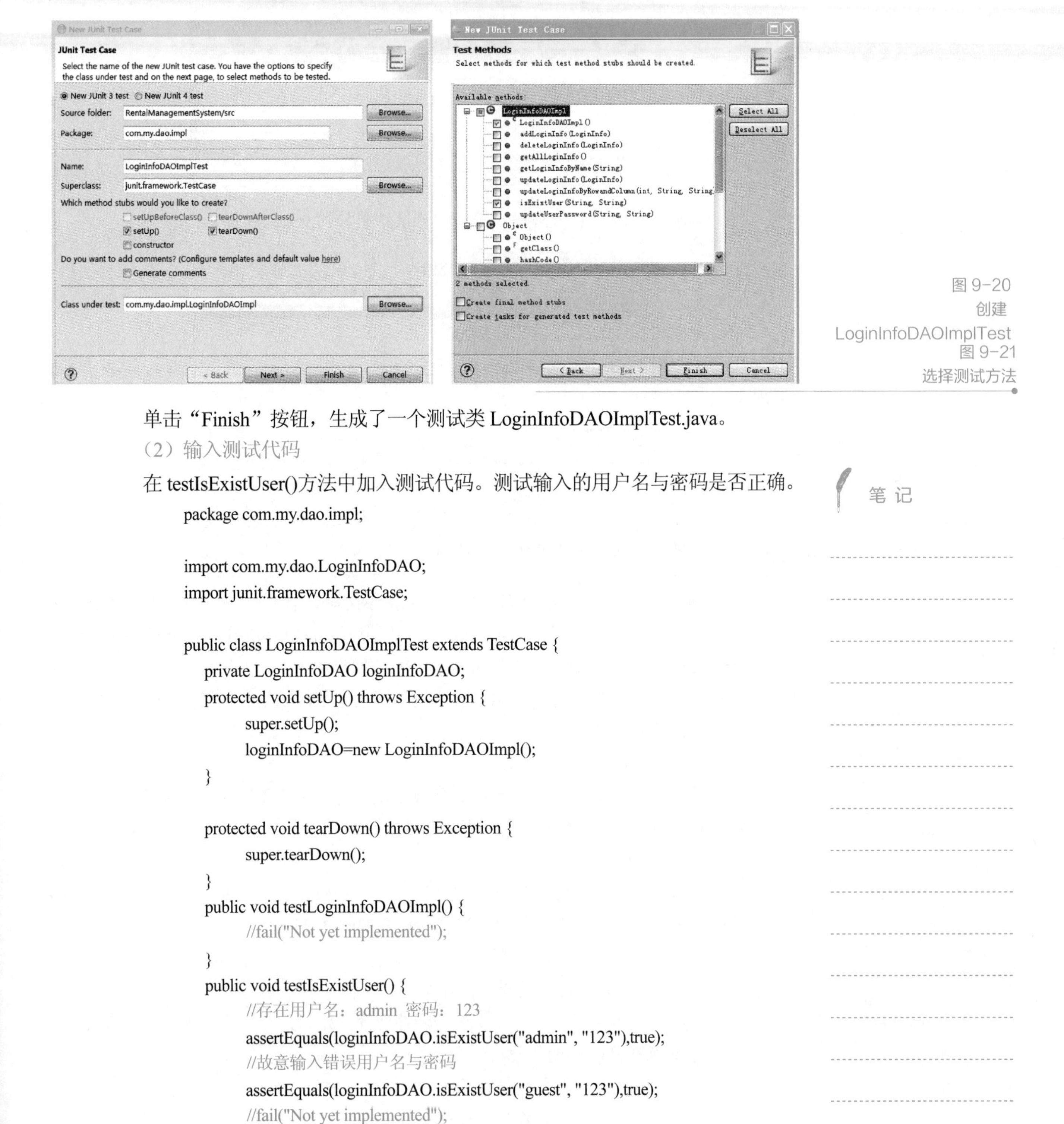

图 9-20　创建 LoginInfoDAOImplTest

图 9-21　选择测试方法

单击“Finish”按钮，生成了一个测试类 LoginInfoDAOImplTest.java。

（2）输入测试代码

在 testIsExistUser()方法中加入测试代码。测试输入的用户名与密码是否正确。

```
package com.my.dao.impl;

import com.my.dao.LoginInfoDAO;
import junit.framework.TestCase;

public class LoginInfoDAOImplTest extends TestCase {
    private LoginInfoDAO loginInfoDAO;
    protected void setUp() throws Exception {
            super.setUp();
            loginInfoDAO=new LoginInfoDAOImpl();
    }

    protected void tearDown() throws Exception {
            super.tearDown();
    }
    public void testLoginInfoDAOImpl() {
            //fail("Not yet implemented");
    }
    public void testIsExistUser() {
            //存在用户名：admin 密码：123
            assertEquals(loginInfoDAO.isExistUser("admin", "123"),true);
            //故意输入错误用户名与密码
            assertEquals(loginInfoDAO.isExistUser("guest", "123"),true);
            //fail("Not yet implemented");
    }
}
```

（3）测试结果

屏蔽故意输入错误用户名与密码，得到的测试结果如图 9-22 所示。

笔 记

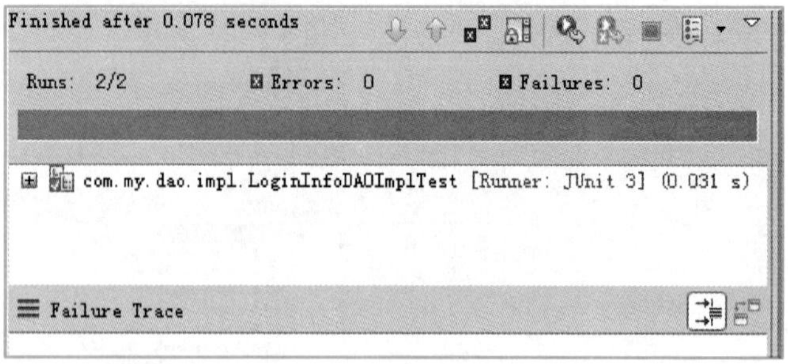

图 9-22
输入正确的用户名、密码的测试结果

屏蔽存在用户名与密码，得到的测试结果如图 9-23 所示。

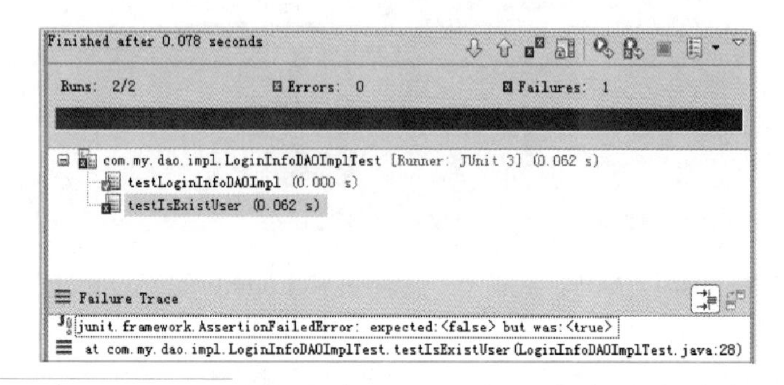

图 9-23
输入错误的用户名、密码的测试结果

注 意

测试前数据库、ODBC 等环境配置要保证正确才可执行测试用例。

测试结果如下：因为测试方法 testIsExistUser()中有一个故意出错的数据，tb_login 表中没有用户名为 guest，而测试语句 assertEquals(loginInfoDAO.isExistUser("guest", "123"),true); 执行时就会报告数据有不一致。如果使用正确数据和操作流程，都没有出错，则代表 JUnit 单元测试已完成，如果有问题则修改代码，直到全部符合预期结果为止。

2. 租金计算器模块测试

根据任务分析得出组件计算器模块测试分为三个步骤实施：首先确定测试的项目；其次设计测试用例；最后分析测试结果。

（1）确定测试项目

租金计算器的功能是根据月租金、日期、合租人员、物业费用、其他费用计算总的费用、每一个人平均费用。租金计算器如图 9-24 所示。

图 9-24
租金计算器界面

租金计算器测试项目如下。

- 月租金：输入必须是整数或小数。
- 开始日期与结束日期：要求是能够选择开始日期与结束日期，并且结束日期必须在开始日期之后。
- 合租人员：输入必须是整数。
- 物业费用：输入必须是整数或小数。
- 其他费用：输入必须是整数或小数。
- 确定按钮：提交后能正确运算。
- 重置按钮：输入信息恢复到初始状态。

（2）设计测试用例

根据测试项目设计测试用例，其见表 9-1。

用例名	租金计算器	程序版本	V 1.0	编制人	***
功能模块名	租金计算器	编制时间	2013-9-15	预置条件	无
功能特性	租金计算	测试数据	提供月租金、开始日期、结束日期、合租人员、物业费用、其他费用	测试目的	验证租金计算是否正确
备注		测试日期	2013-9-15	测试人员	朱利华
操作步骤	操作描述	数据	期望结果	实际结果	测试结论
1	什么都不输入，直接单击“确定”按钮	输入数据都为空	提示必须输入月租金、开始日期、结束日期、合租人员	弹出警告“你还没有输入信息呢!”	达到预期结果，测试正确
2	输入月租金费用	输入数据包含字符	提示输入月租金不是数字	弹出警告“月租金不是数字!”	达到预期结果，测试正确
3	输入合租人员人数	输入数据包含字符	提示输入合租人员不是数字	弹出警告“输入合租人数不是数字”	达到预期结果，测试正确
4	输入物业费用	输入数据包含字符	提示输入物业费用不是数字	弹出警告“输入物业费用不是数字!”	达到预期结果，测试正确
5	输入其他费用	输入数据包含字符	提示输入其他费用不是数字	弹出警告“其他费用不是数字!”	达到预期结果，测试正确
6	选择开始日期与结束日期	结束日期在开始日期之前	提示输入结束日期在开始日期之前	弹出警告“输入结束日期在开始日期之前!”	达到预期结果，测试正确
7	“重置”按钮	无	输入数据恢复到原来状态	输入数据恢复到原来状态	达到预期结果，测试正确
8	“确定”按钮	输入数据合法	输出总费用、平均费用	输出总费用、平均费用	达到预期结果，测试正确

表 9-1 测试用例

（3）分析测试结果

根据测试结果，如果有未解决的问题，一定要等缺陷全部关闭后才可完成测试工作，最后根据测试情况来编写测试报告。

【实践训练】

应用 JUnit 工具测试求租人员信息管理模块中的添加求租人员子模块，并使用黑盒测试法编写测试用例，完成模块测试报告。

任务 9.4 系统打包

PPT 任务 9.4 系统打包

【任务分析】

Java 应用程序项目完成后需要到应用环境中运行，发布一个应用程序时，不希望部署大量的类文件。类似于 Applet，应该把程序需要的相关类文件和其他资源文件打包成一个 jar 文件。一旦将程序打包后，就可以通过一个简单命令加载它，如果正确地配置了操作系统，就可以通过双击 jar 文件来加载。jar 文件可以直接运行，类似 exe 文件。Java 打包有两种方式：使用 jar 命令打包与使用工具打包。本任务使

视频 任务 9.4 系统打包

笔 记

用 Eclipse 工具打包房屋租赁管理系统。

【相关知识】

9.6 使用jar命令打包

jar 文件的全称是 Java Archive File，即 Java 档案文件。jar 文件作为内嵌在 Java 平台内部处理的标准，故具有可移植性，能够在各种平台上直接使用。把一个 jar 文件添加到系统 CLASSPATH 环境变量中，Java 将会把这个 jar 文件当成一个路径来处理。jar 文件通常使用 jar 命令压缩而成。

jar 是随 JDK 安装的，在 JDK 安装目录下的 bin 目录中，Windows 下文件名为 jar.exe，Linux 下文件名为 jar。它的运行需要用到 JDK 安装目录下 lib 目录中的 tools.jar 文件。不过用户除了安装 JDK 什么也不需要做，因为 Sun 公司已经做好了。用户甚至不需要将 tools.jar 放到 CLASSPATH 中。

jar 命令的用法如下：

```
jar {ctxu}[vfm0M] [jar-文件] [manifest-文件] [-C 目录] 文件名 ...
```

① 其中 {ctxu} 是 jar 命令的子命令，每次 jar 命令只能包含 ctxu 中的一个，其各自含义如下。

-c 创建新的 JAR 文件包。

-t 列出 JAR 文件包的内容列表。

-x 展开 JAR 文件包的指定文件或者所有文件。

-u 更新已存在的 JAR 文件包（添加文件到 JAR 文件包中）。

② [vfm0M] 中的选项可以任选，也可以不选，它们是 jar 命令的选项参数。

-v 生成详细报告并打印到标准输出。

-f 指定 JAR 文件名，通常这个参数是必需的。

-m 指定需要包含的 MANIFEST 清单文件。

-0 只存储，不压缩，这样产生的 JAR 文件包会比不用该参数产生的体积大，但速度更快。

-M 不产生所有项的清单（MANIFEST）文件，此参数会忽略 -m 参数。

③ [jar-文件] 即需要生成、查看、更新或者解开的 JAR 文件包，它是 -f 参数的附属参数。

④ [manifest-文件] 即 MANIFEST 清单文件，它是 -m 参数的附属参数。

⑤ [-C 目录] 表示转到指定目录下去执行这个 jar 命令的操作。它相当于先使用 cd 命令转该目录下再执行不带 -C 参数的 jar 命令，它只能在创建和更新 JAR 文件包的时候可用。

⑥ “文件名 ...”是指定一个文件/目录列表，这些文件/目录就是要添加到 JAR 文件包中的文件/目录。如果指定了目录，那么 jar 命令打包时会自动把该目录中的所有文件和子目录打入包中。

文档 源代码 9-2

【例 9-2】 应用 jar 打包没有包结构的简单 Java 程序。

① 在 C:盘下新建文件 Student.java。

```
public class Student {
    private String stuNo;//学号
```

```
        private String stuName;//姓名

        public Student(){
        }

          //一组 set、getXXX 方法

        public static void main(String[] args){
                Student stu=new Student();
                stu.setStuNo("09081001");
                stu.setStuName("王学君");
                System.out.println(stu.getStuNo()+":"+stu.getStuName());
        }
}
```

② 在 C:盘下新建文件 menefest（没有扩展名）。

```
Main-Class: Student
```

注意

最后要有一个空行，否则会出现找不到类的错误。

③ 打包，如图 9-25 所示。

打包命令执行后在 C:盘下生成 Student.jar。

④ 执行，如图 9-26 所示。

```
C:\>jar cvmf  MANIFEST.MF  Student.jar  Student.class
标明清单(manifest)
增加: Student.class(读入= 996) (写出= 553)(压缩了 44%)
```

图 9-25 Student 类打包 jar

```
C:\>java  -jar  Student.jar
09081001:王学君
```

图 9-26 Student.jar 执行

【例 9-3】 应用 jar 打包有包结构的简单 Java 程序。

文档 源代码 9-3

① 在 c:\com\my\book\下新建文件 Student.java，修改 Student.java，在第 1 行加入包。

```
package com.my.book;
```

② 在命令行下输入 javac com/my/book/Student.java，在 c:\com\my\book\文件夹下编译生成 Student.class。

③ 在 C:盘下新建文件 menefest2（没有扩展名）。

```
Main-Class: com.my.book.Student
```

④ 打包，如图 9-27 所示。

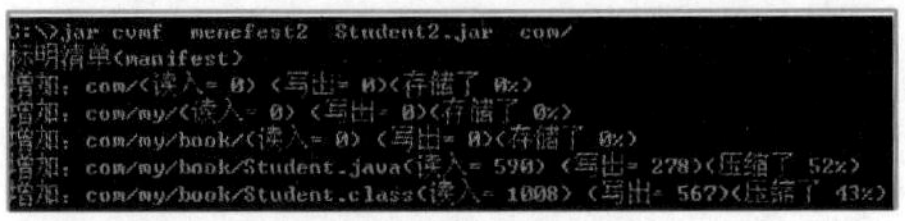

```
C:\>jar cvmf  menefest2  Student2.jar  com/
标明清单(manifest)
增加: com/(读入= 0) (写出= 0)(存储了 0%)
增加: com/my/(读入= 0) (写出= 0)(存储了 0%)
增加: com/my/book/(读入= 0) (写出= 0)(存储了 0%)
增加: com/my/book/Student.java(读入= 590) (写出= 278)(压缩了 52%)
增加: com/my/book/Student.class(读入= 1008) (写出= 567)(压缩了 43%)
```

图 9-27 com.my.book.Student 程序打包

```
C:\>java -jar Student2.jar
09081001:王学君
```

图 9-28 com.my.book.Student 程序执行

⑤ 执行，如图 9-28 所示。

9.7 应用 Eclipse 工具打包

在 Eclipse 中对 java 文件进行打包，只需选择“File”→“Export”菜单命令，在打开的对话框中选择“java”→“JAR file”选项，单击“Next”按钮，然后选择所需的打包文件并选择 jar 文件的输出路径，单击“Next”按钮，选择打包文件中的主类文件，单击“完成”按钮，一个 jar 文件就做好了。

笔 记

笔 记

【例9-4】 应用Eclipse打包Java Swing程序。

① 编写学生信息窗体程序：StudentFrame.java。

```
package com.my.book;

import java.awt.event.WindowAdapter;
import java.awt.event.WindowEvent;
import javax.swing.JFrame;
import javax.swing.JLabel;

public class StudentFrame extends JFrame {
    public StudentFrame(){
            this.setTitle("学生信息");
            this.setBounds(200, 200, 300, 200);
            JLabel info=new JLabel("学生信息窗体打包测试",JLabel.CENTER);
            this.add(info);

            this.addWindowListener(new WindowAdapter(){
                    public void windowClosing(WindowEvent event){
                            System.exit(0);
                    }
            });
            this.setVisible(true);
    }
    public static void main(String[] args){
            StudentFrame stu=new StudentFrame();
    }
}
```

② 在程序的项目上右击，在弹出的快捷菜单中选择“Export”命令，如图9-29所示。

③ 在打开的窗口中选择JAR file选项，如图9-30所示。

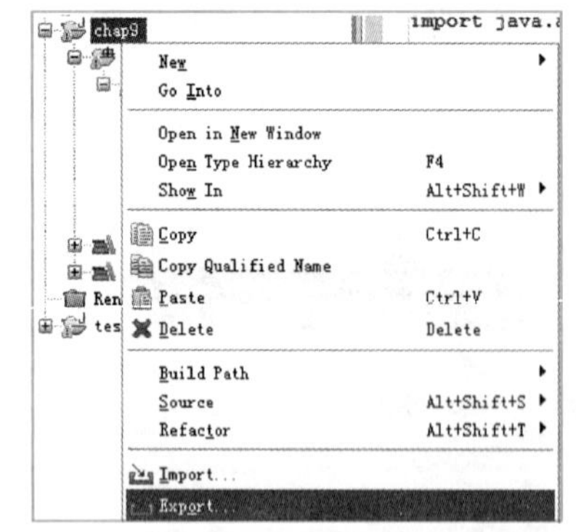

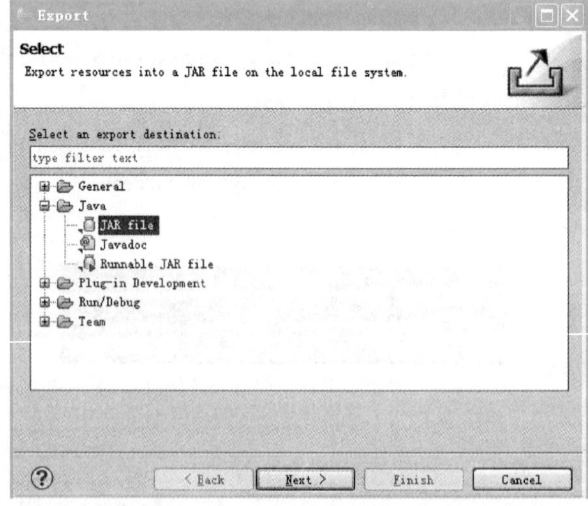

图9-29
在Eclipse中选择Export
图9-30
选择JAR files

④ 单击“Next”按钮，在新窗口中选择打包文件，如图9-31所示。单击“Finish”按钮后，在C:盘生成了StudentFrame.jar文件。

⑤ 选择主类，运行结果如图9-32所示。

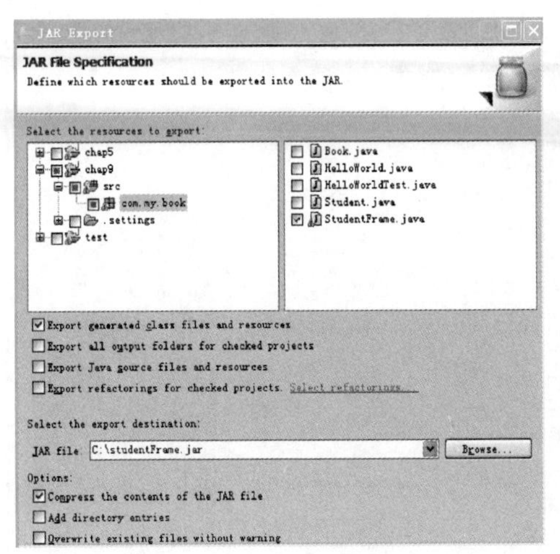

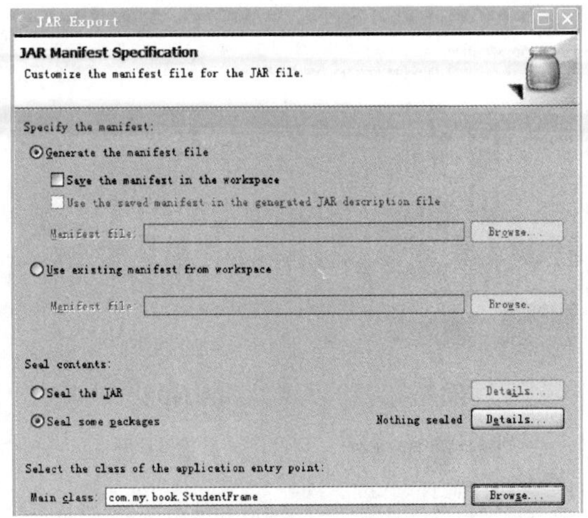

图 9-31
选择打包文件

图 9-32
选择主类 1

⑥ 双击 StudentFrame.jar，运行结果如图 9-33 所示。

学生信息

学生信息窗体打包测试

图 9-33
双击 StudentFrame.jar 运行结果

【任务实施】

本任务实施是将房屋租赁管理系统所有文件压缩成一个 jar 文件，便于用户使用。系统打包应用 Eclipse 工具 Export 功能就可以完成。

根据任务分析系统打包分为两个步骤来实施：首先打包房屋租赁管理系统；其次测试打包结果。

1. 打包房屋租赁管理系统

PPT　任务 9.4　任务实施

在房屋租赁管理系统项目上右击，在弹出的快捷菜单中选择“Export”命令，如图 9-34 所示。

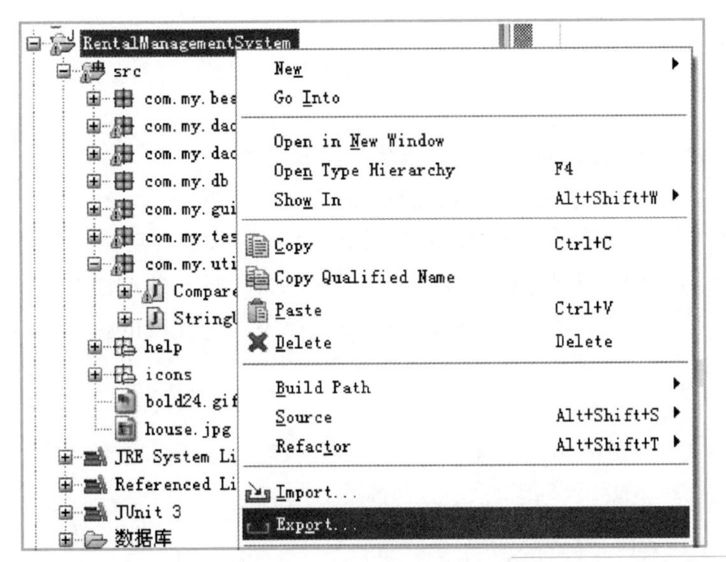

图 9-34
选择“Export”命令

在打开的窗口中选择“Java”→“JAR file”选项，如图 9-35 所示。

单击“Next”按钮，选择输出的资源文件，如图 9-35 所示。

单击“Next”按钮，选择主类，如图 9-36 所示。

单击“Finish”按钮，得到打包好的文件 RentalManagementSystem.jar。

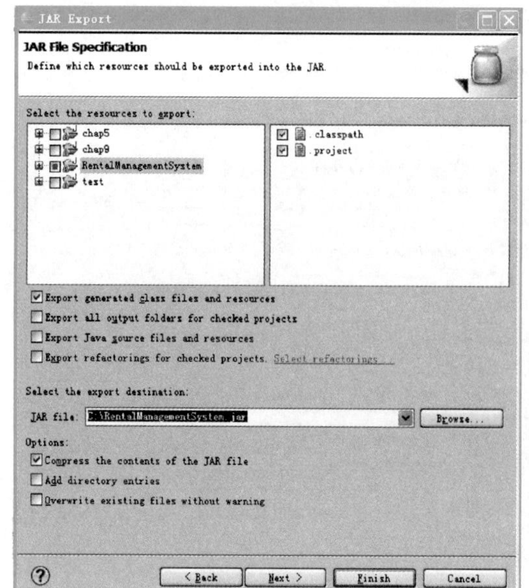

图 9-35
选择输出资源文件

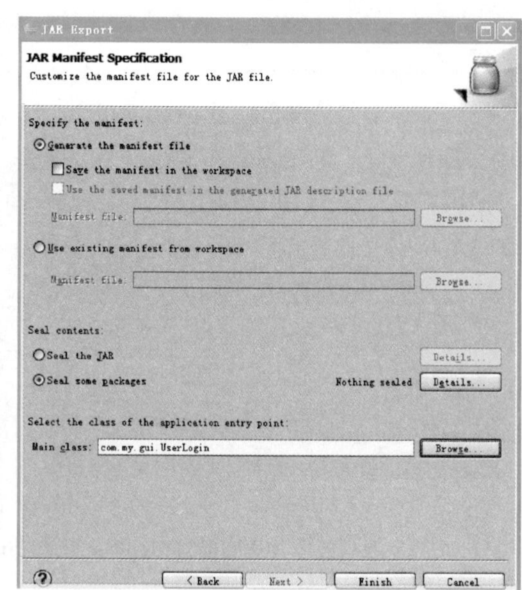

图 9-36
选择主类 2

2．测试打包结果

双击 C:盘的 RentalManagementSystem.jar，如果首页面能正确显示，并且输入数据后能登录到系统主界面，说明打包结果正确。打包测试如图 6-16 和图 6-42 所示。

【实践训练】

使用 jar 命令与 Eclpse 工具打包房屋租赁管理系统。

拓展实训

分析与设计超市进销存管理系统，要求如下：

① 分析超市进销存管理系统的功能需求。

② 超市进销存管理系统的总体设计、数据库设计、功能模块设计。

③ 分析超市管理系统的其中一个模块界面，编写测试用例。

④ 设计并实现超市管理模块一个功能模块，使用 Eclipse 工具打包。

同步训练

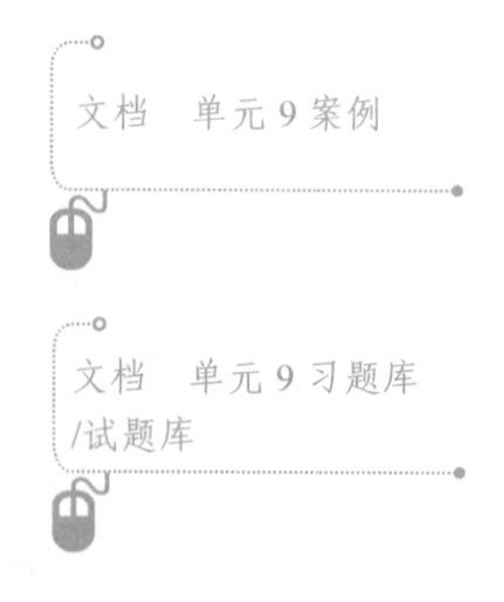

一、填空题

1. 需求分析的任务就是解决“________”的问题，就是要全面地理解用户的各项要求，并准确地表达所接受的用户需求。

2. 需求分析阶段的工作可以分为问题识别、分析与综合、制订规格说明和________4 个方面。

3. 系统设计的任务是设计软件系统的模块层次结构，设计数据库的结构以及设计模块的控制流程，其目的是明确软件系统“如何做”，这个阶段又分概要设计和

________两个步骤。

4. 软件开发的目的是开发出实现用户需求的高质量、高性能的软件产品，而________是以检查软件功能和其他非功能特性为核心，是软件质量保证的关键，也是成功实现软件开发目标的重要保障。

5. Java 应用程序项目完成后需要到应用环境中运行，发布一个应用程序时，不希望部署大量的类文件。类似于 Applet，应该把程序需要的相关类文件和其他资源文件打包成一个________文件。

二、简答题

1. 为什么要需求分析？

2. 总体设计阶段的任务主要有哪几个方面？

3. 数据库设计过程包括哪几个步骤？

4. 什么是黑盒测试？什么是白盒测试？

5. 为什么要打包？

三、操作题

1. 使用 JUnit 工具测试用户管理子模块。

2. 使用黑盒测试方设计用户管理模块的测试用例。

3. 使用 jar 命令与 Eclipse 工具打包用户管理模块。

参考文献

[1] 埃克尔. Java 编程思想[M]. 4 版. 陈昊鹏，译. 北京：机械工业出版社，2007.

[2] 昊斯特曼. Java 核心技术（卷 1）：基础知识（原书第 8 版）[M]. 叶乃文，邝劲筠，杜永萍，译. 北京：机械工业出版社，2008.

[3] 李刚. 疯狂 Java 讲义[M]. 北京：电子工业出版社，2008.

[4] 魔乐科技（MLDN）软件实训中心. 编程宝典：Java 从入门到精通[M]. 北京：人民邮电出版社，2010.

[5] 辛运帏，等. Java 程序设计[M]. 北京：清华大学出版社，2006.

[6] Sierra K，Bates B. Head First Java（中文版）[M]. 2 版. 北京：中国电力出版社，2007.

[7] Weiss M A. 数据结构与算法分析：Java 语言描述[M]. 2 版. 冯舜玺，译. 北京：机械工业出版社，2009.

[8] 李钟尉，陈丹丹. Java 项目开发案例全程实录[M]. 2 版. 北京：清华大学出版社，2011.

读者意见反馈

为收集对教材的意见建议，进一步完善教材编写并做好服务工作，读者可将对本教材的意见建议通过如下渠道反馈至我社。

咨询电话　400-810-0598

反馈邮箱　gjdzfwb@pub.hep.cn

通信地址　北京市朝阳区惠新东街4号富盛大厦1座

高等教育出版社总编辑办公室

邮政编码　100029